# 과학자들의
# 자화상

# 과학자들의 자화상

헤를린데 쾰블

이승희 옮김

Nanotech is small but powerful!

미래를 개척하는
창의력을 가진
과학자 60인

 북스힐

우리는 우리가 보는 것을 본다.
그리고 보는 것은 바꾸는 것이다.

아드리안 리치Adrienne Rich, 1929~2012

# |차례|

# |차례|

나는 '과학의 매혹' 프로젝트를 보자마자 빠져들었다. 헤를린데 쾰블은 이 책을 통해 정말 환상적인 일을 했다. 전 세계 다양한 과학자의 사진은 우리가 종종 이해하지 못하는 공식 뒤에 숨어 있던 얼굴들을 우리에게 보여 준다. 헤를린데 쾰블은 그 사진들을 통해 과학 연구를 우리에게 좀 더 가깝게 만들어 준다. 헤를린데 쾰블과 과학자들이 나눈 대화는 읽을 가치가 충분하다. 풍부하고, 교육적이며, 유용하다.

프리데 스프링거Friede Springer

'과학의 매혹' 프로젝트는 과학을 향한 찬가일 뿐 아니라 예술의 힘도 칭송하는 찬가다. 헤를린데 쾰블은 사진 작품으로 다시 한 번 사람들을 매혹한다. 동시에 쾰블은 예술과 과학 사이에 독특한 가교를 놓는다.

탁월한 연구자 60인의 초상을 통해 쾰블은 과학의 인간적인 면도 보여 준다. 이 작품은 과학과 예술이 근본적으로 관련이 있고, 우리 헌법의 특별한 보호 아래 있다는 걸 인상적으로 기록하고 있다. 물리학자로서 나는 헤를린데 쾰블의 연결 방식에 큰 매력을 느낀다. 또한 이 책이 많은 젊은이에게 과학과 연구에 열광할 동기를 제공할 것이라고 확신한다.

롤랜드 부시Roland Busch **박사**
주식회사 지멘스 최고경영자

과학을 통해 세계를 바꾸고 싶은 사람은 국경과 분야를 넘어 다른 사람들보다 더 넓게 볼 줄 알아야 한다. 한편 우리 사회는 우리가 사는 세상이 어떻게 변하고, 우리는 어떻게 결속하며, 기후변화나 코로나 팬데믹 같은 위기 속에 흔들리는 것은 무엇인지 이해하고 싶어 한다. 기후변화와 코로나라는 두 가지 도전은 과학 연구가 사회 현상의 중심으로 더욱더 강하게 자리 잡아 가고 있음을 보여 준다.

이런 시기와 상황 속에서 대중은 과학의 중요성을 알게 된다. 동시에 과학 연구가 실제 어떻게 진행되는지 파악하고 싶은 욕구도 커진다. 과학 연구는 대체로 협력과 경쟁이라는 양극을 오고 간다. 백신 생산이나 중력파 발견, 세계 기후 분석과 같은 거대 프로젝트는 공동 작업이 필요하다. 그것도 대부분 국제적 차원의 협력이다. 기후나 바이러스는 국경을 지키지 않기 때문이다. 세계 기후를 정기적으로 알려 주는 프로젝트에는 전 세계 수백 개의 작업팀이 참여하고, LIGO의 중력파 발견에 대한 출판물인 사이언티픽 컬래버레이션Scientific Collaboration에는 1,000명이 넘는 저자가 등장한다. 이런 거대한 규모와는 반대로 무수히 많은 새로운 인식들은 개인의 발견에서 나온다. 여기에서 말하는 새로운 인식이란 과학 법칙처럼 작지만 중요한 발전이 아니라, 새로운 작업 분야를 정의하고 세계를 바꾸는 일회적이며 근본적인 발견을 의미한다. 이런 발견들은 대부분 우연히 일어나지만 이 우연은 준비된 사람, 그리고 면밀히 관찰하는 사람에게 떨어진다(준비된 정신the prepared mind).

유명 사진작가 헤를린데 쾰블은 이런 발견가들을 찾아 그들의 동기와 생각을 예술가의 관점에서 보여 준다. 이런 작업은 중요하다. 왜냐하면 위기의 시기에 대중은 과학의 의미를 배워야 하기 때문이다. 대중이 과학의 의미를 배우지 못할 때 과학에서 나오는 조언은 신뢰받지 못하며, 그 결과 우리 종의 지속적인 미래도 보장되지 않을 것이다. 세 걸음 앞으로 갔다가 두 걸음 뒤로 가는 에히터나흐의 춤Die Echternacher Springprozession은 사회적 과정을 위한 해법으로는 충분하지 않다. 사람들은 보통 빠르고 명쾌한 해답을 원하기 때문이다. 그러나 지금 제기되는 복잡한 질문 상황에서 과학적 변환을 성취하기 위해서는 인내와 긴 호흡이 필요하다. 바로 여기 나오는 대화들이 그 인내와 긴 호흡을 보여 주고 있다. 이제 자세히 살펴보자!

에른스트-루트비히 비나커

뮌헨 루트비히-막시밀리안 대학교, 유전자센터

"과학자는 소명이다." 노벨상 수상자 폴 너스의 말이다. 나는 과학자들이 어떻게 생각하고 그들이 어떤 지식으로 우리 삶과 미래에 영향을 미치는지 알고 싶었다. 나는 전 세계 절반을 여행하면서 이 최고의 과학자들을 '연구'했다. 이제 그들의 매혹적인 과학 사건들과 삶의 경험들을 전해 주면서 과학에 생기를 불어넣고자 한다. 이 과학자들의 이야기에 젊은이들이 열광하고, 이 인상적인 인물들 안에서 모범을 보고 젊은이들 스스로 이 흥미진진한 길을 갔으면 좋겠다.

나는 이 과학자들을 평범하지 않은 방식으로 소개한다. 나는 모든 과학자에게 공식이나 철학 같은 연구의 핵심을 직접 손에 그려 달라고 요청했다. 이런 요청은 놀이 같은 성격을 띠고 있는데, 연구자로 성공하려면 잃어버려서는 안 되는 아이 같은 호기심과 갈망을 반영한다.

270만 년 전, 문제 해결적 사고와 함께 호모 하빌리스로 '등장한' 인류는 관찰과 시도를 통해 자연의 힘을 넘어서고자 꾸준히 노력해 왔다. 삶의 조건을 개선하려고 노력했고, 그렇게 수천 년을 넘어 지금 세계를 창조했다.

시행착오는 계속되었다. 고향도 국적도 중요하지 않으며, 호기심만이 중요하다. 이 호기심이 절대 욕구다. 다비드 아브니르는 이렇게 요약한다. "성공한다음 날 연구자는 세상을 바꿀 수도 있을 것이다. 왜냐하면 새로운 지식을 창조했기 때문이다." 이런 발견의 기쁨이 많은 좌절을 잊게 해주고, 극도의 훈련을 견디며, 굳건한 의지와 끈기로 끊임없이 일어나 계속하게 한다. 결과가 행복을 주고 보상을 준다.

노벨상 수상자 프랑수아 바레-시누시는 과학 연구를 이렇게 재치 있게 비유했다. "그것은 마치 수도원에 들어가는 것과 비슷하다. 연구자는 사생활에서 많은 것을 포기해야 한다." 바레-시누시는 여전히 남성 지배적인 과학계에서 성취를 이루었다. 경쟁은 극심한데, 여기에서는 돈이 아닌 인정이 진짜 '통화'이기 때문이다. 누가 가장 먼저 결과를 저명한 학술지에 출판하느냐? 출판이 중요하다. 그러나 연구자들은 새로운 지식으로 사회에 어떤 정신을 제시할지 책임이 있다. 미래와 과학은 서로 연결되어 있다. 안톤 차일링거도 그렇게 생각한다. "자원이 없는 유럽 같은 대륙은 연구를 통해서만 생존할 수 있다." 의도적으로 나는 과학의 부름에 응답해 각자의 소명을 따르고 있는 4인의 전도유망한 젊은 연구자들로 이 책을 마무리한다. 다음 세대가 준비하고 있다.

**헤를린데 쾰블**

# "아웃사이더되기는 과학자 삶의 일부라고 생각한다."

**칼 다이서로스** | 신경생물학

스탠퍼드 대학교 생명공학·정신의학·행동과학 교수
2015년 생명과학 분야 브레이크스루상 수상
미국

### 다이서로스 교수, 당신은 언제 당신의 뇌가 특별하다는 것을 알았나?

모든 뇌는 특별하다. 그러나 나의 뇌에는 몇 가지 눈에 띄는 특징이 있다. 나는 단어들을 특이한 방식으로 다룬다. 이 방식 덕분에 단어들을 빠르게 읽고 아주 쉽게 기억한다. 5학년 때 우리 반 아이들은 45분 동안 시 한 편을 암기하는 과제를 받았다. 나는 과제로 제시된 시를 본 지 몇 초 만에 바로 손을 들고 말했다. "선생님, 다 외웠어요." 내가 일어나서 시를 암송했을 때, 선생님은 이건 불가능한 일이며 틀림없이 내가 이 시를 그전에 알고 있었을 거라고 말했다. 선생님은 내게 다른 시를 하나 더 주었고, 나는 다시 몇 초 만에 그 시를 머릿속에 집어넣었다.

### 놀라운 일이다. 무슨 비결이 숨어 있나?

아마도 비결은 단어들을 보는 방식과 관련이 있을 것이다. 나는 단어들을 묶어서 보곤 한다. 사람들이 한 단어 혹은 한 문장을 읽을 수 있듯이, 나는 그보다 훨씬 긴 단어들의 집합을 거의 순식간에 한꺼번에 파악할 수 있다. 이때 나는 어떤 감정을 느낀다. 감정은 기억의 일부이며, 기억은 감정의 일부다. 아무런 감정도 불러오지 않는 것을 기억으로 유지할 이유가 없다. 이처럼 단어들의 묶음이 나의 기억을 도와준다.

**한 학술행사에서 있었던 당신의 일화를 들었다. 당신이 한 강연을 들으면서 동시에 그 강연자의 책 두 권을 읽었다는 이야기였다.**

우리는 한 번에 한 가지 일만 할 수 있다고 생각한다. 의식은 하나의 단위만 형성한다는 생각이다. 비록 인간이 특정 순간에는 한 가지만 의식할 수 있지만, 그렇다고 많은 일을 동시에 하지 못한다는 뜻은 아니다. 나는 바로 의사들이 이런 동시 작업 능력을 갖추게 된다고 생각한다. 많은 생각들이 머릿속에서 동시에 흘러가는 것이다. 예를 들어 병원에서 주의를 기울여야 할 응급 상황이 동시에 여러 개 발생할 때 이런 능력은 꼭 필요하다.

**과학계에 들어오면서 무엇을 성취하고 싶었나?**

먼저 감정이 어디에서 오는지 이해하고 싶었다. 이 문제는 우리 인간이 다루는 가장 심오한 질문 중 하나일 것이다. 어떻게 객체가 내면에서의 주관적 지각, 즉 감정을 느낄 수 있을까? 아직 대답하지 못한 이 질문이 어느 정도는 여전히 나를 추동하고 있다.

**당신이 처음 뇌를 투명하게 만들지 않았나?**

우리는 조직세포에서 하이드로겔hydrogel을 생성하는 '하이드로겔 조직 화학'을 개발했다. 말하자면, 겔을 뇌 조직의 일부로 만들었다. 이 기술의 도움으로 우리는 뇌를 훼손하지 않고도 뇌에 들어갈 수 있고, 전체 뇌 시스템을 구성하는 분자, 세포, 그리고 놀라운 개체들을 볼 수 있다.

**당신은 또한 처음으로 뇌에 있는 신경세포를 켜고 끄는 데 성공했다.**

맞다. 이 기술을 광유전학이라 부른다. 광유전학 덕분에 우리는 빛을 투입해 신경세포를 켜고 끌 수 있다. 많은 사람은 빛에서 정보를 모으는 능력을 본다. 현미경이나 망원경이 대표적인 예다. 광유전학은 그 반대의 일을 한다. 우리는 빛을 이용해 정보를 방출한다. 그 방출된 정보로 생물체를 조정하고 사물을 움직이게 만든다.

**구체적으로 어떻게 작동하는가?**

우리는 조류藻類, 식물, 박테리아의 DNA에서 유전자를 추출한다. 이 유전자에는 빛의 자극을 전기로 바꾸는 단백질의 설계도가 들어있다. 이 단백질들은 빛의 입자인 광자들을 흡수하고, 충전된 입자인 이온들이 세포의 표면 위로 흘러갈 수 있게 해준다. 이 유전자를 우리는 동물의 뇌에 삽입한다. 이제 동물의 뇌신경세포들은 빛의 활동으로 이온의 흐름을 조정하는 특수한 단백질을 생산하기 시작한다. 우리는 심지어 단백질을 생성하는 세포를 지정할 수 있다. 그렇게 우리는 빛을 통해 특정 세포를 켜고 끄면서 완전히 통제할 수 있다.

**광유전학은 어디에 유용한가?**

광유전학은 발견을 위한 하나의 도구다. 우리는 이 도구로 뇌가 어떻게 일하는지 연구할 수 있다. 우리는 뇌 안에서 어떤 세포가 무슨 일을 하는지, 모순은 어떻게 해소되는지, 그리고 긍정과 부정의 감정이 뇌 어디에 자리하는지 찾아낸다. 우리는 이 단백질의 결정 구조를 매우 높은 해상도로 시각화했기 때문에 모든 원자를 각자의 자리에서 볼 수 있다. 이전에는 불가능했던 질문을 이제 제기할 수 있다. 이 세포는 거기에서 무엇을 하는가? 세포의 종류는 무엇인가? 이 세포는 다른 세포들과 어떻게 말하는가? 이 세포는 마지막 행동이 일어날 때 어떻게 영향을 미치는가?

**지금까지 연구 상황이 이렇다면, 그다음에는 무슨 일을 할 수 있을까?**

우리는 점점 더 복잡한 행동 연구를 진행할 수 있을 것이다. 우리는 이미 포유동물이나 다른 동물의 모든 행동을 연구할 수 있다. 또 미래에는 새로운 치료법이 생겨날 것이다. 시스템이 어떻게 일하는지 일단 이해하기 시작하면, 모든 것이 더 정확해질 것이다. 광유전학을 이용해 증상의 원인을 알게 되면, 각자 선호하는 개입이나 치료를 개발할 수 있을 것이다.

**생각의 통제와 같은 일에 이 기술이 오용될 수도 있을까? 아니면, 내가 잘못 알고 있는 것인가?**

이 기술을 오용하고 싶을지라도 우리는 먼저 뇌에 대해 더 많은 것을 알아야 할 것이다. 지금은 오용을 걱정할 단계는 아니다. 누구도 이를 시도하지 못하기 때

문이다. 그러나 기술의 오용 가능성을 계속 주시할 필요는 있다. 언젠가 인간을 조작해 취향, 능력, 우선순위를 바꿀 수 있을까? 이론적으로는 가능하다. 우리는 이미 오래전부터 동물을 이용해 이런 조작을 하고 있다. 우리는 임의로 동물이 원하는 것과 그렇지 않은 것에 영향을 줄 수 있다.

**대학생 때 당신은 신경과학과 의학 이외에도 문학적 글쓰기 과정도 수강했다. 글쓰기에 관한 관심은 어디에서 생겨났나?**

나는 이미 어린 시절과 청소년 시절

에 글을 썼고, 글쓰기 동아리에도 참가했다. 칼리지에 다닐 때도 글쓰기 수업을 들었다. 당시에 나는 여전히 작가가 될 수 있을 것으로 생각했었다. 스탠퍼드 대학교에 다닐 때도 지역 칼리지에서 글쓰기 수업을 들었다. 글쓰기는 평생 내게 중요한 주제였고, 하나의 열정이었다. 그런 열정이 없었다면 시간을 들여 수업까지 듣지는 않았을 것이다. 글쓰기는 계속해서 마음속에 품고 있던 일이었다.

> "과학과 예술은 특히 뇌를 통해 서로 연결된다."

### 이야기는 왜 그렇게 중요한가?

왜냐하면 인간은 이야기를 통해 서로 연결되고 서로 배우기 때문이다. 예를 들면 나의 목표는 광유전학 이야기를 쓰는 것이다. 이 이야기의 주제는 빛, 식물, 감정이므로 누구나 공감할 수 있는 내용이 될 것이다. 이 이야기는 사람들에게 세계 그 자체의 이해를 도와주는 기초 연구의 가치를 일깨워 주고, 기초 연구에서 나올 수 있는 모든 것, 예상하지 못한 것, 강력한 것, 세상을 바꾸는 것들을 알려 줄 것이다.

### 과학과 예술이 서로 연결되어 있다고 보는가?

과학과 예술은 특히 뇌를 통해 서로 연결된다. 대단히 예술적인 단어들이 인간 안에서 불러오는 감정을 생각해 보라. 이 모든 일은 뇌세포 안에서 일어난다. 뇌는 예술과 언어를 감정으로 변환한다. 그러니까 감정은 어느 정도 신경과학의 본질이자 예술의 본질이기도 하다.

**당신은 대단히 많은 것을 기억한다. 그러나 감정을 폭발시켜야 하는 상황도 있을 것이다.**

강의를 처음 하기 시작했을 때 나는 활기가 부족하다고, 강의실을 휘젓고 다니지 않는다고 비판받았다. 학생들은 감정을 보고 싶어 했다. 나에게 이것은 어려운 일이었다. 나는 내 안에서 조용히 있는 법을 배웠기 때문이다. 삶의 대부분을 나는 정신과 의사, 선생, 교수로서 살았다. 이 일들은 전통적으로 감정적 역할이 아니다. 그렇지 않은가? 내가 하는 역할들은 아무것도 적혀 있지 않은 백지나 변하지 않는 바위로 있는 게 더 나은 일들이다.

**왜 당신은 계속해서 정신과 의사로 일하나?**

정신과 의사는 내 정체성의 일부다. 나는 사람들의 이야기를 듣는 것을 좋아한다. 또한 그들을 돕고 싶고, 그들의 고통을 줄여 주고 싶다. 정신 상담은 그냥 나 자신의 일부다.

**정신과 의사 이외에도 당신은 선생이자 교수이며, 결혼도 했고 아이가 다섯이다. 당신은 일 때문에 여행도 많이 한다. 당신의 아내 역시 매우 성공한 과학자다. 이 모든 일을 어떻게 해내고 있는가?**

아내는 과학자로 대단히 성공했다. 의학 박사학위를 두 개 가지고 있고, 대학에서 탁월한 연구소를 이끌고 있다. 아내 또한 전 세계를 여행한다. 당연히 무언가 잘못되는 일은 늘 있고, 우리에게도 패배나 재앙 같은 일이 생기기도 한다. 그러나 어떤 일이 잘못될 때 이를 채워 주는 다른 것이 있다.

여성 과학자가 첨단 연구를 수행하면서 동시에 아이를 갖는 일은 불가능하다고 많은 과학자들이, 당연히 대부분의 남성 과학자들이 내게 말했다. 당신의 아내는 두 가지 일을 동시에 잘 해냈는가 보다.

그 일은 온전히 아내 혼자 힘으로 해냈다. 아내는 대단히 놀라운 사람이다. 그녀는 자신의 연구 분야에서 가장 위에 있고, 대단히 창조적이고 생산적인 과학자다. 그리고 우리는 다섯 명의 아이도 가졌다.

> "인생의 동반자가 바라고 원하는 것이 무엇인지 분명하게 파악해야 한다."

### 언젠가 가족을 이루길 원하는 젊은 과학자들에게 해 줄 조언이 있는가?

젊은 과학자들에게 조언할 위치에 있다고는 생각하지 않는다. 다만 한 가지는 말하고 싶다. 어떤 경우에도 모든 것을 조화롭게 해결해 나가는 것이 가능하다. 내가 보기에 아내의 경험이 그 가능성을 아주 분명하게 보여 준다. 인생의 동반자가 바라고 원하는 것이 무엇인지 분명하게 파악해야 한다. 부부는 서로에게 적응해야 한다. 물론 부부마다 적용되는 규칙은 서로 다르다. 각자에게 맞는 규칙을 만들기 위해서는 진지한 대화와 좋은 계획이 필요하다.

### 당신도 성공하기까지 난관에 부딪힌 경우가 있었나?

연구 활동을 처음 시작할 때 사람들은 우리가 하는 일을 보고 이렇게 말하곤 했다. "그게 되겠어?" 또는 "네가 풀어야 할 문제가 열 개나 돼. 해결할 수 없는 문제가 많을 거야." 이런 평가들에 나는 아무런 해결책이 없었기 때문에 처음에는 매우 어려웠다. 우리가 문제를 해결하고, 모든 것을 조립할 수 있을 때까지 계속 힘들었다.

## 얼마만큼 힘들었나?

처음 5년 동안 육체적 장애가 있었다. 긴장과 스트레스 때문에 거의 매일 어지럼증에 시달렸다. 건강이 특히 좋지 않았다. 대단히 고통스러운 시간이었다.

## 그 어려운 상황에서 무엇이 당신을 앞으로 이끌었나?

우리가 하는 일이 언젠가 의미 있을 거라는 희망과 믿음이었다. 삶이 무언가 의미 있는 일을 할 수 있는 곳으로 당신을 데려간다면, 그것은 특권이다. 그 특권을 가볍게 생각해서는 안 된다. 나는 광유전학이 인류에게 중요할 수 있다는 것을 알았다. 그것은 오히려 앞으로 생길 수 있는 어떤 일에 대한 일종의 책임감이었다. 이 일 때문에 5년간 심각한 스트레스에 시달렸지만 그 시간 전체를 나의 소명으로 여겼다. 그것이 나에게는 삶의 의미였다.

## 마침내 모든 것이 제대로 작동하기 시작하면서 유레카를 외치던 순간이 있었나?

가장 기억나는 순간은 2007년이다. 나의 연구실에 있던 한 박사과정생이 실험을 하고 있었다. 운동을 조정하는 쥐의 뇌 영역에 DNA 조각을 제대로 올려놓는 작업이었다. 우리가 그 DNA에 빛을 보냈을 때, 쥐는 움직였다. 빛을 껐을 때, 쥐는 움직이는 걸 멈추었다. 믿을 수 없는 순간이었다. 우리는 빛과 이식된 DNA를 이용해 포유동물의 행동을 정확하게 조절할 수 있었다. 그뿐만이 아니라 갑자기 다른 사람들이 제기했던 모든 질문과 의견에 대답할 수 있었다.

## 신경과학에서 당신을 가장 매료시키는 것은 무엇인가?

말하자면 과학은 어느 정도는 문학, 예술, 역사, 법과 같은 모든 것의 가장 깊은 곳에 있는 뿌리다. 이는 특별히 신경과학에도 적용된다. 우리는 컴퓨터공학에서 이미 신경과학의 의미를 본다. 오늘날 소위 '딥러닝'과 기계학습 영역에서 일어나는 혁명의 뿌리는 신경과학에 있다. 신경과학은 이처럼 우리 생활세계의 모든 영역을 바꾸고 있다.

"매일 특정 시간을, 최소 한 시간은 비워 두고, 일의 근본을 사색하고 규명하는 시간을 가져라."

### 신경과학 분야에서 일할 생각이 있는 청년들에게 해 줄 조언이 있는가?

인간의 뇌와 신경과학의 발전에 대해 생각하는 일이 틀린 것은 아닐 것이다. 나는 이 사람들에게 더 많은 모험을 하라고 격려하고 싶다. 아주 위험한 어떤 일을 하는 것은 해방감을 준다. 무슨 일이 어떻게 진행되어야 하고, 특정 시간에 무엇이 생산되어야 하는지 같은 구체적인 기대가 없을 때 일하기가 더 쉽다. 예측할 수 있는 일을 할 때 재빨리 본 궤도에 더 잘 올릴 수 있으므로 당신에게 오는 압력이 더 커질 것이다.

### 그렇다면 어떤 태도와 사고방식을 가지고 있어야 할까?

적절한 휴식이 중요하다. 너무 열심히 일하지 말고, 규칙적으로 스스로 새롭게 조정하는 게 필요하다. 매일 근본적인 숙고의 시간을 가져야 한다. 비상 사태는 언제나 있지만 매일 특정 시간을, 최소 한 시간은 비워 두고, 일의 근본을 사색하고 규명하는 시간을 가져라. 그것은 목숨만큼 중요하다.

### 언제 당신은 가장 잘 사색할 수 있나?

몸이 편안해야 하고 아주 고요한 환경에 있어야 한다. 창문이 없는 공간이 이상적이다. 공간이 어두울 필요는 없다. 그러나 가장 좋은 건 주변에 있는 것이 아무것도 바뀌지 않는 것이다. 그다음 나는 정신을 집중하고 질문에 깊이 빠질 수 있는 명상 상태에 들어간다.

## 당신은 고립에 대해 말한다. 젊은 시절 아웃사이더였나?

그렇다. 아웃사이더였다. 나는 조금 내향적이었다. 그 점에서 이미 좋은 과학자의 자질을 갖췄다. 많은 과학자가 청소년 시절에 사랑받는 아이가 아니었다. 나는 다른 급우들보다 작고 어렸다. 실제로 두 살이나 어렸다. 그 때문에 소외되었다. 그래서 한동안 주류 바깥에서 살았다.

## 점차 당신은 주류의 일부가 되었나?

의사라면 계속해서 주류 바깥에 머물러서는 안 된다. 환자들은 평범한 돌봄을 원한다. 의사로서 나는 주류의 일부지만, 다른 면에서는 그렇지 않다.

## 당신은 아웃사이더가 더 나은 과학자라고 믿는가?

아웃사이더되기는 과학자 삶의 일부라고 생각한다. 과학에서 새로운 발견을 원하는 건 현재의 패러다임을 넘어서길 원한다는 걸 의미한다. 과학자는 이런 도전에서 행복을 느껴야 한다. 그러기 위해서는 지배적 패러다임과 현재의 과학 상황 중에 견딜 수 없는 것이 반드시 있어야 한다.

## 세상에 전하는 당신의 메시지는 무엇인가?

우리는 아주 특별하고 유일한 시대에 살고 있다. 인간과 세계에 대한 유일하고 의미 있는 발견들이 우리 시대에 일어나고 있으며, 우리는 그 발견들과 함께하고 있다. 이 모든 발견에 환호해야 할 때다. 이 발견들은 인류의 운명에 영원히 영향을 미칠 것이기 때문이다. 우리는 그 발견 안에 담긴 흥분과 아름다움을 알아차릴 수 있어야 하겠다.

페터 제베르거 | 화학
포츠담 교질과 계면과학 막스 플랑크 연구소 교수이자 화학과 교수
2007년 쾨르버상 수상
독일

**제베르거 교수, 인정받는 성공한 과학자가 된 비결을 알려 줄 수 있는가?**

기본적으로 스스로 만족하지 못한다. 우리가 아직 충분히 연구하지 않았다고
늘 생각한다. 이런 사람과 사는 일은 분명 쉽지 않을 것이다. 나의 내면에서 나
오는 압력이 언제나 매우 높다. 나는 발표한 논문과 받은 상의 숫자를 중요하
게 여기지 않는다. 그다음에 오는 것이 언제나 중요하다. 이런 불만족이 나의
원동력이다.

**당신의 연구를 쉽게 설명해 달라.**

나는 화학적 당을 연구하고 만든다. 여기에서 당은 커피에 첨가하는 설탕이 아
니라 복잡한 당분을 말하며, 우리는 이 당을 복합당, 혹은 다당류라고 부른다.
나무와 식물 같은 전 세계 바이오매스의 60%는 다당류로 이루어져 있다. 말하
자면, 우리는 모두 당으로 둘러싸여 있다. 복합당은 인간 세포 바깥뿐만 아니라
박테리아와 다른 병원체에도 존재한다.

**당신은 말라리아 병원체의 당 분자를 모방해 말라리아 백신을 생산하려고 한다는데, 맞는 이야기인가?**

말라리아는 우리의 연구 목표 중 하나일 뿐이다. 이미 독일에는 당을 기반으로 하는 다른 백신이 세 종류 있으며, 이 백신들이 모든 신생아에게 접종되었으면 좋겠다. 백신은 병원체의 표면에 붙어 있는 분자를 인간 면역계에게 보여 줄 때 작동한다. 우리 몸이 이 분자를 보면 거기에 붙어 있는 모든 것, 즉 병원체를 파괴한다. 심지어 우리는 이 당 분자를 병원체를 구별하는 특징이라고 부른다. 지금까지는 병원체에서 분리된 당에서 백신이 나왔다. 즉 먼저 박테리아를 배양하고, 이 배양된 박테리아에서 당을 얻어 백신 제작에 활용했다. 이 작업은 비용이 엄청나게 드는 과정이며, 어떤 경우에는 20년 넘게 걸리기도 한다. 우리는 당을 화학적으로 대단히 빨리 만드는 데 처음으로 성공했다.

**당을 연구하자는 생각은 어떻게 생겨났나?**

생체고분자에는 크게 세 종류가 있다. 유전물질, 단백질, 그리고 당이다. 유전물질과 단백질은 이미 연구가 많이 진행되었고, 그래서 나는 당을 연구한다. 브루스 메리필드Bruce Merrifield는 혁명적인 단백질 연구로 1984년 노벨상을 받았다. 그때 박사과정생이었던 나는 생각했다. '아하, 당 연구로도 틀림없이 가능할 거야.' 그 후 나는 당합성 방법을 연구하기 시작했다. 모든 사람이 불가능하다고 여겼다. 우리 연구팀 다섯 명은 2년 동안 한 분자를 연구했고, 지금 방법으로는 불가능하다는 것을 인정할 수밖에 없었다. 그래서 나는 단백질과 DNA 연구에서 나온 방법들을 당 연구에 결합해 합성을 자동화하는 아이디어를 떠올렸다. 3년 후 MIT에서 교수직을 수행하던 첫해에 실제 이 자동화된 당합성물을 얻는 데 성공했다.

> "영어권 국가에서 체류하는 일은 꼭 필요하다."

**독일에서 공부했고 미국에서 박사학위를 받았다. 과학자가 외국에서 일하는 것이 중요하다고 생각하는가?**

영어권 국가에서 체류하는 일은 꼭 필요하다. 우선 시야를 넓혀 독일 시스템의 장단점을 볼 수 있게 해준다. 과학 연구는 지구적으로 진행되므로 외국 체류 경험은 거대한 기관들과 네트워크를 만들 기회를 제공하며, 동료이자 경쟁자를 연결해 줄 수도 있다. 이처럼 외국 체류는 과학자 경력을 키워 가는 중요한 열쇠다.

**당신은 미국 체류가 "대단히 어려운 학교"였다고 말한 적이 있다.**

학교와 대학에서 나는 언제나 대단히 우수한 성적을 받았고, 심지어 영재 장학금까지 받았었다. 독일 전역에서 해마다 두 명의 화학 전공자에게 주는 풀브라이트 장학금도 받았다. 그러니까 분명 완전히 바보는 아니었다. 그러나 나는 독일에서 화학을 공부했음에도 콜로라도 대학교 생화학 과정을 수강해야 했다. 첫 번째 시험에서 최악의 점수를 받았고, 두 과목에서 낙제점을 받았다. 영어 실력이 충분하지 않았던 것도 이유가 되었다. 나는 자연과학에서 영어는 필요하지 않다고 늘 생각했었다. 이것은 완전히 새로운 경험이었고, 내가 정말로 뒤처진 것은 아닌지 크게 걱정했다. 내 삶에서 그때만큼 많이 배우고 열심히 일했던 때는 없었다.

**그러니까 독일에 있을 때보다 더 많이 일해야 했다는 말인가?**

뉴욕에 있을 때 지도교수는 8시 30분에 연구실에 출근했고, 그다음 우리는 종종 새벽 1시까지 연구실에 있었다. 일주일에 6일을 그렇게 일했다. 다행히 신앙심 깊은 유대인이었던 지도교수는 안식일인 금요일 저녁부터 토요일 저녁까지는 일하지 못했다. 그렇지 않았다면 틀림없이 우리는 일주일에 7일 동안 그렇게 일했을 것이다. 그러나 지도교수와의 작업 덕분에 MIT 교수로 갈 기회를 얻을 수 있었다. 다음 단계로 가기 위해서는 결국 많은 일을 해내야 한다.

**당신은 14년 동안 미국에 있다가 다시 유럽으로 돌아와 역시 엘리트 대학인 취리히 연방 공과대학교(ETH)로 갔다. 미국의 환경에 약간 질렸었나?**

나는 평생 미국에 머물 거라고 충분히 생각할 수 있었다. 그러나 미국의 노동 환경은 과학에 100% 헌신할 것을 요구했고, 언젠가부터 더는 그런 환경 자체가 내게 축복이 아니라는 생각이 들었다.

**그런 헌신을 그만두고 싶었나?**

그렇다. 유럽이 나와 맞으면 머물겠다고 생각했다. 그러나 다소 오만하게 들리겠지만, 언제든 미국으로 돌아갈 수 있다는 것도 잘 알고 있었다. 미국에서 돌아온 후 처음 2년은 문화 충격 속에 지냈다. 나는 서른여섯 살이었고, 종종 청바지에 티셔츠를 입고 출근했다. 이런 복장이 취리히 연방 공과대학교에 재직하는 교수에게는 평범하지 않았다. 또한 나는 늦은 저녁까지 일하고 주말에도 일하는 데 익숙해져 있었다. 몇몇 동료들이 이 노동시간에 문제를 제기했다. 나는 외교적으로, 그렇게 직접적이지 않게 문제를 해결하는 법을 배워야 했다.

**당신도 실수를 한 적이 있나?**

우리 연구의 전체 성과는 결국 우리가 고용한 사람들이 좌우한다. 화학 분야에서는 뛰어난 지력과 함께 실용적 재능이 있는 사람들이 필요하다. 처음에 나는 단지 과학적 능력만을 보았다. 그 후 인간적 특성 또한 아주 큰 역할을 한다는 것을 배워야 했다. 만약 'A 유형 성격Type A personalities'의 최고 과학자가 너무 많이 모여 있다면 바로 문제가 생길 수 있다. 그러면서 우리는 남녀 비율이 어느 정도 같고, 다양한 국적으로 구성된 혼합된 팀을 만들면서 아주 좋은 경험을 했다. 다양한 생활환경과 조건의 결합이 성공으로 이끌어 준다는 것을 알게 되었다.

## 여성 교수는 왜 그렇게 적을까?

내가 지도했던 많은 여성 가운데 아주 소수만이 교수가 되고자 했다. 최고의 여성 박사과정생 몇몇은 기꺼이 화학회사로 갔다. 그 이유는 오랜 노동시간과 대학에서 받는 낮은 급여 때문이다. 소수의 여성만이 대학교수에 매력을 느낀다. 남성들은 먼저 교수가 된 후 마흔이 되어서도 가정을 꾸릴 수 있다. 반면 여성의 경우 생물학적으로 더 어려움을 겪는다.

## 과학에서도 첫째가 되는 게 중요한 주제인가?

이 논쟁은 화학자들 사이에서도 자주 일어난다. 화학자는 어떤 분자를 처음 만든 사람이 되려고 한다. 혹은 어떤 과정을 대단히 완벽하게 실행해 누구도 그 프로젝트를 다시 건드리지 못하게 하려고 한다. 경쟁은 좋은 것이다. 나는 평생 경쟁 속에 살았다. 처음에는 스포츠에서, 지금은 과학 분야에서 그렇게 살고 있다. 성공한 많은 과학자들은 경쟁심이 강하고, 가끔 심지어 조금은 이기적이기도 하다. 많은 이들이 나르시시즘을 따로 배웠냐는 비난도 받는다. 나는 여기에서 산업 분야에는 어울리지 않을 것 같은 특성들을 많이 보았다.

## 연구 결과를 저명한 학술지에 처음 발표하는 일도 중요하지 않나?

어떤 분야에서는 말도 안 되는 경쟁이 벌어지기도 한다. 그사이에 숫자 또한 중요해졌다. 사람들은 누가 얼마나 많은 논문을 출판했고, 저널의 수준은 어떠

> "내가 흥미를 느꼈던 것은, 지금껏 세상에 존재하지 않았던 새로운 분자를 생산하면서 신의 역할을 할 가능성이었다. 이 가능성을 대단히 매력 있다고 생각했다."

한지를 본다. 그러나 결국에는 그 사람이 훌륭한 연구를 해냈느냐를 물어야 할 것이다.

**한 막스 플랑크 연구소 소장은 과학적 공격성은 필수적이라고 말했다.**

나 역시 과학 연구 분야에서의 공격성은 전혀 나쁜 것이 아니라고 생각한다. 박사과정생과 박사후연구원들은 분명히 경쟁에 들어가야 한다. MIT에서 단지 25%만이 정규직을 얻고, 75%는 학계를 떠난다. 이 과정은 생존을 둘러싼 경쟁이며, 모든 것을 건 싸움이다. 비밀을 가장해 논문들을 공정하게 다루지 않는 익명의 보고서가 등장하기도 한다. 나는 뒤에서 공격하는 비겁한 행동이 아닌 공정하고 개방적인 경쟁을 지지한다.

**탈무드에 따르면, 지식인에 대한 질투가 과학을 촉진한다고 한다.**

2007년 쾨르버상을 받았는데, 대단히 큰 상이었다. 그 후 반년 동안 나의 모든 논문이 거절당했다. 틀림없이 사람들은 생각했을 것이다. '이 사람 그 큰 상을 받을 만큼 그렇게 훌륭하지 않네.' 나는 이 문제를 한 동료와 이야기했고, 그 동료는 한 노벨상 수상자에 대해 말해 주었다. 그 수상자는 노벨상을 받은 후 1년 동안 논문을 한 편도 발표하지 못했다고 한다. 이렇게 생각하는 사람들이 있기 때문이었다. '솔직히 그 상은 내가 받았어야 했어. 이제 내가 그자에게 한 방 먹여야지.' 그사이에 나는 아주 좋은 위치를 차지해서 누구도 질투할 필요가 없어졌다.

**과학자들도 자신이 속한 학문 공동체에서 얻은 명성으로 스스로를 규정하지 않나?**

자기 인식 및 동료들의 인식과 함께 명성은 대단히 중요하다. 상, 특별 강연과 초청 강연 같은 모든 일들이 명성에서 중요한 역할을 한다. 누가 존경받기를 꺼리겠는가? 한 과학자가 유명하다고 해도 많아야 약 500명 정도의 과학자만 그를 알 뿐이다. 실제 한 분야의 과학자 그룹은 대부분 이보다 작다. 그럼에도 명성은 능력을 발휘하게 하는 거대한 동기다.

**당신은 취리히 연방 공과대학교에서 막스 플랑크 연구소로 자리를 옮겼다. 제2차 세계대전 이후 독일인 24명이 노벨상을 받았고, 이 가운데 17명이 막스 플랑크 연구소 소속이다. 당신도 교조적이지 않은 생각을 위한 자유로운 공간을 얻었나?**

막스 플랑크 연구소가 나를 대학에서 불러 주었지만 상대적으로 늦었다. 40대 중반이면 종종 노벨상으로 귀결되는 작업을 이미 수행한 상태다. 막스 플랑크 연구소에서는 예산을 받아 연구를 진행한 후 몇 년 뒤에 무엇이 나왔는지 보여 주면 된다. 그것이 내가 막스 플랑크 연구소를 선택한 근본적인 이유이자 소위 믿음의 도약이다. 이런 식이다. "우리가 당신들에게 도구를 제공할 테니 한번 해보세요." 이것이 바로 비교조적 사고를 위한 자유 공간이다. 미국에서는 내가 직접 1달러부터 모아야 했다. 내가 처음 올린 올리고당의 자동화 합성 제안서 는 거부당했다. 흥미를 적게 가지고 있던 다른 제안서는 통과되었다. 그래서 그 돈을 받아 우리가 필요로 하는 곳에 투입했다. 막스 플랑크 연구소에는 미국의 거대한 순환 과정을 거치면서 겪게 되는 이런 좌절이 없다.

**성공하는 화학자는 어떤 사고 구조를 갖추고 있어야 하는가?**

화학자는 잡종이다. 논리적 사고와 공간을 상상하는 능력이 중요하다. 3차원 공간에서 회전하는 분자를 상상할 수 있어야 한다. 화학자는 박사후 연구까지 마무리하면서 자신의 실험 작업을 끝마친다. 화학은 또한 실용적 능력도 요구한다. 우리는 시간의 90%를 실험실에서 무언가를 생산하거나 '끓이는 데' 보낸다. 이 일은 정말 부엌일과 관련이 있다. 젓고, 흔들고, 정제하고, 분석하기 때문이다. 나는 개인적으로 실용적인 작업과 지성적 요구의 이 결합을 대단히 흥미롭다고 생각한다.

## 왜 자연과학을 공부해야 하는가?

자연과학 공부의 장점은 논리적 사고를 키우고 자연적 관계를 이해하면서 많은 영역에서 일을 잘할 수 있다는 점이다. 내가 흥미를 느꼈던 것은, 지금껏 세상에 존재하지 않았던 새로운 분자를 생산하면서 신의 역할을 할 가능성이었다. 이 가능성을 대단히 매력 있다고 생각했다.

## 신의 역할을 하는 것 같다는 느낌은 무엇인가? 이 느낌을 설명해 줄 수 있을까?

강력함을 느끼는 것이다. 전능감 같은 것이기도 하다. 제도판 위에서 연구자는 어떤 특성을 가질 수 있는 분자를 이론적으로 깊이 고민한다. 이 분자가 합성된 후 실제로 이런 기능을 보여 줄 때, '엄청나게 기분이 좋다.' 우리가 처음으로 다당류 올리고당을 기계에서 생산했을 때 완전히 날아갈 것 같은 기분이었다. 안타깝게도 이런 행복감은 늘 대단히 한정되어 있다. 대부분의 연구는 실패한다. 그러므로 좌절을 견디는 높은 내성이 연구자에게 중요하다.

## 오랫동안 당신은 사생활이 없었다. 언제 이 방향을 바꾸기로 결정했나? 아마 당신의 경력도 어느 정도 희생하지 않았을까?

30대 중반에 나는 과학자로서 그 나이에 가능한 모든 것을 이루었다. 그전에는 개인 생활을 꾸려 갈 수 없었다. 지금이 좋다고 말하는 게 쉽지 않았다. 분명히 나는 경쟁심이 과하게 강하다. 그러나 단지 이 한 가지 차원만 인생의 흔적으로 남긴다면 삶을 돌아볼 때 스스로 만족하지 못할 거라고 생각했다. 지금은 다행히 가족을 꾸렸고, 삶은 더 풍성해졌다. 내가 그 일을 해냈다는 게 조금은 자랑스럽기도 하다.

## 가족 때문에 당신의 작업시간이 바뀌었나? 여전히 가장 먼저 출근하고 가장 먼저 퇴근하는가?

지금은 정규 노동시간에만 연구소에 있다. 아이들을 학교에 데려다 주고 9시까지 연구소에 도착해 일한 다음에 저녁 6시에 집에서 저녁을 먹으려고 한다. 아이들이 9시에 잠자리에 들면 나의 일이 시작된다. 보통 밤 11시 30분까지 일하고, 종종 자정 혹은 더 늦게까지 일하기도 한다. 이 시간 동안에는 방해받지 않는다.

## 젊은 과학자들에게 어떤 조언을 하고 싶은가?

나는 사람들이 자신에게 즐거움을 주는 일을 해야 한다고 생각한다. 과학자 경력의 초기에는 주로 실험 작업이 대부분이고, 교수 시절에는 많이 써야 한다. 원칙적으로 자연과학 분야의 교수는 거의 작은 공장과 같다. 교수는 돈을 마련해야 하고, 일할 사람을 찾아야 한다. 프로젝트를 따내야 하고, 마지막에는 무언가를 생산해야 한다. 물리학, 화학, 수학, 또는 생물학을 그냥 한번 살펴보라고 권하고 싶다. 너무 일찍 결정할 필요는 없다. 열심히 일하면 아주 많은 것을 성취할 수 있음을 나는 MIT에서 배웠다. 프랑켄 지역 출신들은 아마 잘 알 것이다. 큰 연못에 있어야 큰 물고기와 함께 헤엄칠 수 있다. 독립해 일하기 시작할 때, 그리고 많은 사람들로 구성된 그룹을 이끌어야 할 때 자신감은 중요하다. 당연히 자만하지 않기 위해 언제나 사실의 바닥으로 다시 내려와 머물러야 한다. 자신감은 물 흐르듯이 자연스럽게 자만심으로 넘어가기 때문이다. 신의 놀이에서는 늘 무언가 잘못되기 때문에 당연히 많은 각성도 있다.

# "나는 스스로 만족해야 하는 대단히 높은 요구가 있었다."

슈테판 헬 | 물리학과 생물물리화학

괴팅겐 대학 실험물리학 교수, 괴팅겐 막스 플랑크 생물물리화학 연구소 소장
하이델베르크 막스 플랑크 의학 연구소 소장, 2014년 노벨 화학상 수상
독일

**헬 교수, 당신은 루마니아에서 독일계 소수 집단인 바나트 슈바벤인으로 태어났다. 그리고 1978년, 열다섯 살 때 독일로 이주했다. 외국어를 쓰는데도 처음부터 학교에서 최고 성적을 받았다. 언제나 당신을 가장 앞에 서게 한 동기는 무엇인가?**

먼저, 언어가 완전히 바뀌었다. 루마니아에서 우리는 독일어로 말했고 스스로 독일인이라고 느꼈기 때문에 독일에서 새로운 삶을 꾸려 갈 수 있다는 것은 나에게 엄청난 해방이었다. 국어가 갑자기 외국어, 즉 루마니아어가 아니라 나의 모국어가 된 것이다. 나는 모든 영역에서 최고가 되고 싶었던 건 아니지만, 수학과 물리에서는 그러고 싶었다. 수학과 물리는 나에게 자신감을 주는 요소였다. 9학년과 10학년 때는 심지어 독일어 성적도 가장 좋았다. 루마니아에서 이미 나는 훌륭한 독일어 수업을 재미있게 잘 받았기 때문이다. 그러나 나는 축구를 가장 못하는 학생에 속했다. 비록 축구를 좋아했지만 말이다. 축구를 못하는 것은 자존심에 상처를 주었지만, 수학과 물리를 통해 더 많은 보상을 받을 수 있었다.

**부모님은 교육에 엄청나게 큰 가치를 부여했다.**

부모님의 그런 태도는 우리가 루마니아에서 소수자였다는 사실과 관련이 있다. 우리는 탄압받지는 않았지만, 차별은 받았다. 자신들의 '삶의 방식'을 유지하고 싶으면 소수자들은 스스로를 주장해야 한다. 자기주장 전략의 일부는 다수의 존경을 받는 것이다. 그래서 부모님은 루마니아인들보다 두 배 잘해야 한다고, 그래야 사람들에게 무시당하지 않는다고 늘 내게 말했다. 만약 내가 루마니아에 머물렀다면 평생 소수자로 살았을 것이다. 독일에서는 이런 소수자 의식이 1~2년 만에 사라졌다. 출신지는 더 이상 중요하지 않았고, 오히려 특별히 긍정적인 역할도 했다. 제2차 세계대전이 끝난 후 독일은 독일 출신 난민들과 그들의 후손으로 가득 찼기 때문이다. 독일에서의 도전도 있었다. 부모님과 나는 독일에 맞는 새로운 주체를 형성해야 했다. 이를 위해 나에게는 교육과 훈련이 필요했다.

**어릴 때 종종 혼자 있기를 좋아했나?**

확실히 내성적이거나 외톨이는 아니었지만, 상급자들을 대할 때 조금 소심했었다. 나의 장점은 인과관계를 누구보다도 더 잘 파악하는 데 있다. 내가 무언가를 이해했다고 확신할 때, 나는 그 이해한 내용을 자신감을 가지고 분명하게 구성할 수 있다. 또한 본질을 늘 인식하고자 했고, 실제 필요한 것 이상으로는 세부 사항에 관심을 두지 않았던 것도 과학자로서 성공하는 데 중요한 열쇠였다고 생각한다.

**학업을 마쳤을 때 당신은 처음으로 한계에 부딪혔다.**

그 덕분에 나는 아베의 회절 한계를 만날 수 있었다. 아베의 한계를 낭만적으로 풀어쓰자면, 광학현미경으로는 빛의 파장 절반보다 작은 것은 자세히 관찰하지 못한다는 뜻이다. 대학에서 공부할 때 현미경은 나의 관심사가 아니었다.

일반적인 광학에도 실제 큰 관심이 없었다. 그것은 지루한 19세기 물리학이었다. 그렇지만 나는 실제 관심 밖 주제를 석사학위 논문 주제로 정했다. 가정환경 때문에 나중에 일자리를 더 쉽게 찾을 수 있을 듯한 주제를 정했던 것이다. 아버지는 언제나 일자리를 잃을 수 있다는 걸 염두에 두고 있었다. 결국 나는 물리학과는 거의 관계가 없는 석사논문을 썼다. 정밀기계 테이블을 광학현미경에 통합하는 주제였다. 논문은 잘 통과되었지만, 물리학적 요소가 없는 논문에 대단히 고통스러웠다. 다음 단계에서는 물리학과 관련된 일을 하고 싶었다. 그런데 나의 박사 지도교수는 나를 물리학자라기보다는 기술적인 일을 잘하는 사람으로 보았다. 지도교수는 내게 광학현미경으로 컴퓨터 칩을 연구하게 했다. 다시 말해 또다시 진짜 물리학은 아니었다. 당시에 나는 정말 우울했는데, 사회적 안정을 위해 직업을 잘못 선택했다고 느꼈기 때문이다. 광학현미경은 19세기에 이미 완전히 파헤쳐진 물리학이었다. 어쩔 수 없이 나는 이 주제에서 무언가 흥미로운 걸 끄집어낼 수 있을까를 고민했다. 그때 여전히 무언가 대단히 흥미진진한 것이 여기에 있을 수 있다는 걸 알아차렸다. 돌에 새겨진 법칙처럼 견고하게 생각되던 해상도의 한계를 깨는 방법이 있을 것 같다는 느낌이 들었다. 무언가 근본적인 문제를 다루고 심지어 과학사적 업적을 남길 수 있다는 생각이 나를 계속 일하게 만들었다. 언젠가부터 나는 당시에는 터무니없어 보였던 이 생각이 전혀 틀리지 않았다는 걸 인식했다.

## 그 주제를 발견한 후 무엇을 했나?

광학현미경의 해상도 한계를 다시 한 번 검토한다는 생각은 그 자체로 아직 발견은 아니었지만, 이 주제의 선택이 내가 어떤 사람인지 잘 보여 준다. 나는 탐험가 유형이었다. 당시 나는 20대 후반이었다. 젊음의 열정이 넘쳤고, 열심히 그리고 창의적으로 이 문제를 숙고한다면 그 경계가 무너질 것이라고 확신했다. 나는 독일에서 이 작업을 위한 도구를 찾으려고 노력했지만 그런 행운은 없었다. 아직 과학계에 확고한 자리가 없었기 때문이다. 그래서 핀란드로 갔다. 당시에 젊은 과학자가 자립할 가능성은 없었다. 정식 교수 밑에서 돈을 벌어야 했고, 소위 황태자가 아닌 사람은 여러 가지 힘든 일을 겪어야 했다. 나는 아무것도 아니었는데, 왜냐하면 독자적인 생각을 가지고 있었기 때문이다. 더욱이 그것이 바로 내가 가진 유일한 것이었다.

**작업이 마무리된 후 당신은 〈네이처〉나 〈사이언스〉에 논문을 발표하고 싶었지만, 이 학술지들이 거절했다.**

STED 현미경이 중요한 아이디어라고 이미 느끼고 있었지만, 한편으로 생각이 도용당할 수도 있다는 두려움이 있었다. 그래서 별로 유명하지 않은 학술지에 기본 개념을 제출했었다. 몇 년 후 실험을 통해 STED 현미경이 현실화되었을 때, 이 내용은 〈네이처〉나 〈사이언스〉에 실릴 가치가 충분해 보였지만 그들은 이 논문 심사를 거부했다. 정말 새로운 것을 소개하고 서술할 때 이런 일은 종종 일어난다.

**또한 당신은 바로 이 현미경 특허를 등록했다. 당신의 생각이 상업적으로 흥미롭고, 이 현미경이 당신의 생각임을 누구나 알아야 한다고 생각했었나?**

특허만 있으면 돈을 벌 수 있을 거라는 순진한 생각을 했었다. 특허는 연구기금을 마련하려는 목적이었고, 개인적인 보상을 받으려는 것은 아니었다. 실제 오랫동안 아무런 이익도 없었다. 핀란드에서 나는 대단히 검소하게 살았는데, 처음에는 핀란드에 6개월 정도만 있을 계획이었기 때문이다. 그러나 핀란드에서 몇 주를 보낸 후 STED 광학현미경을 위한 중요한 생각을 갖게 되었다. 기발한 착상이 몇 번 떠오른 후 무언가를 알게 되었다고 확신했다. 이건 아무도 모르는 내용이며, 매우 중요할 수도 있다고 판단했다. 나는 어느 정도 냉철하게 이 아이디어에 접근할 수 있는 충분한 근거가 있었다. 이틀 동안 끊임없이 이 문제를 생각하면서, 혹시 오류가 있는 건 아닌지 점검했다. 나는 내적 모순을 찾지 못했고, 모든 것이 논리 정연했다. 그러나 머릿속에 정리되었던 생각이 현실화되기까지 가시밭길을 걸어야 했다. 경쟁자들의 질투를 방어하는 일도 그 어려움에 한몫했다. 질투와 적의는 고통을 주지만, 나 같은 사람에게도 분기를 일으킨다. 나는 속으로 외쳤다. '너희들은 이제 깜짝 놀라게 될 거야!'

**괴팅겐에 있는 막스 플랑크 연구소에 정착하기 전까지 당신은 20개 대학에 지원서를 제출했지만 자리를 얻는 데 실패했다.**

그사이에 나는 이미 서른세 살이 되었고, 핀란드에서 더는 장학금을 받지 못했다. 이 위험한 상황에서 나는 운이 좋았다. 당시 괴팅겐 막스 플랑크 생물물리화학 연구소 소장이었던 미국인 토머스 조빈Thomas Jovin과 당시 그의 동료들이 1996년에 내게 기회를 주었다. 그러나 괴팅겐에서도 의심은 있었다. 2000년에도 여전히 나는 다른 자리를 알아봐야 한다는 소문이 돌았다. 그리고 독일과 외국 대학에 낸 모든 지원서는 아무런 답도 받지 못했다.

**2001년에 당신은 킹스 칼리지에서 강연을 한 번 했었고, 그 강연 후 바로 자리를 제안받았다.**

깜짝 놀랐다. 저녁 식사 자리에서 포크를 거의 놓칠 뻔했다. 그런 일은 나에게

"어떤 동료는 이렇게까지 말했었다. '그 사람의 데이터를 믿지 마. 그 사람은 쇼를 하고 있어.'"

일어날 수 없다고 생각했기 때문이다. 무수히 많은 곳에 지원했지만 아무 곳에서도 받아 주지 않았다. 킹스 칼리지가 정말로 나를 염두에 두었을까 하는 의심이 들기도 했다. 그 순간은 삶에서 절대 잊을 수 없는 순간이었다.

**그러나 당신은 막스 플랑크 연구소에 머물렀고 젊은 연구자 모임 리더에서 연구소 소장으로 뛰어올랐다.**

막스 플랑크 연구소 사람들이 나를 잡으려고 했다. 아마도 그사이에 내가 진짜로 무언가 독창적인 일을 하고 있다는 생각을 한 모양이었다. 그러나 나는 이미 괴팅겐을 떠날 마음의 준비를 했었다. 주변 사람들도 계속해서 떠날 것을 권유했다. 그리고 수많은 제안을 받았다. 괴팅겐에 남을 가능성이 점점 사라져 갔다. 그렇지만 그다음에 결국 나는 괴팅겐과 화해했고 세계에서 가장 혁신적인 연구소의 소장직을 받아들였다. 이제 그곳에서 내가 원하는 과학 작업을 해도 된다고 사람들은 말해 주었다. 마치 낙원에 온 것 같은 느낌이었다.

**미국에 갔다면 당신은 다시 새롭게 시작해야 했을 것이고, 막스 플랑크 협회 시스템이 제공하는 안정을 갖지 못했을 것이다. 막스 플랑크 연구소 소장이 되면서 평생직장이 보장되지 않았나?**

미국에도 경쟁자들이 있었고, 그들은 나와 나의 생각이 미국에 정착하는 것을 막으려고 했다. 미국에서 아무도 이런 방해를 하지 않는다면, 그건 별로 중요한 게 아니란 뜻이다. 독일 상황도 비슷했다. 그렇지만 독일에서는 막스 플랑크 협회가 자동적으로 나에게 제공하는 자유 공간이 있었다. 정말 나쁜 이야기도 들려줄 수 있다. 어떤 동료는 이렇게까지 말했었다. "그 사람의 데이터를 믿지 마.

그 사람은 쇼를 하고 있어." 심지어 교수 심사위원회에 있던 두 사람은 나의 데이터가 혼란스럽고 나의 과학이 속임수라는 비밀 심사 보고서를 작성하기도 했다. 이런 일은 무엇보다도 질투에서 나온다. 누가 옳은지는 시간만이 해결해 줄 수 있다. 그리고 그 시간은 아주 오래 걸릴 수도 있다…

### 노벨상 수상은 그렇게 오랫동안의 싸움 후에 얻은 보상을 의미했나?

우습게도 그렇지는 않았다. 나의 이론이 제대로 작동한다는 걸 깨달았을 때 나는 실제 보상을 받았다. 그리고 그 이론이 효과가 있다면, 내가 누구인지와는 상관없이 세상에 나왔을 것이다. 다만 내가 처음이었다는 점에서는 논쟁의 여지가 없었다. 노벨상을 받은 후에도 나는 계속 일을 하면서, 더는 능가할 수 없는 분자적 해상도에 도달하려고 노력했다. 우리가 만든 현미경의 해상도는 처음보다 10배 개선되었다. 나의 희망은 현미경을 단지 개선하는 데 그치지 않고 근본적으로 혁신하는 것이다. 나는 과학사에 이름을 남기고 싶다.

### 무엇으로 노벨상을 받았는지 쉽게 설명해 줄 수 있을까?

광학현미경으로는 1,000분의 1mm보다 작은 것은 볼 수 없다고 생각했었다. 그러나 나는 생의학에서 아주 중요한 형광현미경으로 분자 단위의 해상도까지 도달할 수 있다는 것을 발견했다.

### 사회에서 과학은 왜 중요하고, 또 과학으로 무슨 일을 할 수 있나?

사람들은 언제나 삶을 개선하려고 노력한다. 자연과학은 그 노력의 직접적인 결과다. 그러므로 과학은 중단될 수 없다. 내가 어떤 새로운 인식을 얻게 되면, 나의 행동 영역은 확장되고 문제들이 해결될 수 있다. 당연히 오늘의 해답이 내일의 문제가 될 수도 있고, 오늘의 장점이 내일의 단점이 될 수도 있다. 인류는 지금까지 언제나 해답을 찾았다. 나는 앞으로 최소한 3~5세대까지는 계속 잘 나가기를 희망한다.

## 당신은 아주 극단적으로 일하는 연구자이고, 아내는 의사로서 매우 바쁜 삶을 산다. 그럼에도 어떻게 당신들은 가족을 이루고 네 명의 아이를 낳았나?

가족 없는 삶을 상상조차 하기 싫다. 나는 서른여덟 살에 결혼했다. 이미 조금 늦은 나이였다. 아내 또한 자신의 분야에 대단히 열정적이었다. 그러나 우리는 각자의 일만을 위해 살지 않았다. 2005년에 첫 쌍둥이가 태어났다. 당연히 아이들 때문에 나는 연구 활동에서 잠시 한눈을 팔게 되지만, 그 어떤 다른 것보다도 내가 원하는 일이다. 그사이에 아이는 넷이 되었다.

## 당신은 자긍심을 어떻게 만끽하나?

나는 늘 자기비판적이었고 스스로를 의심했던 사람으로, 흔히 말하는 자긍심이 없다. 한편으로 그런 점이 나를 단단하게 해주었고, 다른 한편으로는 방해하기도 했다. 내가 어떤 훌륭한 것을 발견했을 때, 이 결과를 다른 사람에게 즉시 보여 주어야 한다는 마음이 잘 생기지 않았다. 그래서 그런 발견을 천천히 알렸다. 그러나 스스로 만족해야 하는 대단히 높은 요구가 있었다. 그 요구의 수준은 언제나 엄청나게 높았다.

## 성공을 위한 요소에는 어떤 것이 있을까?

하는 일이 즐거워야 하고, 그 일에서 성공을 원해야 한다. 당연히 무언가를 더 잘할 수 있는 재능도 필요하다. 나는 한 문제가 있으면, 그 문제를 완전히 이해했다고 믿을 수 있을 때까지 오랫동안 깊이 생각하는 경향이 있다. 더 자세히 말하면, 그 일을 다루고 있는 다른 사람들보다 더 잘 이해했다고 믿을 때까지 생각했다. 그래서 나는 현미경의 해상도 문제에만 집중했었다.

**연구 분야에서 왜 독일은 미국에게 뒤처질까, 그리고 미래에는 중국에게도 뒤처질 것으로 보는가?**

경제력과 과학적 힘 사이에 연관이 있기 때문이다. 20세기에는 미국이 경제적·정치적으로 도약해서 좋은 과학자들을 끌어들일 수 있었고, 연구에 돈을 쏟을 수 있었다. 이 상황을 독일이나 유럽과는 비교할 수가 없다. 미국의 학문 공동체는 대단히 거대하고 잘 조직되어 있어서 그 공동체에서 자리를 잡으면 바로 세계적인 연구자가 된다. 이런 상황은 미래의 중국에도 적용될 것이다. 과학에서 우위를 차지하면 경제와 정치 영역에서도 제대로 결정을 내릴 수 있다. 중국은 이 점을 잘 이해했고, 낙관적인 분위기에 있다. 우리의 경우에는, 유감스럽게도 여러 가지 이유 때문에 이런 낙관적 분위기가 사라졌다.

**과학 분야에서 다시 앞서가려면 독일의 학교 교육이 바뀌어야 할까?**

반드시 바뀌어야 한다. 학부모로서 나는 지난 10~15년 사이에 서서히 교육 수준이 하락했다는 인상을 받는다. 학교가 이념에서 벗어나 새로운 현실에 적응해 운영되어야 하고, 교사라는 직업과 학교에 큰 가치를 부여해야 한다. 많은 교사들은 세계화된 세상에서 여전히 경쟁을 경험하지 못했지만, 우리 아이들은 이 세계를 위해 준비해야 하는 상황도 문제라고 생각한다. 또 다른 약점은 교사들이 중요한 지식을 피상적으로 전달하거나 심지어 전혀 알려 주지 않을 수도 있다는 것이다. 아이디어를 실행에 옮길 도구가 없다면 훌륭한 아이디어들이 무슨 이익이 되겠는가? 아이디어들은 점점 더 빨리 세상에 퍼지고 있으며, 결국 그 아이디어의 열매를 손에 넣는 사람이 이긴다.

**학교 시스템이 그렇게 나쁘다면, 그 시스템이 미래에 어떤 의미가 있을까?**

나는 우리가 거대한 과학적 우위를 점한 이들에게 의존하게 될까 봐 두렵다. 한때 정반대의 상황이 있었던 것처럼 말이다. 이 상황은 '정의'롭지 않으며 '낭만'적이지도 않다. 무슨 일이 생기면 먼저 핸들을 다른 쪽으로 돌리는 것이 바로 서구 민주주의의 약점이다. 왜냐하면 문제 예방에는 다수가 확보되지 않기 때문이다. 보통 처음 문제를 인식한 사람들은 낙인이 찍힌다. 행동이 필요하다는 것을 누구나 알게 되었을 때는 다음 세대를 위해 무엇을 하기에는 이미 너무 늦을 수 있다. 자연이나 사회에서 타당한 인과관계를 잘못 읽으면 언제나 패배하게 된다. 자연은 무자비하게 처벌한다. 그러나 이 인과관계를 제대로 인식하면 자연은 상상 이상의 가장 강력한 동맹이 될 것이다.

# "우연에게 기회를 주어야 한다.
# 이 말은 내 삶의 모토와 같다."

안체 뵈티우스 | 해양 연구
브레멘 대학교 지질미생물학 교수, 브레머하펜 알프레드-베게너 연구소 소장
브레멘 막스 플랑크 해양미생물학 연구소 공동 소장
2009년 고트프리트 빌헬름 라이프니츠상 수상
독일

**뵈티우스 교수, 당신은 어떻게 깊은 바닷속 추위와 어둠에 큰 흥미를 느껴 그곳으로 기꺼이 들어가곤 하는가?**

심해는 지구에서 가장 거대한 생명의 공간이다. 지구에 있는 생명이 어디에서 생겨났는지 생각해 보라. 그리고 지표보다 수천 킬로미터 아래에 펼쳐져 있는 해저를 살펴보라. 그러면 지구의 대부분은 심해이고 우리는 그곳을 전혀 모르고 있다는 걸 알게 된다. 어릴 때부터 나는 땅속 깊은 곳을 탐험하는 사람이 되어 심해를 연구하겠다고 계획했다.

**당신의 할아버지가 여기에 큰 역할을 했다. 할아버지는 당신에게 고래사냥과 바다 모험 이야기를 들려주었다. 이런 이야기가 당신에게 무엇을 남겼나?**

무엇보다도 항해에 대한 특별한 사랑을 남겼다. 할아버지는 배를 통해 세계를 어떻게 보았는지 이야기해 주었다. 이 이야기는 내 안에 아주 강한 인상을 남겨서 나도 자연에서 자유로운 하늘과 사방을 둘러싼 바다를 보면서 일하고 싶

었다. 나는 이 자유로운 시선을 오늘날까지도 아주 중요하게 생각하고, 주거 환경을 결정할 때 핵심 사항으로 고려한다. 나는 모든 방에서 베저 강이 보이는 브레멘에 있는 낡은 집에서 살고 있다.

**어머니와 외할머니는 모두 강한 여성이었고, 여성도 모든 것이 될 수 있다고 당신에게 알려 주었다. 당시 이런 가르침은 당연한 것이 아니었다.**

맞다. 내가 어렸을 때 이혼한 부모는 별로 많지 않았다. 나는 친구들에게 그 사실을 숨기려고 노력했다. 할머니는 전쟁 동안 네 명의 딸을 얻었고, 어머니는 이혼 후 자식 셋을 혼자 키웠다. 그래서 나는 여성이 무엇이든 할 수 있다는 말에 의문을 품지 않았다. 우리는 어릴 때 꿈을 실현하라고, 그냥 자기 자신으로 있을 용기를 가지라는 격려를 계속 받았다. 나는 해양 연구가라는 직업을 이미 어릴 때부터 확실하게 희망했다. 무엇보다도 특히 어머니가 아주 일찍부터 독서를 가르쳐 준 영향이 컸다. 나는 밖에서 노는 걸 즐기는 아이가 아니었고, 사춘기 때는 정말 외톨이였다. 열네 살 때는 세계 문학 전집 절반을 읽었고, 특히 바다나 항해와 관련된 책은 모두 읽었다. 또한 자크 쿠스토Jacques Cousteau, 한스 하스Hans Hass, 로테 하스Lotte Hass 같은 사람이 진행했던 바다 연구를 다룬 텔레비전 프로그램들도 즐겨 보았다. 이 프로그램들은 할아버지의 설명과 잘 연결되었다. 특이하게도 나는 청소년 시절에 이미 나는 아이가 없을 것이고, 한 공간에 뿌리를 내리지 않을 거라는 생각을 했다.

**대입 자격시험에 합격한 후 바로 생물학을 공부했나?**

나는 해양생물학을 공부하고 싶다는 마음뿐이었고, 함부르크에는 항구와 대학이 있으니 그곳으로 가기로 결정했다. 나머지는 다 잘 될 거라고 생각했다. 할아버지는 나에게 삶을 위한 격언을 하나 알려 주었다. "너는 우연에게 기회를 주어야 한다." 이 말은 내 삶의 모토와 같다. 학교와 대학에서 생물학이 즐거움을 주었거나 특별히 흥미로웠던 것은 아니었다. 솔직히 아주 지루했다. 그러나 조교 일을 시작한 후, 첫 번째 탐사를 갔을 때 제대로 생물학을 사랑하게 되었다.

"나는 여성이 무엇이든 할 수 있다는 말에 의문을 품지 않았다."

### 1년 동안 미국 라호이아에 있는 스크립스 연구소에 있으면서 큰 기회를 얻었다. 그곳에서는 어떤 경험을 했나?

그 경험은 삶에서 중요한 진전이었다. 나와는 전혀 맞지 않았고 내가 생각하던 연구와는 거리가 멀었던 기초 학문에서 나를 꺼내 주었다. 그것은 마치 수천 배짜리 로또에 당첨된 것 같았다. 캘리포니아는 개방적인 곳이었고, 교수들은 제대로 학생들을 돌보면서 연구와 연결해 주었다. 그 이후 외국 경험과 여행은 내 삶의 대단히 중요한 부분을 차지한다.

### 당신은 그곳에 머물 수도 있었지만, 한 탐사 활동에서 한 남자를 만나 독일로 돌아왔다.

두 가지 이유가 있었다. 심해 연구자가 되고 싶었던 나는 한 교수에게 자문을 구했다. 그 교수가 생각하기에, 세계에서 심해저 미생물을 연구하는 가장 좋은 방법은 독일 브레머하펜 해양미생물학자 카린 로체Karin Lochte 밑에서 연구하는 것이었다. 처음에 나는 이 충고가 그리 마음에 들지 않았다. 그러다가 1992년 한 여행에서 갑판장과 사랑에 빠졌는데, 그 사람이 하필 브레머하펜 출신이었다. 이 두 가지가 맞아떨어지면서 나는 미국을 떠나기로 결정했다. 이 갑판장과 나는 오랫동안 함께 살았고, 여전히 절친한 친구로 지내고 있다.

그사이에 당신은 49회 탐사 여행을 다녔고 거의 30년을 배 위에서 살았다. 남성들이 지배하는 배에서 여성 연구책임자로 일하는 게 어렵지는 않았나?

전혀 그렇지 않았다. 오히려 배 위에서 너무 많은 도움과 우정을 경험했다. 문제는 거의 없었다. 내가 아주 젊은 학생이었을 때, 나이 든 어부들이 "도대체 너는 뭘 하려고 그러냐?"라면서 몇 마디 한 적은 있었다. 한 번은 선원들이 며칠 동안 나와 이야기를 하지 않았다. 내가 갑판에서 하는 자신들의 작업을 중단시키고, 안전 문제를 거론하며 선장을 불렀기 때문이다. 그때 나는 그들이 나를 여자라서 존중하지 않는다는 느낌을 받지 않았다. 오히려 선원들이 상처를 받았다. 내가 자신들의 일을 가치 있게 여기지 않고 자신들을 깔본다는 느낌을 주었던 것이다. 이렇듯이 항해 중에 여자라서 존중받지 못하는 일은 일어나지 않았다. 학계에서는 정반대였다.

**학계에서 어떤 나쁜 경험들을 했나?**

자연과학은 과거 남자들의 세계였고, 지금도 여전히 자주 그렇다. 내가 처음 성공을 거두었을 때, 나보다 나이 많은 여성 과학자들이 모난 돌이 정 맞는 법이니 너무 눈에 띄지 말라고 경고했었다. 당시에는 그 경고를 이해하지 못했다. 왜냐하면 모두가 늘 친절했고 나를 격려했기 때문이다. 그다음에 논문의 저자 위치를 두고 다툼이 생겼다. 내가 아이디어를 제출했고 첫 번째 초안도 작성했지만 갑자기 나이 많은 남자

교수들이 내 이름을 빼야 한다고 말했다. 그
때문에 갈등이 생겼고, 당시에 나는 양보를
했었다. 한동안 굉장히 괴로웠다.

**과학 분야에서는 가끔 경쟁이 특별한 형태로 발생하기도 한다. 당신은 어떤 경쟁을 경험했는가?**

몇몇 예외적인 경우를 제외하고 실제로 과학계에는
경쟁보다 친교가 더 많다. 아이디어와 창조성을 둘러싸고 스포츠와 같은 경쟁을 하는 게 마음에 든다. 이런 경쟁은 즐겁고 나를 고무시킨다. 주변에 있는 다른 사람이 같은 주제로 일하고 있다는 걸 알게 되면, 그것은 상호 교류를 위한 좋은 기초가 된다. 우리는 경쟁 관계에 있지만, 누군가 성공하게 되면 모두 함께 기뻐한다. 경쟁자로부터 내가 받고 내가 상대에게도 줄 수 있는 인정이 나를 자극한다. 나는 이미 일찍부터 나의 한계와 포기 지점을 깊이 생각했다. 항해를 통해 배웠던 이런 명료함을 일상에서도 활용한다. 그래서 다른 사람들도 나의 위치를 더 잘 인정해 준다고 생각한다.

**당신은 처음부터 이미 어떤 역경과 싸워야 했다고 말한 적이 있다.**

처음에 나는 과학에서 진정 중요한 게 무엇인지, 그리고 아이디어에서 논문 출판까지 전체 과정을 고려하는 게 얼마나 중요한 일인지 제대로 이해하지 못했다. 그러나 곧 작은 부분에서의 충직한 근면성보다 거대하고 새로운 아이디어가 과학에서 중요하다는 걸 배우고 이해했다. 내가 이해하지 못한 것이 또 하나 있었다. 과학계에서는 정상 등극 여부가 너무 일찍 결정된다. 서른에서 마흔 사이가 정상 정복을 하기 좋은 나이며, 이후에는 두 번째 기회가 거의 주어지지 않는다. 이런 과학계의 상황에서 보면 나는 많이 늦었었다. 그렇지만 나는

> "그러나 곧
> 작은 부분에서의 충직한
> 근면성보다 거대하고
> 새로운 아이디어가 과학에서
> 중요하다는 걸 배우고
> 이해했다."

둘러 가는 길을 만들었다. 두 번째 박사후연구원을 하면서 완전히 새로운 아이디어를 제시했고, 연구 주제를 완전히 바꾸었다. 이 변화 덕분에 나의 분야에서 앞자리로 갈 수 있었다.

## 무엇이 당신의 첫 번째 큰 성공이었나?

지금껏 알려지지 않았던 미생물을 발견한 일이었는데, 이 미생물은 해저에서 나오는 메탄을 분해한다. 만약 메탄가스가 그냥 바다를 통해 대기에 도달했다면, 완전히 다른 지구가 되었을 것이다. 만약 이 작은 생명체가 바다 밑에 자리잡고 이 공격적인 온실가스를 먹어 치우지 않았더라면 온실가스는 우리에게 완전히 다른 영향을 미쳤을 것이다. 이 주제에 대해 쓴 논문은 여전히 많이 인용되고 있다.

## 왜 당신은 연구 지역을 여러 번 바꾸었나?

몇 년 동안 한곳에 있으면 지루해지고, 그때마다 무언가 새로운 것을 시작하고 싶다. 여전히 존재하는 미생물학의 거대한 수수께끼들은 특히 분자 차원에서 다룰 것이 많다. 그러나 나는 미생물학자라기보다는 생태계 연구자이며, 나의 지식과 관심도 생태계 연구에 더 적합하다. 그래서 미생물학에서 심해 연구로 방향을 바꾸었다. 기후변화가 심해에 미치는 영향을 이해하기 위해서였다. 이 분야에서 여전히 나는 활동 중이고, 여기에 극지방 연구 같은 다른 연구 영역들이 추가되었다. 이렇게 나의 연구는 5~8년마다 한 단계씩 도약했다. 그사이에 나는 특별히 기후변화 연구에 몰두하고 있다.

## 1993년에 당신이 쇄빙선을 타고 북극 지방을 항해했을 때 빙하의 두께는 3~4미터였다. 지금은 1미터밖에 되지 않는다.

극지방 환경의 급격한 변화는 빙하에 사는 생물과 북극해의 심해생물에게도 영향을 미친다. 빙하가 얇아지면서 바다에는 더 많은 빛이 쏟아진다. 그 덕분에 빙하 해초는 연초부터 여름까지 더 빨리 성장하지만, 여름부터 가을까지 얼음이 녹으면서 많은 생물종의 생활환경이 더 크게 바뀐다. 2012년에 측정을 시작한 이래로 가장 거대한 해빙이 있었다. 이때 우리는 빙하 해초들이 어떻게 심해에 가라앉는지 관측할 수 있었다. 그러나 북극 해저에 가라앉은 이 해초를 새로운 식량원으로 이용하는 심해동물들은 거의 없었다. 왜냐하면 많은 해저 동물들은 기존 에너지원에 강하게 적응되어 있기 때문이다. 이처럼 기후변화가 바다 밑바닥에 있는 심해동물의 생활환경에도 영향을 미친다는 사실은 새롭게 얻은 중요한 지식이었다. 이 사실은 이후 많은 연구자들에 의해 인용되었다. 나도 이 발견에 정말 놀랐다. 유감스럽게도, 과학적으로 볼 때 우리가 지구를 지켜낼 수 있다는 희망은 점점 줄어든다. 이산화탄소 배출을 짧은 시간 안에 중단하지 못하면 약 2040년부터 빙하 없는 여름이 시작될 것이다. 전복의 순간이 이렇게 가까이 와 있지만 우리는 여전히 아무 일도 없다는 듯 행동한다.

## 자연 연구자들이 더 목소리를 높여야 할까?

우리는 이미 대단히 큰 목소리를 내고 있다. 인간들이 얼마나 많은 이산화탄소를 배출하고, 우리가 얼마나 유지될 수 있는지를 알려 주며, 어떤 생명 공간과 종들이 위협받고 있는지 보여 준다. 우리는 많은 분야에서 대중과 정치인들에게 호소했다. 복잡한 이 과제를 지금 시작하자고, 최소한 10년 안에 에너지 시스템을 바꾸자고 독일뿐만 아니라 전 세계를 대상으로 외쳤다. 이 문제는 대단히 큰 변환과 관련된 문제다. 왜냐하면 전 지구 에너지의 75%가 화석연료에서 나오기 때문이다. 그러나 나는 여전히 낙관적이고, 여전히 출구가 존재한다고 생각한다. 이 문제는 다양한 해답을 요구한다. 탄소세가 하나의 해답이 될 수도 있을 것이다. 재생 에너지가 화석연료보다 훨씬 싸질 수 있기 때문이다. 탄소세는 인류가 대단히 빠르게 전환하는 한 계기가 될 수 있을 것이다.

## 당신은 바다를 오염시키는 플라스틱 쓰레기와도 싸우고 있다.

플라스틱 쓰레기는 하나의 재앙이다. 북해에도, 심지어 북극해조차도, 해변에 좌초된 큰돌고래들도, 죽은 바다표범과 바닷새들도 플라스틱 쓰레기로 가득 차 있다. 우리가 자연을 그렇게 대하는 건 있을 수 없는 일이다! 합리적 해결책은 분해되는 물질로만 폐기물을 생산하는 것이다. 수백 년 동안 바다에 머무는 물질로 쓰레기가 만들어져서는 안 된다. 단순하고 신속한 해결책이 필요하다. 과학은 더 많이 직접적이고 체계적으로 정치 및 사회와 일해야 하지만, 유감스럽게도 이런 협력을 위한 플랫폼이 없다.

## 정치는 무엇을 해야 할까?

정치는 인간들의 행복을 위해 자연과 환경의 가치가 오랫동안 인정받는 환경을 조성해야 한다. 시간은 달려가고 있다. 우리 대기에 너무 많은 이산화탄소가 있어서 정말로 거대한 전 세계적 문제가 되기까지 앞으로 10년 혹은 15년의 시간이 남았다. 우리는 더 나은 기후와 자연 보호를 위해 법, 규칙, 돈이 필요하다. 사회 정의도 여기에 함께 고려되어야 한다.

## 당신이 세상에 던지는 메시지는 무엇인가?

깨어 있기, 관찰하기, 생각과 행동을 조화롭게 하기.

## 당신을 보면, 낙관주의가 당신을 덮고 있는 것 같다. 당신도 가끔 위기가 있었나?

느려터진 진행 과정 때문에, 혹은 끔찍한 어리석음과 증오 때문에 엄청나게 분노하는 상황은 끊임없이 있었다. 그럴 때 나는 우리가 어떤 세계에 살고 있고 앞으로 어떻게 나아가야 하는지를 스스로에게 물어본다. 또 능동적이 되어야

한다고 스스로 다짐하고, 무언가를 성취하기 위해서
는 시간과 힘이 필요하다고 위로한다. 그렇게 스스
로에게 비관주의를 금지한다.

### 당신의 성격을 세 단어로 묘사한다면?

영리함, 재빠름, 즐거움.

### 당신은 텔레비전, 신문, 각종 토론회에 자주 출연한다. 이런 당신을 좋지 않게 보는 동료가 있나?

비난보다는 격려와 칭찬을 더 많이 받는다. 과학자를 대표하는 모습도 보기 좋
고, 명료한 태도를 보여 줘서 시원하다고 말한다. 틀림없이 어떤 이들은 내가
미디어 출연으로 보내는 시간이 연구에 보내는 시간보다 많다고 생각할 것이
다. 그러나 나의 경력, 출판, 수상을 확인해 본 사람이라면 내가 연구와 생산적
인 일을 중단했다고 말하지는 못한다. 내가 몸담고 있는 극지방 연구와 해양
연구 분야에서는 지금 커뮤니케이션에 대한 높은 요구가 있다. 이를 위해 내가
나서야겠다는 느낌을 받는다. 그렇지만 더 좋은 연구를 많이 하기 위해 더 많
은 고요와 보호 공간이 있으면 좋겠다고 종종 생각하기도 한다.

### 젊은 사람들이 과학을 공부해야 하는 이유는 무엇일까?

과학이라는 직업은 언제나 새로운 것을 배우고 지식의 한계를 측정하고 이를
극복하는 일로 구성된다. 영원한 어린아이로 머무는 일도 이 직업에 기본적으
로 포함된다. 모든 어린이는 세상에 대한 호기심과 잘 짜인 뇌를 가지고 태어
나기 때문이다. 이 뇌는 충족되기를 원하고, 배우고 탐구하기를 원한다. 이런
호기심과 바람을 과학자는 평생 유지할 수 있다.

## 사회에 대한 당신의 공헌은 무엇인가?

심해 연구자와 극지방 연구자는 아주 적다. 우리는 많은 생명의 공간을 심하게 바꾸고 사라지게 했다. 이런 시대에 우리는 저 멀리 있는 생명의 공간들에 대해 알게 되었다. 나는 연구와 소통을 통해 이 새로운 지식의 본질을 전달하고 있다.

# "과학에서 가장 큰 문제는 지나치게 유행에 종속된다는 점이다."

토마스 쥐트호프 | 신경생물학

스탠퍼드 대학교 의과대학 분자 및 세포생리학 교수
2013년 노벨 생리·의학상 수상
미국

**쥐트호프 교수, 당신은 청소년 시절 자유를 가장 중요하게 여겼던 반항아였다. 길들여지지 않으려는 이런 욕구는 어디에서 왔는가?**

생물학적으로 타고났다고 말하는 게 멋있어 보이겠지만, 확신하지는 못하겠다. 어린 시절 어떤 것도 내가 다른 사람들보다 적응력이 떨어진다는 걸 보여 주지 않는다. 그러나 나는 집단 안에서 편안함을 느끼지 못했다. 나는 인간이 소속감을 사랑한다는 것을 아주 잘 이해할 수 있다. 왜냐하면 우리는 특히 커뮤니케이션 속에서 살고, 기꺼이 타인들에게 동의하기 때문이다. 그러나 나는 이런 소속감을 특별히 가치 있게 여기지 않았다.

**당신은 발도르프 학교에서 받은 교육을 좋아했다. 발도르프 교육이 당신에게 미친 영향은 어느 정도였나? 그리고 그 영향을 지금도 볼 수 있나?**

선생님들은 대단히 독립적인 생각을 했었고 특정 이념을 맹목적으로 추종하지 않았다. 선생님들은 내가 사물을 스스로 탐구해 긍정 또는 부정하기를 원한다는 것을 이해해 주었고, 여기에서 나는 큰 도움을 받았다. 발도르프 학교 자체가 중요한 것이 아니라, 내가 고유한 사고 세계를 발전시키도록 교사들이 도움을 주었다는 게 중요하다.

**삶에서 여성 두 명이 큰 영향을 미쳤다. 외할머니와 어머니인데, 어머니는 아버지가 세상을 떠난 후 홀로 자식들을 책임지셨다.**

어머니는 나에게 많은 영향을 미쳤다. 어머니는 대단히 내향적이고 내성적이었지만, 단단한 가치관을 가지고 있었다. 어머니처럼 내게도 어떤 위치에 오르는 일이나 돈을 버는 일은 중요하지 않다. 할머니는 믿을 수 없을 만큼 강한 여성이었고, 어머니보다 훨씬 대화를 즐겼다. 할머니에게 나는 영적 생활, 문화에 대해 많은 것을 배웠다.

**당신은 어릴 때 바이올린과 바순을 연주했다. 학교보다 음악을 통해 더 많은 것을 배웠다고 말한 적도 있다.**

늘 음악에 본능적으로 끌렸고 음악가가 정말 되고 싶었지만 충분한 재능이 없었다. 창조성은 오직 기술적 숙련으로 도달할 수 있다는 것을 음악을 통해 배웠다. 이 원리는 과학에도 적용된다. 음악을 할 때 중요한 건 악기를 배우는 일이고, 이것은 엄청나게 많은 연습을 의미한다. 나는 과학에서 물질을 배워야 하고, 엄청나게 많이 읽고, 연구하고, 실험해야 한다.

**열네 살 때 유럽을 떠돌아다녔다. 왜 그렇게 밖으로 나가고 싶어 했나?**

호기심과 약간의 저항심, 그리고 반항기가 작용했다. 나는 기꺼이 세상을 보고 싶었고, 독립적이고 싶었다. 반항과 방랑의 모든 책임을 온전히, 다른 일로 정신이 없었던 부모님 탓으로 돌리는 건 공정하지 못한 것 같지만, 부모님은 내게 큰 신경을 쓰지 않았다. 당시에 부모님은 내가 집에 없다는 걸 알아차리지 못했다. 나의 아이들이라면 상상할 수도 없는 일일 것이다.

**대학 입학 자격시험이 끝난 후에도 당신은 여전히 길을 찾고 있었다. 무엇을 하고 싶었나?**

나는 당시에 의학을 공부하기로 결정했다. 부모님이 의사였기 때문이 아니라 다양한 교육 과정 중에서 의학이 가장 좋은 가능성을 제공한다고 보았기 때문이다. 의사가 되려는 소명 같은 건 느끼지 않았고, 의사라는 직업을 통해 내 미래를 보지도 않았지만, 그것은 만족스러운 직업이었다. 박사 과정을 끝낸 후 텍사스로 갔을 때, 몇 년 후 독일로 돌아와 한 대학병원에서 전문의 과정을 마칠 계획을 세웠다. 그러나 1986년에 결국 의료직에 더는 종사하지 않기로 마음먹었다. 연구 활동 또한 크고 의미 있는 도전이며, 무언가 역할을 할 수 있다고 느꼈기 때문이다.

**텍사스에서 당신의 연구실을 갖게 되었다. 당신의 박사후 과정 동료 닐스 브로제(Nils Brose)에 따르면, 당시에 자신은 하루 12시간씩 주말도 없이 일했는데, 당신은 거의 24시간 일하는 것 같았다고 한다. 당시에 잠을 잤었나?**

지금까지도 일을 많이 한다. 그러나 많은 일을 부담으로 느끼지 않고 삶의 일부로 여긴다. 노동은 종종 부정적 의미를 품고 있지만, 나의 자리를 여러 의미에서 하나의 선물로 느낀다. 나의 직업은 흥미로우며, 나는 내 일을 좋아한다. 그리고 다른 많은 사람들보다 특별히 일을 많이 한다고 느끼지는 않는다.

**당신의 연구 스타일은 어떤가?**

나의 일 대부분은 사무실에 앉아서 정보들을 다루는 일이다. 다른 사람들이 이미 연구한 작업물을 나의 데이터와 비교하고, 전체를 해석하고 종합

"나에게 지능은 집중과 에너지보다 덜 중요했다."

하려고 노력한다. 내가 하는 일에서 두 번째 긍정적인 요소는 대화다. 사람들과 집단으로 혹은 개별적으로 많은 대화를 한다. 반대로 내 일에서 부정적 측면은 행정 업무다. 행정에서는 많은 규정들이 거대한 문제가 되곤 하며, 나는 어딘가 에서 연구를 위한 돈을 받아오기 위해 늘 노력해야 한다. 이 일은 피곤하고 가 끔은 진짜 멍청한 일이지만, 이런 일이 점점 더 늘어나고 있다.

**당신은 한때 스스로 옳다고 여기는 일과 다른 사람의 생각 사이에서 균형을 찾는 일이 어렵다고 생각한 적이 있다고 했다.**

이 문제는 이렇게 표현할 수도 있다. 우리 인간은 정말로 자신을 제대로 잘 평 가하지 못한다. 스스로를 객관적으로 관찰하는 문제에서 타고난 무능력자다. 그렇게 우리는 자신을 과대 혹은 과소평가한다. 그래서 우리는 의사소통을 하

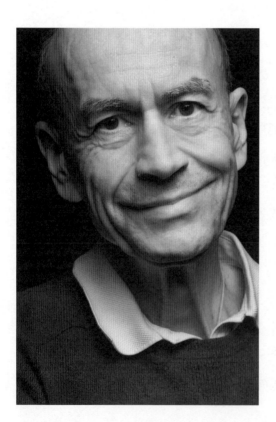

면서 동료와 가족들의 피드백을 받아야 한다. 이 피드백 없이는 자 신을 제대로 평가할 수 없다. 그런 데 우리는 모두 또 현실과 일치하 지 않는 시류의 영향을 사회로부 터 받는다. 과학에서 가장 큰 문제 는 지나치게 유행에 종속된다는 점이다. 종종 모든 과학자들이 같 은 실험을 하고 모두 같은 결과에 도달한다.

**어떻게 당신의 길을 찾았나?**
나에게 지능은 집중과 에너지보다 덜 중요했다. 미국에 머물 때 나는

자신의 생각을 관철하는 일이 얼마나 어려운지 배웠다. 가끔은 긍정적 결과가 드러나기까지 오래 걸린다. 나는 운이 좋았다. 많은 이들은 결국 포기한다. 처음 나의 연구소를 이끌기 시작했을 때 나는 깊이 생각했다. '무언가 중요하고 새로운 것을 발견할 기회가 실제 어디에 있을까? 다른 사람들은 아직 건드리지 않았지만, 인간의 뇌에 대한 우리의 이해를 넓힐 수 있는 연구 영역은 어디일까?' 나는 이런 생각으로 오늘도 전진하고 있다.

## 2013년 무엇으로 노벨상을 수상했는지 쉬운 말로 설명해 줄 수 있을까?

뇌에는 무수히 많은 신경세포가 있고, 이 세포들은 끊임없이 서로 소통한다. 모든 신경세포는 동시에 다양한 네트워크의 일부이며, 신경세포들끼리 소통하는 지점은 늘 변한다. 이 소통의 지점을 시냅스라고 부르며, 이 시냅스를 통해 신경세포는 다른 신경세포에게 정보를 전달한다. 뇌는 많은 정보를 대단히 빠르게 처리해야 하므로 이 전달 속도는 대단히 빨라야 하고, 실제로도 엄청나게 빠르다. 이전에는 이 정보 전달의 빠르기가 거대한 수수께끼였다. 시냅스에서의 정보 전달은 화학적 전달물질을 통해 일어난다. 이 정보 전달은 시냅스 한쪽에 있는 신경세포, 즉 시냅스 전 신경세포presynaptic neuron에서 화학물질을 방출하고 다른 쪽 신경세포가 이 화학물질을 인식하는 방식으로 진행된다. 노벨상을 받은 연구는 신경전달물질을 방출하라는 신호가 왔을 때 시냅스 전 신경세포가 어떻게 전달물질을 그렇게 빠르고 정확하게 분비할 수 있는지 설명한다. 이 기능은 이렇게 작동한다. 전기 신호가 시냅스 전 신경세포로 들어오면 세포 내부의 칼슘 신호로 바뀐다. 이 칼슘 신호는 다시 특정한 단백질 기계를 활성화하고, 이 기계는 화학적 전달물질이 분비되도록 만든다. 이 분비는 소포vesicle들이 융합하면서 진행된다. 소포는 전달물질이 채워져 있는 작은 거품인데, 이 거품이 시냅스 전 신경세포의 표면막과 융합하면서 신경전달물질이 방출되는 것이다. 나는 이 과정을 해명하는 데 기여했다.

**당신이 연구를 시작했을 때, 이 분야는 연구가 많이 미흡했던 분야인가?**

당시에는 시냅스에서 실제 무슨 일이 일어나는지 전혀 몰랐다. 그래서 이 주제를 탐구하기로 결정했다. 문제를 해결할 수 있다는 생각이 들었기 때문이다. 오늘날 과학은 질병을 직접 해명하거나 바로 적용될 수 있는 것을 연구하라고 요구한다. 실제로 충분히 가치 있는 요구다. 그러나 시스템의 기본 특성을 이해하지 못하면 질병과 기능 연구를 진행할 수 없는 경우가 많다. 이런 기본 특성을 시스템의 근본 요소 목록이라고 말한다. 나의 첫 번째 연구 목표는 시냅스 전 신경세포를 단순히 묘사하는 일이었다. 당시에는 이 연구가 단순 묘사에 그쳐서 지식과 이해에 직접 기여하지 못한다는 비판을 많이 받았다. 과학계에서 종종 어떤 연구들은 충분히 빠르게 실용화할 수 없거나 기능적 관점을 담지 못해 지원을 받지 못한다. 그러나 이런 홀대 때문에 우리가 원하는 진짜 결과에 도달하지 못하게 된다. 알츠하이머병 연구가 아주 좋은 사례다. 수십 년 동안 알츠하이머병 연구 분야는 질병 자체에 대한 이해는 대단히 불완전한 상태에서 가능한 한 빨리 직접적인 치료법에 도달해야 한다고 강조했다. 수십 년 동안 수십억 달러를 쓰면서 연구했지만, 아무것도 얻지 못했다.

**요즘은 어떤 연구를 하고 있나?**

요즘 나는 시냅스가 신경세포들 사이에서 어떻게 만들어지는지에 관심이 있다. 이 문제는 많은 질병에서 중요하지만, 내가 가진 관심은 기본적으로 질병과 관련된 건 아니다. 뇌가 발달하는 동안 신경세포들이 생겨나고, 이 신경세포들이 시냅스를 통해 서로 연결되면서 거대하게 서로 겹치는 망이 만들어진다. 이 망은 시냅스가 재구성되는 대로 평생 꾸준히 재형성된다. 나는 이런 시냅스의 재구성이 왜 일어나고, 도대체 시냅스는 어떻게 만들어지는가에 흥미를 가지고 있다.

**독일에서는 H지수, 즉 논문의 인용 횟수에 매우 큰 가치를 부여하고, 반면 미국에서는 특허 개수에 더 무게를 둔다. 당신은 이 차이를 어떻게 보는가?**

맞다. 미국에서는 인용이나 H지수가 더 작은 역할을 한다. 그렇지만 특허도 학자들에게는 부차적인 문제다. 논문 출판은 중요하다. 그러나 미국에서는 연구의 외면적 표현 양식보

> "나는 요즘 특정 인물이나 국가의 이기적 목적을 위해 사실이 의도적으로 무시되고, 왜곡되고, 부정되는 상황을 대단히 큰 문제로 느끼고 있다."

다 실제 과학자의 연구에 더 큰 가치를 부여한다. 한편으로 나는 과학 연구 활동이 위험에 처했다고 생각하는데, 전통적 의사소통 방법과 출판 양식이 더는 잘 작동하지 않기 때문이다. 편집진이 너무 많은 권력을 갖는다. 완전히 틀린 것으로 판명되고도 절대 철회되지 않는 논문들이 너무 많이 발표된다. 시스템은 너무 상업적으로 변했고, 우리는 다른 시스템이 필요하다.

**끊임없는 스트레스와 늘 연락 가능해야 하는 문제는 어떻게 해결하나?**

이 일을 관리하는 것은 중요하다. 나는 전화 통화를 거의 하지 않는다. 가장 좋지 않은 건 이메일이라고 생각한다. 나는 낮에 너무 많은 이메일을 처리해야 한다. 저녁에는 문제가 좀 줄어드는데, 컴퓨터와 전화를 그냥 꺼두기 때문이다. 가끔씩 죄책감이 들어 무언가 중요한 게 왔는지 다시 한 번 보기도 하지만, 특정 시간대 이후에는 아무 연락도 받지 않으려고 노력한다.

**아버지는 당신이 태어날 때 미국에 있었고, 당신의 출생을 전보로 알았다. 연구를 한창 하고 있었을 때 당신도 집에 없는 아버지였나?**

확실히 나도 집에 없는 경우가 많았다. 그렇지만 나의 모든 아이들과 늘 많은 것을 함께 했다. 첫 번째 결혼에서 낳은 아이들은 그사이에 성인이 되었

다. 나처럼 교수로 일하는 두 번째 아내와는 몇 가지 합의를 했다. 나는 아침 7시 30분에 아이들을 학교에 데려가고, 가끔은 학교에서 데려오기도 해야 하며, 이따금 아이들을 어딘가로 데려다주어야 한다. 나는 늘 6시 또는 늦어도 6시 30분에 귀가해 가족과 함께 저녁 식사를 한다. 그다음 아이들을 침대에 데려가는 걸 돕고, 아이들에게 무언가를 읽어 주거나 이야기를 들려준다. 가끔 한 시간 정도 더 일하고 잠자리에 든다. 이것이 나의 일과다.

## 당신은 하워드 휴스(Howard Hughes) 의학 연구소의 지원을 받는다. 노벨상 수상자인 당신도 5년마다 시험을 통과해야 하는 일은 어떤가?

그 일 때문에 긴장을 많이 한다. 그 시험은 내 삶에서 해야 하는 매우 힘든 일 중 하나인데, 스트레스가 대단하기 때문이다. 그곳에 가서 최선을 다해 나를 보여 주려고 준비한다. 미국에서 나는 다른 사람들과 다르지 않다. 그리고 그것이 옳다고 생각한다. 내가 왜 재정 지원을 받을 만한 사람인지 증명할 수 있어야 한다. 그사이에 정교수가 되면서 확실한 사회적 안정을 얻었다. 이 안정은 나에게 중요한데, 세 명의 어린 자녀가 있기 때문이다.

## 왜 젊은 사람들이 과학을 공부해야 할까?

사물의 근본을 이해하기 위해서는 과학이 필수적이다. 자동차는 어떻게 움직이는지, 심장은 어떻게 작동하는지, 우리 세계는 어떻게 만들어졌는지를 알려면 과학이 필요하다. 과학은 삶의 모든 영역과 관련되어 있고, 엔지니어나 의사뿐만 아니라 정치가, 법률가 등 모든 사람이 과학 기본 교육을 받아야 한다. 과학자가 되는 일은 다른 문제다. 과학자가 되기 위해서는 무언가를 발견하는 일에 진정한 흥미가 있어야 한다. 나는 스스로 무언가를 발견했을 때뿐만 아니라 다른 사람이 찾아낸 것을 이해할 때도 엄청난 즐거움을 느낀다. 진정한 새로운 통찰과 인식을 만났을 때 가장 기뻤다.

## 당신 삶에서도 위기가 있었나?

어떤 과학적 문제를 풀려고 노력했지만 그 문제를 해결하지 못했을 때 대단히 큰 좌절을 겪었다. 나보다 훨씬 적은 업적을 쌓은 것 같은 사람도 받는 인정을 내가 오랫동안 받지 못했다고 느낄 때도 좌절했었다. 나는 차별받는다는 느낌을 받았다. 시간이 지나면서 이런 생각을 하는 게 완전히 의미 없다는 것을 깨달았다. 결국 모든 심사 과정과 수상은 능력뿐 아니라 운과 약간의 정치에도 달려 있기 때문이다. 나의 노벨상 수상도 행운이 더 크다고 생각한다. 노벨상은 이 상을 받을 자격이 있었던 다른 사람이 받았어야 했다.

## 당신이 세상에 주는 메시지는 무엇인가?

나의 가장 중요한 관심사는, 사람들이 진정 진리인 것에 의견을 모으고 그 진리에 따라 행동하는 것이다. 과학적 진리는 궁극적으로 정의될 수 없다. 그러나 진리가 어떻게 정의되든, 진리는 상대적인 게 아니다. 진리는 그 자체로 진리다. 이것을 포기할 때, 우리의 유럽 문화를 포기하는 것이다. 나는 요즘 특정 인물이나 국가의 이기적 목적을 위해 사실이 의도적으로 무시되고, 왜곡되고, 부정되는 상황을 대단히 큰 문제로 느끼고 있다. 그런 짓은 정치와 아무런 관련이 없으며 순전히 이데올로기일 뿐이다. 단지 그것이 자신에게 이익이라는 이유로 사실을 단순히 왜곡하거나 부정해서는 절대 안 된다.

## 더 나은 미래에 기여하기 위해 과학은 사회에서 어떤 역할을 해야 할까?

과학은 객관적이어야 한다. 과학자들은 진리를 위해 자신의 개인적 욕구나 야망을 뒤로 물려야 한다는 뜻이다. 우리는 과학자로서 너무 많은 실수를 했고, 책임을 인지하지 못했다. 과학에도 당연히 많은 부패가 있다. 우리는 대중에게 무엇이 진짜 가능한지 더 잘 설명해야 할 것이다. 그리고 지킬 수 없는 약속으로 더 많은 연구지원금을 얻어 내려고 해서는 안 될 것이다.

# "성공한 다음 날 연구자는 세상을 바꿀 수도 있다."

다비드 아브니르 | 화학
예루살렘 히브리 대학교 화학과 은퇴교수
이스라엘

## 아브니르 교수, 왜 당신은 자연과학 분야를 공부했나?

나는 자연과학자로 태어났다. 내가 세 살 때 이스라엘에서는 식량이 배급되었다. 우리 가족에게는 매일 달걀을 하나만 낳는 암탉이 있었는데, 그 달걀을 먹는 게 나의 숙제였다. 나는 이 닭이 우리 가족의 행복에 대단히 중요하다고 느꼈다. 그래서 새로운 닭을 키우기 위해 깃털 하나를 주워 땅에 묻은 후 물을 주었다. 이것이 나의 첫 번째 과학 실험이었다. 당연히 이 실험은 실패했지만 내게는 아주 중요한 가르침이었다. 열두 살 때는 낡은 안경으로 망원경을 만들었다. 이 망원경으로 나는 하늘을 보았고, 목성이 세 개의 작은 점으로 둘러싸여 있는 걸 발견했다. 그 점들은 목성의 달이었다. 나중에 나는 이미 수백 년 전에 갈릴레오 갈릴레이가 이 달들을 발견했다는 사실을 알게 되었다. 이런 일들을 하면서 내가 과학하기를 좋아한다는 걸 깨달았다. 이런 생각은 나의 내면에서 나왔다.

## 과학자에게는 어떤 사고방식이 필요할까?

"'유레카!'라는 상상은 상당히 낭만적이다. 연구는 오히려 에베레스트 등정과 닮았다."

자신의 세계를 이해하려는 꺼지지 않는 거대한 호기심과 늘 계속 배우려는 열정이 필요하다. 한편으로 견고한 배경지식을 습득하기 위해 시스템의 일부가 되어야 한다. 다른 한편으로 자신의 생각에 도달하기 위해 주어진 틀 바깥에서 생각할 수 있어야 한다. 그러나 과학자는 실패를 두려워해서는 안 된다. 과학 연구는 시도와 실패의 끊임없는 과정이기 때문이다. 열 번 중 아홉 번은 실패할 준비가 되어 있지 않으면 과학계로 오지 말아야 한다. 실패는 과학의 진보를 구성하는 절대적인 기본 요소다. 가구공은 의자 하나를 만들고 저녁에는 행복감을 느낀다. 그 사람은 무언가를 창조했기 때문이다. 과학에서는 무언가 제대로 돌아갈 때까지 몇 달 동안, 매일매일 실패와 함께 보낼 수 있다. 과학자는 고집스러움과 유연함이라는 불가능한 조합을 갖추고 있어야 한다. 실제로 사람들은 나를 이렇게 묘사한다.

**탈무드에는 꾸준히 무언가를 배우는 사고 개념이 들어 있다. 이 생각이 과학자에 대한 호의적인 태도라고 볼 수 있을까?**

유대인들은 끊임없는 학습, 이 학습 자체에 대한 끊임없는 논쟁, 그리고 모든 것에 대해 의문을 제기하는 문화가 있다. 나는 이 문화가 많은 유대인들이 과학 분야에서 성공하는 중요한 이유라고 생각한다. 논쟁은 부정적인 것이 아니다. 논쟁은 생각을 더 정확하게 표현하거나 거부하는 방법이다.

**연구 중에 중요한 변환점에 도달했던 순간을 기억하는가?**

'유레카!'라는 상상은 상당히 낭만적이다. 연구는 오히려 에베레스트 등정과 닮았다. 연구자는 천천히 한 단계씩 전진해 결국 정상에 도달한다. 쉬운 길은 존재하지 않으며, 등반자에게 아무것도 선물로 주어지지 않는다. 정상의 모습은 안개가 걷히듯이 천천히 그 형태가 드러나기 시작한다. 연구자는 가끔 한밤중에 깨어 특별한 질문에 대한 대답을 찾는다. 연구의 결과는 완전한 발견, 혹은 완전한 실패만 있는 게 아니다. 언제나 다음 지식으로 가는 작은 계단을 만드는 것이 중요하다. 말하자면, 목표에 도달하는 것보다 과정이 훨씬 중요하다. 그 과정에서 즐거움을 얻고 작은 만족의 순간이 많이 생긴다. 이것이 과학자를 추동해 간다.

**당신의 묘사대로라면, 과학자가 되는 일이 그렇게 매력적으로 들리지는 않는다.**

그러나 만약 성공만 한다면, 연구자는 왕이 된다! 성공한 다음 날 연구자는 세상을 바꿀 수도 있다. 이보다 더 매력적인 일이 있을까? 다른 사람들이 이용할 수 있는 새로운 지식을 발견하는 것보다 더 큰 만족을 주는 게 있을까? 이것이 바로 과학자라는 존재의 핵심 의미다. 이것이 아마 과학이 사회에 제공할 수 있는 가장 혁신적 능력일 것이다. 이와 반대로 경력을 쌓고 출세를 위해 과학 연구를 생각한다면, 과학 연구는 소중한 인생을 낭비하는 일이다. 과학은 경력 쌓기를 넘어서며 완전한 헌신을 요구한다. 나는 아침에 사무실에 나가 내가 더 할 수 없을 때까지 일한다. 누가 시킨 것이 아니라 자발적으로 그렇게 한다. 그렇지만 연구자들이 잊어서는 안 되는 게 하나 있다. 연구지원금을 받기 위해서는 마케팅도 잘해야 한다는 것이다. 연구에 필요한 유로나 달러를 찾는 일은 상당히 힘들다. 그래서 연구자는 늘 머리 한편에서 일을 생각한다. 비록 의식적으로 생각하지는 않지만, 연구 작업은 뇌 안에서 계속 진행된다. 이 과정은 끝이 없는 이야기다.

**말하자면, 당신은 연구 활동에 완전히 미쳐 있나?**

아니다. 나의 모토는 오히려 한계에 도달하고 그곳에서 즐겨라다. 그렇지만 나는 어디에 미쳐 있는 사람은 아니다. 무언가에 미치는 것은 삶의 한 방식이다. 어떤 강박에 빠져 있으면 진리를 인식하는 능력을 흐릿하게 만들 위험이 있다. 미쳐 있음은 올바른 길에서 연구자를 빗나가게 할 수 있다. 무언가에 미쳐 있는 과학자를 만나면, 그가 하는 말을 두 배로 검증해야 한다.

**점점 더 많은 학술지에 잘못된 결과들이 실린다는 이야기를 들었다.**

그런 일은 특히 생명과학 분야에서 자주 일어나지만, 그리 중요한 현상은 아니다. 몇몇 연구자들은 잘못된 결과를 발표하려는 유혹에 굴복한다. 노벨상이 늘 '손에 잡힐 만큼 가까이' 있는 것처럼 보이기 때문이다. 중요한 주장이라면 많은 연구팀들이 그 실험을 다시 해볼 것이다. 그리고 그 테제가 맞지 않으면, 그 주장은 더는 인용되지 않으면서 사라지게 된다. 이렇게 자기 정화가 이루어진다.

**당신은 어떤 새로운 지식을 사회에 선물했나?**

한 가지 사례만 들어 보겠다. 나의 핵심 주제 하나는 살아 있는 유기체의 분자를 무생물에서 나온 분자와 결합하는 것이다. 오늘날 우리가 알고 있는 분자는 대략 4,000만 종류에 이른다. 분자 대부분은 살아 있는 유기체에서 온다. 약, 첨가물, 합성품, 섬유 등이 모두 여기에 속한다. 유기체 분자보다 월등히 작은 분자 집단이 있다. 생물의 세계와는 크게 관계가 없는 유리와 세라믹

물질에서 온 분자들이다. 나의 아이디어는 새로운 특성이 있는 새로운 물질을 생산하기 위해 이 두 영역을 혼합하는 것이었다. 유리를 만들 때 필요한 높은 온도에도 유기체 분자가 파괴되지 않은 채 유리 분자와 결합하는 방법을 찾는 게 첫 번째 과제였다. 우리는 상온에서 유리를 제조하는 방법을 이용했다. 이 온도는 플라스틱 산업에서 이용되는 온도 범위에 가깝다. 이 방법이 성공하면서 우리는 과거에는 생명 분자만 가능했던 일을 하는 유리를 갖게 되었다.

> "유대인들은 끊임없는 학습, 이 학습 자체에 대한 끊임없는 논쟁, 그리고 모든 것에 대해 의문을 제기하는 문화가 있다. 나는 이 문화가 많은 유대인들이 과학 분야에서 성공하는 중요한 이유라고 생각한다."

## 이용 사례를 하나만 들 수 있을까?

여드름 약이 이 기술을 이용하는 생산품 중 하나다. 기존의 여드름 치료제는 피부에 매우 자극적인 효과를 내고 붉은 발진을 일으키는 문제가 있다. 그래서 우리는 얇은 유리막으로 둘러싸인 유기체 분자 성분의 약을 개발하고 있다. 이 분자는 천천히 유리막에서 녹으면서 피부로 스며든다. 이것은 피부 발진을 일으키지 않는 시장에 나온 첫 번째 여드름 치료제가 될 것이다. 이 약은 여러 병원에서 막 임상시험을 하고 있고, 아마 1년 혹은 2년 안에 시장에 나올 것이다. 내가 유기체 물질과 무생물 물질의 결합을 다룬 첫 번째 논문을 발표했을 때, 그 논문을 실었던 학술지의 편집장이 내게 물었다. "이 결합이 어디에 유용할까요?" 당시 나는 아직 젊었고, 그래서 이 질문에 대답하기를 단호히 거부했다. 과학의 핵심 과제는 유용성을 따지지 않고 새로운 지식을 생산하는 것이어야 한다. 모든 새로운 아이디어에서 응용 가능성은 스스로 생겨나듯이 나오게 되어 있다. 마치 여드름 치료제처럼 말이다.

## 그렇지만 왜 이 연구에 수백만 유로가 투자되어야 하는지를 설명하려면 가능한 응용성을 제시해야 하지 않을까?

고전적 질문을 하나 던져 보자. 최종적으로 연구의 몇 %가 시장에 유용한 것을 내놓게 될까? 약 5%로 추정된다. 내 생각에 5%는 상당히 큰 수치다. 왜냐하면 연구는 피라미드 형태를 띠기 때문이다. 많은 기초지식에서 하나의 유용한 생산물로 이어지는 과정은 위로 갈수록 좁아지는 피라미드 모양과 같다. 의학적 효능 물질인 삼환계 항우울제TCA, Tricyclic antidepressant가 하나의 사례다. 처음에는 세 개의 고리를 가진 화학 구조로 된 분자에 대한 기본 연구가 있었다. 이 분자의 생산이 가능해졌을 때 의학적 가능성을 시험하게 되었고, 여기에서 항우울제가 개발되었다. 이런 생산물은 언제나 "이 연구는 어디에 유용할까요?"라는 질문에 대답을 거부하는 많은 기초 연구가 필요하다. 물론 나는 납세자들에게 기초 연구를 설명하는 일이 어렵다는 것을 이해한다. 책임감 있는 과학자는 자신의 연구를 가능성 있는 응용법이 드러나는 방향으로 이끌어야 할 것이다. 그러나 이 일은 긴 과정이다. 우리가 수행하던 기초 연구는 제품 생산에 이용되기까지 20년이 걸렸다. 화학은 엄청나게 느리다.

## 인용은 과학에서 통화 가치와 같다. 당신의 논문은 얼마나 인용되고 있나?

지금까지 약 3만 5,000회 정도 인용되었다. 나는 이 수치가 내가 인정받고 있다는 걸 보여 주는 핵심 증거라고 여긴다. 왜냐하면 이 수치는 내 말을 누군가 경청하고, 히브리어에서 말하듯이 내가 '어둠 속에서 외치고' 있지는 않다는 것을 의미하기 때문이다. 인정의 또 다른 측면은 상이다. 솔직히 나는 노벨상뿐만 아니라 과학에 상이 아예 없다면 더 좋을 것 같다. 누구도 그런 상을 받을 자격이 없다는 뜻이 아니다. 그 반대다. 연구에 절대 적지 않은 기여를 했던 너무 많은 사람이 빈손으로 돌아가기 때문이다. 나의 전체 연구는 학생들, 박사후연구원들과 함께 진행된다. 우리는 함께 논문을 발표한다. 논문 발표에는 지켜야 하는 기준이 있다. 바로 논문에 기재하는 저자 이름의 순서다. 가장 많은 기여를 한 사람이 처음 기재되고, 연구책임자는 보통 마지막에 이름을 올린다. 그사이에 나머지 팀원들의 이름이 적힌다. 몇 년 전에 나는 학술 출판사 와일리Wiley에 저자명을 아예 삭제하자는 제안을 했었다. 누가 그 연구의 결과를 획득했느냐는 부차적인 문제라고 생각했기 때문이다. 당연히 와일리 출판사는 제안을 거절했다. 논문은 저자의 이름과 함께 발표되어야 한다. 오류가 있으면 저자가 책임을 져야 하기 때문이다. 말하자면 나의 제안은 낭만적인 아이디어였다.

## 과학은 여전히 남성들의 세계다. 당신의 연구실은 어땠는가?

박사후 과정까지는 남녀 비율이 거의 반반이다. 그보다 더 높은 지위에서는 여성 비율이 줄어든다. 나는 과학 분야에서 여성들이 높은 자리에 많이 오르지 못하는 이유가 연구자는 과학에 전적으로 헌신해야 하기 때문이라고 본다. 지금까지도 여성들에게 아이 양육을 책임지라는 요구가 있고, 이 기본적 삶의 영역에서 평등은 아직 실현되지 않았다. 그래서 여성 연구자가 전적으로 과학에 헌신하기에는 남성 연구자보다 불리한 조건이다. 화학 연구소 소장이었을 때, 나는 이런 상황을 바꾸려고 노력했다. 한 번은 이런 일도 있었는데, 채용하고 싶었던 두 명의 뛰어난 여성 지원자가 있었다. 그런데 마지막 순간에 두 명 모두 일하지 않겠다고 결정했다. 성공적인 과학자가 되기 위해 필요한, 실험실에서 보내는 끝없는 시간을 그들은 보내지 않기로 했던 것이다. 우리 과에는 오후 3시 이후에는 강의를 금지하는 새로운 규정이 있다. 3시 이후에는 누구나 귀가할 수 있고 아이를 돌볼 수 있다. 이렇게 여성에게 불리한 상황을 바꾸려는 노력은 있지만 여전히 기회균등과는 거리가 멀다. 남편들이 더 많이 지원하고 자신의 경력 일부를 포기한다면, 여성들도 과학 분야에서 더 많이 성공할 수 있을 것이다. 아내는 결혼 후 13년 동안 집에 머물기로 결정했다. 나는 이 기간 동안 거의 휴식도 없이 엄청나게 많이 일했지만, 오후 4~5시쯤에는 아이들과 함께 있기 위해 집으로 갔다. 집에서 일할 때 내 방문은 늘 열려 있었다.

**당신은 거의 평생을 이스라엘에서 보냈다. 그런데 2017년에 당신이 한 독일 수도원에서 슈타인가르텐(Steingarten)이라는 이름으로 태어났다는 사실이 공개되었다. 무슨 이야기인가?**

아브니르는 독일어 단어 '슈타인가르텐(돌정원)'의 히브리어 번역어다. 나는 내가 뮌헨에 있는 베네딕도회 상트 오틸리엔 수도원에서 태어난 것을 알고 있었다. 제2차 세계대전이 끝난 후 유대인 난민들이 그곳에서 피난처를 얻었다. 아버지는 홀로코스트에 대해 거의 말을 하지 않았고, 어머니는 70대 후반이 되었을 때야 그 경험을 이야기하기 시작했다. 부모님은 폴란드에서 탈출했고, 전쟁이 끝난 후 상트 오틸리엔에서 만났다. 나는 다른 450명의 아이들처럼 전쟁이 끝난 후 3년이 지나지 않아 그곳에서 태어났다. 우리는 상트 오틸리엔의 아기들로 알려져 있다. 나는 363번 아기였다. 2017년에 수도원에서 상트 오틸리엔 아이들이라는 만남의 자리를 만들었고, 그 모임을 통해 나는 상트 오틸리엔의 일에 더 깊이 빠져들었다. 오늘날 나는 많은 상트 오틸리엔 아이들과 교류하고 있고, 그들 중 많은 사람이 또한 이스라엘에 살고 있다.

**이스라엘로 올 때 몇 살이었나?**

18개월이었다. 새로운 나라에서 보내는 처음 몇 해는 매우 힘든 시간이었다. 그러나 가난은 기억나지 않는다. 모두 다 그렇게 살았기 때문이다. 사람들은 신발 한 짝만 신고 있었고, 신발이 작아지면 그냥 신발 끝을 잘라 발가락을 내놓고 다녔다. 당시에는 아주 평범한 일이었다.

**상트 오틸리엔에서의 만남은 당신에게 무슨 의미였나?**

전쟁이 끝난 후 상트 오틸리엔에서 부모님이 보냈
던 3년은 두 분 인생에서 가장 행복했던 시간이었
음을 이해하게 되었다. 나는 당시 사진들을 발견했
다. 사진 속 부모님은 그 어느 때보다도 행복해 보였
다. 그것은 살아 있다는 기쁨의 분출이었다. 돌아가신 어머니
는 전쟁이 끝난 직후의 이 시기가 전쟁사에서 외면적으로 가장 흥미로운 시기
였다고 생각했다. 왜냐하면 수백만 명의 사람이 이곳저곳으로 옮겨 갔고 모두
새롭게 자리 잡아야 했기 때문이다. 전쟁이나 홀로코스트 시기와 비교할 때 이
시기는 대단히 적게 연구되었다. 그래서 이 시기에 대한 나의 관심에도 불이
붙었다.

> "나의 모토는
> 오히려 한계에
> 도달하고 그곳에서
> 즐겨라다."

**당신은 행복한 사람인가?**

그렇다. 보다시피 긍정의 대답을 하는 데 1초도 걸리지 않았다. 그렇지 않은가?
나의 상태는 행복을 넘어선다. 나는 운이 좋았다. 사회가 내게 연구 기회를 제
공해 주었기 때문이다. 그것이 당연한 일이 아니라는 것을 잘 알고 있다. 나의
원래 계획은 93세에 이 책상 앞에서 죽는 것이었다. 그러나 최근에 완전히 다
른 일을 할 새로운 아이디어가 생겼다.

# "나는 스스로를 의심하지 않았기 때문에 그렇게 위로 올라가게 되었다."

알레시오 피갈리 | 수학
취리히 연방 공과대학교 수학 교수
2018년 필즈상 수상
스위스

**피갈리 교수, 당신은 수학계의 노벨상으로 불리는 필즈상을 받았다. 그러나 당신 팀에 있던 다른 사람들은 여전히 세상에 이름을 알리지 못했다. 거기에 대해 어떻게 생각하는가?**

그건 공정하지 못하다고 본다. 그러나 전 세계 수학 공동체의 인정을 받으면서도 필즈상을 수상하지 못했던 최고의 수학자들은 무수히 많다. 모든 이들에게 줄 만큼 상이 충분하지는 않다. 필즈상은 4년마다 최대 4인에게만 수여된다. 그 밖에도 필즈상을 받기 위해서는 40세 이하여야 한다. 학생 시절 필즈상 수상자는 내게 신과 같았다. 그들은 '올림포스' 신이었다. 필즈상을 받은 지금은 그 상이 그렇게 대단하게 느껴지지는 않는다. 나는 필즈상을 다양한 그룹과 함께 작업했던 여러 프로젝트 때문에 받았다. 수학자 집단에서 경쟁은 그렇게 심하지 않다. 필즈상 수상은 모든 이에게 큰 성공이었고, 내가 속한 집단의 구성원들 모두 대단히 행복해했다. 우리는 일을 넘어서서 서로 좋은 관계를 유지한다. 우리는 친구다.

## 수상 소식을 어떻게 전해 들었나?

아, 그 순간을 잊을 수 없다. 나는 아내와 함께 집에 있었다. 내가 이메일을 확인하고 있을 때 아내는 막 시장에 갈 참이었다. 이메일함에 당시 국제수학연맹 회장이었던 모리 시게후미가 보낸 이메일이 있었다. 편지 내용은 이랬다. "친애하는 피갈리 교수님, 교수님과 대화를 하고 싶습니다. 연락처를 줄 수 있을까요?" 나는 화면을 뚫어지게 보았다. 이런 일이 진짜 일어날 수 있을까? 그런데 왜 국제수학연맹 회장이 나와 이야기하려고 할까? 아내도 이메일을 읽었고, 다리에 힘이 풀려 앉을 수밖에 없었다. 아내는 10분 동안 바닥만 바라보았다. 나는 긴 밤을 기다려야 했다. 마침내 모리 회장이 전화를 걸었고, 내가 필즈상 수상자 가운데 한 명이라고 알려 주었다. 그다음 며칠 동안 그들이 다시 전화해서 이렇게 말할까 봐 겁이 났다. "죄송합니다. 우리가 정보를 잘못 전달했습니다." 가장 나빴던 건, 공식 수상 전까지 누구와도 이에 대해 이야기를 하면 안 된다는 것이었다.

## 필즈상을 받으려면, 수학 연구에 미쳐야 할까?

대부분의 수학자들처럼 나도 수학에 미쳤다. 연구자 생활의 첫 10년 동안 완전히 수학 연구에 전념했었다. 한 문제에 완전히 집중하게 되면, 하루 종일 그 문제에 매달렸다. 지금은 아내와 함께 취리히에 살고 있으므로 내 삶은 편안해졌다. 아내도 수학자다. 만남이 시작된 후 우리는 먼저 서로의 연구가 가장 우선이라고 결정했었다. 왜냐하면 당시 우리는 다른 지역에 살고 있었기 때문이다. 요즘 나는 아침부터 늦은 오후까지 일하고, 저녁에는 집으로 가서 아내와 함께 시간을 보낸다. 낮에는 상당히 효율적으로 시간을 보낸다. 일하는 동안에는 최고의 것을 얻어내려고 노력한다.

**학교에 다닐 때 당신은 최고의 성적을 받았을 것이다. 가끔씩 '너드'라고 불리기도 했었나?**

나는 경쟁을 추구하지 않았다. 학교 친구들은 나와 함께 있는 걸 좋아했다. 왜냐하면 내가 특히 숙제를 할 때 도움을 줄 수 있기 때문이었다. 수학은 나에게 너무 쉬웠다. 수학은 쉽게 머릿속에서 해결되었고, 이 타고난 능력이 삶을 편하게 해주었다. 왜냐하면 남는 시간에 다른 과목 공부를 하거나, 더 좋게는 축구를 하면서 보낼 수 있었기 때문이다. 실제로 나는 비디오 게임과 운동을 즐기는 평범한 학생이었다. 수학에 대해 깊이 생각한 적이 없었다.

**학교에서 수학을 지금과 좀 다르게 가르쳐야 하지 않을까? 대부분의 사람은 수학을 좋아하지 않는다.**

수학의 문제는 아이들에게 즐거움을 보여 줄 수 있는 예제가 부족하다는 점이다. 하지만 우리는 최소한 더 즐거운 과제를 만들 수는 있을 것이다. 예를 들면 무한이란 무엇인가? 무수히 많은 방과 무수히 많은 손님이 있는 호텔이 있다. 새로운 손님을 어떻게 받을 수 있을까? 이런 생각 놀이는 수학이 흥미롭고 깊이가 있다는 걸 완벽하게 보여 준다.

**부모님이 수학에 대한 당신의 흥미를 깨워 주었나?**

아버지는 기계공학 교수였고, 어머니는 라틴어와 고대 그리스어 교사였다. 어릴 때 부모님은 그리스 로마 신화에 나오는 이야기들로 나를 자극했다. 이 이야기들이 상당히 마음에 들어서 나는 김나지움에서 수학 대신 서양고전학을 선택했다. 열일곱 살 때 아버지 친구 한 분이 나에게 수학 올림피아드를 소개해 주었다. 이 대회는 관습적이지 않은 문제를 상상력을 동원해 풀어야 하는 자리였다. 이것이 내 수학 사랑의 시작이었다. 나는 실제 수학자가 있다는 사실을 이때 알게 되었다. 수학자가 실제 존재하는 직업이었다니!

**당신은 공부하는 과정에서 어려운 시간을 보내는 학생들에게 어떤 정신 자세를 권유하는가?**

나는 스스로를 절대 의문시하지 않았기 때문에 이 자리까지 올라올 수 있었다. 만약 이 일을 못할 것이라고 계속 생각하면, 그 사람은 실패한다. 나는 '할 수 없어'라는 생각을 머릿속에서 쫓아냈다. 정말 열심히 일했다. 모든 것을 포기했다. 가끔은 심지어 우정까지도 포기했다. 그렇지만 자신이 하는 일을 사랑하지 않으면 언젠가 그 일을 그만두게 된다. 나는 운이 좋았다. 수학에서 열정을 찾았기 때문이다. 사람들은 수학 공부를 통해 우리 세계의 구조에 대한 무언가 근본적인 것을 배우게 된다.

**진짜 수학과 보통 학교에서 배우는 수학의 차이를 설명해 줄 수 있을까?**

학교에서 사람들은 많은 공식을 배운다. 그러나 모든 것이 조금은 추상적으로 머물러 있고, 사람들은 왜 이걸 배워야 하는지 이해하지 못한다. 그러나 대학에서는 갑자기 모든 것이 의미를 낳는다. 사람들은 수학이 세계를 묘사하기 위한 하나의 언어라는 것을 이해한다. 수백 년 전에 사람들은 우리 세계가 공식으로 표현될 수 있다는 걸 발견했다. 이것이 수학이 발전하게 된 이유다.

**당신은 상당히 성공했다. 이미 스물일곱 살 때 텍사스 오스틴에서 교수가 되었다.**

그렇다. 대단히 빨랐다. 대학교 1학년 때 평균적인 학생이었던 나는 부족한 지식을 채우기 위해 더욱 열심히 공부해야 했다. 그다음에도 이 공부 속도를 계속 유지했고, 몇 년 후 대학을 졸업했다. 그때부터 도미노 효과가 있었다. 앞서서 달려갈수록 더 많은 주목을 받게 된다. 당연히 이런 주목은 압박이 되기도 한다. 사람들은 앞서가는 사람에게 많은 것을 기대하고, 이 사람은 그 기대를 채우려고 노력한다. 나는 이런 압박을 상당히 잘 다룬다. 오스틴에서 나는 많은 걸 배웠다. 예를 들면 연구지원금 신청은 어떻게 하고, 보조금 정산은 어떻게 하는지와 같은 일들이다. 그 시기는 정말 풍요로운 7년이었다.

## 당신의 연구 분야를 쉬운 말로 설명해 줄 수 있을까?

수학자로서 나는 다양한 분야를 연구한다. 나는 소위 상전이phase transition 문제에 관심이 많다. 예를 들어, 얼음이 물로 바뀌는 상전이를 이해하려고 한다. 운송 이론에 대해서도 많은 연구를 했다. 운송 이론은 자원을 가장 효율적인 방법으로 한곳에서 다른 곳으로 옮기는 문제를 다룬다. 이 이론은 다양한 분야에서 이용될 수 있는데, 예를 들면 구름의 이동 예측에 이용된다. 구름은 하늘에서 떠다닐 때 에너지를 낭비하지 않으므로 이 운동을 운송 문제로 다룰 수 있다. 우리는 몽주-앙페르 방정식의 몇몇 중요한 특징을 이해하는 데 성공했다. 몽주-앙페르 방정식은 원래는 미분 방정식이며, 가장 효율적인 운송로를 설명해 준다. 이 방정식의 도움으로 일기예보를 더 잘 이해할 수 있게 되었다.

## 수학자들은 어떻게 일하는지 묘사해 줄 수 있나?

나는 2005년부터 운송 이론을 연구했는데, 당시에는 여러 시도들이 실패했다. 그다음 나는 다른 분야에서 일했고, 그 후 다시 운송 이론 해결을 시도했지만 역시 실패했다. 그렇게 많은 시간이 지나갔다. 2010년에 몇몇 동료들과 함께 이 문제를 다루었다. 우리는 한 콘퍼런스에 있었고, 완전히 열린 출발점에서 또 한 번 문제 해결을 시도하기로 결정했다. 우리는 토론과 함께 다양한 이론으로 문제 해결을 시도했다. "우리가 이걸 이용하면, 이 결과를 얻지. 그런데 기다려 봐, 우리가 저걸 활용하면, 또 저걸 할 수도 있지…" 그리고 갑자기 모든 퍼즐 조각이 자기 자리를 찾았다. 여기저기 폭발하기 시작했다. "잠깐! 우리가 이 일을 해냈어?" 굉장한 일이었다. 당연히 우리는 나중에 다른 거대한 문제들도 이런 방식으로 풀어 보려고 시도했다. 안타깝게도 다시는 성공하지 못했다.

## 사회에 대한 당신의 기여는 어디에 있다고 보는가?

사회에서 수학은 매우 중요하다. 그러나 언제나 유예기간이 필요하다. 나의 작업은 본질적으로 이론적 특성이 있으므로 생산적인 일에 투입되려면 어느 정도 시간이 필요하다. 휴대전화, 컴퓨터, 구글, GPS. 우리가 사용하는 이 모든 것이 수학에 기초한다. 그러므로 이 질문에 대답할 수 있으려면 앞으로도 조금 더 기다려야 한다. 그러나 나의 연구는 수학의 발전에는 종합적으로 기여한다. 이미 몇몇 응용수학 분야에서 내 이론을 사용하는 것으로 알고 있다. 그러나 보통 그 영향은 연쇄적으로 일어나고, 우리는 누가 우리의 결과물로 무슨 일을 하는지 대부분 전혀 모른다. 이론들은 공동체에서 공동체로 계속 전해지고, 수학에서 물리학 혹은 컴퓨터공학으로 전해진다.

## 세상에 전하고 싶은 메시지가 있는가?

수학은 우리 세계를 위해 많은 일을 했고, 지금도 여전히 하고 있다. 과학은 미래를 위한 원동력이고, 사회를 위해서도 중요하다. 교육도 마찬가지다. 그래서 나의 가장 중요한 메시지는 이것이다. 교육을 망치지 마라! 교육이 사회에서 얼마나 기본적인지 기억하라!

# "많은 이들이 그 방법에 큰 관심이 있다는 사실을 우리는 알게 되었다."

**제니퍼 다우드나 | 생화학**

버클리 캘리포니아 대학교 생화학·분자생물학·생의학 교수
2015년 생명과학 분야 브레이크스루상 수상
미국

## 다우드나 교수, 어린 시절을 간략히 소개해 달라. 당신은 어디에서 자랐나?

1970년대 하와이 힐로에서 자랐고, 그곳에서 학교에 다녔다. 우리 가족은 미시간에서 하와이로 이사했는데, 나에게는 너무 급격한 변화였다. 하와이 문화는 새로웠고, 나는 다양한 출신의 사람들에게 둘러싸였다. 양쪽 사람들과 모두 접촉했지만 솔직히 충격을 받았다. 나는 다르게 보였고, 작았으며 미국에 있는 외국인처럼 스스로를 느꼈다. 나의 눈동자 색과 머리카락 색은 그들과 달랐다. 이런 환경이 매우 어려웠고, 같은 반 친구들과 완전히 다르다고 느꼈다. 모든 사람이 다르게 보인다는 것은 대단히 강렬한 경험으로 자리 잡았고, 내가 어디에서 왔고 무엇이 되어야 하는지를 생각하게 되었다. 이 경험이 과학계로 가는데 영향을 미쳤다고 생각한다. 나는 작은 너드였고, 자연과 화학에 빠져 있었다. 화학과 수학 과목을 좋아했는데, 당시 10대 여학생에게는 완전히 특이한 경우였다. 학교와 나는, 마치 물과 기름 같은 사이였다.

**이런 소외감을 과학 연구의 동력으로 활용했나?**

어떤 점에서는 그렇다. 나는 하와이라는 독특한 환경에서 성장했고, 결국 다양한 일에 관심이 있었던 멋진 친구들을 만났다. 그들을 통해 다른 관점을 인정하는 것을 배웠다. 이 가르침은 오늘날까지도 내게 중요하다. 열려 있기와 관찰하기. 나는 개방성과 관찰력이야말로 과학자가 가져야 할 특성이라고 생각한다.

**당신에게 멘토가 있었나? 아니면 스스로 길을 발견했나?**

나에게는 중요한 멘토가 많다. 첫 번째 멘토는 아버지였다. 아버지는 나를 지성적으로 동등하게 대했다. 아버지는 미국문학 교수였다. 아버지와 어머니는 분야와 관계없이 나의 관심을 격려했다. 내가 과학에 흥미가 있음을 알게 되었을 때, 아버지는 나를 지지해 주었다. 우리는 저녁을 먹으면서 종종 자연과 관련된 이야기를 나누었고, 이 이야기들은 나에게 큰 도움이 되었다.

**그 대화들이 사고를 정교하게 다듬는 데 도움을 주었나?**

'사고를 정교하게 다듬는다.' 그 표현이 마음에 든다. 맞다. 바로 그랬다. 아버지가 바로 그렇게 도와주었다. 당연히 그 후에도 도와주고 지지해 준 다른 많은 사람이 있다. 그 가운데 밥 힐러 선생님이 아주 중요했다. 고등학교 때 영어 선생님이었는데, 선생님은 어떻게 생각하고 그 생각을 어떻게 쓰고 표현하는지를 가르쳐 주었다. 나는 종종 고등학교 시절을 회상하는데, 내게 정말 중요한 시기였기 때문이다.

> "나는 작은 너드였고, 자연과 화학에 빠져 있었다."

**남성들이 지배하는 분야에서 일하는 건 어떤가? 당신의 여정에서 많은 장애물이 있었나?**

나는 스스로를 여성 과학자나 과학계 여성으로 생각하지 않는다. 그냥 과학자로 여긴다. 무엇보다도 먼저 어떻게 최상의 작업을 해낼 수 있는지를 고민하는 연구자로 행동하려고 노력한다. 분명히 나를 보며 회의적인 생각을 하는 사람들이 있었다. 특히 초기에는 더욱 많았다. 고등학교 때 상담교사는 이렇게 말했다. "여성은 과학계로 가지 않아." 하지만 나는 대단히 고집이 센 소녀였고, 속으로 '나는 과학계로 갈 거야!'라고 다짐했다. 그리고 계속 그렇게 했다. 중단하지 않았다. 우리가 다루었던 몇몇 주제들에 대해서도 마찬가지였다. 크리스퍼CRISPR가 바로 대표적인 사례다. 나는 그냥 이 주제에 흥미를 느꼈다. 나는 크리스퍼가 진화에 대한 무언가 근본적 이해에 도움을 줄 거란 걸 알아차렸다. 그래서 우선 크리스퍼를 연구하려고 했다. 이렇게 말하는 사람들도 있었다. "이 프로젝트는 정신 나간 짓이야. 특별히 흥미로운 일도 아니고, 지금까지 누구도 이 주제에 관한 것을 들어 보지 못했어." 그러나 나는 크리스퍼가 생물학에서 아주 중요한 주제라고 생각했다. 그래서 계속 연구했고, 그렇게 했던 게 만족스럽다.

### 당신은 언제 크리스퍼라는 주제에 흥미를 갖기 시작했나?

크리스퍼에 대한 첫 번째 대화는 버클리 동료 질 반필드Jill Banfield와 했다. 반필드는 DNA와 박테리아에 있는 크리스퍼/카스 서열을 주목하고 그 서열의 기능을 처음으로 궁금해 했던 과학자 중 한 명이었다. 이 대화를 통해 나는 나의 연구실에서 크리스퍼/카스 면역계의 일부이자 박테리아에도 존재하는 몇몇 분자를 연구하기로 했다.

### 그다음 당신은 에마뉘엘 샤르팡티에를 푸에르토리코 산후안에서 만났다. 그렇지 않은가?

그렇다. 과학에서 아주 멋진 일은 협력을 통해 여러 생각과 연구 작업이 나온다는 점이다. 이런 특성은 나와 에마뉘엘에게도 적용된다. 우리는 크리스퍼 시스템에 관한 대화를 나누었다. 에마뉘엘은 한 박테리아에서 이 시스템을 연구하고 있었고, 카스9이라고 불리는 단백질의 기능에 어떤 근본적인 가치가 있다고 확신했다. 이 단백질은 이 박테리아 안에서 활성화되었는데, 우리 두 사람 누구도 혼자서는 탐구할 수 없었다. 대답을 찾기 위해 우리는 정말로 함께 일해야 했다.

**그러니까 당신은 공동 작업을 통해서만 성공할 수 있다는 걸 이미 알았다는 말인가?**

그렇다. 나의 연구를 늘 그렇게 진행했기 때문이다. 나는 자주 연구소 안팎에 있는 다른 전문 분야의 과학자들과 함께 일한다. 무엇보다도 연구 작업을 최대한 잘 진행하기 위해 나보다 지력이 뛰어난 사람들과 어떻게 더 잘 협력할까를 고민한다. 이런 협력이 잘 이루어지면, 나는 최고가 되려고 노력한다.

**에마뉘엘과의 작업은 어땠는가? 당시 에마뉘엘은 어디에 살았나?**

에마뉘엘은 스웨덴 우메아에 있었다. 북극과 가까운 곳이다. 그 작업은 엄청난 일이었다. 여름철에는 우메아에 아주 오랫동안 해가 떠 있었다. 에마뉘엘은 밤낮으로 메일을 보냈다. "제니퍼, 나는 아직도 깨어 있어요. 해 때문에 잘 수가 없네요. 그래서 우리 프로젝트에 대해 생각을 좀 해보았어요." 우리는 공동 작업에서 큰 즐거움을 얻었다. 에마뉘엘은 대단히 유머 넘치는 사람이었고, 매우 영리했으며, 우리는 좋은 의견을 나누었다. 공동 작업은 약 1년 정도 진행되었다.

## 그 발견의 의미를 바로 알아차렸나?

당연히 그랬다. 우리는 이 발견이 유전자 편집, 즉 게놈의 의도적 조작법을 진정으로 발전시키는 대단히 뛰어난 방법이라는 것을 분명히 알았다. 이 방법은 지금껏 없었던 완전히 새로운 응용을 가능하게 만들기 때문이다. 그러나 이 연구 분야가 세계적으로 그렇게 빨리 성장할 줄은 당연히 몰랐다. 다른 과학자들이 이 작업에 동참하면서 그렇게 되었기 때문이다. 물론 많은 사람이 이 방법에 큰 관심을 가질 것이라는 건 알고 있었다. 이 방법은 유전자 편집을 아주 쉽게 만들기 때문이다.

## 크리스퍼가 무엇인지 짧게 설명해 줄 수 있을까?

DNA를 밧줄 사다리라고 상상해 보자. 이 밧줄 사다리에는 부호화된 정보가 담긴 다양한 화학 문자가 달려 있다. 이 정보들은 뇌 또는 전체 신체기관을 성장시키기 위해 필요하다. 크리스퍼 기술의 도움으로 과학자들은 어떤 효소를 프로그래밍할 수 있다. 이 효소는 화학적 메커니즘을 통해 DNA 밧줄 사다리의 특정 위치를 인식하고 그 위치에 달라붙는다. 이 효소는 그 위치에 있는 사다리 밧줄, 즉 DNA의 이중가닥을 절단한다. 세포는 끊어진 이중가닥의 끝을 다시 묶으면서 수리하는데, 이때 부호를 바꾸어 추가로 집어넣을 수 있다. 이 과정을 통해 과학자들은 DNA 서열을 정밀하게 바꿀 수 있다. 기존의 방법으로는 거의 도달하지 못했던 정밀함이다.

**크리스퍼는 분명히 뛰어난 능력을 가진 도구다. 이 도구로 우리는 특히 한 인간의 기본 특성도 바꿀 수 있다. 당신 생각에는 이와 관련해서 우리가 어떤 분야에 윤리적 잣대를 대야 할까?**

유전자 편집, 특히 크리스퍼/카스 기술을 이용한 유전자 편집은 아주 많은 윤리적 질문을 제기한다. 내게 보기에 사회적·윤리적 의미를 품고 있는 세 가지 거대한 이용 영역이 있다. 첫 번째 분야는 농업이다. 농업에서는 유전자 편집을 통해 식물을 변화시킨다. 여기에서는 다시 유전자 조작 생물에 대한 질문이 제기된다. 두 번째 응용 분야는 '유전자 드라이브Gene Drive'라고 부르는 분야다. 이 분야에서는 한 유전적 특성을 한 유기체에 삽입하면, 이 특성이 대단히 빠르게 한 생물군의 모든 개체에게 확산된다. 세 번째 영역은 소위 유전자 치료라는 의학적 개입이다. 이 말은 인간 배아나 줄기세포에 있는 DNA의 변화를 계획하는 일을 뜻한다. 이런 개입은 한 생명체에 영향을 미치고 미래 세대에도 유전될 수 있다.

**이런 개입에 대한 당신의 입장은 무엇인가?**

2018년 11월에 중국의 한 과학자가 인간 줄기세포의 DNA를 편집했고, 그 결과 이 편집된 내용이 들어 있는 게놈을 가진 여자 쌍둥이가 태어났다고 발표했다. 이 유전자 편집은 의학적으로 불필요했고, 안전과 윤리를 전혀 고려하지 않은 채 실행된 것이 확인되었다. 실제 이 사건은 이런 종류의 유전자 편집에 반대하는 커다란 국제적 반발을 가져왔다. 나는 이런 반응이 긍정적 결과를 낳아 줄기세포 DNA를 편집하려는 모든 이들에게 더 많은 제한이 가해지기를 희망한다.

**이런 사건을 보면서 개인적 책임감도 느끼는가?**

과학자들이 실제로 자신의 작업에 대해 큰 책임감을 가져야 한다고 생각한다. 그리고 이 책임감을 전 세계가 공유하도록 전력을 다해야 한다. 오늘날 과학은 지구적 차원에서 일어나는 모험이다. 과학과 기술을 어떻게 이용할 것인지 전 세계가 모두 같은 의견은 아니다. 그러므로 질문을 던져야 한다. 우리는 앞으로 과학 기술을 어떻게 이용할 것인가? 과학과 기술의 개입을 어떻게 통제할 것인가? 이런 질문에 대해 쉬운

> "아들이 어렸을 때, 심지어 기저귀를 갈면서도… 프로젝트에 대해 생각했다."

대답은 없다. 나는 이 해답을 찾는 과정에 과학 공동체의 능동적 참여가 필요하다고 생각한다. 특히 직접 기술의 발전에 참여했던 이들은 이 연구 작업에 대해 토론해야 하고, 어떻게 이 작업이 작동하는지, 그리고 과학적 관점에서 여기에서 무슨 일이 일어나는지 설명해야 한다. 물론 그들도 전체 그림을 조망하고 있어야 한다.

**이 전체 그림에 대해 좀 더 설명해 달라. 크리스퍼는 혁명적인 기술이다. 우리는 어떤 큰 질문들을 던져야 할까?**

왜 우리는 이런 일을 하는가? 관심을 불러일으키고, 과학 학술지에 널리 다루어지는 논문을 발표하고, 미디어의 머리기사를 장식하기 위해서? 연구의 목적이 이런 것일까? 또는 삶의 질과 사회를 개선하기 위해서? 이런 근본적인 질문을 다루어야 한다.

**당신의 강인함은 어떻게 만들어졌나?**

하와이에서 보낸 어린 시절이 나를 강하게 만들었다고 믿는다. 무엇보다도 아버지 덕분이었고, 선생님들의 도움도 컸다. 그분들은 기회를 잡으라고, 나의 관심을 과감하게 시도하고, 자신의 판단력을 신뢰하라면서 지지하고 받쳐 주었다. 나는 친구들과 달랐고, 여기에 익숙해져야 했다. 대단히 힘든 일이었다. 청소년 시절에 나는 많은 순간 불행하다고 느꼈다. 소외감을 느끼고, 혼자라고 느

껐다. 나는 내 안의 목소리를 신뢰해야 했다. 그 목소리는 이렇게 말해 주었다. "달라도 괜찮아. 다른 사람은 싫어해도 네가 좋아하는 일에 관심을 갖는 일은 괜찮은 일이야." 이런 많은 것들이 그 시절에서 온 것 같다.

**당신은 믿을 수 없을 만큼 많은 일을 하면서 살았다. 과학자라는 직업, 연구 활동과 함께 아내이자 엄마다. 어떻게 이 모든 것을 해왔는가?**

무엇보다도 나에게는 아주 멋지고, 이해심 많은 매우 훌륭한 남편이 있다. 사람이 상상할 수 있는 가장 좋은 남편이다. 남편은 제이미 케이트Jamie Cate이며, 여기 버클리에서 교수로 일하는 진정한 과학자다. 당신이 나보다 더 낫고 똑똑하다고 나는 늘 남편에게 말한다. 남편은 정말 중요한 작업을 이끈다. 지금 내가 받고 있는 대중의 관심을 받지는 못하지만, 남편에게 그런 것은 중요하지 않다. 남편의 지원이 없었다면 이 모든 것을 할 수 없었을 것이다. 어떻게든 나는 늘 연구실에서 연구에 대해 고민한다. 아들이 어렸을 때, 심지어 기저귀를 갈면서도 또는 아이와 함께 공원에 갔을 때도 프로젝트에 대해 생각했다. 저녁에도 일을 해야 했고 종종 4시 또는 5시에 일어나야 했다. 이 시기에 나는 다른 모든 일에 더해 교과서도 하나 쓰고 있었다. 그렇게 할 수밖에 없던 시기였다.

**미래를 고민하는 젊은이들을 위해 무엇이 오늘날 과학을 그렇게 특별하게 만드는지 이야기해 달라.**

과학자는 환상적인 직업이다. 연구실에서 놀이를 하고, 누구도 지금껏 발견하지 못했던 것을 찾아내면서 돈을 받는다. 과학은 흥미진진하고 대단히 창조적인 영역이다. 호기심이 가득 찬 다른 사람과 협력할 기회도 제공한다. 학문 분야에 종사하게 되면, 늘 새로운 생각을 가져오는 영리한 젊은 학생들과 함께 일하게 된다. 이 경험은 대단한 즐거움을 준다. 나는 학생들에게 자신들의 관심에 집중하고 열정을 따라가야 한다고 늘 말한다. 또 모든 사람이 하는 것과 다른 무언가를 시도하는 데 두려움을 가질 필요가 없다고 말해 준다. 실제로 중요한 발견들은 종종 그런 연구에서 나온다. 나는 또 학생들에게 경력을 쌓을 때 힘이 되어 주고, 어려운 순간에 잡아 주는 사람을 고대하며 기다리라고 말한다. 그런 사람은 늘 있기 마련이다.

"저녁에도 일을 해야 했고 종종 4시 또는 5시에 일어나야 했다."

### 당신은 어떤가? 스스로를 의심한 적은 없었나?

아니다. 나는 의심이 많다. 밤마다 일어나 일이 잘 풀리지 않을 것 같다는 생각을 하면서 '내가 이제 무엇을 해야 하나?'라고 자문하던 시간이 있었다. 이런 의심은 동기를 제공하는데, 무언가를 바꾸거나 노력을 두 배로 하면서 스스로에게 이런 다짐을 하게 한다. "지금 하는 일에 의심이 들지만, 계속할 것이다. 나는 그냥 이 질문에 대답을 원하기 때문이다." 지금은 생물학자가 되기에 너무도 멋진 시간이다. 우리는 생물학 연구와 치료의학에서 대단히 흥분된 순간을 경험하고 있다. 그 영향력은 농업에까지 뻗쳐서 과학자들은 지금껏 존재하지 않았던 도구와 기술을 농업 분야에도 이용할 수 있다. 몇 년 전만 해도 완전히 불가능했던 일을 지금은 할 수 있게 된 것이다.

### 에마뉘엘 샤르팡티에와는 여전히 가끔씩 만나나?

그렇다. 1년에 서너 번 정도 만난다. 크리스퍼로 연결된 인연 때문에 우리는 늘 가까이 있을 것이다. 제자들과 함께 우리 두 사람이 했던 공동 작업은 대단한 경험이었다.

# "과학이 맨 먼저 왔고,
# 내 삶을 지배했다."

**톰 라포포르트** | 생화학
보스턴 하버드 대학교 의과대학
세포생물학 교수
미국

**라포포르트 교수, 당신의 가족은 평범하지 않다. 아버지는 당신처럼 생화학자였고, 어머니도 대학교수였으며, 남동생은 유명한 수학자다. 이런 가족은 부담이 될까? 아니면 자극이 될까?**

둘 모두다. 아버지는 동독에서 매우 유명한 생화학자였고, 생화학학회 회장이었다. 나는 동생보다 더 많은 것을 증명해야 했는데, 동생은 아버지와는 충분히 거리가 있는 수학을 전공했기 때문이다. 다른 한편으로, 나는 부모님의 많은 지원을 받았다. 아버지는 나의 유일하고 진정한 스승이었고, 그 과정은 힘들었지만 좋은 학교였다. 생화학자가 되겠다고 결심했던 때 아버지는 생리화학연구소 소장이었고, 그곳에서 나는 박사 과정을 마쳤다. 대단히 특이한 상황이었고, 결코 장점이 아니었다.

**아버지가 다른 학생들보다 당신을 더 엄격하게 다루었나?**

나는 정기적으로 아버지에게 논문을 제출했고, 그 논문을 돌려받을 때마다 늘

> **"아버지는 나의 유일하고 진정한 스승이었고, 그 과정은 힘들었지만 좋은 학교였다."**

의기소침해졌다. 원고는 온통 빨간색으로 덮여 있었고, 곳곳에 줄이 처져 있었으며, 내가 썼던 문장은 거의 남아 있지 않았다. 아버지와 나는 나의 원고를 함께 교정하는 데 몇 시간씩 보내곤 했다. 아버지는 마지막에는 늘 조금밖에 고칠 게 없었다고 말하며, 나를 다시 살짝 북돋아 주곤 했다. 요즘 글을 써야 할 때, 그 과정에서 얼마나 많은 걸 배웠는지 깨닫곤 한다. 아버지가 가르쳐 준 것은 짧고 명료하게, 장식 없이 서술하기였다. 아버지는 대단히 권위적이었다. 아버지에게 저항하는 것은 어려운 일이었지만, 성공적으로 저항한 사람만이 아버지의 인정을 받았다. 그렇게 나는 스스로 주장하는 법을 배워야 했다.

**아버지가 그 분야에 절대적인 지배력이 있다는 걸 알면서도 생화학을 전공한 이유는 무엇인가?**

생화학에는 매우 많은 열린 질문이 있다는 걸 보았기 때문이다. 그리고 나는 아버지와 정확히 똑같이 하지는 않을 거라고 생각했기 때문이다. 비록 한동안 함께 일했지만 말이다. 처음에 많은 이들이 내가 아버지의 비호를 받을 거라고 생각한다는 것도 분명히 알고 있었다. 그러나 나는 혼자 할 수 있다는 걸 그들에게 증명해 보였다.

**당신이 최소한 아버지만큼 잘한다는 걸 가끔씩 아버지에게 보여 주고 싶지는 않았나?**

그런 순간들이 있었다. 아버지는 혈액보관법을 처음 개발했다. 나도 누구에게나 쉽게 설명할 수 있는 무언가를 만들고 싶었다. 나는 경쟁을 대단히 즐기는 사람이지만 아버지를 경쟁자로 여긴 적은 결코 없었다. 나는 동년배들과 경쟁했고, 아버지는 생화학 분야의 권위자로서 나보다 훨씬 높은 위치에 있었다. 아버지는 대단히 다양하고 많은 일을 했다. 그래서 아버지는 내가 오랫동안 오직 한 분야에서만 일하고 그 분야만 파는 걸 보고 놀라곤 했다.

**당신은 빠른 생각과 성급함을 아버지에게 물려받았다고 말한 적도 있다.**

나와 함께 일하는 연구원들은 고통을 호소할 수 있다. 우리가 실험을 하나 약속하면, 나는 다음 날 실험에서 어떤 결과가 나왔냐고 물어본다. 나는 늘 초조하게 결과를 기다린다. 사실 과학에서 속도는 중요한 게 아니다. 그보다 중요한 건 과학적 문제에 대해 제대로 꾸준히 사고하는 일이다. 나는 밤마다 늘 잠에서 깨곤 한다. 그리고 다시 잠들지 못하는데, 문제를 풀기 위해 무엇을 할 수 있는지 생각하기 때문이다. 나는 과학을 위해 산다. 이렇게 말할 수밖에 없다. 연구실에서 하루 종일 일하며, 특히 주말에 일하는 걸 좋아하는데 가장 고요한 시간을 얻을 수 있기 때문이다.

**박사논문을 제대로 진전시키지 못하다가 아버지를 통해 어떤 실험을 경험하면서 출구를 찾았고, 그 과정이 당신 삶에서 두 번째로 풍성한 배움의 시간이었다고 말한 적이 있다.**

여러 시도들이 실패했을 때 아직 젊었던 나는 크게 좌절했었고, 일반적인 감정 기복에 시달리면서 종종 우울감에 빠졌다. 아버지도 그런 시기들이 있었다고 어머니가 말해 주었지만, 아버지가 그런 모습을 직접 보여 준 적은 없었다. 처음부터 무언가 가장 기본적인 것이 나의 박사논문에서 제대로 돌아가지 않고, 나는 멍청이가 틀림없다고 스스로를 비하했다. 그때 아버지가 어느 일요일에 연구소에서 내가 짧은 시간에 오류를 찾을 수 있는 방법을 보여 주었다. 나는 어떤 변수가 바뀔 수 있고, 가능한 오류를 어떻게 하나씩 제거할 수 있는지 숙고해야 했다. 그때 중요한 것을 하나 더 배웠다. 교수는 학생 옆에서 냉담하게 서 있으면 안 된다. 언제나 질문을 던지는 게 중요하다. 사무실에 앉아만 있으면서 매일 그곳에 있는 동료들과 이야기하지 않고 실험의 세세한 내용을 따라가지 않는 사람은 과학에서 무언가를 성취할 기회가 없다. 모든 사람이 무언가 새로운 것을 찾는다. 실제 무언가를 찾기 위해서는 독창성과 경계를 넘어 생각하는 능력이 필요하다. 나는 이런 일을 썩 잘한다. 새로운 아이디어를 처음 주제로 올리는 데 여러 차례 성공했고, 나이가 들어서도 큰일을 하고 싶은 야심이 여전히 크다.

**당신은 어린아이였을 때 푸딩을 만들었고 파란색으로 칠했다. 그걸 본 어머니는 당신을 격려하면서 모든 것을 상세하게 기록해 문서로 만들라고 제안했다. 이 일이 과학자 경력의 시작이었나?**

그렇다. 그렇게 그 푸딩을 가족들에게 보여 주었다. 어머니는 우리 형제들에게 늘 과학을 하도록 격려했다. 나는 당시에 어머니가 무슨 생각을 했는지 모른다. 어쨌든 어머니는 우리가 하는 일이 과학적이기를 원했다. 내가 밀가루에 파란 색소를 입혔을 때 어머니는 말했다. "지금 그 일을 기록해야 해. 라벨을 붙이고 거기에 네가 어떻게 했는지를 기록해 두렴. 연구실에서 하듯이 꾸준히 실험 기록을 써야 해."

**당신은 어머니가 내 우주의 중심이며, 돌아가시는 날까지 매일 통화했다고 말한 적이 있다.**

어머니는 104세까지 사셨다. 마지막 2년 동안 실제 매일 통화했다. 그전에는 그렇게까지 자주 통화하지는 않았지만 늘 연락을 주고받았고, 어머니는 연구실에서 무슨 일이 일어나는지 아주 구체적으로 알고 있었다. 어머니는 호기심이 아주 많은 분이었고, 정치·과학·문화 등 모든 일에 관심이 많았다.

**아버지는 결혼할 때 어머니에게 정치 활동이 첫 번째, 과학이 두 번째, 그리고 세 번째 중요한 게 가족이라고 말했다고 한다. 당신은 어떤가?**

과학이 첫 번째다. 과학은 내 삶을 지배했다. 가족은 물론 대단히 중요하지만 나는 확실히 대부분 시간을 연구실에서 보낸다. 한 번은 아내와 함께 실험을 했었는데 두 시간이 지난 후 아내는 단단히 화가 났다. 내가 몇 분마다 한 번씩 와서 이런저런 일들을 제대로 했는지 물었기 때문이다. 이후 다시는 함께 실험을 하지 않았다. 아내는 자신의 독립성을 지켰다. 예전에는 아내도 연구실에서 많은 일을 했고 오랫동안 강의를 했다. 65세가 되어 교수직에서 은퇴하게 되었을 때 아내는 예술사를 공부하기 시작했고, 그 공부에 몰두했다.

**베를린 장벽이 무너진 후 당신은 1995년에 미국으로 갔다. 동독에서의 생활과 비교할 때 외국에서 보내는 초기 생활은 어땠나?**

완전히 달랐다. 베를린 장벽 붕괴 이후 환경이 이미 많이 바뀌었다. 동독 시절에는 실제로 연구를 위한 돈도 없었고, 서구와의 교류도 제한되어 있었다. 이런 환경에서 과학을 하는 건 쉽지 않았다. 다른 한편으로 큰 장점이 하나 있긴 했다. 동독은 폐쇄된 국가였으므로 좋은 학생 대부분이 동독에 머물렀고, 그들 중 많은 이들이 내게로 왔다. 나는 여덟 명의 제자와 함께 보스턴으로 갔다. 우리는 열렬히 환영받았고, 다시 기반을 잡는 데 어려움이 없었다. 가장 큰 차이는 나의 위치였다. 베를린에서 나는 소위 스타였지만 미국에서는 여러 괜찮은 연구자 가운데 한 명일 뿐이었다. 나는 이미 이런 사실을 알고 있었고, 그걸 원하기도 했다. 미국은 과학의 천국이었다. 나는 많은 멋진 동료들과 이야기할 수 있었다.

## 독일을 떠난 게 당신에게 중요한 한 걸음이 되었나?

갑자기 가족과 따로 살아야 하는 것은 단점이었다. 두 아이는 독일에 계속 머물면서 대학을 다녔고, 당시 열다섯 살이었던 딸은 우리와 함께 미국으로 갔다가 열일곱 살 때 다시 독일로 돌아갔다. 나는 아내를 살짝 속였다. 아내는 나의 연구실에서 함께 일하는 게 조건이며, 그렇지 않으면 미국에 함께 가지 않겠다고 말했다. 이 조건에 나는 동의했다. 그렇지만 나는 아내가 연구실에 같이 있는 것을 절대 원하지 않았다. 아내가 연구실에 있게 된다면 연구원들이 나와 터놓고 대화할 리가 없기 때문이었다. 나는 아내에게 먼저 몇 가지 기술을 배워야 한다고 말하면서 다른 동료의 연구실을 소개해 주었다. 나의 의도는 아내가 그 연구실에 계속 머물게 하는 것이었다. 결국 나의 의도대로 되었다. 온 가족을 보기 위해서 독일로 날아가야 한다는 것은 늘 문제가 되었다. 그러나 과학 연구와 관련해서 미국으로의 이주는 나에게 엄청나게 큰 이익이었다. 독일 통일 이후에 교수 직함은 가지고 있었지만 자리가 없었다. 새 자리를 찾아 지원했지만 두 번이나 거절당했다. 나는 상당히 의기소침해졌으며, 다시 직업을 가질 수 있을지 불안한 마음이 들었다. 그러다가 갑자기 저 위로 던져져 하버드에 가게 되었다. 내가 보기에 미국의 시스템은 독일보다 훨씬 더 진지하고 힘들다. 독일에서는 한 번 좋은 성과를 내면, 은퇴할 때까지 그것으로 편안하게 있을 수 있다. 미국에서 연구자들은 시험 속에서 살아간다. 여기에서는 사람들이 가차 없이 가장자리로 밀려난다. 하워드 휴스 연구소 조사관인 나는 일흔한 살의 나이에 다시 시험을 통과해야 한다.

## 과학에서는 첫 번째만 중요하게 여긴다고 하는데, 당신은 이를 어떻게 경험했나?

솔직히 말하면, 그 질문을 이해하지 못하겠다. 유감스럽게도 두 집단이 같은 시기에 무언가를 발견하게 되는 일이 생긴다. 최근에 나에게도 그런 일이 석 달 사이에 두 번 있었다. 그러나 모든 것을 비밀로 유지하는 것에는 반대한다. 나의 연구원들은 자신들이 내게 설명한 것은 곧 세계가 알게 된다는 것을 알고 있다. 나는 비밀이 없다. 다른 과학자들도 나에게 많은 것을 설명해 주며, 그렇게 나는 같은 실험을 하는 경쟁자가 있다는 것을 알게 되었다. 독일에서는 종종 같은 분야에서 일하지도 않는 동료들끼리 경쟁하기도 한다. 미국에서는 더 많은 팀 정신이 있고, 동료의 성공에 함께 기뻐한다.

## 지금 당신이 하고 있는 연구를 설명해 줄 수 있을까?

나의 연구실에는 열세 명의 연구원이 있다. 상대적으로 적은 숫자지만 우리는 다섯 가지 주제를 연구하고 있다. 첫째, 단백질이 어떻게 세포에서 나와 세포막으로 만들어지는지를 연구한다. 두 번째 주제는 첫 번째 주제의 반대 과정과 관련이 있다. 제대로 접히지 않은 단백질은 어떻게 분해될까? 세 번째 질문은 세포 속 하부 기관인 세포 소기관들은 어떻게 자신들의 특징적 외형을 유지하는가이다. 네 번째 주제는 페르옥시솜이라는 세포 소기관의 단백질 유입에 대한 연구다. 이 유입이 제대로 되지 않으면, 아이의 경우 대부분 죽음으로 이어지는 병에 걸릴 수 있다. 우리는 단백질이 어떻게 페르옥시솜으로 들어갈 수 있는지 묻는다. 단백질은 접힌 상태에서 세포막을 통해 유입되며, 그렇지 않으면 유입될 수 없기 때문이다. 마지막 다섯 번째 프로젝트는 호흡의 진행 과정과 관련된 질문을 다룬다. 호흡할 때 폐는 끊임없이 수축과 확장을 반복한다.

폐가 확장하려면 표면의 긴장을 떨어뜨리는 단백질이 있어야 한다. 이 연구는 실제 유용하게 응용될 수 있을 것이다. 조산아의 경우, 스스로 폐 표면활성제를 만들 수 있을 때까지 종종 기관지에 스프레이를 뿌려 호흡을 쉽게 만들어 준다. 기존의 합성 표면활성제는 우리가 보기에 그리 효율이 높아 보이지 않아 이를 개선하려고 시도하고 있다. 이 연구는 심각한 폐 손상이 있는 성인에게도 큰 의미가 있을 수 있다.

## 왜 젊은이들이 과학을 공부해야 할까?

과학자는 인간이 상상할 수 있는 최고의 직업이다. 나는 매일 나의 호기심을 탐구할 수 있고, 원하면 연구실에 왕래할 수 있으며, 동료들과 서로 의견을 나누면서 세계를 볼 수 있다. 나는 이렇게 이야기해 줄 것이다. 만약 당신 안에 소명과 열정이 느껴진다면 과학계로 가라. 그보다 더 좋을 수는 없을 것이다. 자신을 불태울 수 있는 영역을 찾았다면, 그곳으로 가야 하고 뒤돌아봐서는 안 된다. 높은 지위나 많은 돈은 부차적인 일이다. 과학에 적극 참여하고 일할 때, 그런 것은 자동으로 따라올 것이다. 나는 진심으로 젊은 세대를 도울 마음이 있다. 나의 박사후연구원이 나보다 더 나은 일을 해낼 때 정말 기쁘다.

## 무엇이 지금의 당신을 만들었나?

과학자 가정에서 태어났기 때문에 일찍부터 다른 대부분의 사람들과 달리 과학이 진짜 무엇인지 알았다. 동생이 말하길, 우리는 이미 아이 때 대학 학장이 무슨 일을 하는지 알았다. 부모님이 미친 영향은 과학에만 머물지 않는다. 우리는 어릴 때부터 예술과도 만났다. 부모님은 우리가 받는 음악 수업에 큰 가치를 두었고, 우리는 아주 어릴 때부터 오페라를 경험했다. 동생과 나는 〈마술피리〉에 나오는 모든 아리아를 외워서 부를 수 있었고, 나는 지금도 부를 수 있다. 그 밖에도 보스턴에서나 베를린에서나 콘서트와 오페라를 즐기는 열렬한

관객이고, 가끔 사흘 연속으로 콘서트에 가기도
한다.

## 어느 나라가 당신의 고향인가?

미국은 지금 나에게 고향이 되었다. 가장 친한
친구들이 여기에 있다. 그러나 독일 여행을 하게 되
면 그곳은 또한 나의 집이다. 나는 여전히 영어보다 독일어를 유창하게 말한다.

## 당신이 이 세상에 존재하지 않게 될 때 무엇을 남기고 싶은가?

나는 환상을 품지 않는다. 예술과 달리 과학에서는 누구도 대체 불가하지 않다.
모차르트의 작품은 누구에 의해서도 다시 만들어질 수 없을 것이다. 그러나 내
가 무언가 발견하지 못했다면 다른 누군가가 그것을 발견할 것이다. 나는 과학
의 이런 특성을 해방으로 이해한다. 우리는 모두 과학이라는 거대한 건물에 벽
돌 하나만 얹으면 충분하다. 마지막에는 소수의 이름을 제외하고 모두 잊힐 것
이다. 교과서에 나의 문장 하나만 남을 수 있다면 그걸로 충분히 좋을 것 같다.
나에게 그것은 한 문장 이상의 의미다.

## 세상에 던지는 당신의 메시지는 무엇인가?

세계는 더 많은 합리성이 필요하다. 그러므로 과학은 보편적으로 접근 가능해
야 하고, 세계에 더 많은 정의, 가난의 종말, 그리고 특히 평화에 도달하기 위한
인류의 기준선이 되어야 한다. 우리는 좋지 않은 상황에 있는 사람들에게 더
많은 연민을 보여 주어야 한다. 서로 조화롭게 사는 일은 가족들 사이에서도
언제나 쉬운 일은 아니다. 국가 사이에 평화를 이루는 것은 훨씬 더 어렵다. 그
러므로 평화를 위해서는 모든 차원에서 더 큰 노력이 필요하다.

# "세계는 변화하며, 우리는 그 변화에 대비해야 한다."

탄둥야오 | 지질학

중국 과학원 티베트 고원 연구소 빙하학 교수
중국


**탄둥야오 교수, 부모님과 그들의 직업을 짧게 설명해 줄 수 있을까?**

부모님은 노동자였다. 1950, 60년대에는 중국 서쪽 지역 개발을 위해 댐 건설이 활발하게 진행되었고, 두 분은 그 건설현장에서 일했다.


**두 분은 어떤 교육을 받았나?**

당시 중국의 교육 시스템은 잘 갖추어지지 않았다. 특히 농촌 지역은 더 그랬다. 아버지는 초등학교를 다녔지만 형제 중 맏이였던 탓에 중등학교에 진학할 수 없었다. 어머니는 문맹이었다.


**당신의 초등학교 생활은 어땠나?**

나는 우리 시골 마을 근처 초등학교에 다녔다. 초등학교를 졸업한 후 그 지역에서 가장 좋은 중학교에 입학했다. 주중에는 학교에 있었고, 토요일에만 집으로 왔다. 당시는 문화혁명 시기였고, 중국 전역이 혼란에 빠져 있었다. 도시에서 교사들은 가르칠 수 없었다. 그러나 시골에서는 교사들이 자신의 권위를 유지할 수 있었다. 그래서 나는 운이 좋게도 안정된 환경에서 교육을 받을 수 있었다.

## 고등학교 생활은 어땠나?

당시 종합대학교를 졸업한 대학생들은 농촌으로 가서 일해야 했다. 그 덕분에 나는 베이징과 그 밖의 도시에서 온 수준 높은 교사들의 수업을 들을 수 있었다. 말하자면, 문화혁명 상황에서 이익을 본 것이다.

## 왜 빙하학자가 되려고 했나? 이 주제에 언제부터 어떻게 관심을 갖게 되었나?

아주 좋은 질문이다! 나는 1978년 티베트 고원지대에서 빙하를 처음 보았다. 당시 나는 아직 대학생이었다. 우리의 임무는 빙하에서 나오는 장강의 원류를 찾는 것이었다. 우리는 장강의 첫 번째 물방울을 나르는 빙하를 정확하게 찾으려고 노력했다. 빙원의 아름다움과 숨이 멎을 듯한 풍경은 큰 인상을 남겼고, 나는 그 자리에서 빙하학을 공부하기로 결정했다.

## 1982년 란저우 대학교에서 석사학위를 받았고, 박사학위는 1986년 중국 과학원 지리학 연구소에서 취득했다. 박사학위를 받은 후에도 외국으로 가서 공부를 계속한 이유는 무엇인가?

1977년 전까지 중국은 과학적으로 고립되어 있었다. 우리는 몇몇 해외 저널만 겨우 읽을 수 있었다. 다행히 빙하학 및 빙설학 연구소에 있던 나의 지도교수는 가끔씩 외국 학자들을 초청해 강연회를 열었다. 그러던 중 운 좋게도 외국에서 공부할 수 있는 기회가 생겼다. 나는 두 가지 중 하나를 선택해야 했다. 빙핵 최고 연구자들과 긴밀하게 함께 일할 수 있는 프랑스의 박사후 과정 혹은 공부와 함께 영어 실력을 향상시킬 수 있는 미국 체류 중 하나를 골라야 했다.

나는 교수들과 상의했고, 그들은 이렇게 조언했다. "프랑스로 가세요. 과학이 먼저입니다. 언어 능력은 다음에도 쌓을 수 있어요."

**당신은 모두 5년 동안 외국에 있었다. 매우 중요한 시간이었을 것 같다.**

맞다. 나에게는 무엇보다 중요한 시간이었고, 대단히 가치 있는 기회였다. 외국에 가기 전에 교육부가 주관하는 다양한 시험에 통과해야 하고, 한 기관의 추천도 받아야 한다. 실제로 나는 우리 분야에서 박사후연구원으로 추천된 최초의 석사 과정 학생이었다. 외국 유학은 지식을 넓혀 주었다. 당시 프랑스 연구소는 빙핵 연구에 있어 세계에서 가장 중요한 곳이었다. 그곳에서 나는 빙핵 연구와 과학적 질문 제기를 위한 새로운 기술을 전수받았다. 그다음에 같은 경험을 미국에서도 했다.

**유학 생활을 할 때 정해 둔 목표가 있었나?**

나의 사명은 서양에서 가능한 한 많은 과학적 지식을 받아들여 중국으로 가져가는 것이었다. 이 목표를 위해 열심히 일했다. 프랑스에서는 주말에는 거의 일하지 않는다. 반대로 나는 거의 하루 종일 일했고, 주말에도 일했다.

**외국에서의 공부는 훗날 당신이 진행하는 연구에 어떤 영향을 미쳤는가?**

프랑스와 미국에서 외국 동료들과 티베트 고원지대 빙하 연구를 어떻게 시작할 수 있을지 토론했다. 미국에서 우리는 티베트 빙핵 연구를 위한 프로그램을 시작하고 중국 국립 자연과학 재단에 지원을 요청하기로 결정했다. 그렇게 나는 오하이오 주립대학교 지리학과 교수이자 버드 극지역 연구센터 연구자인 로니 톰슨Lonnie Thompson 교수와의 공동 작업을 시작했다. 톰슨 교수와는 지금까지도 함께 일한다.

중국으로 돌아온 후 티베트 고원지대에 당신의 연구소를 만들었다. 이에 대해 좀 더 자세히 설명해 줄 수 있을까?

1978년 나의 첫 번째 방문 이후 우리는 거의 40년째 티베트 고원지대에서 일하고 있다. 이 시기 동안 기후변화가 빙하, 호수, 강, 그리고 전체 생태계에 큰 영향을 미쳤다. 이 '제3극 지역'*에서 지구 온난화는 지구 전체 평균보다 두 배 정도 강한 영향을 미치고, 그 결과로 빙하가 붕괴하면서 거리, 다리, 마을에 해를 입히고 사람의 생명도 희생된다. 얼음 눈사태의 속도는 시속 100km에 이른다. 근처에 있는 사람들 모두는 이 눈사태에 속수무책이다. 예를 들어 3년 전 티베트 고원지대에서 빙하가 깨지면서 많은 사람이 얼음에 묻혔다.

**당신은 이 문제의 해결책을 어떻게 보고 있는가?**

'제3극 환경Third Pole Environment'이라는 조직이 있다. 독일, 미국, 그리고 중국을 비롯한 여러 나라 과학자들이 이 조직에서 함께 일하고 있다. 이산화탄소 배출량을 줄이기 위해서는 전 세계적으로 일해야 한다. 그러나 이조차도 충분하지 않다. 지금 대기에는 이미 너무 많은 이산화탄소가 있다. 따라서 우리는 미리 준비해 그 결과에 대비하도록 지역민들에게 알려야 한다.

**이런 변화를 보면서 무력감을 느끼지는 않나?**

나는 늘 낙관적이다. 언제나 양면이 존재한다. 위기가 있는 곳에 기회도 있다. 예를 들어 지구 온난화는 제3극 지역에 습하고 따뜻한 날씨를 가져왔다. 이 덕분에 작물 재배 가능 기간이 15일 늘었다. 나는 방금 고원지대에서 돌아왔는

---

* 빙하 전문가들은 힌두쿠시 히말라야 빙하를 포함한 티벳 고원지대를 '제3극'이라고 부른다. 남극, 북극에 이어 지구의 세 번째 거대 빙하 지대를 의미한다.

데, 과거에는 벌거숭이였던 산이 지금은 녹색 풀로 덮여 있는 걸 보았다.

## 기후변화는 세계적 위기다. 당신이 연구자금을 얻는 데 어려움은 없을 것 같다.

과거 중국은 가난했다. 우리는 외국 과학자들의 지원으로만 연구 활동을 할 수 있었다. 오늘날 중국 정부는 환경 보호를 대단히 중요시하고, 티베트 환경 연구에 많은 투자를 하고 있다. 시진핑 주석이 티베트 고원지대 환경 연구를 촉구했고, 중국 과학기술부는 이를 위해 28억 위안(5,400억)을 투입했다. 이 금액은 엄청난 지원이다. 그래서 우리는 무엇을 위해 이 돈을 쓰고, 어떻게 최적의 연구 결과를 낼 수 있는지 조심스럽게 선택해야 한다. 고원지대 연구에 종사하는 모든 중국 연구자가 이 프로젝트와 연결되어 있고, 또한 이 프로젝트는 전 세계 과학자들에게도 열려 있다. 예를 들어 우리는 독일에서 회의를 개최해 우리의 미래 도전과 계획에 대한 대화를 나누었다.

## 중국에 있는 빙하는 언제 사라질 것으로 예측하는가?

몇몇 작은 빙하들은 곧 사라질 테지만, 큰 빙하들은 상당히 오랫동안 존재할 것이다. 우리의 진단에 따르면, 2050년 또는 2060년에 전환점이 온다. 그 이후 빙하는 점점 줄어들 것이다. 더 많은 빙하가 녹고 강물의 수위는 높아질 것이다. 2090년에도 빙하는 여전히 존재하겠지만 고원지대의 아주 작은 일부만 덮고 있을 것이다.

## 세상에 보내는 당신의 메시지는 무엇인가?

세계는 변한다. 우리는 이 변화에 대비해야 한다. 하지만 언제나 두 가지 측면이 있다. 위기는 언제나 기회와 함께 온다.

### 당신의 워라밸은 균형이 잡혀 있는가?

나는 상당히 일을 많이 한다. 연구와 관련된 일이 너무 많기 때문이며, 특히 새로운 연구 프로젝트 때문에 일이 더 많아졌다. 그래도 최소 하루 다섯 시간은 자려고 노력한다. 그 정도면 나는 생생하다. 여섯 시간을 자면 더 많은 에너지가 생긴다.

### 당신의 아이들도 미래의 과학자들인가?

딸은 전기공학과 컴퓨터공학을 공부했다. 그런데 공부를 마친 후 지리정보 시스템GIS 분야에서 일했고, 그 후에 다시 원격탐사 분야로 옮겼다. 요즘 젊은이답게 딸도 아이디어가 다양하다.

### 당신의 꿈은 무엇인가?

아주 단순하다. 내 꿈은 티베트 고원지대에서 계속 일하는 것이다. 나는 1년에 일고여덟 차례 티베트 고원지대에 간다. 나는 이 지역에 대한 연구, 빙하 및 이 지역의 환경 연구를 계속할 수 있기를 바란다.

# "세상에 새로운 것을 가져오기 위해서는 엄청난 감정적 에너지가 필요하다."

**로버트 러플린** | 물리학

스탠퍼드 대학교 물리학 교수
1998년 노벨 물리학상 수상
미국

**러플린 교수, 가족들과 저녁을 먹으면서 주고받았던 논쟁이 당신을 이론물리학자로 이끈 동력이라고 쓴 적이 있다. 이를 조금 더 설명해 달라.**

간단명료하게 설명하자면, 아버지가 변호사였다. 법학의 핵심은 말이라는 도구를 이용한 논쟁이다. 청소년 시절에 우리는 아버지가 흥미를 느꼈던 자연과학이나 전자공학 같은 주제에 대해 많은 토론을 했다. 우리는 명확하고, 설득력이 있으며, 잘 다듬어진 주장을 제시해야 했다. 이와 반대로 아내 아니타는 저녁 식사 때 토론을 즐기지 않는다. 아내는 조용하고 친밀한 식사 분위기를 선호한다. 실제로 많은 이론물리학자들이 변호사 가정에서 나온다. 사고 과정이 비슷하기 때문이다. 서양법은 과학과 마찬가지로 종교적 원칙에 기초한다. 진리가 존재하고 이 진리가 갈등 속에서 드러날 수 있다고 보는 것이 서양 문화의 한 특징이다. 법정에서는 진리를 확정하기 위해 논쟁한다. 과학 시스템도 정확히 이렇게 작동한다. 과학자는 자신의 생각을 공개하고, 이 생각 중 진리가 아닌 것을 솎아내기 위해 서로 비판하고 방어한다.

> "진리가 존재하고
> 이 진리가 갈등 속에서
> 드러날 수 있다고 보는 것이
> 서양 문화의 한 특징이다…
> 과학자들은 진리, 돈, 인정을
> 두고 경쟁한다."

**진리를 향한 강력한 경쟁이 종종 과학계를 지배하기도 한다. 그렇지 않은가?**

그렇다. 과학자들은 진리, 돈, 인정을 두고 경쟁한다. 명성은 나름의 가치가 있기 때문에 명성을 얻은 연구는 대부분 금전적 가치도 높다. 이런 명성과 돈을 두고 과학계 안에서 경쟁이 일어난다.

**자신이 대단히 내향적인 소년이었다고 고백한 적이 있다.**

실제로 그랬다. 그리고 내향적인 사람은 꽤 많이 있는 것 같다. 헬싱키에서 강연할 때 이런 말을 한 적이 있다. "고등학생 때 나는 폭탄을 만들었습니다. 오늘날 이런 일을 고백한다면 테러 때문에 어려움을 겪었을 겁니다. 그런데 혹시 여러분 중에도 학창 시절 폭탄을 다루어 본 분이 있지 않나요?" 청중 모두가 손을 들었다! 나 같은 사람은 자신의 과학적 아이디어를 숙고하기 위해 혼자 있는 걸 좋아한다. 나는 취미로 글도 쓰고 작곡도 한다. 이럴 때도 혼자 있다. 몇 시간 동안 혼자 깊이 생각하는 것이 내 일에는 좋다.

**당신은 한 엘리트 학교 입학을 거절당했다. 그 일 때문에 힘들었는가?**

되돌아보면 그 거절은 내게 매우 기쁜 일이었다. 덕분에 일련의 축복받은 사건들이 일어났기 때문이다. 결국 나는 버클리로 갔다. 버클리는 내게 완벽한 대학이었고, 자유가 넘치는 곳이었다. 스탠퍼드나 프린스턴 같은 곳에서는 다소 지루한 지성적 사유에 빠져 있기가 더 어렵다. 버클리에서의 경험 덕분에 결국 과학자가 되었다. 처음에는 공학자가 되고 싶었지만 버클리에서 물리학의 엄청난 매력에 매료된 후 전공을 바꾸었다. 아버지는 나의 결정에 실망했고, 이렇게 말했다. "너는 일자리를 얻지 못할 거야." 그러나 모든 일이 잘 풀려 갔다.

**19세 때 당신은 닉슨 대통령의 징집 추첨에 걸려 베트남 전쟁에 징집되었다.**

나의 추첨번호는 19번이었다. 당시 나이와 같았다. 내가 속한 이론물리학 분야에서는 흔히 가장 최고의 연구 성과는 서른 살 전에 나오며, 그 이후에는 큰 성과를 내기에 너무 늙었다고 말하곤 한다. 그러나 나는 법을 잘 지키는 사람이었고, 주저 없이 법을 따랐다. 군복무는 독일 슈바벤 지역에서 했다.

**군복무는 힘들지 않았나?**

기존의 정체성을 제거하고 새롭고 순종적인 정체성을 갖추기 위해 의복을 내놓아야 했고, 머리는 짧게 잘라야 했다. 군복무는 나에게 거대한 퇴보였다. 삶의 예술적 아름다움을 소중히 여기는 자유로운 사회에서 핵폭탄을 가진 부대, 냉전의 중요 기관 속으로 들어갔던 것이다. 군대는 슬픈 공간이었다. 핵전쟁의 발발은 끔찍한 일이다.

**이 경험에서 무엇을 배웠는가?**

군대 생활을 통해 동년배 미국인들을 더 잘 이해할 수 있었다. 또한 군 생활 덕분에 유럽에 대한 기초적 이해를 하게 되었다. 그렇지 않았다면 멀리 떨어진 유럽을 이해할 기회가 없었을 것이다. 미국은 세계의 뒷문에 있고, 유럽을 잘 이해하지 못한다. 이런 점에서 군 생활은 상당히 훌륭한 경험을 제공했다.

**특히 미국은 세계의 학생들을 수용하고, 그 가운데 많은 학생이 아시아인들이다. 유럽과 비교할 때 이런 풍부한 문화적 혼합이 과학적 발견의 속도를 더 높여 줄까?**

그렇게 생각하지 않는다. 이 상황은 단지 경제와 관련될 뿐이다. 사람들은 최고의 사람을 찾고, 최고의 사람은 종종 외국에서 온다. 그러나 인종과 비자 문제는 늘 존재한다.

**아시아와 비교할 때 유럽의 과학을 당신은 어떻게 보고 있는가?**

한국, 일본, 중국의 과학은 수입품이다. 이 나라들의 과학계에서는 서양 학술지에 논문을 실어야 하고, 서양 국가들을 여행해야 한다는 지속적인 압력이 있다. 왜냐하면 지적 논쟁의 실천 덕분에 서양인들이 진리가 아닌 것을 더 잘 걸러내기 때문이다. 오늘날 과학의 실천과 마찬가지로 과학의 윤리적 핵심도 유럽의 발명품이다. 이 과학 윤리는 아주 오래된 종교 전통에서 왔고, 아시아 국가 대부분은 가지고 있지 않은 세계관이다. 동아시아에 있는 내 친구들은 과학의 중심이 아시아로 옮겨지기를 바라겠지만 이 점은 불가능하다고 생각한다.

**중국은 어떤가? 중국은 수십억 유로를 연구에 투자하고 있다. 결국 중국이 서양을 넘어서게 될까?**

나는 다른 많은 사람들만큼 이 문제를 걱정하지 않는다. 중국에는 이런 발전을 가로막는 사유재산 및 법적 문제가 있다. 중국의 정치 상황은 새로운 아이디어를 위험하게 만든다. 확실히 중국은 거대하고 막강한 나라다. 그래서 사람들은 중국을 알아야 한다. 또한 중국은 종이나 화약 같은 주목할 가치가 있는 기술 발명의 역사가 있다. 최근에도 몇몇 기술적 성과가 있었는데, 중국의 태양전지 제조산업은 전 세계 모든 경쟁자를 압도했다. 플래시 메모리 분야도 마찬가지다. 플래시 메모리 생산은 내가 동아시아 지역에 있었던 2000년대 초에 한국에서 중국으로 넘어갔다. 그러나 나는 미래에 중국이 유럽이나 미국보다 앞에 있을 거라고는 보지 않는다. 과학은 국제적이다. 우리는 무언가를 발견하면 이를 발표해 공개한다. 과학에는 비밀이 없다. 아시아 사람들은 종종 서구에서 이미 증명된 사업 모델을 기초로 회사를 만든다. 모범을 연구하고 배우며 몇 가지 적응 사례를 만든다. 이런 방식으로 아시아인들은 시간과 노력을 줄일 수 있다. 그러나 이런 모습 자체가 중국에는 과학과 경제 사이의 다리가 여전히 대단히 약하다는 것을 보여 주고 있다. 그 밖에도 아시아에서는 과학과 기술이 서로 얽혀 있어 기술적 지식이 누구에게 속하는지 분명하지 않다.

**당신의 경력으로 돌아와 보자. 당신은 과학 연구에서 배신감을 느낀 적이 있다고 했는데, 왜 그런 느낌을 받았나?**

누구나 이런 경험은 있다고 생각한다. 어떤 일에 엄청난 노력을 쏟았지만 성공하지 못할 때 사람들은 다른 사람에게 책임을 돌리며 비난한다. 이런 일을 경험하면서 나는 한 가지를 확실하게 깨달았다. 바로 과학은 모임과 위원회의 지배를 받는 사회적 활동이라는 사실이다. 그리고 보통 이런 위원회는 경제와 부정한 동맹을 맺고 있다.

**당신의 성공에 관해 이야기해 보자. 당신은 분수 양자 홀 효과(Fractional quantum Hall effect)로 노벨 물리학상을 받았다.**

나는 컬럼비아 대학교의 호르스트 슈퇴르머Horst Störmer와 대니얼 추이Daniel Tsui 와 함께 노벨상을 받았다. 나는 이론가다. 나는 아무것도 발견하지 않으며 단지 글로 서술할 뿐이다. 벨 연구소에서 일할 때 한 아이디어를 논문으로 발표했다. 클라우스 폰 클리칭의 실험이 전자의 전하라는 근본 요소를 놓치고 있다는 내용이었다. 내가 벨 연구소를 떠난 후 슈퇴르머와 추이가 나에게 편지를 보내왔다. 벨 연구소에 있던 두 사람은 새로운 실험을 했고, 이 실험에서 물리학적으로 불가능한 '분수로 된' 클리칭 효과를 발견했다는 것이었다. 추이는 전자가 이 실험에서 어떻게든 '분수화'되어야 한다는 걸 확실히 알게 되었다. 그러나 벨 연구소 경영진은 이 결과를 검열했고, 이 주제를 다룬 논문 집필을 허락하지 않았다. 왜냐하면 기존 물리학 이론은 이 현상을 설명하지 못했기 때문이다.

### 이 발견에 당신은 어떤 기여를 한 것인가?

말하자면 그 실험은 쟁반에 놓여 나에게 제공된 음식이었다. 내가 맡은 부분은 그 현상을 물리학적으로 설명하는 것이었다. 즉 전자들이 자기장 안에서 활동하는 방식과 그 방식이 분수 양자 홀 효과를 낳는다는 것을 물리학의 언어로 서술하는 게 임무였다. 나는 이 효과를 표현하는 방정식을 만들었다. 이 방정식은 전체 길이가 14자에 불과해 분수 양자 홀 효과를 누구나 기억할 수 있게 해준다. 그것은 아주 가치 있는 가르침이었다. 무언가를 창조한다면, 기억할 수 있도록 단순하게 만들어야 한다. 당시 나는 서른둘이었고, 이 방정식이 분명히 나를 생존하게 해줄 거라고 믿었다.

### 노벨상을 받았을 때 마흔여덟 살이었다. 그 후 삶이 바뀌었나?

전혀 그렇지 않았다. 노벨상 수상이 매우 자랑스러웠고 지금도 여전히 그렇지만 노벨상으로 나를 규정하려고 하지 않는다. 수상자에게는 노벨상이 아름다운 자아도취지만 배우자에게는 그렇지 않다. 그리고 나의 우선순위도 그렇다. 나는 나의 과학적 명성보다 가족을 더 많이 돌본다. 노벨상을 받은 후 생기는 가장 큰 문제는 그다음에 무슨 연구를 할 것인가다. 이후 나의 중심 연구 주제는 에너지 저장 시스템이다. 대단히 어려운 연구인데, 왜냐하면 이 연구는 사업과 직결되고 많은 돈이 필요하기 때문이다. 하지만 노벨상 수상 경력이 많은 도움을 주었다.

**노벨상을 받았을 때 붕 떠 있는 기분 속에 자아도취에 빠지지는 않았나?**
아니다. 기본적으로 아내의 힘이 컸다. 우리 부부는 사이가 좋다. 아내는 천사다. 아내는 내가 땅에 발을 붙이게 해주고, 내가 너무 많은 일을 하고, 너무 많은 시간을 컴퓨터 앞에서 보내면서 내 안으로만 들어가려는 걸 막아 준다. 나는 아내의 조언을 따르려고 노력한다. 그렇지 않으면 혼이 나기 때문이다.

**기후변화에 대해 다른 과학자들과 다른 입장을 가지고 있다. 기후변화가 중요할 수는 있지만 미래가 바뀌지는 않을 것이라고 말한다. 왜 그렇게 생각하는가?**
내가 대부분의 동료들보다 경제를 더 잘 이해하기 때문이다. 나는 이성적인 사람이 되고 싶다. 이성은 수사법 혹은 정치와는 잘 어울리지 않는다. 모든 나라에서 에너지에 대한 토론은 순전히 수사적인 문제이며, 기본적으로 정치 세력들이 이 문제를 놓고 서로 싸우고 있다. 내 경험에 따르면 돈이 관계되면 인간들은 사실 여부와 관계없이 자신들이 하고 있는 일이 왜 좋은지, 그 이유를 곧잘 만들어 낸다. 에너지에서도 중요한 건 돈이다. 나는 숫자를 좋아한다. 이 혼란스러운 정치적 논쟁에 질서를 가져오는 한 가지 방법은 개념 대신 수치를 놓고 토론하는 것이다. 그러나 한편으로 나는 오해를 받고 있다. 내 책의 편집자는 지구의 나이를 다룬 장을 삭제했고, 이를 별도로 출판했다. 특히 우파 정당들이 나의 주장을 왜곡해 한 노벨상 수상자가 기후변화를 믿지 않는다는 것을 보여 주려고 한다. 실제로 나는 기후변화를 크게 걱정한다. 바로 그 걱정 때문에 주요 연구 주제를 에너지로 바꾸었다.

### 그렇다면 기후변화에 대응해 인간은 무엇을 해야 할까?

값싼 비화석 에너지를 제공할 수 있는 기술을 발전시켜야 한다. 이런 기술을 완성하지 못하는 한 거대한 법률적 노력도 기후 문제를 해결하지 못할 것이다. 입법가들은 물리 법칙도 경제 법칙도 폐지하지 못한다. 기본적인 문제는 에너지 자원의 소비가 국내 총생산에 도움을 준다는 점이다. 누구나 지구에게 해를 끼치는 일은 막고 싶어 한다. 그러나 다른 사람의 동참 없이 혼자서 그런 일을 하면 그 사람만 더 가난해질 것이다. 지구에 있는 모든 정부는 이를 이해하고 있다. 그래서 정부들은 결정을 미루고 있다. 돈이 세계를 지배한다. 가난한 사람들은 가난에 머물고 싶어 하지 않는다. 즉 그들은 더 많은 에너지를 쓰고 싶어 한다. 대기를 파괴하지 않고도 더 많은 에너지를 쓸 수 있는 방법 찾기. 이것이 기후변화 해결을 위한 기술의 핵심 질문이다.

### 당신은 자신을 예술가로 여긴다.

나는 이론가이며, 더 큰 가치를 추가해 지적 작품을 만든다. 이런 면에서 예술가라고 생각한다. 나는 지금껏 없었던 가치를 생산한다.

### 자연과학 공부를 고민하는 젊은이에게 어떤 말을 해주겠는가?

자연과학을 잘하는 사람은 이미 그렇게 태어난다. 그들은 자신들을 빛나게 해주는 타고난 재능의 혼합물을 가지고 있다. 과학을 좋아하고 잘하기 때문에 그들은 과학자가 된다. 노벨상을 받은 나의 한 동료는 스탠퍼드를 개선하기 위해 할 수 있는 일이 무엇인가라는 질문에 이렇게 대답했다. "더 많은 너드를 허락하라." 다방면에 능한 학생들은 충분히 똑똑해 경제가 과학보다 가치 있다는 걸 알아차리는 경우가 많다. 발달이 조금 느려서 이 사실을 아직 인지하지 못한 학생들이 스탠퍼드 연구실들을 위해 필요하다. 결국 사람은 진정 좋아하는 일을 해야 하고, 자신의 진로를 스스로 결정해야 한다.

## 과학은 여전히 남성들이 지배하는 영역처럼 보인다.

성별에 따른 차별은 과학 전반에 퍼져 있고, 물리학이 특히 그렇다. 성차별은 어찌 되었든 문화의 일부다. 우리는 여성들이 위로 쉽게 오를 수 있도록 만들어야 한다. 여성들도 자신들이 남성들의 영역을 정복해야 한다는 걸 받아들여야 한다. 우리는 여성들의 지위 향상을 돕고 있지만, 사실 이 일은 나라 전체의 문화를 바꾸려는 것과 같다. 기본적으로 완전한 변화는 불가능하다. 내 생각에는 문화의 변화는 싸움이 필요하지만, 여성들은 전사로 인지되고 싶어 하지 않는다. 타고난 본성이 그렇다.

## 당신 삶에서 극복해야 했던 장애물이 있었나?

과학자 경력을 쌓으면서 끝없는 장애물을 만났다. 과학자가 무언가 새로운 것을 세상에 내놓기 위해서는 엄청난 감정적 에너지가 필요하다. 새로운 것을 내놓는 일에 관심이 있다면 기꺼이 피를 흘릴 준비가 되어 있어야 한다. 견고한 고집과 인내도 꼭 필요하다. 이 과정에서 패배를 일상처럼 경험해야 하기 때문이다. 패배 후에 이렇게 생각할 수도 있다. '아, 나는 무능한 인간이구나.' 그러나 누구도 첫 번째 시도에서 성공할 수 없다. 나의 성공 확률은 10분의 1 정도에 불과하다.

## 무엇이 당신을 강하게 만들었나?

나에게 거슬리는 상황이 나를 강하게 만든다. 2년 전 나는 두 아들 가운데 하나를 잃었다. 아들은 췌장염으로 죽었다. 우리는 아들의 재를 금문교에서 바다로 뿌렸다. 나중에 내가 죽었을 때도 그렇게 하고 싶다. 무덤을 만들어 수십억 명이 아직 필요로 하는 땅을 굳이 차지할 이유가 없다.

    아들은 그렇게 가면 안 되었다. 부모가 아이보다 먼저 죽어야 한다. 자식을 먼저 보내는 것은 부모에게 가장 중요한 투자의 실패다. 전체 삶에서 가장 큰 실패일 것이다. 시간이 모든 상처를 치유해 주지만 나는 종종 죽은 아들을 생각한다. 이 운명을 피할 방법은 없었는지 계속해서 돌아본다. 우리는 육체적 존재다. 육체가 고장 나면 모든 이론은 무의미해진다. 사람들은 계속 살아가야 하고, 생산적인 과제에 관심을 두어야 한다. 이렇게 큰 패배도 사람을 강하게 만든다. 그 사람을 죽이지만 않는다면 말이다. 필요하면 사람은 강해진다.

## 과거 당신이 세운 계획 가운데 실현된 것은 얼마쯤 되는가?

열 개 가운데 하나, 혹은 일곱 개 가운데 하나 정도일 것이다. 나는 세상을 좀 더 나은 곳으로 만들기 위한 새로운 일에 대해 꾸준히 숙고한다. 나는 나의 아들이 계속해서 더 높은 것을 추구하기를 바란다. 몇몇 위대한 생각을 실현하는 데 실패하지 않았다면 아직 충분히 노력하지 않은 것이다. 창조적인 삶은 에너지와 의지가 담긴 노력으로 구성된다. 나의 학생들도 이런 윤리를 따르기를 바란다.

## 당신의 개인적 미래 전망은 무엇인가?

나의 유전자를 계속 전하고 싶다. 얼마 전에 손주를 얻었다. 나는 해를 끼치고 싶지 않고 다른 사람에게 유용한 것을 남기고 싶다. 아무도 나를 기억하지 못하는 건 중요하지 않다. 그러나 내가 다음 세대에게 유용한 무언가를 만들었다면, 그것은 대단한 일일 것이다.

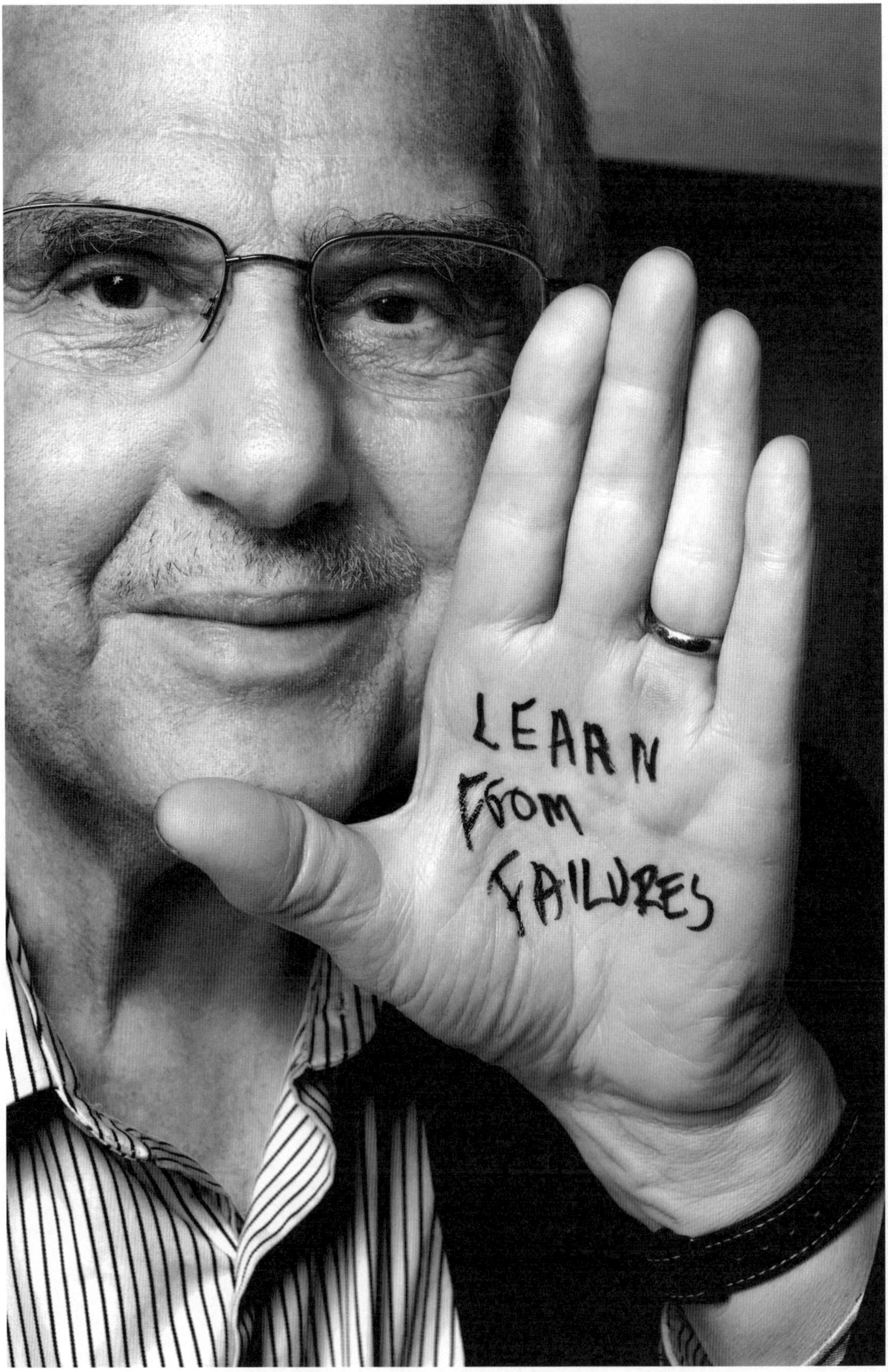
LEARN
FROM
FAILURES

# "과학이 한 사람을 진정 매료시킨다면, 과학은 대단히 즐거운 일이 된다."

브루스 알버츠 | 생화학

샌프란시스코 캘리포니아 대학교 생화학 및 생물리학 명예교수
장기간 미국 국립과학원 원장 역임
미국

## 알버츠 교수, 당신은 왜 과학자가 되려고 했었나?

내가 시카고에서 다녔던 고등학교에는 칼 W. 클래더Carl W. Clader라는 훌륭한 화학 선생님이 있었다. 당시 선생님은 서른다섯 살이었다. 선생님의 화학 실험실은 4년 동안 나의 거실과 다름없었다. 당시에는 안전 규정이 없었다. 작업대 가운데 배수구가 있었는데, 우리는 고농도 황산을 포함한 모든 종류의 위험한 화학물질을 그곳에 버렸다. 우리는 폭발 화합물도 만들 수 있었다. 그렇게 나는 화학에 진짜 흥미를 느끼기 시작했다. 그때의 경험이 없었다면 과학자가 될 결심을 하지 못했을 것이다. 과학자가 직업이 될 수 있다는 걸 당시에는 몰랐다. 나는 고등학교 때 성적이 좋았다. 그래서 어머니가 추천했던 대학들에 지원했고, 하버드 의대 진학을 준비하는 소위 '프리 메드 학생pre-medicalstudent'으로 입학했다. 부모님은 두 분 모두 미국에서 태어난 동유럽 이민자의 자녀들이다. 두 분은 끊임없이 교육의 의미를 강조했다.

**화학 실험실에서 폭발 실험 이외에 어린 시절 무슨 일을 했었나?**

소프트볼을 많이 했다. 그리고 보이스카우트 활동을 했다. 보이스카우트는 나에게 엄청난 경험이었는데, 작고 한정된 문제들을 많이 해결해야 했기 때문이다. 보이스카우트에는 승급제가 있는데, 가장 높은 단계인 '이글 스카우트'에 도달하기 위해서는 배지 21개를 따야 한다. 사람들은 활동의 영역을 선택할 수 있었다. 예를 들어 매듭을 묶는 수백 가지 방법이나 물건들을 만드는 법을 배울 수 있었다. 보이스카우트의 활동은 대단히 능동적인 교육이었고, 이후 나의 교육관에 큰 영향을 주었다.

**어떤 점에서 그런가?**

나는 교육에서 아이들이 단순 사실만 암기하는 게 아니라 스스로 해결해야 할 어떤 도전을 받아야 한다고 생각한다. 우리 교육 체계 안에서는 개선할 수 있는 일들이 많이 있다. 무엇보다도 학생들이 능동적으로 무언가를 하고, 스스로 할 일을 선택하는 게 중요하다. '프리 메드 학생' 첫해에 나는 하버드에서 많은 과학 수업을 신청했고, 일주일 중 서너 번은 실험실에서 오후를 보냈다. 적지 않은 시간이었고 엄청 지루한 시간이었다. 왜냐하면 수업에서는 지침만 따라야 했기 때문이다. 마치 요리법을 배우는 것 같았다. 그러나 과학의 진행 과정은 요리와는 전혀 다르다. 해마다 우리가 배분받던 독립 프로젝트들은 정반대였다. 이 놀라운 프로젝트들은 우리에게 동기를 유발했다. 이 프로젝트들은 행동으로 배우는 법을 가르쳐 주었다. 이것이 내 삶의 근본적인 깨달음이었다. 나는 이 프로젝트들 속에서 스스로를 시험했고, 많은 걸 배웠다. 당시 우리를 가르치던 선생님들의 비전은 스스로 노력하게 하는 것이었다. 도움이 필요하면 우리는 도움을 받았다. 그렇지만 선생님들은 완성된 해답을 주지 않았고, 유일한 정답도 존재하지 않았다.

## 당신은 실패의 경험이 있었나?

삶에서 실패를 통해 가장 많이 배웠다. 나는 실패를 자주 경험했다. 과학자 경력에서 가장 중요한 실패 경험은 1965년 하버드 박사논문 심사에서 떨어진 일이다. 그 실패는 대단히 힘들었다. 당시 나에게는 18개월 된 아기가 있었고, 아내와 나는 이미 집 계약을 해지한 후 박사후 과정을 시작하려고 했던 제네바행 비행기표를 구매했었다. 나의 박사논문에 대해 짧은 토론을 마친 후 심사위원들은 내 논문이 만족스럽지 않으며, 6개월 더 하버드에 머물러야 한다고 말했다. 이 경험을 통해 나는 과학에서는 좋은 전략이 전부라는 것을 배웠다.

## 스스로를 의심했나?

박사논문 통과에 실패한 후, 한 달 동안 나에게 과학자에게 필요한 능력, 자질, 동기가 있는지 찾아보았다. 나는 과학이 나에게 즐거움을 준다는 것을 알았다. 누구나 이런 문제를 고민한다. 이것이 교육의 가장 중요한 부분이다. 자신이 잘하는 분야와 즐거움을 주는 일을 찾고, 그 능력을 이용할 수 있는 직업을 찾는 일. 대학도 다르지 않다. 다른 사람들이 이미 했던 것을 암기하고 연습하는 일만으로는 누구도 성공하지 못한다. 과학은 그림 그리기처럼 창조적인 과감한 시도다. 나는 모든 박사과정생에게 자신을 직접 시험해 봐야 한다고 조언한다.

## 당신은 창조적인 자유로운 영혼이었나?

나의 재능은 큰 전체를 보는 능력이다. 그래서 교과서를 집필했다. 나는 문제의 해답을 제시하는 데 창조적이어서 다양한 방식의 해답을 제시한다. 다양한 방식으로 해답을 제시하는 일은 삶에 유용하다. 비단 과학뿐 아니라 삶의 다른 영역도 다양한 문제를 안고 있기 때문이다. 과학적으로 일하는 법을 배웠다면 일상에서도 도움이 된다. 왜냐하면 모든 것에도 대안은 있고, 사람들은 전략이 필요하기 때문이다. 박사논문 통과 실패의 경험 때문에 나는 마음 깊은 곳에서

부터 아주 많이 바뀌었다. 그 실패로, 내가 환상적이면서 중요한 연구를 수행하고 싶어한다는 게 드러났다. 나는 누구도 작업하지 않았던 특별한 방법을 개발하고 중요한 문제를 다루자고 다짐했다. 이 결심은 대단히 효과적이었다.

**중요한 것은 유일하고 독특한 영역을 찾는 일이었나?**

유일하고 독특할 뿐 아니라 충분히 의미가 있는 영역이어야 했다. 남들과 같은 일을 하는 건 재미도 없고 인류에게 아무것도 가져다주지 않는다. 인간은 오직 한 번 산다. 그 때문에 차이도 만들 수 있다.

**사회에 대한 당신의 기여를 요약해 줄 수 있을까?**

1953년에 왓슨Watson과 크릭Crick은 DNA의 이중나선 구조를 발견했다. 이 발

견은 지금껏 아무도 모르고 있던 수수께끼를 푸는 대단히 놀라운 지적 도약이었다. 유전은 어디에서 오는 것인가? 그리고 유전은 어떻게 가능한가? 물리학, 화학, 그리고 분자들이 살아 있는 세포와 인간을 만든다는 것은 알게 되었지만 유전은 여전히 거대한 수수께끼였다. 왓슨과 크릭은 이 문제를 이론적으로는 해결했지만 실제로는 풀지 못했다. 그들의 설명은 단지 하나의 스케치에 불과했다. 만약 그들이 옳다면, 이 모든 작업을 수행하는 기계장치가 있어야 했다. 나는 분자적

기계 장치에 특별히 열광했다. DNA 이중나선 구조는 어떤 화학적 과정을 거쳐 복사될까? 화학자로서 가졌던 나의 질문이었다. 나의 첫 번째 연구 주제는 이 기계의 일부를 연구하고, 이 기계를 작동하게 하며, 염색체를 시험관에서 복사하는 것이었다. 경력 초기에 이 주제들에 전념하면서 성공을 거두었다. 나와 나의 연구소는 이 일에 10년을 소비했다. 우리는 움직이는 일곱 개의 단위로 구성된 한 단백질 기계를 발견했다. 이 단백질 기계가 DNA 이중나선을 복사한다. 이 기계를 통해 DNA 이중나선 한 개는 두 개, 한 염색체는 두 개의 염색체가 된다. 이 복사 과정이 바로 유전의 본질이다.

## 당신의 연구에 완전히 미쳐 있었나?

나는 연구소 근처에 살았다. 그래서 한 시간 정도 저녁 식사를 하러 집으로 갔다가 다시 연구소로 갈 수 있었다. 생화학에서는 정제하는 단백질을 정확히 관찰해야 하고, 작동하는 기계를 안전하게 관리해야 한다. 즉 연구자는 한밤중에도 자주 실험실을 점검해야 한다는 뜻이다. 지금은 이런 작업을 석사과정생이 하지만 처음에는 나의 과제였다. 나는 늘 너무 늦게 저녁 식사를 하러 집에 갔고, 일주일에 최소한 80시간은 일했다. 만약 과학이 한 사람을 정말로 매료시킨다면, 과학은 믿을 수 없을 만큼 즐거운 일이 될 것이다. 많은 주제가 나를 사로잡았다. 이것이 첫 번째 나를 매료시킨 주제였고, 그 후 나는 다른 주제에 몰두했다.

## 언제부터, 그리고 어떤 동기로 과학 교육을 바꾸려는 작업을 시작했는가?

나는 우리 아이들이 학교에서 무엇을 하는지 보게 되었다. 아이들의 생물 교과서를 보았는데, 그 책은 모든 것을 조금씩 포함하는 단어와 개념들로 가득 차 있었다. 중급 학교의 생물 교과서는 내가 그때까지 보았던 가장 어려운 책이었다. 그렇지만 내가 대학 교과서의 공동 저자가 된 것은 완전히 우연이었다. 제임스 왓슨은 정말 좋은 우리 분야의 교과서를 처음 집필했다.『분자생물학』(1965년)이 그 책이다. 1976년에 왓슨은 두 분야를 결합했다. 내가 일하고 있었던 분자생물학과 그때까지 나는 들어본 적 없었던 세포생물학이라는 두 분과를 하나로 만들었다. 19세기에는 세포에 대한 많은 좋은 연구들이 진행되었다. 당시 연구는 현미경으로만 했는데, 다른 도구가 없었기 때문이다. 이 연구에서 세포생물학이라는 분야가 생겨났다. 왓슨은 비전이 넘치는 사람이었고, 분자생물학과 세포의 단순 관찰에 기초한 세포생물학 사이의 간극을 젊은 과학자들이 메울 수 있다는 걸 알아차렸다. 이 작업을 위해 제임스 왓슨은 새 교과서 집필을 시작했다. 이 새 교과서는 1965년에 나온 자신의 책과 개념적 뼈대는 같다. 왓슨은 젊은 저자들을 대거 모았고, 확신에 찬 주장을 들려주었다. "이 작업은 여러분이 평생 하게 될 일 중 가장 중요한 일이 될 겁니다. 교과서 집필은 여러분의 다른 모든 경력보다 더 큰 의미가 있을 겁니다." 이 말은 왓슨이 옳았다. 또 덧붙여 말하기를, 우리가 두 달 정도만 집중하면 될 거라고 했다. 실제로는 여섯 명의 저자들이 5년 동안 규칙적으로 만나 작업해야 했다. 하루 16시간씩 작업했을 때 365일 이상이 걸리는 작업량이었다.

## 미국 국립과학원 원장으로 일하면서 교육에 영향을 미칠 수 있었나?

처음에는 원장이 되고 싶지 않았다. 원장이 되면 대학에 있는 나의 연구실을 닫아야 하고, 샌프란시스코에서 워싱턴으로 이사해야 했기 때문이다. 선출위원회는 나에게 죄책감을 주입했다. 그들은 이 유일한 기회를 잡지 않으면, 과학 교육을 개선하는 데 과학원의 영향력을 이용할 기회를 버리는 꼴이 된다고 역설했다. 과학 교육의 개선에 내가 얼마나 열정적인지를 그들은 알았던 것이다. 당시에 우리는 이미 미국의 과학 교육을 위한 첫 번째 표준 작성을 준비하고 있었다. 당시 나는 감독위원회에 있었는데, 그 작성 과정은 매우 느렸다. 그래서 이 프로젝트를 다시 성공가도에 가져다 놓으려는 의지가 원장 수락의 동기로 작용했다. 실제로 내가 원장으로 취임한 후 과학원은 첫 번째 표준 개발 과제를 교육부로부터 위임받았고, 재정 지원도 받았다. 과학원이 이전에 이런 일을 한 적은 없었다.

## 미국의 정치는 국제 과학 공동체에 어떤 영향을 미치는가?

이민과 관련해 미국은 세계에서 유일무이한 성공 사례다. 미국은 그 시작에서부터 이민자를 환영했고 각지에서 온 모두에게 열려 있었기 때문이다. 새로운 이민 정책은 커다란 위협이며, 부작용 또한 대단히 크다. 나는 이 새 이민 정책에 두려움을 느낀다. 왜냐하면 미국과 미국 과학의 성공은 재능 있는 사람들이 끊임없이 들어오는 데 달려 있기 때문이다. 사람들은 그 첫 번째 효과를 이미 보고 있다. 예를 들어 우리 연구소에는 두 명의 조교수가 있는데, 두 명 모두 이란에서 태어났다. 그들은 대단히 재능 있는 과학자지만 이제 그들은 고향에 가지 못 하고 그들의 부모님들도 미국을 방문하지 못 한다. 이런 상황에서 이란에서 누가 또 미국으로 오려고 하겠는가? 이런 방식은 초대가 아니며, 말도 안 되는 정책이다. 우리는 이란 사람들뿐만 아니라 재능 있는 다른 나라 시민들도 잃을 것이다.

## 수십억 달러를 연구에 투자하고 있는 중국이 결국 주도권을 잡게 될까?

기초 연구를 위한 중국의 투자에서 우리는 이익을 얻는다. 왜냐하면 과학 지식은 전 세계에 공유되기 때문이다. 우리 지도층이 연구와 신기술을 위한 중국의 투자에 불평하는 대신 기초 연구와 신기술 투자가 미국에게도 영리한 계획이라는 걸 알아차렸으면 좋겠다. 미국의 전체 성공은 과학과 기술 분야에서의 선도자 위치에 기초한다. 또한 최고의 두뇌를 받아들여 기초 연구 정부지원금으로 그들을 지원하는 우리의 능력에도 기초한다. 나는 다음 미국 정부가 미국의 이미지와 이민 정책을 강력하게 바꾸기를 희망한다. 중국과 미국 두 나라는 기초 연구에 적극 투자해야 할 것이고, 두 나라는 또한 문제없이 협력해야 할 것이다. 기초 연구에 더 많이 지원하면 우리가 세계의 지식, 과학을 더 빨리 늘릴 수 있다. 바로 이 과학 지식의 증가에 인류의 모든 이익이 달려 있다.

**학술지 〈사이언스〉의 전임 편집장으로서 많은 과학자들이 비판하는 과학 논문 출판을 위한 리뷰 과정에 대해 어떻게 생각하는가?**

이 문제의 핵심 중 하나는 리뷰를 요청받은 많은 연구자들이 이 일을 학생들에게 넘긴다는 것이다. 그들은 너무 바쁘기 때문이다. 연구자들은 편집자에게 제출하기 전에 리뷰를 짧게 훑어볼 뿐이다. 전체 동기가 완전히 잘못되었다. 박사후연구원들과 석사 전공자들은 지도교수에게 강한 인상을 남기고 싶어 한다. 이런 끔찍한 리뷰들을 받게 되는 근본 이유가 여기에 있다. 우리는 서로에게 손해를 끼치고 있다. 과학자들은 비판적 리뷰를 쓰면서 자신들의 논문이 비판적 리뷰를 받으면 불만을 표출한다. 나는 리뷰 발표를 대단히 흥미로워한다. 이와 관련해서 최근에 많은 것이 실험되고 있다. 우선 쉬운 가능성부터 검토할 필요가 있다고 생각한다. 예를 들어 리뷰를 익명으로 발표하는 것이다. 어쨌든 우리는 더 나아져야 할 것이다. 리뷰 과정으로 과학을 망가뜨리고 싶지는 않기 때문이다. 사실 이 문제는 복잡하지 않다. 우리에게는 이 문제를 해결할 수 있는 능력이 있을 것이다.

**당신 분야에서 또 바꾸고 싶은 것이 있는가?**

과학 교육은 지금과 완전히 달라져야 한다고 생각한다. 아이들은 문제를 어떻게 푸는지를 배워야 한다. 과학 교육은 아이들에게 도전을 주어야 하고, 아이들은 해답에 도달하기 위해 다른 사람들과 협력하는 법을 배워야 한다. 예를 들어 보자. 유치원에서 보육교사는 모든 아이에게 흰 양말을 신기고 씨앗이 뿌려져 있는 유치원 흙마당을 돌아다니게 할 수 있을 것이다. 아이들은 다시 실내로 들어와 양말에 묻은 오물을 털어낸다. 이때 다섯 살 아이들은 그 오물 가운데 어느 것이 씨앗이고 어느 것이 흙인지를 찾아내야 한다. 이 구별을 잘하면 아이들은 보육교사의 생각이 아닌 자신의 생각을 따라가게 된다. 이런 작업을 모든 학년에서 할 수 있을 것이다. 그러나 교사들은 이런 방향의 교육을 위한 교육을 받지 않았다.

> "교육 시스템의 하위 단위에서 무슨 일이 일어나는지 과학자들은 주의 깊게 살펴야 한다."

한편으로는 1996년에 내가 관여해 과학원이 만들었던 과학 교육 표준이 이런 교육을 방해하기도 한다. 의도하지는 않았지만 많은 사람이 이 표준을 문자 그대로 받아들여 교사들에게 이 표준을 지키는 일을 불가능하게 만든다. 우리는 작지만 더 깊은 내용을 전달해야 한다. 그러기 위해서는 교사들에게 전체 내용을 포괄하라고 강요해서는 안 된다.

### 표준을 세워야 하는 필요성과 교사, 학생, 교육 시스템 사이에 존재하는 간극에서 당신은 어떤 해답을 제안하는가?

무엇보다도 정기적인 피드백과 조언들이 학교 운영 속에 더 잘 자리 잡을 수 있는 교육 시스템을 만들어야 한다. 우리는 뛰어난 선생님들의 경험과 노하우를 더 많이 존중해야 한다. 가장 이상적인 형태는 그 뛰어난 선생님들에게 공식적인 자문 활동을 하게 하는 것이다. 자문 활동은 학교 관할 지역에서 소규모 순회 모임 형태로 진행되어야 할 것이다. 대중뿐만 아니라 정치 지도자들도 그들의 조언을 경청해야 한다. 이런 비슷한 피드백과 조언이 연방국가와 나라 전체 차원에서도 필요하다. 이런 '교사 자문회'가 서서히 나의 중요한 목표가 되고 있다.

## 과학자들은 과학 교육 개혁에 어떤 도움을 줄 수 있을까?

교육 시스템의 하위 단위에서 무슨 일이 일어나는지 과학자들은 주의 깊게 살펴야 한다. 샌프란시스코에는 학생, 박사후연구원, 그리고 교사들 사이에 대단히 훌륭한 파트너 관계가 있다. 만약 과학과 사회를 연결하고 싶다면 이와 같은 파트너 관계가 세계적으로 필요하다. 우리는 또 학생들이 자신들을 둘러싼 진짜 세계와 접촉하게 만들어야 한다. 이 작업을 위해서는 많은 자원봉사자가 필요하고 지역 사회와 교사 모두에게 교육 과정을 개방할 필요가 있다. 새로운 종류의 시스템이 필요한데, 대학 스카우트 지도자 경험이 좋은 영감을 준다. 승급제가 있는 보이스카우트 제도에서는 해당 분야의 전문가 자원봉사자들이 필요하다. 이를 사회에서도 활용한다면 퇴직자를 비롯한 여러 사람이 모든 주제 영역에서 아이들을 위해 함께 일할 수 있는 좋은 기회가 될 것이다. 이런 기회를 통해 다음 세대를 의미 있는 방식으로 돌볼 수 있다.

## 세상에 전하고 싶은 메시지가 있는가?

모든 사람이 다음 세대를 위해 세상을 더 낫게 만드는 데 작은 기여라도 할 때, 그리고 그럴 때만 인류는 생존하게 될 것이다.

# "나는 끊임없이 이 질문을 받는다. '왜 당신은 여성이면서 기술에 그렇게 열광합니까?'"

비올라 포겔 | 생물리학

취리히 연방 공과대학교 응용기계생물학 교수
아인슈타인 방문 연구원(2018년~)
스위스

**포겔 교수, 당신은 과학계에서 대단히 빠른 시간에 높은 지위에 올랐고, 심지어 빌 클린턴 대통령의 자문위원도 역임했다. 남성들이 지배하는 자연과학계에서 그토록 성공할 수 있었던 비결은 무엇인가?**

나는 끊임없이 이 질문을 받는다. "왜 당신은 여성이면서 기술에 그렇게 열광합니까?" 나의 열광을 잃어버리지 않기 위해 나에게 오는 그런 질문을 그냥 내버려 두어야 했다. 나는 주변의 공감을 얻으려고 늘 신경을 썼다. 덕분에 아주 일찍부터 동료들의 관심을 받았다. 사실 여성들은 모든 단계에서 자연스럽게 보다 구체적인 주목을 더 많이 받게 된다. 시애틀에 있는 워싱턴 대학교에서 나는 생명공학 분야 첫 번째 여성 교수였고, 취리히 연방 공과대학교에서는 재료과학과의 첫 번째 여성 교수였다. 지금은 상황이 많이 달라졌다. 우리가 새로 설립한 건강과학과 기술을 다루는 단과대학 교수 가운데 3분의 1이 여성이다. 이처럼 실제 변화가 일어나고 있다.

> **"공부를 처음 시작했을 때 여자라면 학문과 가족 중 하나를 선택하는 일이 너무나 당연하다고 확신했었다."**

## 당신도 여성들이 과학 분야에서 더 어려움을 겪는다고 생각하는가?

우리 가운데 누구도 여성 할당제 덕분에 여기에 있다는 인상을 외부인에게 주고 싶지 않다. 나를 포함한 대다수 여성은 이런 시선을 단호하게 거부한다. 그러나 전체 세대를 통틀어 봐도 많은 과학 기술 분야와 지도층에서 여성의 비율은 거의 변하지 않았다. 여성을 지원하는 많은 정책과 시도가 이루어졌음에도 말이다. 보육 지원은 크게 확대되었고, 남성들의 도움도 늘었으며, 보육을 남녀 공통의 과제로 바라보는 이해 또한 커졌다. 그럼에도 이 모든 시도와 변화가 여성이 과학 기술 분야에 투신하게 하는 데는 실제 크게 도움이 되지 않았다는 사실에 큰 실망을 느낀다.

## 당신이 이 일을 할 수 있을지 의심한 적이 있었나?

끊임없이 했다. 그 의심은 상황이 정말 어려웠던 학부 시절부터 시작되었다. 나는 여성들이 더 빨리 자신과 상황을 분석한다고 생각한다. 공부를 처음 시작했을 때 여자라면 학문과 가족 중 하나를 선택하는 일이 너무나 당연하다고 확신했었다. 두 가지 일은 결합될 수 없을 것처럼 보였다. 처음에 나는 과학자 경력을 쌓는 일에 우선권을 두었다. 그 후 미국에서 생활하면서 생각이 바뀌었다. 미국은 여성이 직업과 가족을 하나로 결합하는 데 훨씬 관용적이었다. 그 경험 이후 가족을 만들어 가기 시작했다.

## 교수가 되는 일은 얼마나 어려웠는가?

과학자 경력을 쌓는 과정에서 진짜 바늘구멍은 조교수가 되는 일이다. 이 자리를 얻는 일은 거의 전투와 같다. 시애틀 워싱턴 대학교에서 조교수를 뽑을 때 모두 250명이 지원했다. 나의 주요 장점은 물리학과 생물이라는 특이한 결합을 공부했다는 것이다. 워싱턴 대학교에 있는 동안 나는 두 명의 아이를 얻었다. 뒤돌아볼 때 이 결정에 큰 행복감을 느낀다. 아이를 갖기 전에는 매일 저녁 늦게까지 모든 것을 쏟아부으려고 노력했었다. 아이가 태어난 후 나는 전체 시간을 완전히 새롭게 구성해야 한다는 것을 재빨리 파악했다. 가족을 위한 시간을 충분히 갖기 위해서는 그래야 했다. 나는 매일 노력해서 마칠 수 있는 우선순위 목록을 작성했다. 그리고 편안한 마음으로, 양심의 가책을 느끼지 않으면서 집으로 돌아갔다. 어떤 일들은 바로 처리되지 않았다. 그리고 나는 거절하는 법을 배웠다. 이 과정을 통해 정말 중요한 일에 집중하고, 내게 중요하고 흥미 있는 일만 골라내는 능력을 갖게 되었다. 가장 큰 도전은 아이 때문에 밤잠을 설친 후 다음 날 집중해서 강의를 하는 일이었다. 그러나 과학이 전부가 아니며, 가족은 나에게 대단히 즐거운 균형을 제공한다는 사실을 깨닫고, 진정 흡족한 마음을 가질 수 있었다. 나의 경력도 전혀 손상되지 않았다.

## 좋은 과학자는 자신의 일에 온전히 미쳐야만 한다는데, 실제 그런가?

나의 경우 하루 24시간을 하나의 주제에 매달리는 건 불가능하다. 어디에서, 그리고 어떻게 가장 효율적으로 일하는지가 중요하다. 최대 효율을 위해서는 사유를 위한 자유 공간이 필요하고, 이 공간에서 우리는 창조적인 해결 방법을 찾을 수 있다. 아이들이 어렸을 때는 아이들과 즐겨 놀았다. 그럴 때 종종 좋은 아이디어를 얻었다. 정확한 시간에 따라 진행되는 번잡한 하루에서는 틀림없이 나오지 않았을 생각들이었다. 이처럼 가족은 신선한 에너지를 채워 주는 좋은 방법이다. 남편도 많이 도와주었다. 우리는 아이를 함께 돌봤고, 기저귀 갈기부터 이유식 먹이기까지 모든 일을 나누어 했다. 그렇게 나는 계속해서 학술행사에 참석할 수 있었고, 그럴 때는 당연히 남편이 아이와 함께 있었다. 반대의 경우도 마찬가지였다. 아이와의 이런 밀도 있는 접촉은 남편에게 큰 의미가 있었다. 다만 남편은 당시에 놀이터에서 유일한 남자 어른으로 있으면서 미심쩍은 눈초리를 받는 일 때문에 상당히 괴로워했다.

**아버지는 지질학자였고, 그 때문에 어릴 때 자주 이사를 했다. 당신은 1학년을 아프가니스탄에서 마쳤다. 이것은 어떤 영향을 미쳤는가?**

우리는 주로 3년 동안은 한곳에 머물렀다. 3년에 한 번씩 이사를 하는 것은 대단히 큰 도전이었다. 나는 늘 새로운 친구들을 찾아야 했다. 가장 어려웠던 경우는 실제로 아프가니스탄에서 독일로 돌아왔을 때였다. 왜냐하면 아프가니스탄에서 독일 아이들과는 완전히 다른 경험을 했기 때문이다. 다른 아이들은 내가 한 경험에 흥미가 별로 없었고, 종종 나를 놀렸다. 나는 모든 아이들이 이야기하는 놀이나 영화를 몰랐기 때문이다. 그래서 처음에는 상당히 겉돌았다. 그

렇지만 그 상황에 기죽지 않고 더욱 강해졌다. 낙담에 빠지지 않는 법을 배웠다. 이 배움은 확실히 내 삶의 다음 단계에서도 도움을 주었다.

**자연과학을 공부하겠다는 생각은 어디에서 왔는가?**

여기에서 교사들의 역할이 엄청나게 중요하다. 과학적 질문에 대한 열광은 학교 다닐 때 이미 생겨나야 한다. 그렇지 않으면 과학자의 길을 선택하지 않을 것이다. 나에게는 물리 선생님이 있었다. 그분은

우리에게 모든 것을 흥미롭게 만들어 주었다. 우리는 그 선생님의 첫 학급이자, 첫 제자들이었다. 오후가 되면 선생님은 자주 우리에게 실험들을 보여 주었다. 그리고 부모님의 절친한 친구 한 분이 물리학자였다. 그분이 많은 조언을 해주었다. 그분에게는 내가 물리학을 선택하는 게 당연한 일이었다. 이런 경험들이 내가 옳은 길을 가고 있다는 좋은 느낌을 주었다.

> "과학자 경력을 쌓는 과정에서 진짜 바늘구멍은 조교수가 되는 일이다."

## 왜 젊은 사람들이 자연과학을 공부해야 할까?

젊은이라면 자신을 열광시키는 문제에 대단히 구체적으로 파고들어야 한다. 그리고 터무니없는 분야들을 선택해 결합하는 일을 주저하지 말아야 한다. 나중에 그런 결합에서 독특하고 유일무이한 기여를 할 거대한 기회가 종종 나오기 때문이다. 연구 활동에서는 대단히 강한 지구력이 필요하다. 엄청나게 많은 논문들을 읽어야 하고, 데이터를 분석하면서 실험을 여러 번 반복해야 한다. 연구 분야에 머물기 위해서는 지금 돈을 벌기 위해 일하러 가야 한다는 생각이 앞서면 안 된다. 대신 이 질문에 매료되었기 때문에 연구를 한다는 느낌이 필요하다.

## 미래의 과학 분야에서 큰 도전은 무엇이라고 보는가?

과거와 비교할 때 각 학과에 주는 기초 재정 지원은 크게 줄었고, 교수직과 연구지원금을 둘러싼 경쟁은 크게 증가했다. 이런 변화는 두 가지 중요한 결과를 낳는다. 첫째, 과학적으로 성공하고 인정을 받으려면 최고 학술지에 논문으로 발표되어야 한다. 우수 학술지의 편집자들은 자신들이 승인한 논문들이 얼마나 자주 인용되는지에 따라 지위를 보장받고, 심지어 가끔은 보수를 받기도 한다. 그래서 학술지들은 최근에 주목받은 주제를 우선 받아들이는 경향이 있고,

거대 분야에서 5년 혹은 10년을 앞서는 발견들이 종종 수용되지 않는다. 둘째, 위험한 질문들을 다루려는 시도가 줄어든다. 이런 시도는 시간이 대단히 많이 걸리고 돈을 주는 사람들은 정확한 시간 계획을 요구하기 때문이다. 그러다 보니 유감스럽게도 과학자들이 종종 너무 많은 것을 약속한다. 주어진 시간 안에 전혀 완성될 수 없을 것 같은 계획임에도 지원금을 받기 위해 헛된 약속을 하기도 한다. 이런 약속들은 사회에 종종 잘못된 기대를 불러오고, 과학자를 향한 국민의 신뢰를 갉아먹는다. 바로 최근 생물학에서 이와 관련된 큰 문제가 있다. 출판된 데이터의 상당수가 재현 불가능한 데이터다.

**그 말은 검증 과정에서 제약산업계가 핵심 요소란 뜻인가?**
제약산업계는 발표된 실험들을 반복하려고 시도했고, 몇몇 실험들이 논문에 묘사된 것처럼 진행되지 않는 것을 확인했다. 제약산업계에게 이것은 잘못된 투자였다. 무수히 많은 학술지들이 지금 이 문제에 반응했고, 대단히 상세한 자료를 요구하고 있다.

**당신의 H지수는 얼마인가?**
아마 지금 64일 것이다. H지수는 한 논문이 얼마나 자주 인용되었는지를 가리킨다. 큰 학문 분야에서 일하는 사람은 대단히 특수한 영역에서 연구하는 사람에 비해 높은 H지수를 얻기가 더 쉽다. 그러므로 H지수에 과도한 의미를 부여해서는 안 된다. 노벨 물리학상 수상자 도나 스트릭랜드Donna Strickland는 노벨상을 받을 때 H지수가 12였다.

**칼 제라시(Carl Djerassi)는 질투와 경쟁이 과학계에 널리 퍼져 있다고 말했다. 당신의 경험은 어떤가?**
질투와 경쟁은 상당히 거대한 주제다. 특히 여러 과학 팀들이 비슷한 방법으로 거대한 질문들을 앞다투어 던지는 연구 분야에서는 더욱 그렇다. 나는 늘 생물학적 방법만으로는 던지지 못하는 새로운 질문을 물리학적 방법으로 던져 보려고 시도했다. 이런 면에서 나는 모든 것을 갉아먹는 일상의 경쟁 공포를 가깝게 경험하지는 못했다. 우리 팀은 늘 새로운 접근과 새로운 기술로 일하기 때문이다. 당연히 비슷한 일은 있었다. 다른 연구실에서 나온 논문이 얼른 보기에 우리보다 앞선 것처럼 보일 때가 있었다. 학생들은 절망 속에 눈물을 흘리며 내 사무실에 앉아 있었다. 그러나 그 논문을 상세히 살펴보니 진행된 실험이 완전히 같지는 않았다. 우리는 오히려 경쟁 연구실의 작업에 기초해 훨씬 더 나은 연구 결과를 발표할 수 있었고, 이렇게 윈윈 상황으로 결말을 지을 수 있었다.

## 당신의 지금 작업을 쉬운 단어로 설명해 줄 수 있을까?

기본적으로 나는 생물의 나노 세계 기능을 잘 연구해 그 기능을 조작할 수 있기를 원한다. 이를 통해 질병들을 더 적은 비용으로 치료할 수 있을 것이다. 나는 언제나 나노 기술에 뜨거운 관심이 있었다. 지금은 초고해상도 현미경과 컴퓨터 시뮬레이션의 도움으로 나노 구조를 생산하고 조작할 수 있는 새로운 가능성이 열렸다. 이 방법을 이용해 우리는 미생물과 포유동물의 세포가 기계적 힘을 이용하는 방법을 연구한다. 이 기계적 힘이 환경의 물리적 특성을 인지하는 단백질의 기능을 켜고 끈다. 단백질은 생명을 유지하는 나노 단위 일꾼이다. 당신의 손이 세포라고 상상해 보라. 당신이 손가락으로 어떤 표면을 건드리면, 당신은 그 표면의 특성을 느낀다. 그 표면을 누르거나 당기면, 손가락 세포도 표면의 특성을 알아차리기 위해 힘을 이용한다. 손가락 세포는 환경을 끌어당기고 환경이 제공되는 방식을 알아차린다.

## 이를 바탕으로 무엇을 연구하고 싶은가?

우리 목표는 세포의 기계적 기능을 이용하거나 조절하는 새로운 치료법을 개발하는 것이다. 우리의 질문은 다음과 같다. 박테리아는 어떻게 피부 위의 작은 상처를 발견하고, 그 상처를 통해 몸 안으로 침투할 수 있을까? 우리의 발견에 따르면, 박테리아는 펩타이드 실, 즉 나노 접착물질을 이용해 인체 조직의 섬유 사이에 있는 장력을 읽는다. 상처가 생긴 곳의 조직 섬유가 끊어지면 이 조직 섬유는 원래 가졌던 장력을 잃어버린다. 그다음 우리는 황색포도상구균이 자신의 접착제로 이 끊어진 섬유를 연결할 수 있다는 것을 발견했다. 이를 응용해 우리는 박테리아 나노 접착제를 합성했고, 이 접착제가 종양 조직에 있는 조직 섬유도 붙이는 것을 발견했다. 우리 연구의 다음 단계는 이 접착 나노 탐침을 계속 발전시켜 영상화에 이용하거나, 이 탐침이 약과 작용물질을 정확하게 병든 조직에 전달하게 하는 일이다. 여러 세포에서 실험이 진행되었고, 이미 동물실험이 진행된 부분도 있다. 동물실험 없이 새로운 약은 없을 것이며, 당연히 우리는 인간을 실험용 쥐로 이용하지는 않을 것이다.

## 지금 들으니 모든 일이 순조롭게 진행된 것처럼 느껴진다. 이 과정에서 실패는 없었나?

사실 전체 프로젝트가 오류에서 출발했다. 한 학생이 나에게 와서 시뮬레이션이 맞지 않는다고 말했다. 우리는 컴퓨터 시뮬레이션으로 나노 접착제를 붙인 한 단백질 구조를 확장했는데, 그 결과는 기대와 일치하지 않았다. 그러나 바로 그 불일치 안에 새로운 발견이 들어 있었다! 그 학생의 작업을 다시 살펴보는 대신 우리는 이 데이터가 실제 무엇을 의미할 수 있는지를 숙고했다. 과학에서는 이렇게 '틀을 깨는 사고out of the box'도 해야 한다. 우리 인간은 관찰한 내용을 선형적으로 결합하는 경향이 강해서 복잡한 관련성을 직관적으로 제대로 이해하는 데 가끔 어려움을 겪는다. 그 순간이 우리에게는 절대적인 하이라이트

였다. 그 결과에서 완전히 새로운 자연의 비
책을 발견했음을 알게 된 것이다. 그런 일
은 전체 작업팀에게 엄청나게 큰 에너지
를 준다.

> "그러므로
> 과학자들은 가능한 한
> 빨리 사회에 새로운
> 기술의 오용 가능성을
> 경고해야 한다."

## 연구자로서 당신은 어디에서 책임감을 느끼게 되는가?

연구자의 책임감은 대단히 중요한 문제다. 우리는 모두 이 질문을 던져야 한다. 우리의 새로운 발견으로 우리가 세운 과학적 목표 이외에 추가로 무슨 일을 할 수 있을까? 과학은 대단히 빠르게 발전한다. 예전에는 보통 새로운 발견과 그 응용 사이에 10년 혹은 그 이상의 시간이 있었다. 오늘날에는 단지 몇 년이 걸리는 경우가 자주 생긴다. 그러므로 과학자들은 가능한 한 빨리 사회에 새로운 기술의 오용 가능성을 경고해야 한다. 동시에 전체 사회는 가능한 오용을 효과적으로 방지하기 위해 과학자들과 함께 통제의 기준을 세워야 한다.

# "나는 끈질기다. 나는 내가 원하는 것을 알고 있고, 성공을 좋아한다."

**파스칼 코사트** | 미생물학

파리 파스퇴르 연구소 박테리아학 은퇴교수
2007년 로베르트 코흐상 수상, 2013년 발찬상 수상
프랑스

## 코사트 교수, 당신은 제2차 세계대전이 끝난 후 프랑스 북부 지역에서 성장했다. 어린 시절은 행복했었나?

그렇다. 어린 시절은 행복하고 평화로운 시간이었다. 아버지는 제분소를 운영했다. 아버지의 삼촌으로부터 제분소를 물려받았을 때 제분소에 불이 났다. 아버지는 이 제분소를 더 크고 좋게 다시 지었다. 나는 다섯 남매 가운데 첫째고, 주부였던 어머니가 우리를 돌봤다. 우리 집은 마을 변두리에 있었다. 큰 정원이 딸린 아름다운 집이었다. 옆집에는 할머니가 살았다. 모든 것이 정말 대단히 전통적인 모습이었다. 아버지는 시장이었고, 마을 정치에 관여했다. 가끔씩 나는 아버지에게는 가족보다 마을이 더 중요하다는 느낌을 받았다. 그러나 시간이 지나면서 아버지가 자신의 일에 온 힘을 쏟는다는 걸 알게 되었다. 바로 나처럼 말이다. 그리고 오늘날 나는 아버지처럼 살고 있다.

**학생 때 두 학년을 월반했다. 부모님은 당신의 영민함을 처음부터 알고 있었나?**

부모님은 나에게 같은 반에 있는 다른 친구들보다 어리기 때문에 너는 똑똑하다고 말해 주었다. 그러나 그것이 늘 장점은 아니었다. 아직 미숙하다는 말도 들어야 했기 때문이다. 그렇지만 이런 말들이 어린 나이에 대입 자격시험에 합격하는 일을 방해하지는 않았다.

**과학을 향한 사랑을 학교에서 발견했나?**

프랑스 북부에 있는 작은 도시 아라스에서 고등학교에 다닐 때, 과학과 사랑에 빠졌다. 첫 번째 화학 교과서를 샀을 때다. 그 책은 내 마음을 사로잡았다. 책을 읽은 후 완전히 새로운 세계를 발견했다. 나는 자연이 서로 결합될 수 있는 분자로 이루어져 있다는 걸 처음 알게 되었다. 이때가 삶의 전환점이 되는 중요한 순간이었다. 그때 나는 고등학교에서 고고학을 특별히 공부하고 있었지만 무엇으로 내 삶을 시작해야 하는지 몰랐다. 가족 중에 대학을 나온 사람이 없었으므로 화학 같은 것이 있다는 걸 전혀 몰랐다. 그러나 그 작은 책을 읽은 후 나는 자연과학으로 방향을 바꾸었다.

**고등학교를 졸업한 후 화학을 공부하러 대학에 진학했나?**

그렇다. 석사를 하기 전까지 순수화학을 공부했다. 그다음 삶에서 또 다른 결정적 순간이 왔다. 나는 생명을 다루는 화학, 즉 생화학을 발견했고 생화학 석사 공부를 하기로 결정했다. 이를 위해 미국 조지타운 대학교로 갔다. 우스운 이야기지만, 조지타운으로 가기 직전에 훗날 남편이 되는 남자를 만났다. 나는 석사 과정을 대단히 빨리 마쳐서 1년 만에 프랑스로 돌아왔고, 결혼을 했으며, 파리에 있는 파스퇴르 연구소로 가서 그곳에 머물렀다.

**당신은 세 명의 딸을 얻었다. 엄마가 되는 일은 힘든 결정이었나?**

아니다. 아기를 갖는 일은 당연한 결정이었다. 나는 아이를 좋아한다. 프랑스 북부 지역에서 대가족은 평범한 일이다. 부모님 모두 10명이 넘는 대가족 출신이다.

**일, 부부, 아이 사이에서 곡예를 펼치는 일이 복잡하지 않았나?**

세 딸은 모두 30개월이 되면서 어린이집에 갔다. 이것이 큰 도움이 되었는데, 프랑스에서는 그저 평범한 일이다. 그리고 운이 좋았다. 파스퇴르 연구소는 성차별적이지 않았고, 남성과 여성 사이에 차이를 두지 않았기 때문이다. 그 밖에도 나는 대단히 체계적인 사람이었다. 약간 과잉행동 성향이 있고, 멀티태스킹에 능하기 때문에 많은 일을 할 수 있다. 또한 건강을 타고났다. 여동생은 나의 건강이 어머니가 나를 6개월 동안 안고 달랬기 때문이라고 말한다. 나는 일찍 이혼했다. 그러나 이른 이혼은 일과 아무 관련이 없었다. 그때 나는 막 박사논문을 끝낸 상황이어서 일도 그렇게 열심히 하지 않았기 때문이다. 약간의 시간이 지난 후 나는 다른 남자를 만났다.

**현대 여성은 엄마와 경력 사이의 조화를 어떻게 이루어야 할까?**

삶에서 성공적인 경력과 가족 사이의 균형을 찾는 일은 중요하다. 아이를 가지고 싶은 여성은 아이를 늦게 가져서는 안 될 것이다. 어떤 여성들은 자신의 생물 시계에 귀 기울이지 않고 있다가 기차를 놓쳐버린다. 나는 운이 좋았다. 나의 경력에서 아내가 되는 일 때문에 어려움을 겪은 적이 없기 때문이다. 지금 나는 내가 있는 연구 부서의 책임자이고, 이전에 파스퇴르 연구소 과학 자문위원회에서 의장을 두 번 지냈다.

**여성으로서 과학계에서 그런 높은 지위에 도달하기 위해서는 대단한 끈기가 필요하지 않았을까?**

맞다. 끈기가 있다. 나는 내가 원하는 것을 알고, 성공을 좋아한다. 또 문제 해결을 좋아한다. 나의 길을 가며, 유행에 편승하지 않는다. 그렇다. 나는 워커홀릭이며, 그것이 나에게 도움이 된다. 과학 분야에서 성공하고 싶다면 믿을 수 없을 만큼 열심히 일해야 한다. 이건 비밀도 아니다. 온종일 과학을 생각해야 하고, 많이 읽어야 하며, 논문이 거절당했을 때 의연해야 한다. 과학은 대단히 힘든 일이다. 그러나 다른 측면에서 그만큼 풍성한 일이다.

**자신을 또 어떻게 묘사할 수 있을까?**

낙관적이고 능동적인 사람이다. 전체적으로 삶을 즐긴다. 사교적이고 친구들과

의 만남을 좋아하며, 그들을 행복하게 만들어 준다. 나는 종종 사람들을 관찰한다. 그래서 상당히 빨리 사람에 대한 의견을 만든다. 내가 보기에 첫인상이 중요하다. 첫인상은 계속 머문다. 그러므로 모든 상황에서 적절하게 옷을 입는 게 좋다. 그 밖에 나는 용감하다. 그렇게 태어났다. 그리고 내가 생각한 것을 늘 말한다. 이 성격은 가끔 문제가 되었다. 그래서 나는 외교적 수사법도 배웠다.

**자녀들은 성장할 때 당신이 너무 일을 많이 한다고 불평하지는 않았나?**

자식 가운데 아무도 나를 따라 연구 일을 하지 않는다. 너무 많은 일을 하면서 적은 돈을 받는다고 생각하기 때문이다. 아이들은 내가 일을 너무 많이 한다고 끊임없이 말했다. 딸들이 어렸을 때는 불평하지 않았다. 나는 아이를 일찍 낳았다. 스물다섯, 스물일곱, 서른두 살에 한 명씩 낳았다. 당시 나는 아직 위대한 과학자도 아니었고, 출장도 없었다. 아이들이 스무 살쯤 되었을 때 불평이 시작되었다. 요즘도 아이들은 불평한다. 그러나 주말에 손주들을 봐 줄 수 있는지 물어볼 때 나는 보통 긍정의 답을 보낸다.

**젊은이들에게 과학과 관련해서 어떤 조언을 해주고 싶은가?**

당연히 과학은 처음에 어렵다. 초기에 과학자들은 일을 많이 해야 하고 돈은 적게 번다. 그러나 이 단계를 넘어서면 완전히 파라다이스가 열린다. 젊은이들은 지금 유행하는 것이 아니라 자신이 흥미를 느끼는 프로젝트를 좇아야 한다.

**왜 젊은이들이 자연과학을 공부해야 한다고 생각하는가?**

특히 생물학은 대단한 분야다. 생명 이해에 도움을 주기 때문이다. 과학은 환상적인 분야다. 나는 세계 곳곳에서 친구들을 찾았다. 과학계는 거대한 공동체이고, 국경도, 브렉시트도, 전쟁도 우리를 막지 못한다. 우리는 함께 삶을 즐기는 과학자일 뿐이다.

**당신은 근사한 식사 자리에서 와인과 함께 과학 주제에 대해 토론하기를 좋아한다고 들었다.**

그렇다. 나는 늘 중요한 결과를 멋진 레스토랑에서 축하하려고 한다. 그곳에서 좋은 분위기를 만들 수 있기 때문이다. 우리는 논문 게재가 승인되었을 때도 그런 곳에서 축하한다. 그리고 그곳에서 영화나 음악 같은 주제로 이야기를 나누면서 삶에는 과학 이외에 더 많은 것이 있다는 것을 서로 알게 된다.

## 과학자들이 나머지 세계에 대한 책임이 있다고 생각하는가?

무언가를 이해한 사람은 그 지식을 아직 그 지식이 없는 사람들과 공유해야 한다. 미생물학에서 우리는 나머지 세계에 대해 특별한 책임이 있다. 왜냐하면 우리는 생명 그 자체에 대한 지식을 전달할 수 있기 때문이다. 예를 들어 우리는 모든 사람이 백신을 맞는 것은 좋은 생각이라고 사람들을 설득할 수 있다.

## 당신은 리스테리아 모노사이토제네스(Listeria monocytogenes)의 위험성을 경고해 도움을 주었다. 이 박테리아는 얼마나 위험한가?

리스테리아는 음식을 통해 감염되는 흔한 병원균이다. 건강하지 못하거나 항암 치료를 받아서, 혹은 임신 중이라서 면역계가 약한 사람에게는 리스테리아가 실제 위험할 수 있다. 이 박테리아는 위장염뿐 아니라 뇌염, 뇌막염, 유산을 일으키기도 하고 치명률은 30%에 이른다. 1986년에 리스테리아 연구를 시작했을 때 프랑스에서는 1년에 1,000여 건의 리스테리아 감염증이 있었다. 이 수치는 350건으로 줄어들었는데, 오늘날 사람들이 그 위험을 알게 되었고 우리가 그 위험을 경고하는 데 도움을 주었기 때문이다. 저온 살균되지 않은 유제품을 먹었을 때 리스테리아에 감염될 확률이 매우 높아진다. 그래서 우리는 프랑스 임산부에게 생우유로 만든 치즈를 먹지 말라고 조언했다.

## 무엇이 리스테리아에 대한 당신의 관심을 불러왔는가?

어느 때인가 파스퇴르 연구소에서 나에게 좀 더 구체적인 병원균을 연구할 수 있는지 물어보았다. 화학자로서 나는 병원균에 관해 전혀 몰랐다. 나는 세포 내 박테리아를 연구하기로 결심했는데, 세포 내 박테리아는 언제나 극적인 질병을 일으키기 때문이다. 비록 들어본 사람은 적었지만 리스테리아는 내가 보기에 좋은 모델이 될 것 같았다. 처음에는 분자생물학과 유전학을 활용해 리스테리아의 독성을 연구하려고 했다. 그러나 방법론을 바로 바꾸어 세포생물학 관점에서 리스테리아에 접근하기로 했다. 말하자면 그렇게 어려운 과정은 아니었다.

## 리스테리아의 어떤 점이 그렇게 흥미로웠나?

리스테리아는 호기심을 자극했다. 리스테리아는 세포 안에 살고, 전혀 위험하지 않으며, 소화기관에서 간과 비장을 거쳐 뇌까지 이동할 수 있다. 나는 리스테리아가 위장벽을 어떻게 통과하는지에 대해 많은 연구를 했다. 우리는 세포 안으로 진입한 리스테리아가 세포의 구성 요소들을 어떻게 다루는지, 그리고 구조 단백질 액틴의 도움으로 어떻게 세포 안에서 움직이는지를 관찰했다. 그 다음 포스트 게놈 방법을 사용해 리스테리아가 감염된 세포를 표적으로 삼을 때 도움을 주는 유전자를 특정했다. 리스테리아는 인간을 감염시키기 위해 정말 다양하고 많은 전략을 사용한다!

## 시간이 지나면서 리스테리아 연구 분야에서 최고 권위자가 되었다. 어떻게 성공할 수 있었나?

나는 늘 열심히 일했고, 때때로 운도 좋았다. 그리고 모든 좋은 제안을 즉시 받아들였다. 예를 들면, 다른 연구 부서에서 새로운 연구 그룹을 만들 생각이 있는지 문의가 들어왔다. 비록 나의 자리에 상당히 만족하고 있었지만, 1초도 망설이지 않았다. 나는 뒤돌아보지 말고 계속 앞으로 가야 한다는 것을 알고 있었다. 한 그룹을 이끌고 혹은 한 연구실의 책임자가 되는 일은 나의 목표가 아니다. 나의 목표는 간단명료하다. 나의 일에서 성공하는 것, 그리고 내 분야의 최전선에서 연구하는 것이다.

적절한 때에 적절한 장소에 있는 것이 당신의 습관인 것처럼 들린다.

맞다. 미국에서 돌아왔을 때 분자생물학이 막 폭발했다. 사람들은 유전자를 어떻게 조작하는지 알게 되었다. 그다음 파스퇴르 연구소는 첫 번째 공초점 현미경을 마련했다. 우리는 이 현미경으로 박테리아를 연구할 수 있었다. 그다음 DNA 염기서열 분석 기술이 등장했고, 나는 파스퇴르 연구소에서 이 기술을 사용한 첫 번째 연구자였다. 나중에 나는 리스테리아 모노사이토제네스의 게놈 염기서열을 분석했고, 이 분석 내용을 병원체가 아닌 리스테리아 이노쿠아 Listeria innocua의 게놈과 비교했다.

**프랑스에서 여성 과학자가 되는 일은 어떤가? 독일이나 미국과 차이가 있는가?**

미국은 과학에 더 많은 돈을 투자한다. 여성들은 점점 더 많은 인정을 받지만, 여전히 어려움을 겪는다. 독일은 여성 과학자에게 더 힘들다. 남성들이 교수직을 더 쉽게 얻기 때문이다. 프랑스의 상황은 다르다. 이곳에서는 여성들에게도 영구적인 지위가 제공된다. 이 자리들은 연구기관이 아닌 개인과 연결된다. 그렇게 개인 연구자들은 한 연구 부서에서 다른 연구 부서로, 혹은 한 연구소에서 다른 연구소로 옮길 수 있다. 나는 파스퇴르 연구소에 48년째 자리가 있고, 그 자리에서 여전히 행복하다.

**그 기간 동안 누가 당신의 멘토가 되어 주었나?**

가장 중요한 멘토는 조르주 코헨Georges Cohen이었다. 나는 박사 과정 때 그의 연구실에서 일했다. 파스퇴르 연구소의 나의 마지막 선임자였던 줄리앙 데이비스 Julian Davis도 중요한 지지자였다. 그는 삶 전체를 즐겼다. 데이비스는 또 연구소를 이끌 때 많은 돈을 확보하는 게 중요하다고 말했다. 그 말은 완전히 옳았다!

## 충분한 연구비를 얻는 데 늘 성공했나?

재정과 관련된 문제는 전혀 없었다. 나는 돈을 요청하기 전에 프로젝트가 성숙할 때까지 늘 기다렸다. 그리고 돈이 올 때까지 기다리지 않았다. 대신 적절한 때 더 많은 요구를 했다.

## 연구실을 이끌어 가는 데 여성이라는 게 도움이 되었나?

나의 여성성은 작은 일을 많이 감지하는 데 도움을 주었다. 나는 연구실을 마치 대가족처럼 이끌었고, 연구원 각자의 심리적 욕구도 돌보았다. 남성이라면 틀림없이 다르게 했을 것이다. 남성들은 대체로 자신감이 커서 자신의 욕구를 더 크게 생각하는 경향이 있기 때문이다. 반면에 나는 이미 성공적인 여성 과학자로 인정받은 후에야 스스로 자신감을 가졌다.

## 자신의 연구실에 맞는 사람을 채용하는 일이 확실히 중요한 것 같다.

정말로 중요한 일이다. 예를 들면 말썽을 일으키는 연구원을 채용한 적이 있었고, 연구실은 붕괴하기 시작했다. 그 일은 아주 귀중한 가르침이었다. 작은 문제가 있을 때 재앙으로 커지기 전에 즉시 해결해야 한다. 연구실에 있는 사람들은 편안함을 느껴야 한다. 각자의 프로젝트를 결정하고 서로 경쟁하지 않아야 한다. 연구실에서 일하는 개인들 사이의 균형도 찾아야 한다. 나는 남성과 여성을 동등하게 구성하려고 늘 노력했고, 그 때문에 뛰어난 여성이 거부되기도 했다.

## 다른 사람들과 함께 일하는 걸 좋아하나?

신뢰할 수 있는 좋은 사람들과 함께 일하는 걸 좋아한다. 그렇지만 공동 작업 그 자체를 목표로 생각하지는 않는다. 효율적인 협동이 되어 두 그룹 모두 효율적으로 일해야 한다. 연구는 달리기 경주와 같다. 그리고 우리는 1등이 되려고 한다.

## 오늘날에도 여전히 성공을 갈망하는가?

연구 활동을 시작할 때보다 오히려 그 갈망은 더 크다. 무슨 일을 할 수 있는지 더 나은 생각을 발전시켰기 때문이다. 언제나 더 큰 질문에 대답하길 원한다. 작고 세세한 문제에는 흥미가 없다.

## 미래를 위한 계획이 있는가?

솔직히 말하면, 내 삶의 다음 단계가 두렵다. 70세가 되면 파스퇴르 연구소에 있는 개인 연구실은 문을 닫는다. 나의 작업을 곧 중단해야 함을 의미한다. 이것은 큰 충격인데, 연구 작업은 나의 삶이자 정체성이기 때문이다. 연구를 어떻게 계속할 수 있을지 여전히 고민하고 있다. 아직 내게 남은 시간을 낭비하고 싶지 않기 때문이다. 그 밖에 나는 다섯 손주를 사랑한다. 그래서 멀리 이사하고 싶지는 않다. 기본적으로 무슨 일이 일어날지 아직은 모른다. 아마도 1년 정도 안식년을 가질 것이다. 또한 나는 프랑스 과학원의 '종신 사무총장Secrétaire perpétuel'이다. 이 직책은 나를 아주 바쁘게 만든다. 그렇지만 이 일이 연구 활동을 대체할 수는 없다. 전반적으로 지금 내 삶이 쉬운 상황은 아니다. 아버지가 두 달 전에 돌아가셨다. 좋은 일 하나는 또 한 권의 출판 계약을 했다는 것이다.

## 당신은 이미 책 한 권을 쓰지 않았나?

나는 늘 책을 쓰는 꿈을 꿨다. 그래서 2016년에 노벨상 수상자 프랑수아 자코브François Jacob의 딸이자 출판사 대표인 오딜 자코브Odile Jacob가 초대해 책 한 권을 집필하자는 제안을 했을 때 대단히 행복했다. 우리는 처음 만났을 때, 몇 시간 동안 오딜의 아버지 이야기를 했다. 그다음 오딜은 집필 계획을 물었고, 내가 생각한 계획에 동의해 주었다. 나는 기쁨의 춤을 추었고 그 책을 아주 빠르게 마무리 지었다.

# "당신은 아마도 노벨상을 받지 못할 것이다. 그러나 최선을 다하라!"

브라이언 슈밋 | 천문학
국립 캔버라 대학교 천체물리학 교수이자 부총장
2011년 노벨 물리학상 수상
호주

## 슈밋 교수, 당신은 왜 과학자가 되었나?

나는 과학과 함께 성장했다. 아버지가 생물학자였기 때문이다. 아버지는 나를 키우면서 물고기를 연구했고 수산업 관련 박사논문을 썼다. 나는 아버지의 모든 작업을 함께했고, 아버지처럼 연구하는 일이 멋지다고 생각했다. 나중에 나도 그런 연구를 하고 싶어 하는 데 아버지가 영향을 미쳤다. 어릴 때부터 나는 사물이 어떻게 작동하는지 늘 이해하려고 했다. 말하자면, 나는 이미 어린아이였을 때 나중에 과학자가 되고 싶어 한다는 걸 알았다. 다른 목표를 세워 본 적이 없었다. 또 내게는 멋진 선생님이 몇 명 있었다. 특히 고등학교 때 그랬다. 그 선생님들이 내 꿈을 실현하는 데 도움을 주었다.

고등학교에서 거의 언제나 성적이 최고였고, 300명 가운데 2~3등을 했다. 대학에서는 3,000명 가운데 1등이었다. 그리고 하버드에서도 매우 성공했다. 당신은 늘 이렇게 가장 앞서가려고 했었나?

솔직히 최고가 되어야겠다는 생각을 한 적은 없었다. 고등학교 때는 내 능력에 자신감이 있었지만 애리조나 대학교에서 최우수 졸업을 했을 때는 조금 놀랐다. 최고로 잘하는 게 아니라 잘하는 게 중요하다. 고등학교 때는 모든 것에 참여했다. 연극을 했고, 크로스컨트리 달리기와 장거리 달리기를 했으며, 학교 오케스트라에서 호른을 연주했다. 대학에서는 이런 많은 활동들을 포기했고, 공부에 더 많이 집중했다. 1980년대에 나는 미국에서 평범한 학생으로서 평범하지 않은 주제의 연구를 시작했다.

**1993년에 박사가 되었고, 그다음 해에 High-Z 초신성 연구팀과 함께 당신의 연구 프로젝트를 만들었다.**

하버드 대학교 천체물리학 스미스소니언 센터에 박사후연구원 자리를 얻었다. 박사후연구원으로 있으면서도 박사후 과정이 끝난 후 무엇을 하고 싶은지 계속 고민했다. 당시 나는 흥미로운 프로젝트 작업을 여러 개 하고 있었다. 그러던 중 1994년 초에 우주의 변화와 확장 과정을 과거를 살펴보면서 측정할 수 있는 기회가 왔다고 확신했다. 과학자들은 이미 75년 전부터 과거를 보고 측정하는 작업을 하고 싶어 했고, 마침내 1994년에 이 작업을 가능하게 해줄 기술과 지식이 어느 정도 완성되었다. 이 확신 이후 다른 모든 프로젝트는 포기하고 이 작업에만 매달리기로 결정했다.

**솔 펄머터(Saul Perlmutter)는 당시에 이미 몇 년째 이 주제를 연구하고 있었다. 당신은 펄머터의 연구 분야에 들어와 경쟁하게 된 젊은 과학자였다.**

펄머터와 그의 팀은 1988년부터 이 작업을 했다. 그러나 의미 있는 많은 성과는 1994년에 처음 나왔다. 나와 함께 일하던 칠레 출신 연구자가 1a형 초신성들을 이용해 거리를 정확하게 측정하는 방법을 발견했다. 펄머터 팀은 그 거리를 그냥 주어져 있다고 가정했었다. 1994년에 10m짜리 켁 망원경Keck Telescope이 나왔다. 처음으로 우리에게 초신성을 관찰하기에 충분히 큰 망원경이 생겼다. 이 망원경으로 초신성의 밝기를 측정하고, 각 초신성을 식별할 수 있게 되었다. 나는 천문학자로서 이 주제에 접근했고, 펄머터 팀은 물리적 측면에서 이 주제를 다루었다는 점은 분명히 해야 한다. 처음부터 접근법이 달랐다. 이 작업을 시작하면서 나는 펄머터 팀이 했던 작업을 검토했고, 그들과 다르게 해야 할 일들의 목록을 만들었다. 그다음에 펄머터 팀이 우리의 작업을 보게 되었고, 그들도 몇 가지 과정을 바꾸었다. 그렇게 결국 경쟁이 생겨났다. 4년간 일한 후 결국 다른 팀이 옳았다는 걸 확인하고 싶지는 않았기 때문이다.

## 1998년에 연구 결과를 최고의 학술지에 발표했다. 과학자들의 경쟁에서는 논문의 발표도 중요한 요소인가?

우리는 가장 중요한 천문학 학술지 두 곳 중 한 곳으로 갔고, 다른 팀은 또 다른 학술지로 갔다. 우리 논문이 그들보다 조금 앞서 발표되었지만, 결국 두 논문 모두 거의 같은 인정을 받았다. 한동안 두 연구를 둘러싼 논쟁이 상당히 뜨거웠는데, 상대 팀이 우리보다 훨씬 앞서 있었기 때문이다. 우리가 그들보다 먼저 발표했을 때, 그들은 우리가 어떻게 그렇게 멀리 왔는지 놀랐다. 우리는 동료 애덤 리스Adam Riess에게 크게 감사해야 한다. 애덤 리스가 우리의 연구 작업을 아주 빠르게 마무리하는 데 필요한 모든 것을 가져왔다. 우리는 갑자기 해답을 찾았다. 우리가 인정을 독차지할까 봐 펄머터 팀 구성원들은 진짜 걱정했을 것이다.

2011년에 당신과 리스, 펄머터가 노벨상을 받았다. 천문학자 로버트 커쉬너(Robert Kirschner)는 우주에서 가장 강력한 힘은 중력이 아니라 질투라고 말한 적이 있다. 당신도 존경과 관련된 나쁜 행위를 언급한 적이 있다.

실제 시상식에서는 모든 사람이 예의에 맞게 행동했다. 그러나 그전에는 그렇지 않았다. 수상을 앞두고 많은 분야에서 누가 상을 받아야 하는지를 둘러싼 혼전이 벌어진다. 노벨상은 세 명까지 공동 수상할 수 있다. 우리의 발견에는 모두 60명이 참여했다. 결국 리스, 펄머터, 내가 상을 받았다. 적절한 수상이었다. 그러나 양쪽에서 몇몇 사람들은 아주 아깝게 노벨상을 놓쳤다는 끔찍한 기분을 맛보아야 했다.


**많은 젊은 과학자가 밤낮으로 일한다. 가족들은 그들을 자주 보지 못한다. 당신의 경우는 어땠나?**

나 역시 일을 상당히 많이 했고, 특히 초신성을 연구하던 그 중요한 3년 동안 그랬다. 좋은 남편이자 아빠가 되려고 노력했지만 그 연구가 놓아주지 않았다. 그러나 일해야만 할 때는 그 일에만 집중해서 열심히 해야 한다. 그 3년 동안 밤낮으로 일하지 않았더라면 틀림없이 노벨상을 받지 못했을 것이다.


**1997년에 엘리트 대학인 칼텍(캘리포니아 공과대학교)에 전임교수 지원을 해서 임용되었지만, 결국 그 자리를 거절했었다. 당신은 아내에게 이혼당하지 않기 위해서라는 이유를 댔다.**

나는 칼텍을 방문했고, 그곳에서 며칠을 보낸 후 나와 내 가족에게 적당한 환경이 아니라는 걸 알게 되었다. 주변 환경이 그냥 너무 복잡했다. 당시에 나는 일자리가 없었다. 1997년 말에 호주 국립대학교와의 계약이 끝났기 때문이다. 그럼에도 결단을 내려야 했다. 결국은 각자 꾸려 가는 개인의 삶이 가장 중요하다. 일 때문에 자신의 생활이나 가족을 희생해서는 안 된다. 사람들은 삶에서 균형을 찾아야 한다. 일이 삶의 전부가 아니다. 지금 나는 나의 포도밭과 와인 창고에서, 그리고 밖으로 나가 가족과 무언가를 할 때 행복을 경험한다. 무언가를 결정해야 할 때, 가족이 첫 번째이고 연구는 두 번째다. 연구만 한다면 나는 결코 인간으로서 충족되지 못하기 때문이다.

## 올바른 질문을 제기하는 게 중요하다고 말한 적이 있다. 무엇이 올바른 질문인가?

자신에게 흥미를 주는 것이 올바른 질문이다. 반드시 대답을 찾으려고 노력하고, 그 질문을 해결하기 위해 밤에도 깨어 있다면, 그리고 과학자나 전문가가 아닌 사람들에게도 이 질문을 설명할 수 있다면 제대로 된 질문을 다루고 있는 것이다. 내 삶에서 그런 일은 서너 번 정도 있었다. 그리고 그때마다 가치가 있었다. 사람들은 늘 계속해서 찾아야 하고, 주변을 둘러봐야 한다. 그리고 자신에게 오는 것들에게 눈과 정신을 열어 두어야 한다. 최근의 분위기에서 중요한 건 과감하게 위험을 감수하는 것이다. 오늘날 과학자로서 위험을 감수하지 않는 사람은 중요한 사람이 아니다. 어쨌든 연구를 위해서는 그렇다. 과학의 목적은 한계를 무너뜨리는 것이다. 이런 열정을 느끼는 것이 연구하는 과학자에게 정말 중요하다. 그리고 똑똑해야 하지만, 천재일 필요는 없다.

## 사회를 위한 당신의 기여는 무엇인가?

1995년, 아직 내가 유명한 과학자가 아니었을 때도 나는 다른 사람을 가르쳤다. 나는 그들에게 세상에 나가기 위해, 그리고 흥미로운 일을 하기 위해 필요한 것을 알려 주었다. 그때부터 오늘날까지 이 가르치는 일은 계속 쌓이고 있다. 내가 가르친 모든 사람들이 과학의 기초를 연구할 때 가끔 작은 불꽃이 생길 것이다. 우주의 가속 팽창은 내가 함께 발견한 이런 불꽃의 하나였다. 우리 사회에서 나의 역할은 이런 불꽃의 일부가 되는 것이다. 이 불꽃 위에 무언가 만드는 일, 사람들을 변화시키고 거대한 일을 이끌어 가도록 동기를 부여하는 일도 나의 역할이다.

## 여섯 살 아이도 이해할 수 있게 당신의 연구를 설명해 줄 수 있을까?

나는 하늘에 있는 수십억 개의 별을 올려다보면서 우리가 여기에 얼마나 오래 있었는지 묻는다. 이것이 천문학자로서 내가 하는 일이다. 우리 지구는 얼마나 오래되었고, 태양과 우주는 또 얼마나 오래되었을까? 우주는 어떻게 시작되었고, 어떻게 끝나게 될까? 이런 질문들은 호주에 있든, 나미비아에 있든 상관없이 모든 여섯 살 아이들도 이해한다.

## 세상에 전하는 메시지는 무엇인가?

과학은 모든 종류의 일을, 아직 우리가 이해하지 못한 것조차 다루어 볼 수 있는 기회를 제공한다. 그리고 과학은 대단히 유용하다고 증명된 것을 다루는 전문가를 만든다. 대부분의 사람은 자신이 노벨상을 받지 못할 거라고 생각한다. 확실히 나도 노벨상 수상을 기대하지 않았다. 그러나 위대한 성공을 성취하지 못할 거라고 확신하지는 마라! 노벨상을 받지 못할 게 거의 확실하지만, 최선을 다해라! 당신은 지식에 기여하고, 세상을 더 낫게 만드는 데 기여할 것이다. 그리고 당신은 불꽃을 점화하는 사람이 될 것이다. 미래 인류에게 도움을 주는 위대한 일을 누군가는 해야 한다. 그 일을 당신이 할 수도 있을 것이다.

# "나는 우리가 혼자가 아닐 가능성이 매우 높다고 생각한다."

**아비 로엡** | 물리학과 천문학

하버드 대학교 천문학 교수

미국

**로엡 교수, 당신은 매일 아침 새로운 생각과 함께 일어난다고 말한 적이 있다. 오늘 아침에는 어떤 생각을 했나?**

오늘은 한 별의 폭발이 다른 별과의 근접성과 관련이 있는지 생각해 보았다. 대부분의 거대한 별은 동반하는 별을 가지고 있다. 더 많은 별들이 함께 있을수록 불안정성은 커진다. 세 개 혹은 그 이상의 별이 서로 공전할 때, 이들이 서로 충돌할 가능성이 커진다. 이런 충돌이 일어나면 훨씬 더 큰 별이 생겨나고 마지막에 결국 블랙홀이 될 수도 있을 것이다.

**왜 샤워할 때 가장 좋은 생각들이 떠오르는가?**

샤워할 때는 누구도 방해하지 않기 때문이다. 편안해지고, 긴장이 풀리고 깊이 생각할 수 있는 시간을 갖게 된다. 자연에 있을 때도 생각에 도움을 얻는다. 어린 시절부터 자연에서 생각을 떠올리곤 했다. 나는 완전한 고요 속에서 철학책을 읽기 위해 트랙터를 몰고 언덕으로 가곤 했다.

**1962년 이스라엘에 있는 베이트 하난(Beit Hanan)이라는 모샤브에서 태어났다. 이 농촌 마을에서 보낸 어린 시절은 어떤 영향을 미쳤나?**

나는 아름다운 어린 시절을 보냈다. 들판에서 놀았고, 운동을 즐겼다. 10대가 되어서는 혼자 혹은 어머니와 함께 철학책을 읽었다. 어머니는 절반은 스페인 사람, 절반은 불가리아 사람이었다. 나의 지적 호기심은 어머니에게서 왔다. 피칸 가공 공장을 운영하던 아버지를 만난 후 어머니는 학문적 야망을 포기했다. 적은 수입으로 가족을 꾸렸고 아이들을 위해 헌신했다. 그러나 어머니는 책을 샀고, 나와 함께 철학을 토론했으며, 두 누나가 집을 떠난 후에는 나를 대학 강의에 데리고 다녔다. 50세 때 어머니는 박사학위를 받았다. 어머니는 나의 생각에 엄청난 영향을 미쳤다. 나처럼 어머니는 그냥 남들과 달랐다. 소피아 대학교에서 고등교육을 받은 분이 농촌 마을로 온 것이다. 어머니는 나에게 다르게 생각하는 법과 지적 작업에 집중하는 법을 가르쳐 주었다. 그런 어머니가 얼마 전에 돌아가셔서 매우 슬프다. 나는 매일 아침 어머니에게 전화했었다.

**아버지는 독일에서 왔다. 당신에게 독일의 특성들을 남겨 주었나?**

아버지는 제2차 세계대전이 일어나기 전인 1935년에 독일을 떠났다. 그러나 독일 문화를 사랑했다. 슈트라우스의 음악을 들었고, 폭스바겐 차를 샀으며, 독일을 방문했다. 나는 독일인의 시간 엄수를 물려받지는 못했지만 신뢰, 진지함, 애국심은 물려받았다.

**부모님은 어떤 원칙을 당신에게 전해 주었나?**

정직이다. 자신이 아닌 다른 사람처럼 행동하지 마라. 믿을 수 있는 친구를 찾아라. 나는 우리 팀을 위해 언제나 내가 믿을 수 있는 사람을 찾는다. 그들은 똑똑해야 하고 진실을 말해야 한다. 지금 당신이 보고 있는 것이 나의 진짜 그대로의 모습이다. 다른 사람을 평가할 때도 이런 정직함을 중요하게 여긴다. 그것은 부부에게도 마찬가지다. 각자의 건강에서 가장 중요한 요소는 같이 사는 사람이다.

## 어떻게 아내를 알게 되었나?

어머니와 장모님은 서로 아는 사이였고, 두 분이 우리의 만남을 주선했다. 우리는 잘 맞았다. 서로의 부족한 점을 채워 주었고 공통점이 많았다. 또 서로를 잘 이해했다. 그것은 기적이다. 아내는 언제나 나에게 진실만을 말하고, 자신의 의견을 분명하게 드러낸다. 나는 강한 사람을 좋아하고, 그 사람의 의견이 나와 반드시 같을 필요는 없다.

## 비판을 받으면 당신은 어떻게 하는가?

경청하고 비판을 통해 무언가를 배운다. 예전에는 분노했지만 시간이 지나면서 그런 반응이 아무것도 가져오지 않는다는 걸 알게 되었다. 다른 사람이 말하는 것을 이해해야 하고, 거기서 무언가를 배워야 한다. 연구 작업을 할 때는 다양성을 권장한다. 그래서 문제를 바라보는 관점과 배경이 다양한 사람들을 채용한다. 나를 쫓아오기만 하는 사람은 원하지 않는다. 나는 나와 다른 사람을 좋아한다.

## 당신은 늘 달랐다고 한다. 처음 학교에 가던 날, 다른 아이들이 이리저리 뛰어다니는 모습을 보았지만 함께 뛰지 않았다고 했다. 왜 그랬나?

먼저 생각해 보지 않은 일은 하지 않는다. 선생님은 내가 가정교육을 잘 받았다고 생각했다. 그러나 사실 나는 저런 뛰어다님이 의미가 있는지 숙고했다. 사람들이 행동하기 전에 생각하지 않는다는 사실에 놀랐다. 나는 늘 남들과 달랐다. 다름은 쉽지 않은 일이다. 사람들은 자신과 다른 사람을 좋아하지 않는다. 모든 단계에서 괴롭힘을 당한다. 다른 사람이 말하는 건 나에게 아무 상관이 없다고 생각하면서 나는 고통으로부터 나 자신을 강한 의지로 보호했다. 나비가 들어 있는 고치와 같은 보호막을 만들었다. 그 고치 안에서 나오기까지 몇 년이 걸렸다. 독립할 만큼 충분히 강해졌을 때, 날개를 펼쳐 날아올랐다. 그런데 최근에 나는 다른 사람들의 말과 행동에 머리를 싸매지 않고 그냥 나로 있었다는 데 처음으로 만족감을 느낀다. 자신감을 찾는 데 54년이 걸렸다.

**이스라엘 군대에 8년 있었다. 거기서도 당신은 두드러졌다. 수천 명의 군인 가운데 24명을 뽑는 엘리트 지원 프로그램에 뽑혔다.**

무기를 들고 뛰어다니는 일에는 관심이 없었다. 정신적인 일을 하고 싶었다. 처음에는 낙하산 부대원이었고, 그다음에는 탱크를 운전했는데, 여러 부대에서 일했다. 그런 다음 물리학과 수학을 공부할 수 있는 허가를 받았다. 사실 철학을 공

부하고 싶었다. 나는 이 프로그램 참가자 가운데 처음으로 히브리 대학교 플라스마 물리학 박사 과정에 들어갔다.

**그렇게 물리학은 당신의 삶으로 들어왔다. 처음부터 물리학을 사랑했나?**

물리학이 내 미래 직업의 일부가 될 거라는 걸 당시에는 몰랐다. 그때 나는 한 프로젝트를 이끌고 있었는데, 1980년대에 로널드 레이건 미국 대통령이 지원하던 소위 스타워즈 프로그램의 첫 번째 프로젝트였다. 그렇게 워싱턴에 가게 되었

다. 워싱턴에 머무는 동안 저명한 물리학자 한 명이 프린스턴 고등연구소에 가라고 권유했다. 그곳에서 천체물리학자 존 바칼John Bahcall 교수를 소개받았고, 바칼 교수는 나에게 5년 장학금을 제공했다. 이후 하버드 교수직에 지원해야 했다. 나는 다른 사람이 거절했던 자리를 얻게 되었고, 1993년에 하버드 대학교 천문학과 조교수로 갔다. 3년 후 정교수가 되었다. 그러니까 첫눈에 물리학에 반했냐는 질문이었나? 그것은 마치 정략 결혼한 부부와 같은 느낌이었다. 시간이 지나서 사실은 다른 사람이 진정한 사랑이었음을 깨닫게 되는 그런 관계 말이다.

**그렇게 천문학자로서의 경력을 시작했다. 처음에 당신은 창세기의 과학 버전에 집중했었다. 어느 부분에서 큰 흥미를 느꼈었나?**

첫 번째 빛이 어떻게 생겨났는지에 관심이 있었다. 나는 어떻게, 그리고 언제 첫 번째 별과 블랙홀이 생겨났고, 그것들이 젊은 우주에 어떤 영향을 미쳤는지를 처음 연구한 학자였다. 나는 하나의 생각을 혼자 다루는 것을 좋아한다. 그럴 때 새로운 것을 발견할 기회가 생기기 때문이다. 결국 우리가 완전히 이해하지 못하는 가장 근본적 질문에 머물게 된다. 우리는 이 지구에 어떻게 존재하게 되었나? 나는 과학이 다른 곳에서 원시 생명체를 찾는 데 초점을 맞추어선 안 된다고 생각한다. 내가 보기에 우리는 지적 생명체의 출현을 기다려야 한다. 우리 인류가 특별하거나 유일하다고 믿는 것은 너무 오만한 일이다. 내 딸들은 아주 어릴 때 세상이 오로지 자신들을 중심으로 돌아간다고 생각했다. 나이가 들어가면서 딸들은 세상에 다른 아이들도 있다는 걸 알게 되었다. 우리 문명이 좀 더 성숙하려면 외계 문명이 존재한다는 증거가 필요하다. 나는 우리가 혼자가 아닐 가능성이 매우 높다고 생각한다.

**'오우무아무아(Oumuamua)'가 외계에서 온 우주선일 수 있다고 추측했을 때, 당신은 언론의 머리기사를 장식했다.**

오우무아무아는 우리가 지구 근처에서 관측할 수 있었던 태양계 밖에서 온 최초의 물체다. 여섯 가지 특별한 성질에 기초해, 우리는 오우무아무아가 인공적으로 만들어져 다른 문명에서 왔을 수도 있다는 가정을 제시했다. 오우무아무아는 자연물질이지만 다룰 가치가 있는 물체다. 우리는 베라 C. 루빈 천문대에 건설 중인 특별한 성능의 반사 망원경을 이용해 이런 종류의 물체를 더 많이 발견하고, 그 기원을 연구하고자 한다.

**어떻게 오우무아무아와 다른 생명체에 관심을 두고 관찰하게 되었나?**

이유 중 하나는 실리콘 밸리 출신의 러시아-이스라엘 기업가 유리 밀너Yuri Milner와의 작업 때문이다. 밀너는 4광년 정도 떨어져 있는 별에 관측기를 보내는 프로젝트를 맡아 달라는 제안을 했다. 나는 이 작업을 위해 6개월이 필요하다고 말했다. 그 후 밀너는 내게 전화를 걸어 결과를 물었다. 마침 나는 가족과 함께 이스라엘에서 염소 농장으로 가는 길이었다. 나는 가족 휴가를 바꾸고 싶지 않았다. 그래서 새벽 5시에 일어나 인터넷이 있는 사무실 앞에 쪼그리고 앉아 밤에 태어난 새끼 염소를 보면서 노트북으로 발표 자료를 만들었다.

보름 뒤에 밀너의 집에서 자료를 보여 주었다. 나는 돛단배의 항해처럼 돛을 활용하자고 제안했다. 다만 바람 대신 빛으로 움직이는 돛이다. 그렇게 하면 연료가 필요 없을 것이고, 레이저를 투입하면 이론적으로는 광속의 5분의 1 속도에 도달할 수 있을 것이다. 이 작업을 하면서 나는 질문이 생겼다. 다른 문명들도 무언가를 작동하기 위해 강력한 광선을 돛에 쏘는 일을 하지 않을까? 그다음 나는 생각했다. 지구 밖에는 어떤 생명체가 있을까?

**당신의 오우무아무아 가정은 많은 주목을 받았지만, 비판 또한 많이 받았다. 다른 사람들을 통해 당신의 생각을 확인받는 일이 당신에게 필요한가?**

나는 주목과 비판에 관대하다. 왜냐하면 나에게는 대중에게 과학의 작동 방식을 설명하는 일, 그리고 과학이 불확실성과 가끔은 오류도 함께하는 인간적인 시도라는 것을 보여 주는 일이 중요하기 때문이다. 많은 과학자들이 자신의 자아에서 추진력을 얻는다. 나는 그렇지 않다. 다른 사람의 생각을 신경 쓰지 않는다. 단지 내가 옳다고 생각하는 일을 한다. 젊었을 때 나는 끊임없이 새로운 아이디어를 제안했다. 그 제안들은 종종 무시당하고 거부당했다. 너무 독특하게 보였기 때문이다. 어느 정도 시간이 지난 후 생각했다. '됐어! 그냥 내 방식대로 해야겠어.'

실제 몇몇 나의 과거 아이디어들은 얼마 후 증명되었다. 예를 들어 15년 전에 나는 블랙홀 주변에 손전등처럼 밝게 빛나는 지점이 있고, 이 지점을 인간이 관찰할 수 있을 거라고 생각했다. 동료들은 이 생각을 매도했지만, 이 생각을 계속 따라가 보기로 결정했다. 최근에 막스 플랑크 외계물리학 연구소가 주도하는 한 팀이 은하수 중심에 있는 블랙홀의 방사선 분출을 관찰할 수 있는 장비를 개발했다. 이 방사선 분출이 내가 생각했던 빛나는 지점 아이디어와 잘 맞는다.

우습게도 그사이에 나는 나의 다양한 지위 때문에 큰 인정을 받았다. 예를 들면 하버드 대학교 천문학 연구소 소장과 같은 자리 말이다. 나는 브레이크스루 스타샷 연구 개발 프로젝트 자문위원회 의장이다. 이 프로젝트는 지구와 가장 가까운 별들에 레이저로 추진력을 얻는 소형 탐사선을 보내는 일을 한다. 그 밖에도 하버드 대학교 블랙홀 계획Black Hole Initiative의 설립단장이다. 이 조직은 전 세계에서 처음 생긴 학제 간 블랙홀 연구센터다. 그러나 만약 내일 나의 직업을 잃는다 해도, 기쁘게 농촌으로 돌아가 누구의 주목도 받지 않은 채 그곳에서 나의 일을 계속할 것이다.

**당신과 마찬가지로 고 스티븐 호킹도 다른 사람들의 생각에 관심이 없었다. 호킹이 당신을 방문한 적도 있지 않았나?**

스티븐 호킹은 유월절 시기에 3주 동안 우리 집에 머물렀다. 사람들은 사슬에 묶여 있다. 왜냐하면 주변 사람들의 말에 대해 너무 많은 생각을 하기 때문이다. 스티븐 호킹은 그렇지 않았다. 매우 유쾌했다. 비록 몸은 움직일 수 없지만 경계 없이 자유롭게 생각했다. 그것이 궁극적인 자유다.

**스티븐 호킹은 우주에 신을 위한 가능성은 없다고 말했다. 당신은 자연과 같은 공간에서 신을 느끼는가?**

나는 체계적이고 모든 것이 같은 법칙을 따르는 자연의 모습을 보며 끊임없이 감동받는다. 나에게 이런 자연의 모습은 대단히 특이한 신비다. 자연은 신을 반영한다고 말하는 사람도 있다. 그러나 이런 신은 종교들의 신이 아니다. 다른 모든 것보다 더 큰 무언가를 인정하는 일이 내게는 중요하다. 내가 보기에 자연은 바로 이 더 큰 무언가를 정확히 대표한다. 인간은 그것을 신이라 부를 수도 있고, 자연이라고 부를 수도 있다. 우리가 아이였을 때 부모님이 우리를 돌본다. 성인이 되면 우리는 우리를 돌봐 주는 신적 부모의 존재를 믿고 싶어 한다. 우주를 거대한 전체로 관찰하고 인간이 그리 특별한 존재가 아님을 확인할 때 과학자는 내면의 평화를 더 쉽게 찾을 수 있다.

**유대교 신앙은 어떻게 생각하는가?**

나는 유대인으로 태어났고, 수천 년 동안 적대적 환경에서 살아남은 유대 문화와 유대교의 풍성함에 놀란다. 며칠 전 나는 머리를 잘랐다. 이발사는 흰 머리카락을 보고 염색을 제안했다. 나는 절대로 안 된다고 말했다. 나는 나다. 나는 나의 뿌리에, 그리고 내가 유대 유산의 일부라는 사실에 자부심을 느낀다.

## 무엇이 또 당신에게 깊은 영향을 주었는가?

생활환경, 유전자, 그리고 외부 환경의 결합이 나를 만든다. 그것은 케이크를 만드는 것과 비슷하다. 모두 같은 재료에서 시작하지만 마지막에는 각자의 케이크가 나온다. 내가 성취한 이 현실에서 행복을 느낀다. 나는 진정성과 호기심을 유지하는 데 성공했다. 나는 다른 사람의 호각에 맞추어 춤추지 않는다. 프린스턴에서 나는 가끔 양복을 입고 일터로 가는 비즈니스맨들을 관찰했다. 그들은 펭귄처럼 보였다. 모든 사람이 하는 것과 같은 일을 하는 직업은 내게 끔찍했을 것이다. 나는 나 자신의 울타리 안에서 살고, 내게 즐거움을 주는 일을 하는 데 성공했다. 예를 들어 나는 초콜릿을 좋아한다. 하루 열량의 절반을 초콜릿에서 얻는다. 그러나 체중을 늘리지 않기 위해 설탕이 없는 초콜릿을 먹는다. 나는 자연을 사랑한다. 그리고 하늘에 대한 새로운 아이디어를 갖는 것을 좋아한다. 나는 그런 일을 하면서 돈을 받고 있다. 미친 상황이지 않은가? 한번 상상해 보라.

조개들을 관찰하면, 몇몇은 처음에 대단히 아름다운 모양이다. 그러나 모두 같은 모양이 될 때까지 파도가 갉아먹는다. 삶이란 그런 것이다. 사람들은 나머지 사람들과 같은 모양으로 만들려는 많은 힘에 노출되어 있다. 나는 나의 껍질, 또는 나의 뼈대를 변화 없이 유지하는 데 성공했다.

## 당신도 가끔 불행을 느끼나?

대체로 행복하다. 내가 불행했던 짧은 순간들은 점점 줄어들고 있다. 당연히 얼마 전 어머니의 죽음은 나를 불행하게 만들었다. 그러나 죽음은 피할 수 없는 과정이다. 해변에 있는 조개들은 예전에는 살아 있었지만 지금은 더는 그렇지 않다. 사람은 죽은 껍질을 남길 뿐이다.

## 무엇을 또 남기고 싶은가?

중요한 발견들을 남기고 싶다. 어딘가에 외계 생명체가 존재한다는 결정적 단서의 첫 번째 목격자, 혹은 발견자가 되고 싶다. 무언가 새로운 것을 발견하고 싶다. 아무런 방해 없이 혼자 깊은 생각에 잠길 때, 그리고 내가 가장 먼저 자연의 어떤 특징을 이해한 것 같을 때 큰 기쁨을 느낀다. 나는 내 삶을 하나의 예술품으로 생각하고 싶다.

## 왜 젊은이들이 과학을 공부해야 할까? 그들에게 어떤 조언을 해주고 싶은가?

과학은 삶에서 아이의 호기심을 유지할 수 있는 특권이다. 아이 때 우리는 실수를 두려워하지 않았고, 위험한 일에도 과감하게 뛰어들었다. 과학자로서 우리는 세계에 관한 질문을 던지면서 전진하고, 그 대답을 찾으면서 돈을 번다. 이보다 더 흥분되는 일은 없다. 우리의 지식은 무지의 대양에 떠 있는 작은 섬이다. 과학자의 과제는 이 작은 섬의 크기를 넓히는 것이다. 과학자는 지금껏 누구도 발견하지 못했던 새로운 땅을 찾는 발견자와 같다.

젊은이들에게 이런 조언을 해주고 싶다. 외부 세계의 모든 반대에도 불구하고 진실과 내면의 나침반을 따라가라. 다른 사람이 하는 말에 크게 신경 쓰지 마라. 세상의 진리는 트위터에 올라온 트윗의 영향을 받지 않는다.

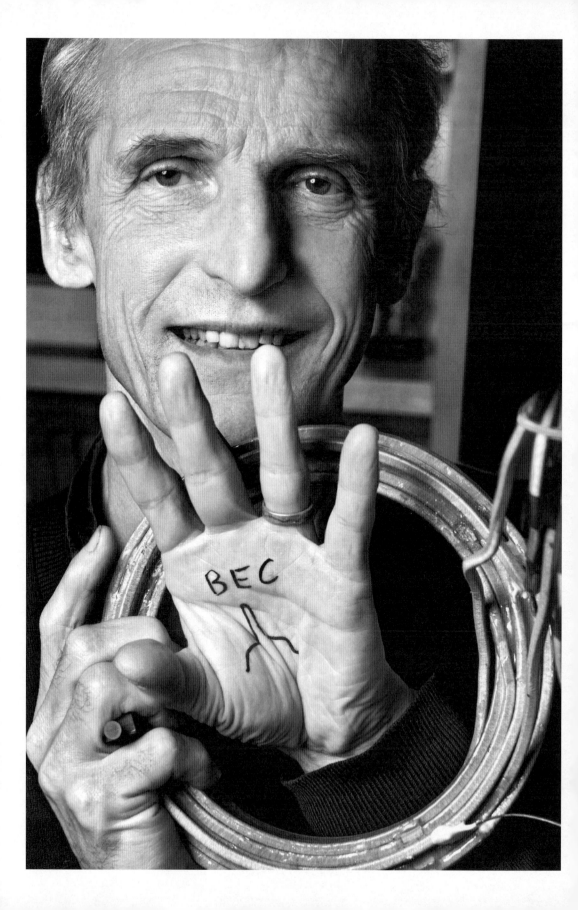

# "나는 모든 것을 실험에 쏟아부었고, 우선 내가 잃어버린 것을 보상해야 했다."

볼프강 케털리 | 이론물리학

MIT 물리학 교수
2001년 노벨 물리학상 수상
미국

**케털리 교수, 당신은 부지런하고 야심이 많은 사람으로 알려져 있다. 이런 성격을 평생 유지했었나?**

그렇다. 늘 부지런했고, 야심이 넘쳤으며 호기심도 강했다. 이미 어릴 때 실험 상자를 가지고 노는 걸 좋아했다. 화학과 전기는 늘 나에게 즐거움을 주었고, 부모님도 나의 호기심을 북돋아 주었다. 나는 레고 블록으로 그네와 괴물을 만들었고, 괴물에 모터를 달아 날개를 움직였다. 어린 시절 가재도구가 작동하지 않으면, 바로 분해하곤 했었다. 어머니가 플러그를 수리하고 있으면, 어머니가 제대로 전선을 연결했는지 점검했다.

**당신 삶의 여정은 목적을 향한 직선처럼 보인다.**

노벨상으로 가는 나의 길은 직선이기보다는 오히려 지그재그로 된 길이었다. 처음에는 물리학자로 산업계에서 일하고 싶었다. 연구만 하는 것보다 제품을 개발하고 싶었기 때문이다. 두 번째 단계는 이론물리학에 관심을 두던 시기다.

공부를 하면서 이론물리학에 상당히 큰 흥미를 느꼈고, 이론물리학 분야에서 석사논문을 썼다. 석사학위를 받은 후 학문 세계의 상아탑에 머물고 싶지 않았으며, 그래서 실험물리학을 하기로 결정했다. 박사 과정 때는 분자를 연구했다. 그런 다음 응용 연구를 하기 위해 하이델베르크로 갔고, 그곳에서는 물리화학 분야에서 레이저에 의한 연소 연구를 했다. 하이델베르크에서 장기간 일할 수 있는 자리가 있었지만, 더욱 열린 질문들을 다루겠다는 결심을 하고 다시 기초 연구로 돌아가려고 했다. 그렇게 1990년에 나는 서른두 살의 나이로 MIT에 장학금을 받아 가게 되었고, 초저온 원자를 연구했다. 그 분야는 새로운 분야였고, 아직 할 일이 많을 것이라는 기대가 있었다.

**당신과 당신 가족은 아무 안전망도 없이 미국으로 갔다고 했다. 왜 이런 과감한 발걸음을 내디뎠나?**

나는 내가 무엇을 원하는지 알았다. 기초 연구 분야에서 경력을 쌓고 싶었던 것이다. 하이델베르크에서 박사후연구원으로 아무것도 없이 완전히 바닥에서 무모하게 시작했던 경험이 중요했다. 그곳에서 나는 1년도 안 되어 물리화학에 아주 능숙해져 주목을 받을 수 있었다. 그래서 미국에서 박사후연구원이 되는 데 두려움이 없었고, 이 새로운 분야에서도 능력이 증명되리라 확신했다. 생각했던 것보다 일은 훨씬 좋은 방향으로 진행되었다. 3년 후 교수직을 얻었다. 이어 2년 후에는 2001년 노벨상을 받게 되는 일을 해냈다.

**당신은 모든 미국 동료들을 제치고 꿈과 같은 경력을 쌓아 왔다. 독일인으로서 어떻게 다른 모든 사람들보다 앞설 수 있었나?**

그들보다 앞섰다기보다는 가장 앞에 있는 사람들 속에 들어갔다고 말하고 싶다. MIT에서 가장 중요했던 것은 데이비드 프리차드David Pritchard가 나의 대장이자 멘토였다는 점이다. 처음 프리차드 교수와 함께 연구원 모임을 하면서 그가 얼마나 빠르고, 얼마나 많은 지식을 머릿속에 가지고 있는지를 보고 깜짝 놀랐다. 프리차드 교수와 대등한 수준에 서는 것은 나에게 큰 도전이었다. 나는 몇 달 안에 이 어려운 일을 해냈고, 프리차드 교수와 같은 눈높이에서 대화할 수 있었다. 빠른 토론이 가능하도록 나는 숫자와 공식을 머릿속에 넣고, 이에 대한 느낌을 발전시켜야 했다. 그 숫자들을 머리와 느낌 속에 넣기 위해 메모를 하고, 중요한 숫자들을 익히기 시작했다.

**당신은 보스-아인슈타인 응축을 실현해 노벨상을 받았다. 이것을 쉬운 언어로 설명해 줄 수 있을까?**

보스-아인슈타인 응축에서는 레이저 빛처럼 활동하는 원자들로 구성된 물질이 있다. 빛에는 두 가지 종류가 있다. 말하자면 전구에서 나오는 빛과 레이저 빛이 있다. 레이저 빛에서 나오는 모든 광자는 한 방향으로만 가고, 서로 결이 맞지만 전구에서 나오는 빛은 사방으로 가고, 모든 빛은 어긋나며, 우연에 따라 분산된다. 똑같은 성질을 원자와 분자에 대해서도 말할 수 있다. 평범한 기체에서 원자와 분자는 서로 섞여 모든 방향으로 움직이지만, 보스-아인슈타인 응축 상태에서는 원자와 분자가 말 그대로 발을 맞추어 앞으로 나간다.

**에릭 코넬(Eric Cornell), 칼 와이먼(Carl Wieman)과 노벨상을 공동 수상했다. 두 사람은 보스-아인슈타인 응축을 발견했다. 당신은 처음으로 이 발견을 재현해 소위 현실로 가져왔다.**

수년 동안 볼더 대학 연구진과 우리 팀 사이에 치열한 경쟁이 있었다. 마지막에는 볼더 대학 연구팀이 먼저 목표에 도달했는데, 우리는 그들의 발견을 실험으로 보여 준 것이 아니라 우리가 개발한 다른 방법으로 그 현상을 증명했다. 몇 달 사이에 두 가지 접근법이 발견된 것이다.

**과학에서는 연구와 논문 발표를 가장 먼저 하는 게 아주 중요하다. 보스-아인슈타인 응축 발견에서 첫 번째가 아니었을 때 당신은 어떻게 했는가?**

볼더 대학 연구팀이 보스-아인슈타인 응축을 처음 생성했던 1995년 6월부터 나는 가끔 밤에 잠을 못 이루었다. 우리가 결과를 만들었던 9월까지 4개월 동안 그랬다. 나는 모든 것을 실험에 쏟아부었고, 우선 내가 잃어버린 것을 보상해야 했다. 결국 우리도 보스-아인슈타인 응축을 발견했고, 우리의 원래 생각이 제대로 작동한다는 걸 보여 주었다. 이 일을 기술적으로 적용하는 데 단지 몇 달 더 걸렸을 뿐이다. 그리고 우리의 기술이 100배나 많은 응축을 10배 빠르게 만들 수 있었다. 즉 우리가 의미상으로는 1,000배 더 나았다. 그럼에도 장비를 다시 수정해 개선하기로 결심했다. 1996년 초에 우리는 더 큰 응축률을 보여 주고 재생 가능한 꿈의 기계를 갖게 되었다. 이 결과를 가지고 프랑스 국제 학회에 갔다. 강연 전에 나는 대단히 흥분했었다. 강연에서 처음으로 이 새로운 기계와 새로운 개념을 보여 주었고, 이제 모두가 우리의 성취를 알게 되었다. 나에게 그 강연은 해방을 가져다주는 결정적 자리였고, 우리가 앞서 있다는 걸 알게 되었다. 물리학의 새로운 영역에서 우리 팀은 성큼 앞으로 나가 주도권을 넘겨받았다. 그래서 노벨상 위원회도 공동 수상을 결정했다.

**노벨상 시상식에서 특별히 감명받은 것이 있었나?**

가장 감명적이었던 건 나의 노벨상 수상 기념 강연이었다. 거의 한 시간 동안 연구 결과에 대해 말할 수 있었다. 전체 시상식 동안 나는 깊은 생각 속에 강연을 준비했다. 기술적으로 눈에 띄지 않으면서도 감탄을 부르는 강연을 하고 싶었고, 강연 중에 이 성공에 기여했던 모든 사람을 언급하고 싶었다. 평생 소수의 강연에서만 이런 거대한 자유가 허락되었다. 강연이 끝난 후 나는 정신적으로 완전히 탈진했고, 몇 시간 뒤에 노벨상 콘서트에 갔다. 나는 그때까지 내 몸을 그렇게 관통해서 나가는 음악을 들어 본 적이 없었다. 긴장이 완전히 풀렸고, 음악은 내게 완전히 극적인 경험이 되었다.

## 성과를 위해 힘들게 밤낮으로 일하면서 치러야 할 대가가 있었나?

가끔 저녁 늦게까지 어떤 과학적 아이디어가 머릿속에 맴돌곤 한다. 그럴 때 나는 그 문제를 깊이 생각하고 놓아주지 않는다. 주중에 무언가 제대로 돌아가지 않았을 때는 토요일에도 연구실에 간다. 나는 열정적으로 일하고, 가족을 향한 마음에서도 비슷한 열정을 느낀다. 그러나 모든 일에 있어서 내가 완전히 정당할 수는 없다는 걸 알고 있다. 그래서 나의 이런 모습을 이해해 줄 배우자가 필요하다. 안타깝게도 첫 번째 아내는 시야가 좁았고, 나를 바꾸려고 했다. 다행히 두 번째 아내는 이런 내 모습을 인정해 준다. 아내는 서퍽 대학교 역사학 교수다. 그래서 집필 작업과 학생들을 위한 책임감이 무엇을 의미하는지 잘 안다.

## 언제 당신은 삶에서 두려움을 느꼈나?

큰 불안감을 느낀 상황이 몇 번 있었다. 박사논문을 쓸 때도 그랬다. 박사논문 작업을 시작한 지 1년이 지난 후 그 주제는 다룰 수 없다는 게 밝혀졌다. 갑자기 나는 어디가 나의 다음 단계가 될지 아무것도 모르는 상황에 처했다. 1995년에도 그런 불안을 느꼈다. 다른 팀이 보스-아인슈타인 응축을 먼저 발견했을 때, 몇 년 동안 한 작업을 인정받지 못할 수도 있다는 걸 알게 되었다. 그리고 모든 것을 하나의 카드에만 거는 건 위험하다는 걸 깨달았다. 사생활에서는 이혼이 큰 사건이었다. 이혼 법정에서 내 가족의 일부를 잃을 수도 있음을 알게 되었다. 그때 큰 두려움을 느꼈다. 왜냐하면 더는 모든 것을 나의 통제 아래 두지 못한 채 나에게 불리한 결정을 당할 수도 있음을 알게 되었기 때문이다. 그때 나는 다시 시작할 수 있다는 걸 스스로 분명히 하면서 낙관적인 태도를 가지려고 노력했다. 오히려 더 큰 어려움은 아이들과의 힘겨운 실랑이에서 생겼다. 그 때문에 내 삶은 수년 동안 많이 힘들었다. 그러나 나는 늘 모든 사람이 더 나은 삶을 만들어 갈 기회를 갖는 것이 옳고 필요한 일이라고 확신했다.

## 세상에 던지는 당신의 메시지는 무엇인가?

좋은 해답은 거의 언제나 존재하고, 종종 과거에 생각했던 것보다 더 나은 해답이 나온다고 말하고 싶다. 해결할 수 없는 것처럼 보이던 문제들의 놀라운 해답을 찾으면서 과학은 앞으로 나간다. 가족의 영역에서도 크고 작은 문제를 해결할 수 있다는 태도가 도움을 준다. 물론 그전에 문제를 열어 놓고 타협할 준비가 되어 있어야 한다.

# "신이 우리 앞에
# 숨기려고 했던 것을
# 찾아내고 싶었다."

**론 나만** | 물리화학
바이츠만 과학 연구소 물리화학 교수
이스라엘

## 나만 교수, 당신은 왜 과학계를 선택했는가?

신이 우리 앞에 숨기려고 했던 것을 찾고 싶었다. 나는 신의 바지를 벗기려고 했다. 과학자들은 우리가 아직 모르는 것, 자연이 우리에게 숨기고 있는 엄청난 것을 발견하려는 목표가 있다. 과학자의 발견은 인간의 사고방식을 바꾸고, 우리 세계에 큰 기여를 하기도 한다. 이것이 내가 추구하는 거대한 승리다.

## 과학계로 투신하려는 젊은이들에게 아주 멋진 동기가 되는 말이다.

그렇다! 과학 분야에서는 대단히 드문 일을 성취할 수 있다. 바로 특정 분야에서 세계적으로 앞서가는 전문가가 될 수 있다! 다른 직업 세계에서는 과학 분야만큼 쉽게 이런 위치에 오르지 못 한다고 생각한다. 위대한 경력을 원한다면 과학은 맞지 않는다. 배를 잘못 탄 것이다. 그러나 흥미진진한 삶을 원한다면 과학이 바로 제대로 된 길이다. 나와 동년배 중에 매일 아침 기쁨과 열광 속에 일하러 가는 사람이 몇이나 되겠는가? 물론 다른 분야를 선택하고 일찍부터 돈을 벌어 30대에 안정된 삶을 꾸릴 수도 있다. 그다음 나머지 생애 동안 무엇을 할 것인가? 반면 과학자는 계속해서 끊임없이 창조하고 배우며, 거기에는 끝이 없다. 그렇게 젊음을 유지할 수 있다.

### 과학 분야에서 성공하려면 정신적으로 어떤 무장을 해야 할까?

질문을 할 수 있어야 하고, 불확실성을 견딜 수 있어야 한다. 그것은 고집과 끈기 사이에서의 아주 어려운 균형 잡기다. 인류는 크게 두 부류로 나눌 수 있다. 즉 목표에 도달하기 위해 평범한 길을 선택하는 부류와 언제나 평범하지 않은 길을 고르는 부류가 있다. 창조적인 과학자가 되려면 두 번째 부류에 속해야 한다. 가끔은 위험하기도 하지만, 대단히 흥미진진한 일이기도 하다. 또한 다르게 생각할 줄 알아야 한다. 새로운 대답을 얻기 위해서는 문제를 새롭게 관찰해야 하기 때문이다.

### 당신은 다르게 생각하는 특별한 재능을 가졌나?

아마도 독립된 생각을 하는 아이로 키우는 유대 전통이 나의 사고방식에 영향을 미쳤을 것이다. 소수자에 속한 사람들은 어쨌든 비판을 다루는 법과 끈기 있게 버티는 법을 배운다. 단지 하나만 생각하라. 아인슈타인은 박사논문을 두 번이나 거절당했다! 두 번씩 떨어지면 대부분의 사람들은 포기하겠지만 아인슈타인은 그러지 않았다.

### 당신의 연구를 설명해 줄 수 있겠나?

나의 연구를 설명하기 위해서는 먼저 분자의 손 대칭성Chirality이라는 특성을 설명해야 한다. 단백질이나 DNA 같은, 자연에 있는 모든 중요한 구성 요소는 손 대칭성을 갖는다. 사람의 오른손과 왼손처럼, 이 요소들은 동일한 모양이지만 두 개의 거울상 형태로 나타난다. 그 모습은 완전히 같아 보이지만 우리의 손처럼 겹치지 않는다. 자연에 있는, 즉 식물, 동물, 그리고 인간 몸에 있는 모든 손 대칭성 분자들은 하나의 구조로만 존재한다. 그런데 손 대칭성 분자를 실험실에서 인공적으로 만들면 일대일 비율로 왼손 분자와 오른손 분자를 얻는다. 이 두 가지 형태가 모두 포함된 약을 복용하면 부작용이 생길 수 있고, 어떤 경우에는 부작용이 유전될 수도 있다. 1950년대 기형아 출산의 원인이 되었던 탈리도마이드가 대표적인 사례다. 한쪽 유형만 가진 정제된 약을 얻기 위해 분자들을 분류해야 한다. 이 분류는 대단히 어렵고 비싼 과정이다. 우리의 연구 덕분에 이 분리 과정이 훨씬 저렴하고 쉬워졌다.

## 어떻게 이를 발견하게 되었나?

분자가 물체의 표면에 가까워지면 분자 안에 있는 전자들은 새롭게 자리를 잡는다. 그리고 이 분자에는 양극과 음극이 있다. 전자는 음전하를 띠는 특성 이외에도 또 다른 중요한 특성이 있다. 즉 전자는 시계 방향 혹은 반시계 방향으로 회전한다. 이를 전자의 스핀이라고 부른다. 손 대칭성 분자의 전자들이 새롭게 정렬할 때 '회전 방향'에 따라 전자들이 한 극으로 모이는 것을 발견했다. 어떤 스핀 방향이 어느 극에 모이는지는 분자의 형태에 따라, 즉 손 대칭성에 따라 다르다. 우리가 자성이 있는 표면을 이용하면, 한 형태의 분자들만 극성에 따라 표면으로 끌어당겨진다. 그렇게 우리는 두 가지 형태를 분리할 수 있다.

## 설명을 들으니 대단히 획기적인 혁신인 것 같다. 그때 흥분과 기쁨을 느꼈나?

학생들이 자신들이 발견한 것을 설명했을 때, 나는 그럴 리가 없다고 생각했다. 이런 종류의 물리 현상은 존재하지 않았기 때문이다. 우리가 직접 그 결과를 신뢰하기까지 2년이 필요했다. 우리는 계속 연구했지만 스스로도 그 의미를 알아차리지 못했다. 모두 십여 차례의 검토를 거친 후 우리는 〈사이언스〉에 논문을 발표했다. 정확히 말하면, 우리는 먼저 논문을 〈네이처〉에 보냈다. 〈네이처〉

편집자는 과학 공동체 다수에게 중요하지 않다는 주석을 달아서 논문을 돌려보냈다.

## 과학계는 어떻게 반응했나?

과학계 다수는 우리를 믿지 않았다. 대단히 힘든 시간이었다. 말 그대로 우리는 추위 속에 떨면서 서 있어야 했다. 우리가 제시한 주제 자체가 그냥 완전히 새롭고 남달랐기 때문이었다. 우리는 다른 연구팀이 그 실험을 할 수 있도록 도우면서 이 불신을 극복하려고 했다. 마침내 독일 뮌스터에 있는 한 연구팀이 우리의 결과를 증명했고, 실제 우리의 방법이 엄청난 효과가 있다는 걸 보여주었다. 이 증명은 2010년에 나왔다. 우리가 분류 방법을 발견한 지 11년이 지난 후였다. 처음으로 나는 우리 연구의 의미를 제대로 이해했다. 대체로 나는 심하게 자기비판적이었다. 밤에 잠을 거의 자지 못했다. 무언가 틀릴까 봐 늘 걱정했기 때문이다. 유럽 연구위원회는 우리의 연구를 확대하라며 많은 지원금을 주었다. 그 후에 우리가 무언가 엄청난 발견을 했다는 게 확실해졌다.

## 이야기를 들어 보니 당신은 자신감이 상당히 없는 사람처럼 보인다. 어릴 때도 그랬나?

나는 이스라엘로 오래전에 이주한 집안에서 자랐다. 조부모님이 이스라엘로 이주했고, 부모님은 이스라엘에서 태어났다. 초등학교 1학년에 들어갔을 때 마치 이방인처럼 느껴졌다. 나 혼자만 히브리어를 할 줄 알았기 때문이다. 다른 학생들은 모두 외국에서 왔다. 우리 가족이 전 세계 곳곳으로 이사를 다녀야 했을 때, 나는 외국인이었다. 그 과정에서 나는 자신감 넘치는 겉모습을 만드는 법을 배웠다. 나의 내면에는 자신감이 없었던 것이다. 열한 살 때 더는 울지 않기로 결심했다. 눈물은 약자의 표시라고 생각했고, 약한 사람으로 보이고 싶지 않았기 때문이다. 그래서 더는 울지 않았다. 당연히 모든 일에는 대가가 있다.

자신의 약함을 보여 주지 않으면, 다른 사람들은 자주 그 사람을 느끼지 못하게 되고, 그 사람은 고립된다. 한편으로 나는 사물은 복잡하고, 어릴 때 그 복잡함을 이해해야 한다고 생각하면서 혼자 있는 법을 배웠다. 혼자 있기는 과학에서 매우 중요하다. 왜냐하면 과학자들은 자신의 생각과 일, 특히 자신의 새로운 발견과 홀로 있기 때문이다. 과학자는 혼자 '차가운 곳'에 머무는 것을 견딜 수 있어야 한다. 이것은 과학자에게 대단히 필요하고 중요한 자세다.

## 당신은 틀림없이 열심히 일했을 것이다. 당신의 워라밸은 어땠나?

나는 아이가 넷이다. 두 번째 아내는 세 아이를 데려왔다. 우리에게는 열두 명의 손주가 있다. 그러므로 가족과의 생활은 나에게 엄청나게 중요하다. 아이들은 이제 성인이 되었지만 나는 늘 아이들을 위해 있으려고 한다. 예전에 그렇게 하기 위해서 나는 거의 하루 종일 깨어 있어야만 했다. 아침마다 아이들을 깨웠고, 아침을 챙기고 학교에 보낸 후 출근했다. 저녁 6시에는 집으로 돌아와 아이들과 함께 저녁을 먹고, 아이들을 침대로 보낸 후 다시 실험실로 갔다. 실험실에서는 밤새 일했고, 아침에 다시 집으로 가곤 했다. 이렇게 살려면 대단히 많은 에너지와 정말 훌륭한 시간 관리가 필요하다.

## 당신 연구실에는 얼마나 많은 여성이 일하는가?

나는 늘 여성을 우리 팀 연구원으로 뽑았다. 진짜 문제는 연구자가 책임져야 하는 과제의 숫자다. 이 과제의 양이 연구자들에게 가족을 위한 많은 시간을 허락하지 않는다. 가족과 시간을 보내기 위해서는 하루에 20시간은 깨어 있어야 할 것이다. 나는 성공한 여성을 슈퍼우먼이라고 부른다. 보통 사람들은 그들의 작업량을 채울 수 없기 때문이다. 그렇지만 우리 모두 더 많은 여성이 과학계에서 일하기를 원하므로 이 상황을 바꾸어야 한다. 한 팀에 성별과 문화가 다양한 사람들이 모일 때, 새로운 사고방식이 생겨난다. 과학에는 이런 다양성이 반드시 필요하다.

## 세상에 전하는 당신의 메시지는 무엇인가?

우리는 지구 온난화라는 거대한 문제에 직면하고 있다. 기술의 도움으로 우리는 지구 온난화 상황에서도 살아갈 수 있을 것이다. 지구 온난화를 극복하는 데 필요한 기술은 이미 존재한다. 그러나 모두가 이 극복에 동참해야 한다. 사람들이 이해 못 하는 게 하나 있다. 만약 우리가 아프리카에 있는 사람들을 부유하게 만들면, 그곳에는 더 많은 일자리와 모두를 위한 더 나은 삶이 존재하게 될 것이다. 우리가 그들에게 호의를 베푸는 것이 아니라 우리 모두 거기에서 이익을 얻게 될 것이다. 다른 쪽은 패배하고 한쪽만 승리할 수 있다는 건 진실이 아니다. 우리 모두 함께 승리할 수 있다.

## 지금 당신은 행복한 사람인가?

무언가를 바꾸는 데 너무 늦은 건 없다. 그래서 나는 절대 포기하지 않는 법을 배웠다. 요즘 나는 훨씬 자신감이 커졌고, 우리는 다시 큰 파장을 일으킬 무언가를 개발할 것이다. 누군가 1억 달러를 준다고 해도 나는 내 삶을 전혀 바꾸지 않을 것이다!

> "젊은 과학자에게 영감을 주는 일,
> 그리고 아프리카의 변화를 촉진하는
> 일이 나의 과제라고 본다."

페이스 오지어 | 면역학

루프레히트-칼스 하이델베르크 대학교 의학과 청년교수, 세계면역학회(IUIS) 회장
케냐 킬리피에 있는 연구집단 KEMRI-웰컴 트러스트 연구 프로그램 대표
독일

**오지어 교수, 당신은 케냐에서 태어났고, 나이로비 대학교 의과대학에 진학했다. 의대 생활은 어땠나?**

나는 의학 공부를 상당히 어렵게 생각했다. 고등학교 때 나는 스타였지만, 대학에는 전국에서 가장 똑똑한 사람들이 모여들었다. 학기 말에 내 성적은 갑자기 중간이나 중간 아래에 있었다. 생존을 위한 전략을 개발해야 했다. 예를 들면 과거에 나온 논문들을 집중해서 읽는 것 등이었다.

**의학 공부를 마친 후 몸바사에서 임상 실습을 마쳤다.**

오빠가 몸바사에 있는 해변 근처에 살았다. 병원 근무를 마치면 해변을 산책할 수 있을 거라는 낭만적인 상상을 했다. 그러나 해변에는 강도들이 너무 많아 전혀 갈 수 없다는 걸 곧 알게 되었다. 몸바사에서의 실습도 힘들었다. 처음에 우리는 대학병원 병실을 의사들을 따라 돌았다. 그러다가 갑자기 책임을 가지고 진짜 환자를 돌봐야 하는 당직의사가 되었다. 그러던 중 몸바사 근처 도시

에서 일하는 영국 의사 두 명의 이야기를 들었다. 두 사람은 말라리아 전문 소아치료학을 전공했다. 이미 의대 시절에 소아치료학에 관심이 컸던 나는 그 두 사람을 방문했고, 그들은 일자리를 주었다.

## 그다음에 왜 연구 분야로 갔는가?

내 삶 전체를 병실에서 환자를 돌보며 보내고 싶지는 않았다. 밤에 당직 근무를 할 때, 나는 언제든지 죽을 수 있는 아이 다섯 명만 집중치료실에 받을 수 있었다. 아이의 시신을 집으로 가져가던 부모들의 눈빛을 영원히 잊을 수 없다. 그러면서 예방에 힘을 쏟아야겠다는 생각이 익어 갔다. 이 사람들이 병원에 와야 하는 일을 막을 수 있다면 좋겠다는 생각을 하게 된 것이다.

## 그러나 연구로 충분한 돈을 벌 수 있을지 의심하지는 않았나?

나는 아프리카 중하층 가족 출신이다. 형제는 여섯 명이고, 많은 친척들이 우리 부모님에게 의존했다. 부모님은 나를 의사로 만드는 데 최선을 다했다고 생각했다. 내가 의사로 일하는 대신 계속 공부하기를 원한다는 뜻을 전했을 때 부모님은 선뜻 받아들이기 어려웠을 것이다. 부모님에게 돈은 중요했다. 의사는 아주 많은 돈을 벌 수 있지만, 박사과정생은 반대로 돈을 벌지 못한다.

박사학위를 받은 후 나는 부모님에게 박사논문 한 권을 드렸다. 두 분은 말했다. "와, 대단하다." 그러나 나는 부모님이 마음속 깊이 실망했다는 걸 알고 있었다. '우리는 무언가 수확을 얻기 위해 모든 돈을 투자했는데, 지금 이 아이는 책 한 권을 주네'라고 생각했을 것이다. 그러나 결국 내가 교수가 되었을 때 부모님도 행복해 하셨다.

## 부모님에 대한 이야기를 해달라.

어머니는 유감스럽게도 이미 돌아가셨다. 어머니는 영어 교사였다. 나는 어머니에게 많은 빚을 지고 있다. 어머니는 유머가 넘쳤고, 따뜻한 마음을 가진 똑똑한 분이었다. 어머니는 나에게 진짜 여왕의 영어를 가르쳐 주었고, 책 사랑을 알려 주었다. 당시에 교사는 많은 돈을 벌지는 못했지만, 사회에서는 존경받는 직업이었다. 우리 형제들은 어머니가 자신이 가진 모든 것을 마을 사람들에게 나누어 주는 것에 늘 짜증을 냈다. 나는 고등학교 때까지 제대로 된 신발 한 켤레를 가진 적이 없었다. 어머니가 마을에 있는 다른 모든 아이들에게 신발을 사 주었기 때문이다!

아버지는 전기 엔지니어였고, 한 항공회사에서 일하다가 나중에는 케냐 전력공사에서 일했다. 전력공사에서 더 많은 돈을 받았고 회사가 제공하는 집도 얻었다. 아버지는 엄격한 교육을 중시했다. 아버지는 우리에게 열심히 일하도록 했고, 특히 위로 삼 남매를 많이 독려했다. 나는 둘째다. 어린 삼 남매는 상대적으로 좀 편안했다. 요즘은 웃으면서 이야기할 수 있지만, 당시 우리는 결코 행복하지 않았다.

부모님은 가난한 집안 출신이었다. 아버지는 신발과 먹을 것도 없이 학교에 다녔다. 진짜 힘들게 살았고, 생필품이 없어 고생했다고 한다. 그러나 두 분은 가난에서 벗어나 여섯 아이를 키우는 데 성공했다. 여섯 아이는 모두 대학을 졸업했고, 독립했으며, 전 세계에 흩어져 일하고 있다. 우리 가족은 여전히 끈끈하다. 우리는 아버지를 돌보고 해마다 아버지의 집에서 모임을 갖는다.

## 자신에게 동기를 부여하는 방법을 부모님에게 배웠나?

그렇다. 두 분의 에너지가 지금의 나를 이곳에 있게 했다. 미국에서 뇌신경외과 의사가 된 친구도 고등학교 때 나에게 큰 자극이 되었다. 다른 모든 학생은 아직 잠을 자는 새벽 3시에 그 친구는 우리를 깨웠고, 우리는 몇 시간을 방해받지 않은 채 함께 공부했었다. 그렇게 3시 기상은 습관이 되었다. 나는 여전히 저녁 9시에 잠자리에 들어 새벽 3시에 일어난다. 그 시간에 나는 가장 효율적으로 일한다. 내 머리는 고요하고 아무도 없기 때문이다. 일에 쫓기더라도 나는 대단히 규율 잡힌 생활을 여전히 할 수 있다.

**시험에 통과하기 전에 소아치료학 대학원 수업을 재수강해야 했다. 어떻게 그런 일이 생겼나?**

그렇다. 그 수업을 재수강했다. 실습에서 세 번 떨어지면 완전히 처음부터 다시 해야 했기 때문이다. 확신이 없었다. 나는 영국에서 공부하면서 케냐에서는 배우지 않았던 많은 주제를 다루게 되었다. 학생들은 이론을 열심히 암기해야 했지만 30% 정도만 시험에 합격했다. 실습은 더 큰 도전이었는데, 내 경우 환자를 대하는 영국 방식을 처음으로 배워야 했기 때문이다. 나와 함께 있는 아이들을 편안하게 해주는 법을 배워야 했다.

**그러나 결국 성공했다.**

그렇다. 해냈다는 걸 알게 되었을 때, 나는 스스로에게 말했다. '좋아, 이제 즉시 여기에서 나가자.' 당시에 나는 분명히 연구 활동을 계속하고 싶었다. 하지만 어쩔 수 없이 일자리를 잡아야 한다면 의사로 일하고 싶었다. 보조의사로 일하고 싶지는 않았다. 그래서 필요할 경우 전문의로 일할 수 있도록 케냐 소아과 의사협회에서 전문의 과정을 수료했다.

## 그다음에 바로 말라리아 연구에 뛰어들었나?

면역학을 공부하고 싶었다. 구체적으로 말라리아에 대항하는 면역계의 작용을 연구하고 싶었다. 그래서 리버풀 대학교에서 면역학 석사를 하기로 결정했다. 학비를 벌기 위해 응급실에서 시간제 의사로 일했다. 석사 과정을 마친 후에는 박사과정생을 위한 웰컴 트러스트의 장학금에 지원했다. 박사 과정 절반은 케냐에서, 절반은 런던에서 보냈다. 박사후 과정은 옥스퍼드, 멜버른, 케냐에서 마쳤다. 그다음에 하이델베르크 대학병원에 말라리아 연구실을 만들었고, 나를 도울 케냐 출신 박사과정생 두 명을 채용했다. 나의 연구실 기술자는 언어 장벽 해소를 위해 독일 출신이 왔다.

## 새 연구실을 만드는 일은 어땠나?

그 작업은 어렵지만 동시에 흥미진진한 일이었다. 처음으로 나의 실험실을 갖게 되었다. 케냐에서는 큰 실험실 하나를 함께 썼다. 그러나 나의 연구실을 만들면서 얻은 가장 중요한 교훈은 팀 작업의 가치를 알게 된 것이다. 모든 일을 직접 한다면 그 사람은 탈진할 것이다. 그러나 무엇을 해야 하는지 이해하는 좋은 팀이 있다면, 작업을 쉽게 해낼 수 있다.

## 말라리아는 아프리카에서 심각한 문제다.

그렇다. 아프리카에서는 해마다 약 2억 명이 말라리아에 감염되고, 그 가운데 약 50만 명이 목숨을 잃는다. 갓난아기와 어린아이들이 최악의 상황을 맞게 되고, 10대와 성인은 그렇게 크게 고통받지는 않는다. 그래서 우리는 말라리아에 대항해 아이들의 몸이 어떻게 반응하는지 찾으려고 노력한다. 1960년대에 말라리아에 저항력이 있는 사람들의 혈액 표본들을 모아 항체를 걸러낸 후, 이 항체들을 섞어서 말라리아 약으로 주입했었다. 이게 효과가 있었다. 우리는 아프리카인들에게 일부러 병원체를 주입해 이 실험을 재현했다. 미국 식품의약국 FDA가 이 과정을 허가했다. 항체가 많은 사람은 아프지 않았고, 이 결과는 내게 진정한 희망을 주었다! 우리 중에 이미 말라리아 치료제를 자기 몸 안에 가지고 있는 사람들이 있기 때문이다. 말하자면 대답이 바로 우리 앞에 놓여 있던 것이다.

## 이 실험은 당신의 연구에 어떤 의미가 있는가?

나는 인간의 저항력이 생기는 과정을 분자 차원에서 이해해야 한다. 그런 이해가 선행되어야 백신을 개발할 수 있다. 사람들을 말라리아에 감염시키는 일은 대단히 어려운 작업이다. 처음에 우리는 사람들에게 말라리아모기에게 물리는 게 어떤 것인지, 그리고 우리가 치료할 수 있는 기생충으로 당신들을 감염시킨다는 걸 설명해야 했다. 이런 설명에 2년을 보냈다. 사람들의 망설임을 극복하는 일이 쉽지 않았다. 그러나 지금 우리는 혈액 표본들을 충분히 가지고 있고, 이것은 대단한 일이다. 이 안에 마법의 공식이 들어 있음을 알기 때문이다! 말라리아 치료를 위한 합성물을 생산하기 위해 시험관 안에 무엇이 있는지 찾아내야 한다. 나는 내 고향 마을 사람들과 나와 같은 기회를 얻지 못한 다른 모든 사람들을 위해 말라리아 백신을 개발하고 싶다.

## 말라리아 백신 생산까지는 얼마나 남았나?

정확한 시기를 언급하는 것은 어렵지만, 5년 안에 백신을 갖게 될 거라고 추측한다. 어떤 단백질이 병원체에게 중요한지 우리는 이미 알고 있고, 이제 이 단백질과 결합하는 항체를 분리하려고 한다. 그런 다음에 우리는 몸에 있는 다른 세포, 예를 들어 백혈구에 이 병원체를 죽일 수 있는 능력을 주입할 수 있다. 나는 우리가 이 감염이라는 장애물을 이미 정복했다는 데 감격하고 있다. 지금은 이 약물을 주입받은 사람들도 항체를 많이 가진 사람들처럼 반응하는지를 시험하고 있다.

## 이런 과정은 분명히 엄격한 법 규정을 따르고 있을 것이다.

우리는 미국 FDA와 유럽 의약품청의 지침을 엄격하게 지켜야 한다. 동물실험에서 나온 결과를 제출한 후에 사람을 대상으로 한 임상시험을 시작할 수 있다. 처음에는 이 실험이 안전한지 확인하고, 정확한 복용량을 보기 위해 소수의 피험자만 대상으로 한다. 새로운 의약품이 허가를 받는 데는 몇 년이 걸린다. 만약 오류가 나오거나 심각한 부작용이 있으면 큰 문제가 된다. 그래서 마지막에 제대로 작동할 때까지 천천히 안전하게 가기 위해 연구자들은 이런 개별 실험 과정 모두를 점검해야 한다.

## 다른 연구자들도 말라리아 백신 연구를 하고 있나?

그렇다. 말라리아 백신 연구는 진짜 달리기 경주다. 선두에서 달리는 연구팀은 포자소체를 연구 중이다. 사람의 피를 흡입할 때 모기는 포자소체 형태의 말라리아 병원체를 사람 몸 안으로 주입한다. 이 포자소체가 사람의 혈액에 도달하는 것을 막아야 한다. 최근 아프리카에서 시험한 백신이 이 포자소체 단계에서 나오는 단백질에 기초하고 있다. 이 시험에서는 피험자 열 명 중 네 명에게 효과가 있었다. 이 정도 효과로는 충분하지 않다. 내년에는 다른 연구팀이 개별 항체가 포자소체를 공격하고 제거할 수 있는지를 시험할 예정이다. 나는 이미 그 효과를 보여 주었던 혈액 항체 추출에 많은 연구비를 쓰고 있다. 그 밖의 또 다른 연구팀들이 이런 접근법들을 좇고 있다. 잠정적으로 요약하자면, 지금까지 누구도 실제로 효과가 충분한 백신물질을 발견하지 못했다는 것이다. 여전히 우리 모두 달리기 시합 중이다. 말라리아 백신 개발에 성공한다면 많은 돈을 기대할 수 있다. 그러나 가난한 사람들이 말라리아 때문에 가장 큰 고통을 받고 있으므로 백신은 가격이 싸야 한다. 혹은 다른 사람이 대신 지불해야 할 것이다. 가장 중요한 건 먼저 제대로 효과가 있는 백신물질을 찾는 일이다.

**당신은 하이델베르크와 케냐에서 동시에 작업을 진행한다. 어떻게 진행되는가?**

두 곳의 협력은 좋은 조합이다. 문제가 있는 환자들과 해결책을 직접 몸 안에 지닌 생존자들의 결합이기 때문이다. 우리는 환자를 생존할 수 있게 한 요소를 찾고, 여기에서 백신물질을 개발하려고 계속해서 기술과 자원을 이용할 수 있다.

**당신은 인재 유출, 즉 아프리카에서 똑똑한 인재들의 이민을 막고 싶다는 말을 한 적이 있다.**

나는 독일에서 인재 순환이라는 새로운 개념을 하나 알게 되었는데, 이 개념이 썩 마음에 든다. 이 말은 인재들이 돌아다닌다는 걸 뜻한다. 과학은 국제적이다. 외국에서 보냈던 시간이 대단히 알찼기 때문에 나는 젊은 과학자들에게 한 곳에만 머물지 말라고 조언한다. 인간은 고향과 자신을 연결해 주는 탯줄을 머릿속에 간직할 수 있다.

**왜 당신의 남편은 영국에서 노동 허가를 받지 못했나?**

남편은 케냐인이고 케냐에서 건축현장 감독관으로 일했다. 영국은 다양한 서류를 요구했는데, 남편이 영국에서 일하기 위해서는 교육 과정을 다시 밟아야 했다. 나는 일할 수 있고, 남편은 그렇지 못한 상황은 결코 좋은 상황이 아니었다. 호주에서 온 제안을 수락하면서 나는 남편에게 말했다. "내가 아이를 데리고 호주로 갈 테니, 당신은 케냐로 가. 거기서 계속 일할 수 있고, 호주로 우리를 만나러 올 수 있잖아." 나는 남편까지 책임지고 싶지는 않았다. 18개월 된 아이와 함께 엄마 혼자 지내는 것은 대단히 힘든 일이었다. 나는 실험실에서 일하고 싶었다. 그러나 하루 종일 피곤했고 맑은 정신이 아니었다. 정신적으로 좋은 상황이 아니었다. 남편이 옆에 있었으면 좋았을 거라고 생각했다. 2년 뒤에 아이와 나는 남편이 있는 케냐로 돌아갔다.

## 그다음에 하이델베르크로 왔나?

그렇다. 하이델베르크에서 제안이 왔고, 남편은 그 제안을 받아들이라고 말했다. 그래서 하이델베르크로 이주했고, 이번에는 남편과 세 아이와 함께 왔다. 남편은 아이들을 돌보는 데 동의했다. 그렇게 해서, 엄마는 일하러 가고 아빠가 아이와 함께 있다. 의미 없는 일자리를 얻는 것보다 아이와 함께 있는 게 남편에게도 좋았다. 나는 출장을 엄청 많이 다닌다! 아이들은 아빠가 자신들의 주 양육자인 것을 이해한다.

## 남편의 자리가 부러운가?

아니다, 전혀 그렇지 않다. 가끔 남편은 한 달씩 케냐에 다녀오곤 한다. 그가 다시 돌아오면, 나는 생활을 완전히 다시 돌릴 준비를 한다. 내가 해야 할 일이 너무 많았기 때문이다.

## 과학계에서 당신은 편견과 싸워야 하지 않았을까?

사실 뭐, 그렇기는 하다. 첫째, 여성이고 둘째, 아프리카인이라면 다른 과학자들의 목록에서 가장 위에 있지는 않을 것이다. 나는 사람들이 나를 과소평가하고 보잘것없는 사람처럼 대한다고 생각한다. 그렇지만 여기에 저항하지 않고 그냥 내버려둔다. 결국 그들은 나를 자극할 수 없다는 걸 확인하게 된다. 중요한 것은 나의 연구이고 내가 그 연구에 얼마나 적합한가이다. 그렇지만 바깥세상은 남성들의 세계이고, 남성들이 그렇게 오랫동안 그 세계를 지배했다는 가슴 아픈 현실은 그대로다. 어떤 행사에 가면 그들은 나에게 인사도 하지 않는다. 나를 구석에 앉히고 무시한 채 그냥 자기들끼리 이야기를 계속한다. 외로움을 느꼈지만 극복해야 했다. 그 사람들 무리에 속하지 못 한다고 구석에 앉아 울고 싶지는 않았기 때문이다. 그사이에 나는 부정적인 사람들뿐만 아니라 긍정적인 사람들도 많이 있다는 걸 알게 되었다. 그들은 나를 지원하고 격려하면서 이렇게 말해 준다. "계속하세요. 우리는 당신을 자랑스럽게 생각합니다."

### 지금의 자리에 오기까지 어떤 가치관이 도움을 주었나?

나는 내가 하는 일을 믿고, 최선을 다한다. 나는 효소면역측정법ELISA이라고 부르는 단순한 실험 덕분에 과학계라는 사다리의 높은 곳까지 올라왔다. 핏속에서 항체를 찾고 측정하기 위해 말라리아 병원체의 단백질을 이 실험에 사용한다. 나는 이 실험에서 많은 것을 배웠고, 젊은이들에게 늘 말한다. "여러분은 여러분에게 필요한 것을 이미 손에 가지고 있어요. 모든 힘을 쏟아부으세요. 그러면 문이 열릴 겁니다."

### 세상에 전하는 메시지는 무엇인가?

나의 메시지는 이렇다. 질병을 근절하고 인간의 고통을 줄이기 위해 해답을 찾고 있는 과학자들을 계속 지원하라.

### 서양 세계는 아프리카를 어떻게 도울 수 있을까?

서양은 아프리카 과학자들을 위한 교육 기회를 제공할 수 있고, 아프리카인들이 자신들의 해답을 찾아가는 일을 가르칠 수 있다. 여전히 식민지 시대의 정신이 존재한다. '우리 주인을 존경하고 따르자.' 나는 아프리카인들이 스스로 개발한 독립적인 해법을 찾았으면 좋겠다.

### 당신 자신의 미래는 어떻게 보고 있는가?

나의 미래는 장밋빛으로 보인다. 나는 아프리카 과학의 대변인이라는 유일하고 독특한 지위에 있다. 젊은 과학자들에게 영감을 주어 아프리카의 변화를 촉진하는 데 역할이 있다고 본다. 내가 이 일에 기여할 수 있다면 나의 몫을 했다고 생각한다. 다음 세대가 다음 일을 더 잘할 거라는 것을 알고 있기 때문이다.

# "나에게 최고의 선생은 깊이 고민하는 질문을 가진 학생들이었다."

**헬무트 슈바르츠 | 화학**

베를린 공과대학교 화학과 은퇴교수
장기간 알렉산더 폰 훔볼트 재단 총재 역임
독일

**슈바르츠 교수, 당신은 화학 실험실 조수로 시작했지만 성인 교육 프로그램 (Zweiter Bildungsweg)을 통해 대학 공부를 시작했고, 박사학위를 받았다. 더 공부하기를 원한 이유는 무엇인가?**

호기심이 나를 이끌었다. 실험실 조수를 하면서 많은 실습을 배웠지만, 내가 할 수 있는 영역은 너무 제한되어 있었다. 질문을 할 기회도 거의 없었다. 그러나 화학은 변화를 추구하는 일을 의미한다. 나는 독립된 것을 찾았고, 무언가 새로운 것을 알고 싶었다. 형제들 중에 나만 유일하게 집을 떠나 있었다. 의도하지는 않지만 가족은 종종 홀로 서는 데 방해가 되기도 한다. 독립했던 나는 아무런 방해도 받지 않았다. 나의 유년기는 제2차 세계대전 직후였고, 부모님은 많은 일을 해야 해서 우리들을 위한 시간을 내기가 힘들었다. 아버지는 목회자가 되거나 그리스어, 혹은 프랑스어를 배우고 싶었지만 상인이 되었다. 일상을 벗어나고 싶은 작은 충동이 이미 내 안에 흐르고 있었다. 사람들은 각자의 행운을 직접 만들어 가야 하고, 스스로 그 행복을 손에 쥐어야 한다.

> "나는 내가 늘 아웃사이더였다는 걸 최근에 깨달았다. 생각해 보면 어린 시절에 이미 반항적이었다."

**가르침은 또한 안내이기도 하다. 당신은 학생들에게 무엇을 전해 주었나?**

대학 공부 막바지에 괴짜 같으면서도 학술적인 교수 한 명이 있었다. 그 선생님이 내게 말했다. "만약 당신이 내 밑에서 일한다면 자유로운 공간을 제공할 수 있어요. 그러나 그 공간은 당신이 채워야 합니다." 나는 이 선생님의 제안을 나의 학생들에게도 원칙으로 적용하려고 노력했다. 연구자는 또한 좋은 학문적 스승이 되어야 한다. 나는 자주 학생들에게 너무 까다로웠고 그래서 많은 박사과정생을 그만두게 했다. 학생들에게 지금 자신들이 하는 일에 완전히 헌신하라고 요구했기 때문이다. 선생으로서 나의 원칙은 기초 강의일지라도 책에 나와 있는 내용을 반복하는 것뿐만 아니라 내가 직접 보름 전에 처음 확실히 알게 된 것을 추가해 주는 것이었다. 지식의 지평은 대학초기에 벌써 정해진다고 한다. 나에게 최고의 선생은 깊이 고민하는 질문을 가진 학생들이었다. 나는 늘 가르치는 사람이자 배우는 사람이었다.

**자신에게 질문을 던지게 된 계기가 있었나?**

자기의심은 나의 일부다. 그리고 여기에 그저 감사할 따름이다. 1972년 박사논문을 마쳤을 때, 나는 화학회사들과 다른 기관들로부터 솔깃한 제안들을 받았다. 그러나 실패할 위험도 있었지만 대학에 머물고 싶었다. 처음에 우리가 낸 논문에 전혀 반응이 없었던 것처럼 이 결정이 올바른 것인지 가끔 의심이 들었지만 나를 불태울 수 있는 무언가가 필요했다. 나는 내가 늘 아웃사이더였다는 걸 최근에 깨달았다. 생각해 보면 어린 시절에 이미 반항적이었다. 커서도 주류의 일부가 된 적이 한 번도 없었다. 안전함은 나에게 중요하지 않았다. 죽은 물고기만이 조류에 따라 떠다닌다. 나는 기꺼이 조류를 거슬러 헤엄치고 싶다.

**당신은 68세대의 작은 혁명가였다. 그러나 지금은 스스로를 구식이라고 부른다.**

그렇다. 나는 이미 완전히 외계인 같다. 얼마 전까지 내 사무실에는 컴퓨터도 없었고, 휴대전화도 없었다. 연필, 종이, 대화 상대자 이외에 필요한 것이 없다. 그러나 나의 실험실은 '최첨단' 기술로 무장되어 있고, 화학계에서 가장 비싼 장비들이 들어와 있다. 나의 원칙은 연구자가 모든 것을 아주 세세하게 직접 수행할 필요는 없다는 것이다. 대신 박사과정생과 박사후연구원들을 야생에서 강하게 만들고, 그들에게 자유 공간을 제공하려고 노력해야 할 것이다. 동시에 나는 한 팀을 이끌면서 팀원들에게 이 팀의 멤버가 되는 게 얼마나 의미 있고 풍성한지를 보여 주려고 한다.

**당신은 박사과정생을 어떻게 뽑는가?**

처음 반년 동안은 등반을 도와주는 안내자처럼 박사과정생을 끌어 주어야 한다. 그런 다음 과도기를 거친 후, 1년쯤 지나면 박사과정생들이 나의 등산 안내자가 되어야 한다. 이렇게 되지 않으면 우리는 잘못된 파트너다. 독일의 상황에서 볼 때, 나는 40여 년 동안 상대적으로 적은 박사과정생을 지도했다. 약 50명의 박사과정생이 있었고, 박사후연구원이 40명쯤 되었다. 그러나 이 2년 동안 '생존'했던 사람은 거의 모두 보석이 된다. 선생으로서 나는 그들을 조금만 바꾸고, 용기를 주려고 노력한다. 왜냐하면 나 스스로 실험과 논문 때문에 신랄한 비판을 받아 보았기 때문이다. 젊은 시간강사 시절, 한 학술행사에서 새로운 연구 결과를 발표한 적이 있었다. 한 영향력 있는 교수가 일어나서 이 실험 결과는 완전히 엉터리라고 말했을 때, 나는 거의 정신이 나갔다. 많은 사람 앞에서 이런 말을 들을 때, 젊은 사람들은 우선 견뎌야 한다. 과학 분야에서 연구자가 되려면 단단한 기개가 필요하다.

**연구 결과를 논문으로 발표할 때 당신의 이름을 맨 앞에 두는가, 아니면 맨 끝에 올리나?**

아주 적은 논문에서만 가장 앞에 내 이름을 저자 목록에 올렸고, 보통은 가장 마지막에 적었다. 마지막 자리는 중요하다. 왜냐하면 논문의 주제와 그 논문을 연구한 전체 기관이 그 마지막 저자와 연결되기 때문이다. 내가 바로 그런 기관과 연구를 대표하고 책임지는 사람이었다. 이것은 다른 사람들의 기여를 줄이는 일이 아니다. 그리고 나는 언제나 저자명 작성 순서를 결정하는 일을 연구원들에게 맡겼다. 물론 부수적인 기여를 하고서도 언제나 첫 번째 자리를 차지하는 저명한 연구자들도 있다. 그러나 내게는 맨 마지막에 내 이름이 올라오는 게 너무 당연했다.

**점점 더 많은 대학이 거대 기업들과 협력한다. 당신은 왜 아직도 늘 기초 연구에 힘을 쏟는가?**

기업과의 협력은 중요하다. 그러나 그 협력이 결코 기초 연구를 축소하는 결과를 낳아서는 안 된다. 실용적 의미가 있는 모든 것은 기초 연구로 거슬러 올라갈 수 있다. 실용적 관점에서 볼 때 전혀 중요하지 않은 아인슈타인의 일반 상대성이론 없이는 GPS도 존재하지 않는다! 기초 연구는 공공재이고, 여기에서 사물을 숙고할 수 있는 자유 공간이 주어진다. 이 자유 공간에서는 특정한 문제를 해결할 수 있다거나 사회적으로 유용하다고 즉시 증명될 필요도 없다. 기초에서 나오는 끝없이 긴 지식의 사슬이 있다. 그러므로 이 자유 공간은 보호되고 유지되어야 한다.

## 한때 당신은 축구공 분자와 '사랑'에 빠졌다. 축구공 분자에 대해 쉬운 단어로 설명해 줄 수 있을까?

빠르게 달리는 자동차 두 대가 충돌하면, 두 대 모두 각자 날아가거나 완전히 파손된다. 이처럼 두 물체가 충돌할 때 원래 형태를 유지하는 것은 불가능하다. 그러나 축구공 분자라고도 불리는 버크민스터풀러렌Buckminsterfullerene은 작은 원자와 충돌할 때도 자신의 온전한 아름다움을 유지한다. 원자가 축구공 분자의 축구공 껍질을 관통하기 때문이다. 이 발견은 알려진 모든 실험과 완전히 모순되었다. 나는 이 분야에 거의 온전히 몰두했었다. 1990년대 초에 캐나다에서 방문교수가 우리 연구실로 왔다. 그 교수는 나에게 버크민스터풀러렌이 들어 있는 작은 병을 보여 주면서, 이걸로 함께 실험을 할 생각이 없느냐고 물었다. 나는 회의적이었다. 그런데 내 연구원들이 나도 모르게 실험을 했다. 어느 날 나는 내 책상 위에 기호가 적혀 있는 쪽지를 발견했다. 나 몰래 한 실험 결과를 제출한 것이었다. 그 쪽지를 보고 무언가 대단히 놀라운 일이 시작되었다는 걸 단번에 알아차렸다. 그 실험 결과는 일주일 내내 머릿속을 맴돌았고, 어느 날 밤에 유레카를 외쳤다. 나는 모든 것을 기록했고, 다음 날 아침 몇몇 실험을 계속 진행했다. 그다음에 모든 것이 분명해졌다. 우리에게 화약을 가져다주었던 그 캐나다 교수는 그때 미국에서 한 학술행사에 참석 중이었고, 우리는 그에게 결과를 팩스로 보내 주었다. 강연이 끝난 후 캐나다 교수는 내게 메시지를 보냈다. 그 실험 결과를 설명하는 동안 두 명의 참석자가 강연장을 떠났다는 것이다. 나는 바로 알아차렸다. 이 두 사람은 실험을 재현해 그 결과를 빠르게 논문으로 발표하려는 의도를 가지고 있었다. 하루 만에 나는 논문 초안을 작성했고, 학술지 〈앙게반테 케미Angewandte Chemie〉에 보냈다. 3주 후 논문이 나왔고, 그 후 보름 뒤 다른 학술지에 그 두 사람의 논문이 실렸다. 과학계에서 누가 1등을 하느냐를 둘러싼 경쟁이 얼마나 치열한지 다시 한 번 확인할 수 있었다.

**당신은 과학계의 정치에도 관여했고, 10년 동안 훔볼트 재단 총재를 지냈다. 당신에게 정치적 역할이 그렇게 중요했나?**

훔볼트 재단 총재는 명예직이므로, 나는 계속 선생이자 연구자로 일할 수 있었다. 이에 더해 활용하고 싶었던 정치적 요소도 있었다. 과학자로서의 명성을 재단을 위해 사용할 수 있었기 때문이다. 나는 훔볼트 재단을 연방 의원들의 의식 속에 각인시키고 싶었다. 그렇게 지속적이고 충분한 후원을 얻고, 프로젝트가 아닌 사람을 후원한다는 재단의 원칙을 어떤 규정처럼 변함없이 유지하고 싶었다.

**과학자로서의 삶과 함께 당신은 오페라도 사랑한다. 왜 하필 오페라인가?**

오페라는 나를 매혹시킨다. 종합예술이기 때문이다. 텍스트, 삶, 음악, 그리고 무대적 표현의 혼합은 오직 오페라에만 존재한다. 나는 교수의 강의법이 매우 중요하다고 생각한다. 그래서 내 강의 스타일을 위해 오페라를 참조하는 것을 부끄러워하지 않았다. 클라우디오 아바도Claudio Abbado의 지휘에서, 혹은 카를로스 클라이버Carlos Kleiber가 손가락 하나를 까딱하면서 뜨거운 분위기를 만드는 것에서 많은 영감을 받았다. 나는 베르톨트 브레히트Bertolt Brecht나 파울 첼란Paul Celan의 시도 즐겨 읽고, 괴테의 시나 토마스 만의 작품들도 꺼리지 않는다.

> "과학계에서 누가 1등을 하느냐를 둘러싼 경쟁이 얼마나 치열한지 다시 한 번 확인할 수 있었다."

## 지금 당신의 모습을 만든 것은 무엇이었나?

내가 호기심을 가졌던 나의 환경과 사람들이 나를 만들었다. 다른 사람들에게 마음을 열고 나중에 그들에게 무언가를 돌려준다면, 얼마나 많은 것을 배울 수 있는지 깨달았다. 나의 원칙은 낙관주의, 자기비판, 정직함과 존중이다.


## 왜 젊은이들이 과학을 전공해야 할까?

과학은 진짜 새로운 것을 구성할 수 있는 작은 가능성을 제공한다. 나에게 가장 중요한 동기는 언제나 호기심이었다. 과학자는 자신이 이해하지 못하는 일에 흥미가 있어야 한다. 좌절과 함께 살아갈 준비가 되어야 하고, 우연이란 요소가 중요한 역할로 등장한다는 것을 알아야 한다. 또한 너무 일찍 포기하지 않기 위해서 자신이 정한 주제에 적당히 미쳐 있어야 한다. 그 밖에도 부담을 견디는 능력과 어느 정도 타고난 재능과 영리함도 손해는 아니다. 또 어떤 유행에 종속되지 말라고 조언하고 싶다. '내가 거기에 흥미가 있는가?'가 늘 가장 중요한 질문이 되어야 한다. 훔볼트 재단을 비롯한 연구기관들과 후원기관들의 모임에서 배운 게 또 하나 있다. 상어들이 노는 곳에서는 약간의 처세술도 그리 나쁘지 않다.


## 당신은 문제를 침실까지 가져간다고 들었다. 정말 잠을 자기는 하는가?

수십 년간 다섯 시간 정도 자면서 지내 왔다. 주로 11시에서 12시 사이에 잠자리에 들고, 대부분 4~5시에 일어났다. 실제로 나는 문제를 침대까지 가져간다. 꼬박 3년 동안 한 문제에 매달린 적이 있었다. 그 주제를 글로 적으려고 여러 번 시도했지만 늘 아직 무언가 적절하지 않았다. 그런 상황에서 한 콘서트에 갔다. 음악가들은 거만하게 앉아 지루한 연주를 이어 갔고, 나도 언젠가부터 지루함을 느꼈다. 그러나 완전히 편안한 상태였다. 그때 갑자기 2년 넘게 매달리고 있던 문제의 해답이 떠올랐다. 휴식시간에 나는 콘서트장을 빠져 나와 집으로 가서 즉시 모든 것을 기록했다.

## 당신의 꿈은 얼마나 많이 채워졌나?

내가 이런 일들을 이룰 수 있을 거라고는 꿈도 꾸지 못했다. 나는 어떤 것도 가지고 태어나지 않았다. 지금 이보다 더 좋을 수는 없을 것이다. 홈볼트 재단에서의 일은 이런 행복의 절정을 보여 주었다. 그곳에서는 과학과 과학 지원이 이상적으로 결합되었다. 그리고 선생으로서 재능 있는 많은 학생들과 함께했다는 데 그저 감사할 따름이다. 그 학생들은 나의 한계를 끊임없이 분명하게 보여 주었다. 가끔 나는 대학의 이상에 가까운 학술 환경을 희망했었다. 대학의 지성적 분위기는 많이 사라졌다. 그러나 다른 곳으로 가지 않고 여기 머문 것은 내 결정이었다.

## 왜 당신은 베를린을 떠나지 않았나? 과감함이 부족했었나?

다양한 이유에서 생긴 복잡한 상황, 갈등이 있었다. 1981년 젊은 강사 시절에 취리히 연방 공과대학교에서 강연을 한 번 했었다. 그 자리에는 나에게 놀라움을 주던 많은 학자들이 있었다. 여기에 내 자리가 있다면, 나는 맨발로 다니겠다는 말을 농담 삼아 했었다. 12년 뒤에 취리히에서 제안이 왔다. 제안 내용은 이랬다. "이제 오십시오! 당신은 맨발로 올 필요가 없습니다. 그 반대입니다." 1992-93년 겨울학기에 학기에 베를린 학술원이 막 설립되었고, 거기서 내가 역할을 해야 하는 게 분명해졌다. 또 1990년 독일연구협회DFG는 나에게 라이프니츠상을 수여했는데, 그 상에는 조건이 하나 있었다. 큰 액수의 연구지원금이 함께 오는데, 그 돈을 5년 안에 다 써야 한다. 그렇지 않으면 그 돈은 사라진다. 독일연구협회는 만약 내가 베를린에 머물게 되면 5년 제한 규정을 예외로 해주겠다고 제안했다. 나에게 거는 엄청난 기대 때문에 겁이 날 정도였다.

**당신은 겸손하지만, 다른 한편으로 자긍심과 우월감도 있을 것이다. 그런 자긍심을 확실하게 느꼈던 적이 있었나?**

한 번은 하이델베르크에서 한 젊은 여성이 찾아와서 내 밑에서 박사논문을 끝내고 싶다고 말했다. 2년 전에 하이델베르크에서 강연을 한 번 했었는데, 여학생은 그 강연을 듣고 만약 자신이 박사 과정에 들어가면 슈바르츠 교수 밑에서 그 과정을 밟을 거라고 다짐했다고 한다. 이런 찬사를 받는 건 자아를 위해 좋은 일이다. 이런 말을 들으면 기분이 좋다.

> "과학 분야에서 연구자가 되려면 단단한 기개가 필요하다."

**화학은 긍정적 분야로도, 부정적 분야로도 분류될 수 있는 양가적 평가를 받는 분야다. 미래에 대한 당신의 책임이 어디에 있다고 보는가?**

앞으로 20년 동안 세계의 핵심 문제들은 화학의 참여 없이 해결될 수 없을 것이다. 화학은 물질의 변화를 다루고 인간들은 대개 변화를 두려워한다. 이런 점이 화학의 이해를 어렵게 만든다. 화학이 다른 과학 영역과 협력해 진짜 도움을 줄 수 있다는 것을 이해시킨다면, 그 자체가 거대한 진보라고 할 수 있을 것이다.

**세상에 던지는 당신의 메시지는?**

새로운 것에 담긴 의미를 더 많이 신뢰하기. 인간이 하는 일에 더 많은 신뢰 보내기. 낯선 것과 미지의 것에 마음 열기.

**당신에게 악몽이란?**

망각이다. 치매에 걸리는 것이다. 기억은 내가 가장 감사하게 생각하는 부분이다. 자신이 누군지, 어떻게 자신이 되었고, 무엇을 했는지를 잊어버리는 일은 개인적인 재앙일 것이다.

**살면서 당신 스스로에 대해 배운 것이 있는가?**

나는 가끔 너무 오만했었고, 너무 참을성이 없었으며, 다른 사람에게 너무 많은 걸 요구했었다. 성장하면서 나는 더 작아졌고, 그 일은 내게 좋은 일이었다.

# "다른 많은 사람과 같은 것을 해서는 과학에서 앞서가지 못한다."

베른하르트 슐코프 | 컴퓨터공학 및 인공지능
튀빙겐 막스 플랑크 지능형 시스템 연구소 소장
취리히 연방 공과대학교 귀납법 교수
독일

**슐코프 교수, 당신은 물리학과 수학, 그리고 철학을 공부했다. 왜 자연과학 분야를 공부하면서 철학을 추가했나?**

나는 물리학으로 공부를 시작했다. 많은 과학자들처럼 세계를 하나로 결속하고 있는 게 무엇인지 이해하고 싶었기 때문이다. 그러나 물리학을 공부하면서 얼마나 많은 것이 아직 이해되지 않았는지 깨달았다. 특히 양자역학에서 측정 과정에 주체가 개입하는 문제는 여전히 열려 있다는 것도 알게 되었다. 그러면서 나는 세계 안에 있는, 인지 가능한 구조들을 탐색하는 일도 이론물리학의 근본 문제들만큼 흥미롭다고 생각하게 되었다. 그렇게 철학에 도달했다. 기계 학습 이론은 우리가 세계 안에서 확실하게 구조를 발견하는 방법을 연구하는 철학의 한 분야를 정식화한 것이다. 어떤 면에서 우리는 스스로 가능하다고 여기는 구조만, 이런 의미에서 우리 안에 이미 들어 있는 구조만 발견할 수 있다. 여기에서 자신의 구조를 파악하고 이해하는 일이 이미 엄청나게 힘든 일이다. 나는 사람들의 얼굴을 구별하는 것도 힘들다. 그래서 아이였을 때 사람들은 나보고 약간 멍청한 아이라고 말하곤 했다.

## 아이였을 때 혼자 있는 걸 좋아하지 않았나?

아주 어릴 때부터 이미 천문학과 다른 과학 주제에 관심이 많았다. 특별히 지적인 환경에서 성장하지는 않았다. 부모님의 친구 몇 분이 나를 '교수님'이라고 불렀던 일이 기억난다. 그러나 내가 특별한 방향으로 발전해야 한다는 지적이나 압력은 없었다. 물론 건축업을 하던 아버지는 나를 포함한 우리 형제 중 한 명이 언젠가 회사를 물려받기를 기대했었다. 하지만 우리 삼 남매 중 아무도 그렇게 하지 않았다.

## 당신은 케임브리지와 미국에서 일했다. 왜 다시 독일로 돌아왔는가?

나는 튀빙겐에 있는 막스 플랑크 연구소 소장이 될 기회를 얻었다. 나는 아직 젊었고, 심사위원회에서 한 심사위원이 진정 이 자리를 원하는지, 혹은 너무 이른 건 아닌지 물었다. 그때 그 위원에게 되물었다. "심사위원님은 5년 후에도 이 연구소 소장직을 나에게 다시 제안할 거라고 약속할 수 있나요?" 그 위원은 말했다. "유감스럽지만 그런 약속은 할 수 없습니다." 그래서 나는 막스 플랑크 연구소 소장직을 수락했고, 그렇게 우연히, 과학자로서는 다소 전형적이지 않은 방식으로 빠르게 고향에 다시 정착했다.

## 당신은 아주 일찍부터 '인공지능'이란 주제에 관여했다.

1960년대 과학자들이 처음 인공지능을 연구했을 때, 거대한 낙관주의가 그들을 지배했었다. 그러나 그런 거대한 약속들은 지킬 수 없다는 게 곧 밝혀졌다. 컴퓨터과학은 실제 인공지능을 통해 하나의 학문으로 태어났지만, 많은 컴퓨터공학자들은 인공지능이란 개념과 관련 맺고 싶어 하지 않았다. 상당히 역설적인 현상이었다. 나 또한 전공인 기계학습 분야에서는 인공지능이란 개념을 그 의미대로 사용하지는 않았다. 기계학습은 패턴 인식과 훨씬 더 많은 관계가 있는 반면, 당시에도 인공지능 분야 연구자들은 지능을 시스템 안에 분명하게 프로그램화할 수 있다고 여전히 생각했다. 그러나 세상에 존재하는 생물 지능 시스템에서, 즉 인간과 동물에게 지능을 프로그램화하는 일은 불가능하다. 오히려 나는 학습이 중요한 기능을 한다고 생각한다.

"과학은 과학소설에 영향을 준다. 과학소설 또한 과학이 만들 미래를 앞서 보여 주면서 과학자들에게 영향을 미친다."

### 기계학습에서 핵심 훈련은 무엇인가?

우리 연구자들이 기계학습 시스템에 알고리즘을 미리 주지만, 학습된 시스템에 들어 있는 정보 대부분은 오히려 관찰 데이터에서 나오며, 알고리즘에서 얻은 정보는 보잘것없다. 비록 우리가 기계학습 시스템에 중요한 구조를 미리 제공하지만, 더 중요한 것은 어떻게 학습이 일어나느냐이다. 즉 중요한 것은 학습을 통한 패턴의 인식이다. 그리고 이런 패턴 인식에서는 기계학습이 많은 사례에서 인간보다 더 낫다는 걸 이미 보여 주었다. 한편 알고리즘에는 결과에 영향을 미치는 인간적 편견과 오판도 첨가되어 있다. 이런 편견과 오판은 기계학습에서도 문제가 된다. 기계학습이 인간의 능력을 모두 넘어서는 것은 아니다. 우리는 학습이 생명체 안에서는 어떻게 작동하는지 여전히 모른다. 그리고 지식을 타인에게 전달하는 과제에서는 여전히 인간이 지금의 학습 기계보다는 월등히 뛰어나다.

### 그사이에 아주 많은 데이터가 쌓여서 우리 인간은 점점 더 쉽게 조종당할 수 있다는 주장에 대해 어떻게 생각하는가?

정보 처리의 자동화 때문에 그럴 가능성은 더 커졌다. 그리고 새로운 방법들이 개발되면서 기계는 더 똑똑해지고, 그 때문에 더욱 정교하게 개인에게 개입할 수 있다. 사실 이런 발전은 이미 20세기 중반에 시작되었고, 과학소설 작가 아이작 아시모프Isaac Asimov가 그 모습을 이미 소설로 앞서 보여 주었다. 그리고 지금 우리는 아시모프의 예언이 실제 현실이 된 것을 경험하고 있다. 과학은 과학소설에 영향을 준다. 과학소설 또한 과학이 만들 미래를 앞서 보여 주면서 과학자들에게 영향을 미친다. 어릴 때부터 나도 과학소설을 즐겨 읽었다. 부정적인 일을 예언하기가 가끔 더 쉽다. 그러나 나는 기본적으로 낙관적인 사람이다. 산업혁명도 당시 사람들에게는 틀림없이 충격이었다. 그러나 오늘날 소수의 사람만이 산업혁명 이전으로 돌아가고 싶을 것이다. 50년 후에 많은 질병이 인공지능을 이용해 더 잘 치료될 수 있다면, 우리 아이들의 아이들은 우리가 암을 치료했던 방법을 케케묵은 방식이라고 말할 것이다. 그러기를 나는 희망한다.

**미래에는 단순 작업과 관련된 많은 일자리가 사라질 것이고, 그 결과 대량 실업이 일어날 가능성이 높다. 그렇게 되면 사회적 저항이 일어날 수도 있지 않을까?**

그런 위험은 존재한다. 모든 기술은 경제적 이익으로 귀결되기 때문이다. 이미 제1차 산업혁명 때 사람들은 방직기계를 파괴하면서 저항했었다. 직업을 잃을까 봐 두려웠기 때문이다. 역사 속 모든 거대한 변화 단계에서 승자와 패자는 늘 있었다. 동시에 다른 나라로 향하는 거대한 이민의 물결이 있었다. 다른 한편으로 자동차의 발명을 생각해 보자. 자동차가 인간의 삶에 미치는 그 엄청난 영향을 우리는 놀랍도록 쉽게 받아들였다. 과학자로서 나는 무슨 일이 생길지 예언하지 못한다. 다만 내 역할을 다하려고 노력할 뿐이다.

## 당신은 어떤 책임감을 느끼는가?

기계학습과 인공지능은 무기 체계에도 도입될 수 있다. 이 시스템의 기술적 능력이 실제 전쟁 방식에 얼마나 영향을 미칠지 누구도 예측하지 못한다. 인공지능이 전쟁 방식을 더 안전하게 만들지, 아니면 반대로 더 위험하게 만들지, 또는 전쟁이 일어날 가능성을 줄여 줄지 나는 모른다. 그러나 나는 인공지능과 기계학습이 전쟁에 도입되는 상황을 걱정한다. 이것이 위험한 발전이라는 것을 모두 의식해야 한다. 대부분의 사람은 다른 생명을 위험에 빠뜨리고 해쳐서는 안 되는 책임이 있다. 자율 무기 체계에서는 사람을 죽일 때 도덕적 망설임이 더욱 줄어들 것으로 생각할 수 있을 것이다.

## 로봇도 자제력을 잃을 수 있나?

지금은 그렇지 않다. 그러나 결국 인간도 대단히 복잡한 기계다. 로봇도 언젠가 자제력을 잃고 행동할 수 있을 것이다. 사람의 모든 행동은 어떤 생물적 기능이 있다. 자제력의 상실도 그렇다. 갈등 상황에서 자신의 아이를 지키기 위해서는 자제력을 잃는 일이 필요할 것이다. 만약 인공지능이 계속 발전해 의심스러운 상황에서 아이를 방어해야 한다면, 인공지능도 이 상황에서는 자제력을 잃을 수 있을 것이다. 그러나 인간적인 것을 복사하는 인공지능을 만드는 게 목표가 되어서는 안 된다. 많은 사람이 인간보다 지능이 더 뛰어난 시스템이 등장하게 될 거라고 믿는다. 이 시스템은 다시 더 지능이 뛰어난 시스템을 만들고, 결국 그런 과정이 반복되어 초지성이 나타나면서 인간의 역할은 끝날 것으로 생각한다. 이런 생각은 마치 손보다 작은 시스템이 아무 문제없이 더 작은 시스템 만들기를 반복해 언젠가 우리가 원하는 작은 크기의 시스템에 도달할 것이라 상상하는 것과 같다.

**우리의 사회적 지성을 실제로 로봇에서 재현하는 게 어디까지 가능할까?**

로봇에게 사회적 지성을 구현하려면 지능이 더 뛰어난 컴퓨터가 필요할 것이다. 이 컴퓨터는 입출력 사례를 통해 학습할 뿐 아니라 문화적 학습도 할 수 있어야 하기 때문이다. 인간은 다른 사람을 관찰하면서도 배우며, 관찰학습 때 사용하는 대단히 복잡한 문화적 신호들이 있다. 이런 문화적 학습은 인간에게 대단히 중요한 일이다. 지금 이 시점에서 우리가 이 문화적 학습법을 컴퓨터에 어떻게 이식할 수 있는지 아직은 아는 게 전혀 없다.

**구글의 최고경영자 순다르 피차이(Sundar Pichai)는 인공지능이 불의 발견이나 전기화보다 인간의 본질을 더 크게 변화시킬 것이라고 말했다.**

정보 처리가 에너지 작업보다 우리를 인간으로 만들어 주는 과정과 훨씬 밀접하다. 인간이 세계를 이토록 엄청나게 바꾼 이유는 특별한 정보 처리 능력 때문이다. 우리가 다른 동물보다 더 강하거나 빠르기 때문이 아니다. 그러므로 정보 처리 영역에서 일어날 기계와의 경쟁은 인간의 자기 이해에 아마도 과거의 산업혁명보다 더 큰 영향을 미칠 것이다. 그 영향력을 예측하는 일은 위험할 수 있다. 오늘날의 지식으로 불의 발견이나 농업의 시작이 인류의 발전에 더 본질적이었다고 말하긴 어렵다.

**2017년에 전 세계 모든 인공지능 투자 가운데 48%가 중국에 있는 스타트업 기업에 집중되었다. 2016년에는 11%뿐이었다. 이런 변화를 어떻게 보는가?**

미국에서는 산업계가 많은 투자를 한다. 왜냐하면 회사들은 데이터에 근거한 사업 모델을 만들고, 인공지능은 지금 데이터 처리를 자동화하고 고급화하는 방법론을 제공하기 때문이다. 중국에서는 산업계와 정부 사이의 구분이 분명하지 않다. 그래서 중국의 많은 투자는 이 기술 분야에서 주도권을 발전시키려는 정부의 전략이기도 하다. 물론 분명한 경제적 관심도 있다. 중국도 서양과 마찬가지로 자기 나름의 자본주의적 성격이 있기 때문이다. 그러나 정보 처리가 인간들을 통제하는 데 이용될 수 있다는 걱정은 정당하다. 얼굴 인식이 이미 지금 정확히 그런 모습을 보여 준다. 조만간 미래에는 신분을 밝힐 때 얼굴을 보여 주는 것만으로 충분할 것이다.

**유럽, 특히 독일은 지금 이 과학 경쟁에서 점점 더 뒤처지고 있지 않나?**

나도 이 상황을 걱정한다. 독일은 비록 상대적으로 일찍 인공지능 발전에 참여했지만, 현대적 인공지능에서는 미국과 영국이 더 많은 일을 했고, 그사이에 중국도 더 앞으로 나갔다. 막스 플랑크 연구소에서 나는 기계학습을 연구했던 첫 번째 과학자였고, 당시에 나는 생물학 연구소에 임용되었다. 나중에 이곳에 새로운 인공지능 및 기계학습 관련 연구소가 생겼고, 지금은 현대 인공지능 분야에서는 독일에서 아마도 가장 첫 번째로 손꼽힐 것이다. 그러나 젊은 과학자들은 오늘날 인터넷을 통해 쉽게 국제적 상황을 점검할 수 있고, 박사과정생들은 편지가 도달하는 곳이면 어디든 간다. 그렇게 많은 박사과정생이 미국으로 간다.

**또한 당신은 산업 분야에서 일하는 것도 꺼리지 않았다. 어떻게 아마존에서도 일하게 되었나?**

AT&T 벨 연구소에서 일할 때, 내 박사논문의 중요한 일부가 나왔다. 나중에 나는 마이크로소프트 연구소에도 있었다. 많은 전문 연구들이 기업 연구소에서 진행된다. 기업 연구소에서는 많은 최고의 과학자들이 함께 일하고, 서로의 의견을 밀도 있게 나눈다. 만약 독일이 지금 이 자리에서 경쟁력을 유지하고 싶다면, 막스 플랑크 연구소와 대학교뿐만 아니라 더 많은 것이 필요하다. 아마존이 그런 공간을 가장 먼저 실현해 주었다. 나는 진정 새로운 지식을 얻기 위해 최고의 과학자들과 협력하려고 한다.

**당신 연구의 발전 과정을 설명해 줄 수 있을까?**

내가 이 분야에 입문했을 때는 인공신경망이 큰 유행이었다. 그러나 인공신경망은 많은 시험을 통해서만 작동했다. 이후 나는 블라디미르 바프닉Vladimir Vapnik을 통해 통계적 학습 이론을 알게 되었다. 당시에는 선형적이지 않은 시스템들이 막 개발되기 시작했다. 비선형성은 복잡한 데이터를 다룰 때 중요한데, 세계의 법칙들은 선형적이지 않기 때문이다. 데이터를 수학적으로 전처리해 비선형적 사례들을 선형적으로 되돌려 놓을 수 있는데, 이 작업에서 기계학습 시스템들이 특별히 잘 훈련되고, 잘 분석할 수 있다. 이 수학적 전처리와 함께 핵심 방법론의 새로운 분야가 등장했다. 즉 확률 이론과 연결된 확률론적 방법이 통계적 학습 이론과 나란히 발전했다. 최근에는 거대한 데이터양 때문에 인공신경망도 다시 관심을 끌고 있고, 상당히 좋은 결과를 가져오고 있다. 지난 10년 동안 내가 특별히 몰두했던 인과성은 고전 인공지능에서 나왔다. 나는 지금 통계적 법칙들을 생성하지만, 더 근본적이고 더 유연하며 더 뛰어나게 새로운 상황에 응용될 수 있는 인과적 구조를 찾고 있다. 그 밖에도 통계적 구조뿐 아니라 인과적 구조도 학습하는 기계적 과정을 개발하려고 노력한다.

**당신 자신을 스스로 어떻게 묘사하겠는가?**

사색하는 사람이고, 내성적이며, 약간 특이한 사람이다. 어떤 면에서는 독창적이기를 희망한다. 다른 많은 사람들과 같은 것을 해서는 과학에서 앞서가지 못한다. 나는 무리 속에 몸을 숨기려는 사람이지만, 긴 머리를 하고 그 안에 있다.

그들이 더 이상 특별히 독창적이지 않더라도 나는 이제 공룡에 더 가까워졌을 것이다. 우리 아이들도 아빠는 왜 머리를 자르지 않느냐고 묻는다.

> "이런 문화적 학습은 인간에게 대단히 중요한 일이다. 지금 이 시점에서 우리가 이 문화적 학습법을 컴퓨터에 어떻게 이식할 수 있는지 아직은 아는 게 전혀 없다."

**당신은 예전에 피아노를 연주했었다. 당신 삶에서 피아노는 여전히 의미가 있는가?**

집에 아직 피아노가 있지만 그 수준을 유지하는 일은 어렵다. 아이들도 지금 피아노를 배우는데, 그렇게 우리는 서로에게 자극을 준다. 나는 합창단 활동도 하는데, 모든 사람이 노래를 해야 한다고 생각한다. 음악이 생성되는 과정에 참여하게 되면 음악을 완전히 다르게 경험하게 된다. 한 번은 함께 어떤 노래를 하면서 기대하지 않았던 완전히 다른 조화로운 공간에 들어가는 경험을 하기도 했다. 나는 그때의 감정을 첫아이가 태어날 때 다시 경험했었다. 이처럼 음악은 대부분의 시간에는 닫혀 있는 문을 열 수 있다.

**당신 삶에서도 언젠가 골짜기가 있었나?**

꽤 오랫동안 건강 문제를 겪었고, 가끔씩 개인적인 골짜기도 있었다. 한 과학자와 함께 머무는 것은 쉬운 일이 아니다. 특히 그 과학자가 가끔 무언가에 정신이 나가 있을 때는 더욱 그렇다. 나는 내가 많은 것을 인지하지 못한다고 생각하며, 무엇이 중요한지를 감지하는 감각이 있음에도 직업생활에서 제대로 된 일에 우선권을 두지 못한다고 생각한다. 다른 사람을 확신시키는 데 늘 성공하는 것도 아니다. 그러나 그 자체에 대해 불평할 수는 없다. 나는 새로운 것을 발견하는 느낌에 이끌려 가기 때문이다.

**당신은 천문학에 관심이 있을 뿐 아니라, 심지어 새로운 별도 하나 발견했다.**

몇 년 전에 뉴욕에 있는 천문학자들과 공동 작업을 시작했다. 우리는 외계 행성을 발견하는 방법을 개발했다. 외계 행성이란 태양 아닌 다른 별 주위를 돌고 있는 행성을 말하는데, 우리는 이 방법을 통해 일련의 외계 행성을 발견했다. 최근에 우리가 발견한 외계 행성 중 하나가 인간의 거주 가능성이 가장 높은 별이었다. 그 별에서 수증기가 발견되었기 때문이다. 나에게 천문학과 별이 빛나는 하늘을 인지하는 일은 실재로 가는 또 다른 문이다.

# "비전문가들과의 대화는 거대한 전체를 상기시켜 준다."

**마틴 리스** | 천문학

케임브리지 대학교 우주론과 천문학 은퇴교수
영국 왕립학회 전 회장
영국

**리스 교수, 우리를 위해 마법사처럼 수정 구슬을 한번 들여다볼 수 있을까?**

나는 과학 기술 분야에서 일어날 모든 흥미로운 새 발전들을 예언할 수는 없다. 다만 세계 인구가 2050년에 90억까지 늘어날 것은 확실히 예측할 수 있다. 그때는 아프리카 인구가 유럽의 다섯 배가 될 것이다.

**이런 불균형이 어떤 문제를 낳게 될까?**

아프리카는 동아시아 국가들만큼 경제를 발전시키지 못할 것이다. 왜냐하면 산업생산이 그사이에 로봇에게 넘어갔기 때문이다. 아프리카가 경제적으로 충분히 발전하지 못한다면 불안정성의 위험은 더 커질 것이다. 아프리카에 있는 누구나 휴대전화를 가지고 있고, 자신들에게 무엇이 부족한지를 알 수 있다. 그런 인식은 분노로 이어질 수 있다. 아프리카를 뒤처지지 않게 하는 일은 원칙적으로 부유한 다른 지역의 이익과 관련이 있다.

## 예상되는 또 다른 문제도 있나?

기후변화 때문에 미래의 지구는 더 더워질 것이라고 확신한다. 이산화탄소 배출량을 줄이는 유일한 방법은 이산화탄소 배출이 없는 에너지 연구와 개발을 가속화하는 것이다. 태양, 풍력, 핵에너지, 그리고 여기에 개선된 배터리와 같은 에너지 저장장치도 포함된다. 만약 비화석 에너지의 비용이 줄어들면 인도 같은 나라들도 청정에너지 개발에 직접 뛰어들 것이다. 그 에너지가 충분히 싸다면 말이다.

## 당신은 더 나은 미래를 위해 특별히 인공고기를 생산하자고 제안한다.

2050년에 90억 인구가 지구에서 잘 살아가려면, 깨끗한 에너지를 위한 새로운 기술들을 투입해야 하고 식량을 지속가능하게 생산해야 한다. 지속가능한 식량 생산은 채소를 더 많이 먹고, 고기는 더 적게 먹는 것을 의미한다. 우리는 인공고기를 만드는 데 투자해야 한다. 약간의 고기 맛을 내는 식량을 쉽게 만드는 기술은 이미 존재한다. 어떤 동물과도 관련이 없는 개별 세포에서 화학적으로 고기와 동일한 물질을 만드는 첨단 기술을 지금 개발 중이다. 인공고기 아이디어는 영리한 기술을 활용해 오늘날처럼 1년에 한 사람이 20톤의 이산화탄소를 배출하지 않고도 모든 사람이 잘 살 수 있는 가능성을 보여 주는 하나의 예시일 뿐이다. 올바른 방향으로 발걸음을 돌리기에 아직 늦지 않았다.

## 당신의 과학자 경력은 1960년대에 시작되었다. 그동안 무엇이 많이 달라졌을까?

1960년대는 긴장감 넘치던 시대였다. 1965년에 우리는 우주가 빅뱅으로 시작되었다는 강력한 증거를 처음 갖게 되었다. 온 우주에 퍼져 있는 빛을 발견한 것이다. 마찬가지로 지난 5년도 굉장히 흥미진진했다. 그사이에 다른 태양계에 있는 행성들이 놀랍도록 규칙적으로 계속해서 발견되었고, 중력파의 첫 번째 직접 증거를 찾았으며, 우주의 역사에서 언제 어떤 조건들이 지배했었는지를 단지 몇 %의 부정확성만 가지고 서술할 수 있게 되었다. 우리는 모든 파장에서 훨씬 강력한 망원경과 거대한 데이터를 처리하는 성능이 뛰어난 컴퓨터를 이용할 수 있다. 유럽의 한 위성은 별 17억 개의 정보를 모은다. 예를 들어 어떤 컴퓨터는 가상 공간에서 별들과 은하들이 충돌할 때 무슨 일이 일어나는지 계산할 수 있다. 이처럼 기술은 과학에게 엄청난 추진력을 제공했다.

## 그 사이에 처음으로 블랙홀의 사진도 찍었다.

우리는 40년 전부터 블랙홀이 존재한다는 증거들을 가지고 있었다. 이제 고해상도 블랙홀 사진을 갖게 되었다는 건 아름다운 일이다. 이 사진은 전 세계에 흩어져 있는 많은 망원경이 필요한 데이터를 함께 모아 만든 거대한 기술적 성취다.

## 당신은 빅뱅에 여전히 매혹되어 있나?

지금의 큰 도전은 이국적으로 보이는 우주의 초기 단계 물리학을 이해하는 일이다. 50년 만에 우리는 빅뱅의 존재조차 확신하지 못하던 상황에서 첫 수십억분의 1초에 일어났던 일을 어느 정도 정확하게 토론하는 수준까지 올라갔다. 이런 변화는 거대한 진보다. 그러나 다음 50년 뒤에도 우리가 계속해서 큰 전진을 하리라고 추측하는 것은 타당하지 않다.

## 천문학 분야에 상당히 늦게 입문했다. 그 이유는 무엇인가?

나는 물리학과 수학을 공부했다. 왜냐하면 두 과목을 잘했기 때문이다. 솔직히 말하면, 천문학에 특별히 매력을 느끼지 못했다. 그 후 나는 케임브리지에서 어떤 박사과정생 모임에 참여했다. 그 모임은 지적으로 좋은 환경 속에서 흥미진진한 실험을 했다. 만약 과학에서 새로운 일이 일어나면, 젊은 사람들이 의미 있는 무언가를 빠르게 기여할 수 있는 기회를 얻는다. 이런 의미에서 나는 운이 좋았다.

## 어린 시절을 설명해 줄 수 있을까?

외동아들이었고, 부모님은 선생님이었다. 운 좋게 시골 동네의 친절한 환경에서 성장했고 좋은 교육을 받았다. 그래서 대학에 갈 수 있었다. 그러나 수학에 집중했던 일은 실수였다.

## 왜 그렇게 생각하나?

비록 마음에 쏙 드는 몇 가지 유용한 응용법을 찾을 수 있었지만, 나는 타고난 수학자가 아니다. 사고방식은 오히려 공학자에 가깝다. 말하자면 나는 사물이 어떻게 작동하는지를 이해하려고 노력한다. 추론하는 걸 좋아하고 사람들에게 사물을 설명해 주는 일을 즐긴다. 이런 성향에 맞게 내 삶의 궤적도 변화하고 발전했다. 직업에서도 많은 행운을 누렸다. 사람들은 각자의 삶에서 행운이 어떤 중요한 역할을 하는지 무시하면 안 된다.

## 당신은 자주 운에 대해 말한다. 거칠 것 없이 진행된 당신의 경력 쌓기에도 행운이 숨어 있는가?

모든 면에서 행운이 있었다. 운 좋게도 이 흥미진진한 영역에서 연구자로서 일자리를 얻었고, 그 일자리가 주로 케임브리지에 있었다. 또한 천문학과 우주론에 관한 논쟁의 장에 참여할 수 있었다. 천문학의 역사에서 최근 50년이 가장 흥미로운 장이 될 것은 확실하다. 내가 여기에 얼마나 기여를 했는지는 잘 모르겠다. 그렇지만 나는 우리가 어디에서 왔고 우주가 어떻게 작동하는지를 이해하기 위해 많은 일을 했던 한 공동체의 일원이었다.

## 그렇다면 당신에게는 개인적 위기가 없었나?

여러 차례 위기가 있었지만, 모든 위기를 극복했다. 중요한 것은 상황이 나빠질 때 포기하지 않고 견디는 것이다. 싸움이 있을 때 그 싸움을 원망하지 말고, 화해의 길을 모색하는 것이다.

## 당신은 영국 노동당 당원이다. 그렇지 않은가?

나는 노동당을 열렬하게 지지한다. 공공 영역이 성장하지 않고 축소되는 일을 보는 것은 나를 우울하게 만든다. 영국은 미국으로부터 배우는 것을 줄이고, 스칸디나비아 반도 국가들로부터 더 많은 것을 배워야 한다. 나는 정치에 늘 관심이 있었고, 평생 선거나 공적 개입 같은 거대한 정치적 주제들에 참여할 기회가 많았다.

## 브렉시트는 어떻게 보는가?

브렉시트는 영국 정치에서 대단히 불행한 사건이다. 나는 브렉시트를 단호히 반대한다. 브렉시트는 영국에 매우 나쁜 영향을 미칠 것이다. 사람들은 우리를 외국인에게 덜 개방적인 나라로 보게 될 것이다. 개방성의 상실은 과학계에 특히 안타까운 일인데, 그 개방성이 세계 과학계에서 우리의 장점이었기 때문이다. 우리는 점점 더 불안정한 세계에 살게 될 것이고, 유럽의 통일성이 약화되는 가장 나쁜 시기가 올 것이다. 우리는 당연히 계속해서 국제적이길 원한다. 결국 과학은 국제적이기 때문이다. 그러나 가족을 데리고 올 권리를 보장받지 못한다면, 그들은 일 또는 공부를 위해 영국으로 오는 것을 망설일 것이다.

**당신은 교황청 과학원 회원이다. 당신은 과학과 종교의 협력을 어떻게 보는가?**

교황청 과학원은 과학자 70~80명이 모이는 국제 모임이다. 구성원들의 신앙은 매우 다양한데, 가톨릭 신자는 소수이며 종교가 없는 이들도 있다. 구성원 모두 연구의 결과에 우선적인 관심을 두고 있다. 최근 교황청 과학원이 미친 긍정적 영향력 때문에 나는 교황청 과학원 참여가 즐겁다. 특히 2014년에는 저명한 과학자들과 경제학자들이 교황청 과학원에 모여 기후변화 문제를 토론했었다. 그 결과는 2015년에 발표된 교황 회칙 '찬미받으소서Laudato si'에 반영되었고 큰 호응을 얻었다. 교황은 UN에서 기립박수를 받았다. 이 회칙은 2015년 파리 기후변화 회의로 가는 길을 준비했다.

**나는 왜 과학자들이 정치인들의 관심을 얻으려고 애쓰는지 궁금하다.**

만약 과학자가 직접 정치를 이야기하면, 큰 효과가 없을 것이다. 최선의 길은 간접적으로 언론을 통해 접근하거나 대중의 마음을 움직이는 방법을 선택하는 것이다. 교황의 추종자는 수십억 명이다. 교황은 더 많은 청중에게 자신의 목소리를 들려주기 위해 과학자들이 카리스마적 인물을 어떻게 이용할 수 있는지를 보여 주는 좋은 사례다. 정치인들은 표를 잃어버릴 두려움이 있을 때를 제외하고 장기 계획을 세우지 않는다. 700만 명이 보았던 데이비드 애튼버러David Attenbourough의 BBC 시리즈 '아름다운 바다The Blue Planet'를 생각해 보라. 이 방송 덕분에 대중들은 바다의 플라스틱 쓰레기 문제를 민감하게 받아들였다. 우리 정치인들은 표를 잃지 않고도 이 문제를 다루는 법률을 제정할 수 있다는 걸 알게 되었다. 정치인들은 유권자들이 원하는 대로 결정한다. 그래서 유권자들이 교황과 같은 카리스마적 인물의 영향을 받는 것은 중요하다. 결국 세상을 바꾸기 위해서는 몇몇 결정적 인물이 필요하다.

## 과학과 과학자들에게 윤리적 경계는 얼마나 중요한가?

우리는 과학 작업에 윤리적 평가를 내릴 필요가 있다. 첫째, 비윤리적 실험들이 있다. 이 실험들은 특히 인간 및 동물과 관련된다. 둘째, 우리는 기술의 장점을 활용하고 부작용을 최소화해야 하는 의무가 있다. 미래에는 윤리와 안전을 둘러싼 다양한 논쟁들이 과학 분야에서, 특히 유전학 분야에서 일어날 것이기 때문이다. 대중에게 실험이나 위험한 현상, 특히 윤리적 딜레마에 빠질 위험이 있는 문제를 제대로 설명하는 일이 과학자들의 특별한 의무임을 분명히 해야 한다. 새로운 과학을 통해 무슨 일이 생길 수 있는지 과학자들이 가장 먼저 이해할 수 있을 것이다. 그러나 실제 무슨 일을 할 것인지를 과학자들이 결정해서는 안 된다. 이와 관련된 정치 논쟁과 싸움에서 과학자들이 특별한 역할을 맡는다는 교만에 빠져서도 안 된다.

## 당신은 이런 과학 관련 문제에 어느 정도 영향력을 발휘했는가?

1980년대 이후 여러 회의들에 깊이 관여했고, 기후와 에너지 같은 다양한 주제를 다루는 정치적 대화 자리에도 참석했었다. 이런 점에서 평균적인 정치인 정도의 영향력은 발휘했다. 나는 60대까지는 천문학 분야에서만 공식적인 지위를 가졌다. 그다음에는 영국 국립과학원인 왕립학회Royal Society 회장이 되었다. 그 후 영국 의회 상원인 귀족원 의원이 되었으며, 케임브리지에 있는 가장 큰 대학의 학장이 되었다. 이런 일은 나에게 어느 정도 스트레스를 주었는데, 더는 연구를 위한 시간을 충분히 갖지 못했기 때문이다.

## 왕립학회 회장으로서 어떤 활동을 했나?

나의 두 전임자는 정치와 공공 영역에 더 많이 관여하기 시작했고, 왕립학회를 좀 더 국제적인 조직으로 만들려고 했다. 나는 이들의 활동을 계승하려고 노력했다.

## 귀족원 의원이 되는 건 어떤 느낌인가?

나는 귀족원 의원 일을 시간제로 한다. 그래서 귀족원에서 그렇게 많은 시간을 보내지는 않는다. 그러나 귀족원에 소속되는 건 하나의 특권이다. 나는 보통의 과학자가 접하는 통상적인 것을 넘어 일반 정치 문제를 더 많이 경험한다.

## 학생들에게 과학소설을 많이 읽으라는 조언을 한다고 들었다.

그렇다. 학생들은 과학소설에서 자극을 얻을 수 있다. 독창적이 되기 위해서는 환상을 더 자극해야 한다. 과학자는 지나치게 세부적인 것에만 집중할 위험이 있다. 비전문가들과의 대화는 거대한 전체를 상기시켜 준다.

## 외계 생명체의 존재에 대해서는 어떻게 생각하는가? 우리만 이 우주에 존재할까?

아마도 앞으로 20년 안에 해답을 찾을 수 있을 것이다. 과학자들은 생명이 지구 위에서 어떻게 시작되었는지를 연구한다. 다윈의 진화론은 첫 번째 생명 형태에서 오늘날 우리가 생명체라고 부르는 존재와 생태계가 어떻게 생겨났는지 말해 준다. 그러나 우리는 물질대사와 번식을 할 수 있는 그 첫 번째 형태를 낳은 화학 반응의 연쇄 과정을 여전히 모른다. 만약 우리가 이 연쇄 과정을 알게 되면, 외계 생명체의 존재 여부를 알게 될 것이다. 즉 지구 위에서만 믿을 수 없는 어떤 일이 있었는지, 아니면 비슷한 조건의 다른 곳에서도 이런 것이 생겨났는지를 알게 될 것이다. 더불어 우리는 DNA와 RNA의 화학이 생명을 구성하는 유일무이한 공식인지, 아니면 다른 화학 작용을 보유한 생명체가 생겨날 수 있는지, 심지어 물 없이도 생명이 가능한지도 알게 될 것이다. 또한 생명이 존재할 수도 있는 태양계의 다른 부분도 탐사하게 될 것이다. 지난 20년간 우리는 대부분의 별이 빛을 발산할 뿐만 아니라 행성들이 별 주변을 공전한다는 사실을 분명히 알게 되었다. 다음 세대의 망원경은 이런 행성들에 생태계와 생명이 존재하는지 파악할 수 있을 것이다.

**당신이 쓴 책 『우리의 마지막 시간(In Our Final Hour)』에서 당신은 과학이 인류를 위협한다고 말하며 우리의 생존 확률을 50:50으로 보았다. 이를 좀 더 설명해 줄 수 있을까?**

2003년에 그 책을 썼을 때 모든 사람이 원자력의 위협은 이미 알고 있었다. 생명공학, 사이버공학, 유전학은 엄청난 잠재력이 있지만 동시에 어두운 면도 있다. 이 과학 분야들은 원자폭탄의 생산처럼 특별히 거대한 연구기관이 필요하지 않다. 이런 과학 분야에서는 이 기술을 오용할 수 있는 작은 집단이 힘을 가질 수 있다. 이것이 나의 큰 걱정거리다. 그사이에 과잉인구 문제가 추가되었다. 과잉인구는 생태적 변환점으로 작동할 것이다. 또한 소위 '인간 향상human enhancement', 즉 의학 기술을 통한 인간 능력의 최적화에 대한 윤리적 규제가 더 어려워질 것이다. 결국 이런 상황은 자유, 안전, 그리고 사생활을 둘러싼 긴장을 만들게 될 것이다. 종합하자면 이 세기는 과학 기술이 만들어 내는 거친 도로를 달리는 여정이 될 것이고, 우리는 그 도로에 난 구멍들의 깊이를 아직 모른다.


**자연 발생적 팬데믹도 위험 요소이지 않은가?**

그렇다. 자연적 방법으로도 특별히 전염성이 높은 독감 형태가 발전할 수 있다. 세계보건기구는 이 위험을 경고하고 있다. 오늘날 사회는 대단히 취약하다. 우리는 과거 사람들보다 훨씬 회복력이 떨어지는데, 높은 기대수명 속에서 모든 것이 잘 돌아가는 편안한 생활에 익숙하기 때문이다. 그래서 팬데믹의 결과도 과거보다 더 심각할 것이다. 팬데믹이 너무 커서 병원이 더는 감당하지 못할 때 사회는 붕괴할 수 있다. 오늘날 우리는 이런 위협 앞에서 과거 수백 년 전보다 더 취약한 상황에 처해 있다.

**당신은 이런 위험을 연구하는 새로운 연구소를 만들지 않았나?**

그렇다. 유럽 최고 대학교인 케임브리지에 이 연구소를 만들었다. 우리는 재능과 능력을 위험 연구를 위해 사용하는 연구원들에게 빚을 지고 있다. 일어날 확률이 낮은 위험들은 충분히 연구되지 않았다. 그러나 이런 위험들도 재앙이 될 가능성이 있다.

**매우 바쁜 은퇴생활을 보내는 것 같다.**

나는 예순여덟 살에 퇴직했다. 즉 더는 연구소를 이끌어야 할 책임이 없다. 비서조차도 없다. 나이가 들면 은퇴를 하는 게 옳다. 그래야 젊은 사람들이 기회를 얻을 수 있기 때문이다. 미국에는 교수들의 연령 제한이 없다. 그래서 젊은 사람들이 더 어려움을 겪는다. 나는 은퇴 후에도 여행을 하고, 책을 쓰고, 강연을 하며, 깊이 생각하고, 연구한다. 이렇게 상당히 열심히 일하고 있다. 나이가 들어가면서 정신적 능력은 떨어지지만 여전히 나는 잊어버리는 것보다 더 많은 것을 배운다. 종합하면, 지난 5년 동안의 삶은 그 이전 5년과 마찬가지로 풍성한 삶이었다.

**젊은 사람들에게 어떤 조언을 해주고 싶은가?**

당신이 영향을 줄 수 있고, 잘할 수 있다고 생각하는 영역을 찾아라. 만약 당신이 자연과학에 흥미가 있다면, 최근에 새로운 발전이 많이 일어나는 분야를 선택하라.

**세상에 전하고 싶은 메시지가 있는가?**

우리는 긴 안목으로 사고해야 한다. 그리고 우리 행동이 미래 세대에 미치는 결과를 알아야 한다.

**당신의 성격을 종합한다면?**

나는 호기심이 많은 사람이다. 그리고 될 수 있었던 세상과 지금 그대로의 세상 사이에 존재하는 불일치에 분노하는 사람이다. 정치적 논쟁과 배움에 열정적이고, 사회 활동을 즐긴다.

# "의미 있는 발견일수록 더욱 뜻밖에 일어난다."

**팀 헌트** | 생화학
런던 프랜시스 크릭 연구소 은퇴 모임 지도자
2001년 노벨 생리·의학상 수상
영국

**헌트 교수, 당신은 이런 말을 한 적이 있다. "내가 노벨상을 받을 수 있다면, 누구라도 받을 수 있다." 정말 이렇게 생각하는가?**

그렇다. 실제 그렇게 생각한다. 왜냐하면 내가 보기에 자연과학의 발견 자체가 본질적으로 운과 관련되기 때문이다. 사람들은 무언가 발견하려면 하얀 가운을 입고 시험관에 들어 있는 액체를 다른 시험관에 따르고 흔들어야 한다고 흔히 생각한다. 그러나 발견은 그런 게 전혀 아니다. 발견이란 무언가 기대하지 않았던 것이 나타날 때 일어나는 일이다. 의미 있는 발견일수록 더욱 뜻밖에 일어난다. 나는 그냥 운이 좋았다.

**그렇다면 발견은 우연의 산물이란 말인가?**

당연히 발견자는 무언가를 계속 찾고 있어야 한다. 그러나 흔히 그렇듯 대부분 잘못된 방향을 보고 있다. 나의 큰 발견은 아주 특이한 시간에 시작되었다. 실험 중에 나는 큰 어려움에 처했다. 특별한 단백질 하나가 갑자기 사라져 버렸는데,

당시에 그런 소멸은 불가능하다고 여겨졌다. 나는 당시 세포분열에 대해 고민하고 있었고, 이 단백질은 세포분열의 중요한 열쇠였다. 나는 이전에 했던 일들보다 훨씬 흥미로운 무언가를 만났다는 것을 곧바로 알아차렸다. 이 경험은 '우연은 준비된 정신을 좋아한다'라는 파스퇴르의 명언을 증명하는 좋은 예다.

**당신은 이미 평범하지 않은 방법론을 선택하는 것으로 유명했었다.**

사실 나는 주의가 산만하다. 나는 내가 위대한 과학자가 아니라고 믿는다. 몇몇 사람은 정말 환상적이다. 그들은 버터를 자르는 칼처럼 문제를 세밀하게 분석한다. 나에겐 그런 능력이 없다. 그러나 과학에서 배운 점 하나는 세상에는 매우 다양한 개성이 필요하다는 것이다.

**당신은 이 발견이 100% 내 것 같다는 느낌이 든다고 말한 적이 있다. 그만큼 그 발견 때 흥분했었나?**

보통 석사과정생은 기초 연구를 수행한다. 그러나 이때는 진정 '발견가의 발견'이었다. 내가 바로 여기에서 그 실험을 했던 것이다. 솔직히 실험 결과를 보고 유레카를 경험했던 유일한 사례였다. 나는 단백질 하나가 사라진 걸 보고 무언가 근본적 의미가 있다는 것을 갑자기 알아차렸다. 거기서부터 단서들을 하나씩 풀어 나갔다. 당시 교과서에 따르면, 그런 단백질의 사라짐은 '불가능'했다. 그러나 교과서가 틀렸다. 그렇게 교과서가 틀리는 일 또한 종종 일어난다.

**그러나 발견의 의미를 제대로 이해하기 위해서는 당신도 총명했어야 할 것이다.**

아니다. 그 발견은 그냥 거기 내 눈앞에 너무 분명하게 나타났을 뿐이다. 그 발견의 의미를 알기 위해 천재일 필요가 없었다. 첫 번째 실험은 대단히 명료하지는 않았다. 과정을 충분히 주의 깊게 수행하지 않았기 때문이다. 그런데 문제는 결과를 얻기 위해서는 비활성화되어야 하는 강력한 소화 효소가 정액 안에 들어 있는 것이었다. 우리는 세정제와 황이 들어 있는 화합물인 메르캅토에탄올에 시료를 끓이는 실험도 시도했다. 이 실험으로 나는 후각을 잃었다. 실험실이 대단히 역겨운 이 혼합물로 가득 찼기 때문이다. 이후 나는 장미 향기를 더는 맡지 못한다. 그건 좀 쓸쓸한 일이다.

"노벨상을 받아서 최고로 좋은 일은 노벨상을 받는 기분이 어떤지를 알게 되는 것이다."

### 같은 시기에 폴 너스도 세포분열 연구를 하고 있었다. 당신과 폴 너스 사이에 교류가 있었나?

우리는 매우 다른 시스템 안에서 매우 다른 방식으로 일했다. 그러나 자주 이야기를 나누었다. 내가 그를 방문하곤 했고, 서로의 기록을 교환했었다. 폴 너스와의 만남은 대단히 즐거운 일이었는데, 우리는 정말 혼란스러웠기 때문이다. 돌이켜보면, 우리는 엄청나게 느렸다. 사실 이 문제는 오래전에 해결할 수 있었을 것이다. 그러나 무슨 일이 일어나는지를 이해하지 못할 때 모든 것이 얼마나 뿌연 안개 속에 있는지 전달하기는 어렵다.

### 연구 활동을 시작한 이후에 틀림없이 많은 것이 바뀌었을 것이다.

어떤 관점에서 보면 그렇게 많이 바뀌지는 않았고, 다른 관점에서 보면 엄청나게 바뀌었다. 누군가 나에게 DNA 염기서열 분석 장치를 보여 주었다. 그 장치는 비스킷 크기만 하다. 이 작은 칩으로 인간 게놈을 한꺼번에 해독할 수 있다. 우리는 당시에 시퀀싱 방법을 열심히 익혀야 했는데, 그 방법은 상당히 힘들면서도 한 번 결과를 내는 데 보름이 걸렸다. 이 방법은 오래전에 이미 쓸모가 없어졌다. 오늘날 사람들은 컴퓨터와 컴퓨터 관련 도구에 강하게 의존한다. 그러나 내가 생각하기에, 컴퓨터에 대한 이런 의존성 때문에 연구자는 문제와 약간

거리를 두게 된다. 사람들은 신뢰하기 힘든 데이터들을 무수히 모으면, 여기에서 진리가 나올 것이라고 믿는 것 같다. 어떻게 보면 내가 오래전 멸종된 공룡처럼, 옛날 사람인지도 모르겠다.

## 2001년에 폴 너스, 리 하트웰(Lee Hartwell)과 함께 '세포 주기 조절에 관한 발견'으로 노벨상을 받았다. 이 발견의 의미를 설명해 줄 수 있을까?

먼저 생명에서 DNA의 의미를 분명히 알아야 한다. DNA가 중요한 이유는 인간을 생산하기 위한 전체 설명서를 가지고 있기 때문이다. DNA는 자기 복사를 위한 전체 설명서다. 이 설명서가 있어야 다음 사람도 같은 일을 계속할 수 있다. 이 설명서에 있는 내용들은 온전하게 몸 안에 있는 모든 세포에게 전달되어야 한다. 모든 세포가 안전하게 이 설명서의 완전한 복사본을 얻는 방법의 열쇠는

세포 주기의 통제에 있다. 이것은 상당히 중요하다. 우리는 분열을 시작하는 세포의 완전한 상태 변화를 일으키는 조절 장치가 필요하다는 것을 알게 되었다. 한 효소가 바로 세포의 상태 변화를 조절하는 역할을 담당하는데, 이 효소의 절반을 내가 발견했다. 노벨상 공동 수상자들이 나머지 절반을 발견했다. 이 발견은 믿을 수 없을 만큼 기뻤다. 특이했던 것은 이전에 이 문제를 다룬 연구자가 정말 적었다는 점이다. 많은 연구자들이 이 문제에 대한 접근법을 그냥 보지 못했던 것이다.

**노벨상을 받을 때 기분은 어땠나?**

나는 늘 말한다. 노벨상을 받아서 최고로 좋은 일은 노벨상을 받는 기분이 어떤지를 알게 되는 것이다. 노벨상을 받는 일보다 이게 더 좋다.

**당신은 자신이 타고난 문제 해결자라는 것을 틀림없이 알고 있었을 것이다.**

그건 잘 모르겠다. 다만 나는 문제를 좋아하고 문제 해결을 위한 작은 기교들을 좋아한다. 무엇보다도 완전히 다른 분야의 강연과 책에서, 혹은 중요하지 않은 지적에서 문제 해결의 단서를 얻는 일이 아주 재미있다. 이런 일은 종종 있었다. 그리고 사람들은 실수를 많이 한다! 같은 실수를 두 번 하지 않기 위해 최소한 노력하는 게 중요하다. 그래서 연구 분야의 변경은 연구자에게 두려운 일이다. 연구자는 자기 분야에서 할 수 있는 모든 실수를 할 때까지 그 분야의 전문가가 아님을 알아야 한다.

**그럼에도 당신은 즐거움과 행복한 환경의 중요성을 강조한다.**

내가 감탄하는 과학자들은 조금씩은 장난을 좋아한다. 그러나 연구자는 자신의 분야에 단단히 자리를 잡아야 한다. 나는 사람들에게 두 발을 땅에 제대로 붙이고, 눈은 저 지평선을 향해 있어야 하며, 그리고 열심히 일해야 한다고 말해 준다.

**이런 태도는 어린 시절에서 나온 것인가? 당신은 제2차 세계대전 직후에 성장하지 않았나?**

당시 삶은 상당히 힘들었다. 사람들은 접시를 깨끗하게 비워야 했다. 그것이 먹을 수 있는 전부였기 때문이다. 나는 우리 집에 아직 냉장고가 없었던 시기를 기억한다. 처음 냉장고가 생겼을 때 나는 완전히 흥분했었다. 이제 어머니가 아이스크림을 마련할 수 있기 때문이었다! 집 전체 난방은 안 되었고, 석탄난로

가 하나 있었다. 눈이 오면 유모차로 석탄을 집으로 날라야 했다. 그러나 어린 시절은 좋았고 늘 친구들이 있었다. 나는 아주 행복한 소년이었다. 항구 옆 초원을 달려 낚시를 하러 가던 일은 정말 환상적이었다. 우리 집은 늘 열려 있었다. 어머니는 사교성이 뛰어난 분이었고, 우리 집 부엌은 늘 사람들로 붐볐다. 아버지는 지식인 친구가 많았는데, 외국인처럼 생긴 중세 역사가들이 점심을 먹으러 오곤 했었다. 내가 배웠던 한 가지는 사람을 대하는 개방적이고 진실한 태도였다. 당신이 그들에게 모든 것을 설명하면, 그들 또한 당신에게 모든 걸 설명할 것이다.

**종교적 가정에서 성장했던 것이 지속적인 영향을 주었는가?**

우리는 일요일마다 교회에 갔고, 실제로 나는 정말 신앙적이었던 때도 있었다. 나에게 그리스도의 동정녀 탄생은 신앙의 근본이었다. 10대 때 나는 신앙을 잃어버렸다. 그렇지만 돌이켜 보면 몇몇 실험은 내가 받은 종교 교육에서 영감을 받았다고 말할 수 있다. 예를 들면 성게알에 관한 책을 읽으면서 성게들에게는 동정녀 출생이 있다고 감탄했다! 그러나 기본적으로 생물학자들이 신을 믿는 건 매우 어렵다. 반면에 물리학자들에게는 훨씬 쉬운 일이다. 물리학자들은 우주를 신비의 관점에서 볼 수 있기 때문이다.

**당신은 이미 어릴 때부터 생물학에 관심이 많았다고 한다. 남동생이 키우던 반려동물로 실험을 했다는 게 사실인가?**

동생이 토끼 한 마리를 키웠다. 그 토끼가 죽었을 때 나는 그 사체를 해부하려고 학교에 가져갔다. 그 일은 진정 하나의 계시였다. 왜냐하면 나는 새로운 무언가를 보았기 때문이다. 콩팥과 간은 완전히 서로 달랐고, 믿을 수 없을 만큼 많은 장이 토끼 뱃속에 들어 있었다. 정말 멋진 경험이었다. 나는 늘 과학자가 되고 싶었다. 사실 나는 물리학자나 공학자가 되고 싶었지만 물리학에 소질이 없다는 걸 일찍 깨달았다. 내 친구 하나는 여러 상을 받은 물리학자가 되었는데, 레이저 산란을 연구했다. 그 친구에게 물리학은 쉬웠다. 반대로 나는 생물학적 사고가 익숙했다. 물리학은 내 이해력을 넘었고, 너무 어려웠으며, 모든 것이 나의 직관과 모순되었다. 사실 나는 학급에서 상위권인 적이 없었다.

**실험실에서 일할 때 교수들은 많은 자유를 당신에게 허락했었다.**

그렇다. 내가 해야 할 일을 아무도 일러 주지 않았다. 그런 상황이 좋을 때도 있지만 나쁜 경우도 있다. 일어나는 일에 스스로 책임져야 한다는 걸 의미하기 때문이다. 그러므로 신경이 조금 쓰이는 상황이었다. 처음에는 종종 생각했었다. 오 이런, 이게 다야. 나는 문제를 풀었다. 그다음에는 무엇을 해야 하나? 마지막에는 늘 무언가가 생겨난다. 그러나 그 중간의 시간은 비참하고 우울할 수 있다. 졸업논문을 쓸 때 나는 여자친구와 막 헤어졌다. 그 상황은 끔찍했다. 실험실은 매우 사회적인 공간이지만 졸업논문을 쓸 때는 방에서 혼자 쓰게 된다. 나는 이 끔찍한 논문을 완성하는 데 3개월은 걸리겠다고 생각했다. 그 작업은 대단히 힘들었다. 삶은 힘들다. 삶의 최고점은 기분을 한껏 올려 주지만, 최저점은 저 바닥으로 사람을 보낼 수도 있다. 그래서 제대로 되지 않을 때 도움을 주고, 잘 되었을 때 함께 축하할 수 있는 친구가 있다는 건 매우 중요하다. 그러나 본질적으로 중요한 건 결과가 나올 수 있는 문제를 연구하는 일이다. 사람은 모든 가능한 문제를 생각할 수 있지만, 그 가운데 많은 문제가 사소하거나 해결할 수 없는 것이다. 좋은 문제를 찾는 일은 대단히 어렵다. 연구자는 자신에게 이렇게 말할 수 있어야 한다. "나는 나의 모든 경험을 이 문제 해결에 이용할 것이다. 그리고 다른 사람들도 그렇게 하라고 설득할 것이다."

## 당신의 경력에서 후회되는 일이 있나?

삶에서 많은 행운을 얻었다고 생각한다. 후회하는 일이 거의 없다. 나는 나의 일을 했다. 이 일들은 지식이라는 거대한 건물의 벽돌이 되었다. 나는 생물학계에 하나 혹은 두 가지 기여를 했다. 그렇지만 솔직히 말해 내가 그것을 하지 않았더라도 누군가 하지 않았을까 싶다. 언제나 이런 질문은 신비로운 것으로 남는다.

## 2015년 서울에서 열린 세계과학기자대회에서 논란이 되는 말을 했었다. "여자들과의 문제를 이야기할게요. 여자들이 실험실에 있으면, 세 가지 일이 일어날 수 있습니다. 당신이 그녀를 사랑하게 되거나, 그녀가 당신을 사랑하게 되거나, 혹은 당신이 그녀를 비판했을 때 그녀는 울기 시작합니다." 이후 당신은 대학에서 교수직 사퇴를 요구받았다. 틀림없이 매우 힘든 시간이었을 것이다.

당시 내 안에 있는 무언가가 무너졌다. 무엇보다도 나는 유럽 연구이사회 과학위원회ERC Scientific Council에서 물러나야 했다. 그 자리는 나에게 매우 큰 의미가 있던 자리다. 그때 나는 울었다. 그러나 나는 멍청했다. 당시 나는 공항 라운지에서 전화 인터뷰를 했다. 그러나 조용히 있는 게 나았을 것이다. 나는 그 뒤에서 무슨 일이 벌어지고 있는지 알지 못한 채 많은 인터뷰를 했었다. 히스로 공항에 착륙했을 때, 휴대전화가 울렸고 작은딸이 말했다. "아빠, 괜찮아요?" 나는 말했다. "그럼, 아무 문제 없는데. 왜 그래?" "모든 신문 1면에 아빠가 나왔어요." "뭐라고?" 나는 그렇게 무슨 일이 일어났는지 아무것도 모르고 있었다.

## 당신은 그 발언을 틀림없이 후회했을 것이다.

그런 말을 했다는 것은 인정한다. 그러나 그 뜻이 완전히 잘못 이해되었다. 예를 들어 내가 성별에 따라 분리된 연구실을 찬성했다는 말도 있었다. 이건 말도 안 되는 이야기다. 사람들은 사랑에 빠진다. 그러나 사랑에 빠진 사람이 응답받지 못할 때 문제가 된다. 이런 일은 남자들에게도 일어날 수 있는 일이다. 그렇지 않은가? 나는 이런 일들을 열린 자세로 터놓고 이야기할 수 있어야 한다고 생각한다.

## 대학은 당신에게 사임하라고 했다.

사임하지 않으면, 해고하겠다고 했다. 그것은 광기였다. 다른 한편으로, 그들은 여전히 내가 노벨상 수상자인 것을 자랑하려고 한다. 그들은 뒷면에 이름이 없는 메달을 좋아할 것이다.

## 그 일은 가족에게도 틀림없이 힘든 경험이었을 것이다.

특히 아내와 당시 10대였던 작은아이에게 고통스러운 일이었다. 그러나 또한 많은 이들이 나에게 도움을 주러 오기도 했다. 한두 통의 혐오 편지를 받았지만, 대부분의 편지에는 이런 내용이 담겨 있었다. "당신은 환상적인 선생님이었고 나에게 진정 영감을 주셨습니다." 그리고 그 비슷한 내용들이 주로 왔다. 이 편지들에 나는 감동했다. 나에게는 다행히 좋은 여자 사람 친구가 있었다. 특히 사이언스 미디어센터의 피오나 폭스Fiona Fox가 많이 도와주었다. 피오나는 말했다. "모든 걸 다 읽으려고 하지 말고, 우선 아무 말도 하지 말아요." 나는 피오나의 조언을 따랐다.

## 그 사건 때문에 사회에서 고립되었는가?

그렇다. 버림받았다. 실제 자살을 생각했던 순간이 있었다. 모든 것이 가치가 없었기 때문이다. 그러나 그 순간은 지나갔다. 나는 아직 살아 있고 기본적으로 이전처럼 계속해 나가고 있다.

"경쟁보다 협력이 훨씬 즐겁다고 생각한다."

**당신의 경력은 그 시점에서 무너졌나?**

그렇다. 그렇지만 나의 경력은 이미 오래전에 끝났으므로 크게 상관은 없었다. 아내는 오키나와 과학기술대학의 학장으로 있다. 대학 전체의 자질구레한 일을 해야 한다는 뜻이다. 그래서 내가 집안일을 돌본다. 아침 일찍 일어나 반려견을 데리고 산책을 한다. 점심 요리를 하고, 저녁 식사도 준비한다. 단순한 생활이다.

**그래도 쓸쓸함을 느끼지 않나?**

그렇지 않다. 나는 친구들과 계속 연락을 주고받는다. 친구의 좋은 논문을 읽게 되면 "이런 멋진 연구를 했다니 대단한데!"라며 이메일로 축하를 보낸다. 연구 활동을 할 때 경쟁 압력이 대단히 높았던 시기가 있었다. 나는 그런 경쟁을 좋아하지 않았다. 경쟁보다 협력이 훨씬 즐겁다고 생각한다. 만약 경쟁이 주위를 끊임없이 살펴보는 일을 의미한다면, 더는 자기 주제에 집중하지 않는다는 것을 뜻한다. 그것은 상당히 불편한 일이다. 그러나 그런 경쟁에 몰입하는 사람들도 있다. 세상에는 이런저런 사람이 있기 마련이다.

> "당신이 답하고 싶고 전력을
> 다해 노력할 진정 커다란
> 질문을 제기해야 한다."

**칼라 샤츠** | 신경학
스탠퍼드 대학교 생물학 및 신경생물학 교수
2016년 신경과학 분야 카블리상 수상
미국

### 샤츠 교수, 당신의 뇌리에 깊이 박혀 있는 해를 설명해 달라.

나는 그 해들이 아직 지나가지 않았다고 생각한다. 과학이라는 직업이 정말 멋진 이유는 늘 계속해서 배운다는 점이다. 새로운 지식을 받아들이고 심지어 자신의 삶도 새롭게 구성하는 일을 계속한다면, 이 일은 전혀 지루하지 않을 것이다. 우리 가족은 대단히 지적이었다. 아버지는 우주항공 기술자였다. 시스템 분석 및 시스템 통제에 관심이 많았고, '우주 경쟁Space Race', 즉 달 탐사를 두고 미국과 소련이 벌이던 경쟁에도 참여했었다. 아버지의 직업이 천체물리학을 향한 나의 관심을 끊임없이 깨웠다. 실제로 나는 천체물리학자가 될 거라고 생각했었다. 대학에 가서 천체물리학이 맞지 않다는 걸 깨달을 때까지 그 꿈은 계속되었다.

어머니는 화가였다. 미술 석사학위가 있었다. 어머니는 당신의 엄청난 재능을 나와 남동생의 교육에 투입했다. 어머니는 세계와 시각적 인식에 대한 나의 열정을 깨웠다. 어머니의 영향으로 나는 우리가 어떻게 보고, 뇌는 인지를 위해 시각 세계를 어떻게 분석하고 다시 결합하는지 이해하려고 노력한다. 부모님이 우리에게 준 또 다른 가르침은 타인이 무엇을 생각하는지 신경 쓰지 말라는 것이었다. 이 가르침은 훌륭했다. 그 덕분에 과학자가 될 수 있었다. 여기에서 나의 작은 특징 하나만 지적한다면, 어린 시절 나는 진짜 너드였다. 많은 남학생 너드처럼 나도 조금은 외로웠다. 대학에서 나와 같은 너드들을 만났던 건 멋진 일이었다.

**그전에도 아웃사이더라는 느낌을 조금 받았나?**

당연히 그랬다. 어렸을 때 나는 집안의 지적 환경에서 큰 도움을 받았다. 저녁 식사시간의 대화는 전혀 사소하지 않았다. 우리는 지성적 수준에서 논쟁했다. 대부분 아버지가 이겼다. 나는 그 어느 날 있었던 논쟁을 잊을 수 없다. 마지막에 아버지가 나를 보더니 말했다. "칼라, 알고 있어? 내 생각에 이번에는 네가 이겼어." 나에게는 대단히 중요한 경험이었다.

**당신이 청소년이던 시절에는 여성들에게 거는 기대가 또 있었다. 사람들은 여성은 결혼하고 아이를 가져야 한다고 확신했었다.**

나 역시 결혼을 했었다. 그 결혼은 사랑이었지만, 부모님도 행복하게 해드리고 싶었다. 남편 생각도 마찬가지였다. 나는 정규직을 얻기 전까지 아이를 미루어야 한다고 생각했다. 나뿐만 아니라 남편도 같은 생각이었다. 우리는 내가 30대 중반이 되면 아이를 낳기로 결정했다. 그 후 우리는 내가 아이를 가질 수 없다는 것을 알게 되었다. 이럴 때 오늘날에는 다양한 가능성이 있다. 부부가 젊으면 생식 능력을 검사한 후 정확한 정보를 얻은 뒤 임신을 계획할 수도 있다. 그리고 불임 치료법도 훨씬 다양해졌다. 그러나 당시에는 그렇지 않았다. 나는 불임이 우리 부부 사이에 가져온 긴장 때문에 결국 이혼했다고 생각한다. 전남편이 재혼해 세 명의 아이와 함께 행복하게 사는 것이 기쁘다. 그렇지만 그 시기는 정말 내 삶에서 큰 상처를 남긴 시간이었다. 나의 성대는 만성 염증에 시달렸다. 몸이 나보다 상처를 더 잘 알았던 것이다.

> "우리는 지성적 수준에서 논쟁했다. 대부분 아버지가 이겼다."

## 당시에 경력을 위한 너무 값비싼 대가였다고 생각한 적은 없었나?

그런 적은 결코 없었다. 그렇지만 되돌아보면 개인적인 문제를 좀 더 지혜롭게 다루었어야 했다는 생각은 든다. 아마도 더 많은 조언들이 필요했을 것이다. 그렇지만 나에게 남성 조언자들만 있었다는 점이 중요하다. 여성 조언자는 한 명도 없었다. 내 삶과 경력에서 내가 의지하고 지표로 삼는 사람은 놀라운 인물들이었다. 나의 박사논문을 지도하던 데이비드 허블David Hubel과 토르스튼 위즐Torsten Wiesel도 그런 사람들이었다. 두 사람 모두 노벨 생리·의학상을 받았다. 두 사람 모두 아내가 있었고, 아내들은 남편을 내조하는 역할만 하거나, 주로 내조하는 역할을 했다. 이 아내들이 남편을 위해 한 일들은 환상적이었다. 그러나 그 아내들이 나의 롤모델은 아니었다. 임신을 하고 아이를 가져야 하는 삶의 단계에서 내 삶의 롤모델은 없었다. 오늘날에도 여전히 많은 여성이 대단히 강함에도 불구하고 배우자를 지원하는 역할로 갈아탈 가능성이 매우 높다는 것을 나는 잘 알고 있다. 그리고 그들은 이런 문제를 다루는 논쟁적인 대화에 관여하지 않을 가능성이 매우 높다. 나는 비록 가족이 없지만, 나의 과학계 아이들, 제자들은 대단히 많았다. 이 중 나에게 가르침을 주지 않은 학생은 한 명도 없었다.

**당신은 하버드 대학교에서 신경생물학 박사학위를 받은 첫 번째 여성이었다. 또 스탠퍼드 대학교 기초 연구 분야에 처음 임용된 여성 교수였다. 그리고 하버드 신경생물학 연구소를 이끌었던 첫 번째 여성이었다.**

그렇다. 당시에 내가 다르다는 느낌을 받았는지, 혹은 다른 대우를 받았는지, 자주 질문을 받는다. 하버드 의과대학에 있는 신경생물학 연구소는 아주 훌륭했다고밖에 말할 수 없다. 나는 다르다는 느낌을 받지 않았고, 당시 남성 박사 과정생과 다른 대우를 받지도 않았다. 돌이켜보면 나는 두 가지를 배웠다. 첫째 그 연구소에는 대단히 적극적으로 젊은이들을 돌보는 사람들이 있었다. 그들은 다양한 젊은이 집단을 교육해 세상에 내보내려고 했다. 그런 목표가 있었기 때문에 그들이 나를 받아들였다고 생각한다. 두 번째 일은 데이비드 허블이 시간이 한참 지난 후 나에게 설명해 주었다. 당시 연구소 안에서 여성에게 박사학위를 주어도 되느냐는 문제로 큰 논쟁이 있었다고 한다. 당시는 1960년대 말, 1970년대 초였다. 연구소 교수들은 우수한 인재를 교육했는데, 아이를 낳으러 가버리면 자신들의 시간을 낭비한 일이 되지 않을까 걱정했다고 한다. 그러나 그들은 결국 나의 박사 과정을 허락했다. 이것은 첫 번째 거대한 진전이었다. 그런 다음 조교수가 되어 첫 번째 직장이었던 스탠퍼드로 갔을 때, 거기에도 여성은 없었다. 같은 해에 여성 교수가 한 명 더 왔다. 그녀는 근육 줄기세포 생물학에서의 기초

연구로 유명했다. 그녀의 이름은 헬렌 블라우 Helen Blau였다.

우리 두 사람은 같은 시기에 일종의 실험 차원에서 임명되었다. 우리는 그 사실을 몰랐다. 아무도 말해 주지 않았기 때문이다. 대학기관이 여성을 채용하면 추가로 자리를 얻었다는 게 밝혀졌다. 그 후 나는 앞으로 나아갔고, 잘해 나갔다. 나는 의과대학 기초 연구 분야에서 정교수로 승진한 최초의 여성이었다. 헬렌도 얼마 지나지 않아 나처럼 교수로 승진했고, 그 후 우리 두 사람은 우리가 실험 대상이었다는 사실을 알게 되었다. 우리 두 사람은 미국 국립과학원의 회원이 되었다. 오늘날 우리는 우리가 전혀 위험한 투자가 아니었다고 농담하곤 한다. 어쨌든 우리에게 기회를 주었던 사람들에게 감사하고 있다.

> "당시 연구소 안에서 여성에게 박사학위를 주어도 되느냐는 문제로 큰 논쟁이 있었다고 한다."

### 여성이 남성만큼 성공하기 위해서는 더 열심히 일해야 한다고 생각하는가?

여성은 성공을 위해 남성보다 더 많은 일을 해야 한다는 진단에 전적으로 동의한다. 장애물은 예나 지금이나 높다. 그러나 낙관적인 태도 또한 성공과 관련이 있다. 한 장애물을 맞닥뜨릴 때 나는 분노하는 대신 이렇게 생각했다. '오, 내가 이걸 해냈어! 지금 또 계속 가보자.'

우리 세대가 여성으로 겪어야 했던 일들을 들으면 학생들은 매우 놀라곤 한다. 그들은 아주 많은 일을 당연한 것으로 여긴다. 나의 동료 헬렌 블라우가 여기 스탠퍼드에서 아이를 낳았을 때, 출산휴가 같은 좋은 제도는 아직 없었다. 아이를 낳기 위해서는 일할 수 없다는 이유로 휴가를 신청해야 했다. 이런 경험을 요즘 설명하면, 사람들은 할 말을 잃어버린다.

## 당신은 태아의 신경세포와 시신경 발달을 발견해 유명해졌다.

우리는 엄마 배 속에 있는 태아의 뇌에서 이미 뇌와 눈 사이에 계속 통신이 일어난다는 것을 발견했다. 마치 시각을 위한 신경 회로를 훈련시키는 것 같았다. 뇌 안에 있는 신경세포들과 통신하는 시신경세포들이 이 커뮤니케이션 과정에 참여한다. 이 발견을 통해 우리는 함께 발화하는 세포들이 서로 연결된다는 생각을 하게 되었다. 우리는 이 신경세포들이 눈 안에서 생겨나는 활동 파동(망막 파동)으로 발화한다는 것을 발견했는데, 이 파동이 뇌로 보내져 초기 신경 회로를 서로 조정하고 시험한다. 전혀 예상하지 못한 일이었다. 이 현상은 모든 태아의 뇌와 눈 발달에서 지속적으로 일어나고, 두 눈이 달린 모든 동물에게도 일어난다. 우리가 세상에 태어나 눈을 뜨면, 이 과정이 사라진다.

우리는 성인으로서 여전히 배우고 기억할 수 있다. 그런데 아직 발달하고 있는 뇌는 무엇이 다를까? 왜 그 뇌는 그토록 조형성이 뛰어난가? 이것이 내가 몰두하던 질문이었다. 내 박사논문을 지도하던 데이비드 허블과 토르스튼 위즐은 이미 이 문제에 대해 무언가를 알고 있었다. 두 사람은 아이들의 백내장을 연구했었기 때문이다. 시각이 평생 완벽하게 작동한 후 성인이 되었을 때 백내장이 생기면, 즉 수정체가 혼탁해져 눈에 문제가 생기면 안과 의사는 간단한 수술을 통해 낡은 수정체를 제거하고 새로운 인공 수정체로 대체한다. 10년 동안 백내장을 앓던 사람도 수술 후에는 새로운 수정체로 다시 맑게 볼 수 있다.

그러나 백내장을 가지고 태어난 아이들은 새로운 수정체로 바로 치료하지 않으면 영구적인 시력 장애를 얻을 수 있다. 특이하지 않은가? 같은 백내장 수술을 한 후 성인은 볼 수 있지만, 아이는 볼 수 없는 상황이 생기는 이유는 무엇일까? 허블과 위즐은 이 현상에 관심을 두었고, 동물을 모델로 아이들의 백내장을 연구했다. 두 사람은 시각과 관련해서 발달 과정의 결정기critical period가 중요하다는 사실을 밝혔다. 이 단계에서 뇌는 두 눈을 함께 사용하는 법을 배워야 한다. 이 단계는 풀기 힘든 수수께끼다. 우리는 눈이 두 개다. 각각의 눈은 세상을 완벽하게 본다. 그러나 우리는 이중으로 보지 않는다. 그렇다면 그건 병이다. 왜 그럴까? 두 눈이 만드는 이미지를 하나로 통합하는 법을 뇌가 배웠기 때문이다. 이 학습이 발달 과정의 결정기에 일어난다. 이 단계에서 두 눈 쓰는 법을 획득하든지, 아니면 평생 배울 수 없게 된다.

## 당신은 또한 성인 뇌의 학습 과정도 연구했다.

성인의 뇌와 발달 과정에 있는 뇌 사이에, 노화 말고 다른 차이점은 무엇일까? 연구 활동을 시작할 때, 처음에는 뇌의 발달에 관심이 있었다. 성인이 되면 억양이 없는 프랑스어를 배울 수 없다는 말이 나에게는 유머였다. 아이의 뇌는 무엇이 그렇게 달라서 프랑스어뿐만 아니라 영어, 독일어, 중국어 등도 배울 수 있을까? 사춘기 이전 아이는 마치 스펀지 같다. 아이들의 뇌는 거대한 양의 데이터를 받아들여 저장할 수 있다. 그리고 힘들이지 않고 이를 다시 재현할 수 있다. 결정기 단계의 뇌로 다시 돌려놓아 억양이 없는 프랑스어를 배울 수 있게 해주는 약을 만들 수는 없을까? 그래서 우리는 결정기 발달 과정에서 중요한 역할을 한 후 성인의 뇌에서는 다시 닫혀 있는 분자를 찾기 시작했다. 이 단계가 다시 열릴 수 있을 것 같았다. 이 발견은 전혀 기대하지 않았던 결과가 나오는 실험의 좋은 사례다. 우리는 가능성 있는 후보 분자를 발견했다. 뇌에 있을 거라고 상상도 하지 않았던 분자였다. 이 분자는 면역계에 있는 잘 알려진 분자 MHC-1, 즉 '주조직 적합 복합체 클래스 1 Major Histocompatibility Complex Class 1' 유전자였다. MHC-1 단백질 분자는 면역계의 기능에서 절대로 필요한 분자다. 우리는 이 분자가 신경세포들의 시냅스 결합을 조절한다는 뜻밖의 발견을 했다.

쥐에 있는 MHC-1 유전자를 비활성화시켰을 때, 쥐의 뇌에서 결정기가 끝나지 않음을 확인했다. 성인 쥐의 뇌는 젊은 사춘기를 유지했다. 다르게 표현하면, 이 쥐는 성인이 되어서도 여전히 '프랑스어를 배울 수 있었다.' 우리는 이런 일이 인간의 뇌에서도 일어날 거라고 파악했다. 인간의 뇌에서도 같은 분자를 발견했기 때문이다. 우리는 이 새로운 지식이 알츠하이머병의 연구에도 중요할 것이라고 생각했다. 우리의 기억은 신경세포들의 연결 부위인 시냅스 안에 저장된다. 시냅스는 우리 뇌의 중요 기능을 담당한다. 우리는 새로운 시냅스를 발전시켜 새로운 기억을 저장한다. 알츠하이머병에 걸리면 이 시냅스가 사라진다. 시냅스에 기억이 저장되므로, 시냅스의 상실은 심각한 문제다. 우리가 발견한 새로운 지식을 이용하면 알츠하이머 환자의 시냅스 상실을 막을 수 있지 않을까 생각하게 되었다.

## 당신은 불안감을 느꼈던 상황들이 있었나?

미국에서는 연구실의 재정이 외부의 연구지원금을 따내는 연구자의 능력에 달려 있다. 말하자면 우리는 계속 경쟁 상태에 있다. 이런 상황이 내면의 어떤 불안을 불러오고, 우리 모두 이 불안의 지배를 받는다. 특히 나이가 들어가면서 나는 이 불안을 요즘 더욱 크게 느낀다. 나보다 앞선 세대의 과학자들은 충분한 연구지원금을 받았다. 심지어 나이 든 과학자들도 그랬다. 그들은 자신들의 연구를 계속할 수 있다는 보장이 있었다. 오늘날에는 이런 보장이 없다. 노벨상 수상자에게도 마찬가지다.

## 당신 삶의 정점은 언제였는가?

내 삶의 정점은 신경과학 분야 카블리상을 받았을 때다. 나뿐만 아니라 오늘날 나의 가장 가까운 가족인 남동생과 올케에게도 최고의 날이었다. 노르웨이의 노벨상이라 불리는 카블리상은 국제적으로 최고의 상 가운데 하나다. 그 상의 대단함을 나는 놀라운 축하연에서 경험했다. 축하연에서 나는 그들이 나에게 주고 싶었던 인정과 명예를 보았다. 그때 나는 내가 해왔던 일들을 숙고하기 시작했다.

## 당신에게는 어떤 일이 악몽이 될까?

고백하자면, 나의 기억과 나 자신을 잃어버리는 일이 내게는 최고의 악몽이다. 정말 이 일이 일어날까 봐 두렵다. 어떤 식으로든 치매에 걸리게 된다면 내게는 엄청난 악몽이 될 것이다. 나뿐만 아니라 대단히 많은 사람에게 그런 두려움이 있을 거라고 생각한다.

> "배우자의 말을 경청하고, 배우자가 말하지 않은 것도 들어라."

## 오늘날 과학자의 길을 시작하려는 여성들에게 어떤 조언을 하겠는가?

열정을 가져야 하고 그 열정을 따르라고 조언하고 싶다. 자신이 답하고 싶고 전력을 다해 노력할 진정 커다란 질문을 제기해야 한다. 또 다른 점을 지적하자면, 배우자와의 문제가 정말로 중요하다. 경력과 가족 사이의 균형을 찾기 위해 언제나 배우자와 대화해야 한다. 배우자의 말을 경청하고, 배우자가 말하지 않은 것도 들어라. 자신에게도 그것은 중요하다. 또한 임신 가능한 시기를 알기 위해 반드시 자신의 생식 능력을 잘 파악하고 있어야 한다. 임신을 할 거라면 언제 할 것인지 잘 결정해야 한다. 농담으로 하는 게 아니다. 웃을 수 있겠지만, 이 문제는 정말 중요하다. 당신은 과학자니까 이를 찾아내라.

# "비밀은 아이와 같은 호기심을 내려놓지 않는 데 있다."

패트릭 크래머 | 분자생물학
괴팅겐 대학교 생화학 교수
괴팅겐 생물리화학 막스 플랑크 연구소 소장
독일

**크래머 교수, 1990년대에 영국 브리스톨로 갔다. 독일 대학에서는 당신을 마음 껏 펼칠 수 없었기 때문이다. 어렸을 때도 많은 자유 공간이 필요했었나?**

아이였을 때는 해마다 다른 취미를 가졌다. 나는 까다롭고, 많은 일을 벌이는 아이였다. 모든 걸 늘 스스로 하려고 했으며, 세계가 어떻게 작동하는지 이해하려고 했다. 아무런 사전지식도 없이 라디오를 조립하려고 했고, 모형 기차를 수리하려고도 했다. 어느 날 부모님은 화학 조립 상자를 선물했고, 그때 정말 나는 불이 붙었다. 또 늘 잘 대해 주었던 화학 선생님이 있었다. 선생님과 나는 쉬는 시간에 많은 대화를 했는데, 나의 질문이 무궁무진했기 때문이다. 어느 여름에 나는 상당히 괴상한 취미를 한 번 가졌다. 주기율표에 있는 모든 원소를 모으려고 했던 것이다. 철이나 구리는 쉽게 찾을 수 있었지만 나머지는 쉽지 않았다. 당시에 화학 선생님이 규소를 주었다.

## 또한 자주 자연 속에 있지 않았나?

일요일마다 부모님과 함께 산책을 할 때 나는 늘 발견자였다. 동물이나 식물보다 여전히 화학에 더 큰 관심이 있었던 때는 분자와 원자가 나를 매료시켰다. 이 작고 보이지 않는 세계가 모든 것을 해명해 주는 것 같았다. 그러나 공부를 통해 자연에 있는 분자가 훨씬 아름답고 더 위대하고 복잡하다는 것을 깨닫게 되었다. 자연은 살아 있지 않은 존재보다 훨씬 다양한 기능을 보유할 수 있다는 것도 알게 되었다. 그때부터 생물학에 관심이 커졌다.

## 1969년생인 당신은 과학계에서 보면 신세대다. 당신은 자신감이 넘치고, 성과 지향적이며, 개방적이고 글로벌한 인물로 알려져 있다. 이 묘사에 들어 있는 내용을 설명해 줄 수 있을까?

이 모든 것은 성공을 위해 내게 필요했던 특성이다. 대단히 큰 자신감을 가지고 시작하는 것은 부모님으로부터 받은 특성이다. 또한 나는 앞선 세대와의 진정한 단절을 경험했었다. 학생 때는 당시 교수들로부터 미래의 과학자로 인정받지 못했다. 슈투트가르트 대학교에서 첫 학기에 우리 과에 등록했던 학생은 모두 193명이었다. 첫 강의에서 교수는 이 중에 50~60명만 계속 가게 될 거라고 말했다. 이는 너무 심한 선별이었고, 젊은 학생들을 그냥 노동력으로만 이해하는 처사였다. 교수가 된 후 나는 앵글로색슨 문화권에서 배운 것을 이용하려고 노력한다. 개별 학생들을 일찍부터 관찰하고, 무언가 과학에 기여할 수 있다는 자신감을 심어 주려고 노력한다.

> "예나 지금이나 학술지들이 과학자의 경력을 정하고, 논문이 지위를 결정할 수 있다."

## 과학자들에게 논문의 인용 횟수는 중요한 평가 기준이다. 이런 시스템을 어떻게 평가하는가?

이 시스템은 특히 단순한 평가 기준을 찾는 이들

에게 적합하다. H지수의 도움으로 누구에게 더 많은 돈을 줄지 편안하게 결정할 수 있다. 그러나 아직 완전히 '상자 바깥outside of the box'에서 생각하고 지지자가 없는 사람이 내놓는 초혁신적 사고와 결과는 쉽게 무시될 수도 있다. 막스 플랑크 협회 연구소들은 중요한 질문을 다루는 사람이 있는지, 그리고 그들의 방법이 새로운지를 파악하려고 노력한다. 우리에게는 몇 년 후에 대단한 혁신적 결과가 나올 수 있는 생각이 이런 초보적인 양적 지수보다 더 중요하다.

**과학계에서 첫째가 되는 건 늘 중요한 문제다. 당신은 이런 경쟁을 어떻게 경험했나?**

나에게도 경쟁은 개인적으로 엄청난 부담이었다. 몇 년 전까지만 해도 원고 작업이 없는 휴가를 보낸 적이 거의 없었다. 과학 학술지에 맨 처음 실리기 위해 심지어 가끔씩은 휴대전화로 작업해야 했다. 함께 작업한 집필자들은 금메달을 따기 위해 인생에서 가장 좋은 날들을 이 연구에 쏟았다. 내가 휴가 중이라는 이유로 금메달 획득에 실패하면 안 되는 것이었다. 예나 지금이나 학술지들이 과학자의 경력을 정하고, 논문이 지위를 결정할 수 있다.

**당신은 스탠퍼드에서 로저 콘버그(Roger Kornberg) 교수 팀에서 일했고, 콘버그 교수가 노벨상을 수상하는 데 큰 기여를 했다고 들었다.**

콘버그와 그의 팀이 유전자를 읽을 수 있는 분자인 RNA 중합효소를 결정화할 수 있다는 걸 알게 된 후, 1990년대 말에 스탠퍼드로 갔다. 나는 젊었고 잃을 것이 없었다. 소위 결정수축의 도움을 받아 구조 문제를 성공적으로 해명할 수 있었는데, 당시 많은 동료들은 기술적으로 이 일이 불가능하다고 여겼다. 우리는 2000년과 2001년에 세 편의 논문을 발표했고, 그렇게 그 일을 마무리 지었다. 나는 노벨상을 전혀 기대하지 않았다. 콘버그와 그의 팀은 10년 넘게 사전 작업을 이끌었고, 그들이 없었다면 나는 아무것도 얻지 못했을 것이다. 아울러 콘버그로부터 몇 가지를 배웠다. 그중 하나는 과학 작업에서 모든 것은 머릿속에서 일어난다는 것이었다. 내가 어떤 실험을 시작하고, 무엇이 아직 해명되지 않은 질문이며, 어떻게 접근하든 관계없이 말이다. 그리고 결국 이 데이터의 의미를 파악하고, 사람들에게 그 의미를 전달하는 방식이 중요하다.

## 지금 당신이 연구하는 주제를 설명해 줄 수 있을까?

가장 좋은 방법은 모두가 아는 예를 통해 접근하는 것이다. 생명은 수정된 난자에서 생겨난다. 그러니까 생명이 생겨날 때 맨 처음에는 단 하나의 세포만이 존재하고, 이 세포 안에 온전한 생명체를 생성하고 수년 동안 유지하기 위해 필요한 모든 정보가 들어 있다. 이 한 개의 세포에서 다양한 세포 형태가 분화된다. 다시 말해 바로 이 수정된 난자의 게놈이 다양한 세포 유형을 만들어 낼

수 있다. 이 수정된 난자 세포의 분화는 다양한 유전자가 활성화되어 전사라는 핵심 활동으로 이어질 때만 가능하다. 전사는 유전자 발현의 첫 번째 단계다. 이 복잡한 전사 과정은 매우 다양한 분자들이 수행한다. 그리고 전사 과정의 조절은 생명체의 발달과 유지뿐만 아니라 질병의 이해에도 매우 중요하다. 예를 들어 종양세포에서는 유전자 전사가 완전히 뒤죽박죽으로 진행된다.

## 무언가 성공하지 못했을 때 생기는 불안감에는 어떻게 대처하는가?

나의 원칙은 한결같다. 몇 년 동안의 좌절을 견딜 준비가 되지 않으면 획기적인 발견을 하지 못할 거라고 확신한다. 개인적으로 나는 큰 위험들을 과감하게 감수했다. 평생 이사만 열다섯 번 했고, 두 아이는 나와 아내의 장학금이 거절되었을 때 외국에서 태어났다. 결코 쉽지 않은 시간이었다. 우리는 유럽으로 다시 돌아올 수 있을지조차 몰랐다. 오늘날 나는 정규직에 있고, 직업에서 개인적 위험이 일어날 가능성은 훨씬 적어졌다.

## 어떤 글에서 연구 때문에 많은 불면의 밤을 보냈다고 쓴 적이 있다.

아름다운 불면의 밤들이 있었다. 당시에 나는 낮에 얻은 연구 결과에 너무 매료되어서 밤에도 뇌에게 계속 일을 시켰다. 그 후에도 가끔씩 밤에 논문을 쓰거나, 수행해야 할 실험 계획을 새벽에 짰다. 요즘에도 가끔씩 불면의 밤을 보낸다. 나는 다양한 위원회에 속해 있으면서 사람들을 심사해야 하고, 그 밖의 모든 일을 제대로 처리하려고 노력하기 때문이다.

## 인생에서 위기가 찾아온 적이 있었나?

한 번 있었다. 뮌헨 대학교에 있을 때 너무 많은 업무를 넘겨받았다. 모두 합쳐 아홉 가지의 서비스 업무를 맡았고, 이 모든 일을 또 잘하고 싶었다. 그러나 그냥 일이 너무 많았다. 그렇게 10년을 보낸 후 새로운 환경이 필요했다. 나는 마치 리셋 버튼을 누르듯 새로운 것을 고민해야 했고, 무엇으로 다음 10년을 시작하고 싶은지 숙고해야 했다. 그 상황은 조금 일찍 찾아온 중년의 작은 위기였을 것이다. 놓아 버리기가 나에게는 큰 도움이 되었다. 놓아 버리기를 통해 다시 한 번 괴팅겐에서 새롭게 일할 자유 공간을 얻었다. 그렇게 위기를 극복했다.

### 연구 활동을 하면서 숭고함을 느낀 적이 있었나?

스탠퍼드에서 연구할 때 종종 밤에 실리콘 밸리 위 언덕에 있는 거대한 입자가속기 싱크로트론 작업을 했었다. 어느 날 밤에 나는 측정값을 얻었다. 화면에 그 값이 표시되자마자 싱크로트론이 이 물질을 쪼겠다는 것을 바로 알아차렸다. 나는 아이처럼 입자가속기에서 뛰어나와 언덕 위로 올라갔다. 그 언덕에서 실리콘 밸리를 내려다보았는데, 마침 실리콘 밸리에서 아주 천천히 태양이 떠오르고 있었다. 그때 나는 우리 유전자를 활성화시키는 분자의 정체와 모습을 묻는 연구가 앞으로 1~2년은 더 걸릴 거라는 걸 알았다. 그러나 이 문제를 해명하게 될 거라는 것도 깨달았다. 그때 어떤 숭고함을 느꼈다.

### 성공한 과학자에게 두드러지게 나타나는 특징은 무엇인가?

비밀은 아이 같은 호기심을 버리지 않는 데 있다. 평생 열린 자세를 유지하는 일은 삶을 가치 있게 만든다. 일할 때는 확실한 고집도 필요하다. 그러나 인간으로서 내가 모든 것을 이해하고 인지할 수 있다고 주제넘게 생각하지 않는다. 우리를 둘러싼 자연 속에 있는 모든 것이 얼마나 아름답고 정확하게 작동하는지를 보게 될 때, 늘 겸허해지고 스스로 작고 보잘것없음을 느낀다. 한편 과학에서의 성공은 다른 사람들과 잘 지낼 수 있는 사람들에게만 주어진다. 나는 나의 연구실에서 일하는 모든 사람을 자세히 관찰한다. 몇몇 연구원은 많은 돌봄을 받을 때 최고의 능력을 발휘할 수 있다. 반면 어떤 연구원들은 최대한의 자유가 필요하다. 만약 이들에게 너무 자주 도움을 주면, 그들은 제한받는다는 느낌이 들 것이다.

## 무엇이 지금의 당신을 만들었나?

지금의 내가 가진 가장 큰 장점은 다양한 과학 시스템을 경험한 것이다. 나는 티타임이 있는 영국 시스템을 경험했다. 티타임 때 나는 케임브리지에 있는 노벨상 수상자와 아무 목적 없이, 상급자라는 부담도 없이 이야기할 수 있었다. 미국 시스템은 대단히 편안한 느낌을 준다. 그러나 그것은 대단히 집중도 높은 작업을 의미한다. 그 밖에도 한 유럽 연구소에서 국제적 다양성도 경험했고, 막스 플랑크 연구소처럼 대학 밖에 있는 시스템과 대학 연구소 사이를 비교할 수 있는 경험도 했다. 나는 이런 시스템들의 가장 좋은 점들을 결합하려고 노력한다.

## 당신은 디지털화는 이제 시작이고, 우리는 언젠가 디지털적 존재가 될 것이라고 말한 적이 있다.

원래 나는 진보를 그렇게 신봉하는 사람이 아니다. 내가 비판한 것은 새로운 기술에 대한 유럽의 과도한 두려움이다. 유럽의 과학자들은 기술이 어떻게 우리 인류에게 좋은 일을 할 수 있을지를 깊이 고민해야 하고, 적극적으로 함께 그 일을 만들어 가야 한다. 모든 것을 거부만 한 채 아시아나 미국에서 발전되기를 기다려서는 안 된다. 나는 유럽이 노이슈반슈타인 성처럼 될까 봐 걱정이다. 다른 대륙 사람들이 유럽의 거대한 과학사에는 감탄하지만, 유럽을 시대의 맥박이 더는 뛰지 않는 박물관처럼 바라볼까 봐 걱정인 것이다. 연구자들은 우리의 지식을 사회의 다른 분야에 전달해야 할 특별한 책임이 있다. 그다음 전체로서 사회는 거기서 무엇을 만들어야 할지 고민해야 한다.

## 왜 젊은이들이 과학을 공부해야 할까?

예나 지금이나 과학에서 가장 아름다운 일은 지금껏 누구도 보지 못했고 이해하지 못했던 것을 볼 수 있다는 것이다. 해명되지 않은 질문에 몰두하는 첫 번째 사람이 되는 일, 그리고 우연한 발견의 황홀한 순간을 경험하는 일은 이 모든 노고를 상쇄해 준다. 그래서 나는 젊은이들에게 자신이 뜨거운 흥미를 느끼는 주제를 연구하라고 조언한다. 오직 동기 부여를 통해서만 성과를 향한 능력이 생겨난다.

## 과학계는 여전히 남성이 지배하는 곳이다. 어떻게 더 많은 여성이 과학계에서 높은 지위에 오를 수 있을까?

나는 미리 자기 분야에서 아주 뛰어난 젊은 여성 연구자를 찾아서, 그들을 새로운 동료로 얻기 위해 노력한다. 아쉽게도 이런 노력이 늘 성공하는 것은 아니다. 최고의 여성 과학자들은 구미에 맞는 매력적인 제안들을 많이 받고, 다른 대학이나 기관을 선택하는 경우가 있기 때문이다. 그럼에도 나의 제안은 최고의 여성 과학자들을 찾아서 그들을 일찍부터 후원하라는 것이다. 상과 연구지원금 신청에 지원하는 일도 매우 중요한데, 이런 지원을 통해 주목받을 가능성이 높아지기 때문이다. 우리 모두 이런 기회에 더 많이 참여해야 한다.

## 당신은 독일 시스템뿐만 아니라 미국의 시스템도 경험했다. 미국의 관점에서 볼 때 독일 과학자들은 평생 안정된 교수직을 보장받는다. 반면 미국의 과학자들은 끊임없이 심사받아야 한다.

두 시스템 모두 장단점이 있다. 독일의 교수직에서 조기 은퇴하는 일은 정말 드물기는 하다. 왜냐하면 교수가 되기 전에 이미 자신의 중심 동력이 무엇인지 낱낱이 검토받기 때문이다. 그 밖에 독일에도 당연히 심사 시스템은 있다. 막스 플랑크 연구소 소장으로서 나는 3년마다 심사를 받는다. 심사 자리에서 나는 학생처럼 칠판 앞에 서서 무슨 일을 이끌어 왔고, 앞으로 무슨 일을 하려고 하는지 보고해야 한다. 미국 연구자들이 받는 압력이 더 강하긴 하다. 이런 평가가 심지어 급여의 일부와도 연관되기 때문이다. 연구지원금이 떨어질 때도 미국 연구자들의 실망은 대단히 크다. 미국식 시스템은 누구나 늘 점검받아야 한

다는 장점이 있지만, 큰 프로젝트를 위한 시간
이 종종 너무 짧다는 단점이 있다. 과학자들
은 하나의 계획을 위해 10년 혹은 15년이 필
요한 경우도 있지만, 이런 계획은 미국 시스템
에서는 전혀 살아남지 못한다.

"나는 유럽이
노이슈반슈타인 성처럼
될까 봐 걱정이다."

## 그렇지만 노벨상 수상자는 미국이 월등히 많다.

많은 역사적·문화적 이유가 있다. 한 동료가 상을 받을 때 독일은 지금보다 더
많이 함께 기뻐해야 한다. 이런 부분에서는 미국 문화가 더 나은 점이 있을 것이
다. '집단 정체성'이라는 문제에서도 유럽은 개선할 필요가 있을 것이다. 하버
드에 있는 사람은 자부심을 가지고, 하버드를 자신의 팀으로 본다. 하버드에서
받은 모든 노벨상을 자신에게도 작은 영예로 여긴다. 많은 사람들에게 성공적
인 모임에 소속되는 일은 대단히 중요하다. 그리고 그렇게 많은 성공과 에너지
는 더 큰 연합 안에만 존재한다.

## 세상에 전하는 당신의 메시지는 무엇인가?

우리는 참여적 리더십을 발휘할 수 있는 개인들이 필요하다. 그 비결은 같이
일하는 연구원들이 창조적으로 연구에 참여하도록 하는 것이다. 연구원들이
나의 연구만을 위해 일하는 게 아니라 창조적 참여를 통해 내가 할 수 있었던
것보다 더 크게 성장하도록 하는 것이다. 전통적 위계 구조는 완전히 낡았는
데, 그 위계질서는 창조적 잠재력을 더는 충분히 끌어내고 활용하지 못하기
때문이다.

# "내가 옳다고 확신할 때,
# 쉽게 주눅 들지 않는다."

단 셰흐트만 | 물리학
하이파 이스라엘 공과대학교(테크니온) 재료과학 은퇴교수
2011년 노벨 화학상 수상
이스라엘

**셰흐트만 교수, 당신은 성공적인 과학자에게 사회적 능력도 중요하다고 강조한다. 왜 그런가?**

교육 수준과 관계없이 가장 성공한 사람들은 누구나 사회적 능력이 뛰어나다. 그들은 자신들의 일을 설명하는 법을 알고, 주목받는 법을 안다. 그리고 누구에게 무엇을 팔 수 있는지도 안다. 강연을 할 때 나는 청중 속 모두와 눈을 맞추려고 노력한다. 가끔씩 청중이 1,000명일 때도 있다. 나는 청중 모두에게 내가 자신을 향해 말하고 있다는 느낌이 들게 하고 싶다. 타인의 말을 경청하는 일 또한 매우 중요하다. 누군가와 대화할 때 다음 반응을 고민하지 말고 경청해야 한다! 그럴 때 틀림없이 신뢰를 받을 수 있을 것이다. 사람들은 자신을 주목하고 자신을 신뢰하는 사람을 좋아한다. 아내는 정신과 의사다. 아내는 "그 일은 당신이 참 잘했어요" 혹은 "그때 당신은 제대로 말하지 못했어요"와 같은 지적으로 행동을 수정해 주었다.

**"독일은 여러 층이 있는 대단히 위계적인 사회다."**

### 아이가 네 명이다. 아내도 학자다. 당신은 아내의 직업생활을 어떻게 도왔나?

결혼 초기에는 아내가 아이들에 전념했다. 이 시기에 아내는 양육을 위해 자신의 경력을 돌보지 않았다. 아이들이 학교에서 돌아올 때 집에 있기 위해서 한 초등학교에서 상담사로 일했다. 그러나 나는 아내에게 더 높은 학위를 받을 수 있다고 늘 격려했다. 미국에서 박사후연구원 초기 때 아내는 석사학위를 마쳤고, 내가 안식년을 보낼 때 박사학위를 땄다. 사람들은 늘 말한다. "오, 아내가 아이들을 혼자 키웠군요." 그러나 아내가 박사논문을 마무리할 때는 내가 아이들을 돌봤다. 아이들이 충분히 성장한 후에 아내는 대학에서의 경력을 시작했다. 대학에서 사람들은 그녀에게 말했다. "당신은 나이가 너무 많아요." 아내는 이렇게 대답할 뿐이었다. "나중에 결과를 같이 보죠." 아내는 누구보다도 빨리 박사학위를 받았는데, 왜냐하면 진짜 삶을 알고 있었기 때문이다.

### 당신을 두고 과학 공동체에서 화려한 색을 뽐내는 극락조 같은 인물이라고 말하기도 한다.

그 말을 좋아한다. 그렇다. 나는 스스로를 다채롭다고 생각한다. 나는 나의 과학적 전문성과 직접 관련이 없는 일을 많이 한다. 32년 전에 테크니온에 '과학기술적 사업가'라는 새로운 과목을 개설했다. 당시에 이미 나는 미래가 하이테크 스타트업 기업에 달려 있다는 것을 알았다. 그래서 테크니온 학생 모두에게 스타트업 관련 필수 지식을 전달하고 싶었다. 어디에서 돈을 얻을 수 있고, 관청과는 어떻게 일해야 하는지 등을 알려 주고 싶었다. 이 수업은 테크니온 역사에서 수강생이 가장 많았던 수업이다. 많은 학생들이 강의실 바닥에 앉았다. 이후 수강생 25%가 스타트업에 참여했다. 대단히 성공적인 수치였다. 3년 전에 나는 이 수업을 다른 교수에게 넘겨주었다. 그러나 테크니온에 있는 누구나

이 강의가 단 셰흐트만의 작품이라는 걸 알고 있다. 한 라디오 인터뷰에서 나는 과학을 유치원 때부터 알려 주어야 한다고 말했다. 가능한 한 많은 아이들이 과학계로 올 필요가 있다. 세계가 실업률이 끔찍하게 높아지는 상황으로 가고 있다는 말을 자주 듣는다. 틀렸다! 교육을 받지 못한 사람들만 문제가 될 것이다. 이 멋진 신세계는 공학자와 과학자에게 환상적인 곳이 될 것이다. 충분한 연구자를 갖지 못한 나라들은 뒤처질 것이다.

## 그래서 모든 나라가 연구 지원을 강화해야 하는가?

연구 지원만 중요한 게 아니다. 새로운 생각들도 지원해야 한다. 이런 점에서 독일과 이스라엘 사이에 큰 차이가 있다. 독일은 여러 층이 있는 대단히 위계적인 사회다. 만약 한 엔지니어에게 아이디어가 떠올랐다면, 이 엔지니어는 이 문제를 자신의 상관과 이야기할 수 있다. 이 상관은 또 그 위의 상관에게 이 아이디어를 전달한다. 이렇게 계속 진행된다. 이 아이디어가 CEO에게 도달했을 때 이미 그 엔지니어의 이름은 사라졌다. 이스라엘에서는 완전히 다르다. 이스라엘에서는 엔지니어가 CEO에게 바로 전화할 수 있다. CEO가 이 아이디어에 관심이 생기면 이렇게 말한다. "내가 100만 달러를 줄게요. 지금 일을 시작해 당신의 아이디어를 발전시키세요." 엔지니어가 아이디어 개발에 성공하게 되면, 파트너 자회사를 새로 창립하게 될 것이다. 이것이 한 조직 안에서의 기업가 정신이다. 이스라엘에서는 누구나 자신의 생각을 CEO에게 전할 수 있지만, 독일에서는 그렇지 않다.

## 기계공학을 공부하면서 어떤 영감을 얻었나?

어렸을 때 책을 많이 읽었다. 백과사전 전체를 외울 수 있을 정도였다. 또 특별히 모험소설을 좋아했다. 그중 하나가 쥘 베른Jules Verne이 쓴 『신비의 섬』이었다. 한 섬에 도착한 다섯 남자를 다루고 있는 소설이다. 다섯 명을 이끄는 지도자는 엔지니어였는데, 그는 섬에 있는 재료로 모든 것을 해낼 수 있었다. 나도 그 사람처럼 되고 싶었다. 그래서 군대에 다녀온 후 테크니온에서 기계공학 공부를 시작했다. 졸업할 때 하필 심한 불경기가 왔고, 직장을 구하지 못했다. 그래서 생각했다. '석사학위를 받자. 2년 뒤에는 확실히 직장을 구할 수 있을 거야.' 이 2년 동안 과학과 사랑에 빠졌다. 그것이 내 운명을 결정지었다.

**1982년 4월 8일, 당신은 준결정(quaicrystal) 발견이라는 획기적인 일을 했다. 이 발견에 대해 좀 더 설명해 줄 수 있을까?**

안식년을 맞아 미국에 있던 나는 알루미늄과 전이 금속의 새로운 합금을 개발하는 연구를 하고 있었다. 급속 경화를 이용해 알루미늄과 망간 합금의 다양한 결합을 만들기 시작했다. 나는 매우 체계적으로 작업했고, 매일 새로운 합금이

나왔다. 1982년 4월 8일 오후, 투과 전자현미경으로 알루미늄 망간 합금을 관찰했다. 관찰 사진을 몇 개 저장했는데, 특이한 것을 보았다. 실제로는 불가능하다고 여겨졌던 10회 원형 대칭 구조로 된 회절 패턴이 관찰된 것이다. 나는 쌍정 crystal twinning이라고 부르는 현상 때문에 이런 일이 일어났다고 생각했다. 다른 말로 하면 '잊어버려. 별로 흥미로운 일이 아니야'라고 생각했다. 나는 오후 내내 쌍정 구조를 찾았지만 하나도 찾을 수 없었다. 이 때 틀림없이 여기에 무언가 특별한

게 있을 거라고 확신했다. 나의 발견에 대한 반응은 처음부터 뒤섞여 있었다. 한편에서는 지지를 받았다. 나중에 논문의 공동 저자가 되기도 했던 존 칸John Cahn이 대표적 지지자였다. 다른 쪽에서는 부정과 비난이 쏟아졌다. 심지어 당시 우리 팀의 연구 책임자는 내가 팀의 수치이며 이 팀을 떠나야 한다고 말하기도 했다.

## 그 발견을 좀 더 상세히 설명해 줄 수 있을까?

우리가 이용하는 대부분의 금속과 세라믹 합성물은 결정체다. 이 물질의 원자들은 규칙과 주기에 따라 정렬된다는 뜻이다. 주기성이란 임의의 두 원자 사이의 거리는 어떤 방향에서도 같다는 말이다. 1982년까지 내가 연구했던 모든 결정체는 이랬다. 그때 나는 불가능하다고 여겨졌던 무언가를 발견했다. 주기성이 없는 결정체를 발견한 것이다. 이 물질들은 준주기성quasiperiodic이라 부르는 특별한 질서를 갖는다. 준주기성은 아름다운 규칙이지만, 주기성은 아니다. 이 발견은 결정학 분야에서 패러다임의 전환이었다. 내 첫 번째 논문이 발표되자마자 몇몇 연구팀이 내 실험을 반복했고 같은 결과를 얻었다. 얼마 후 젊은 연구자들의 거대한 집단이 만들어지고, 나의 발견에서 준주기성 결정학이 생겨났다. 이 발견으로 나는 여러 상을 받았고, 특히 2011년에 노벨 화학상을 받을 수 있었다.

## 그런데 역시 노벨상을 받은 적이 있었던 라이너스 폴링(Linus Pauling)은 당신의 발견을 완전히 말도 안 된다고 여겼다.

라이너스 폴링은 20세기 미국의 가장 위대한 화학자였다. 폴링은 노벨상을 두 번이나 받았다. 신과 라이너스 폴링 사이의 차이는 신은 자신

"당시 우리 팀의 연구 책임자는 내가 팀의 수치이며 이 팀을 떠나야 한다고 말하기도 했다."

이 라이너스 폴링일 거라고 믿지 않지만 라이너스 폴링은 그 반대였다는 것이다. 폴링은 준결정에서만 잘못했던 게 아니라 살면서 여러 번의 오류를 범했다. 잘못된 생각은 누구나 할 수 있고, 오류는 아무 문제가 없는 일이다. 그러나 유명한 사람이라면 자신이 하는 말에 좀 더 주의해야 한다. 폴링은 나와 내가 속한 준주기 결정학 공동체와 10년 넘게 싸웠다. 내가 처음 논문을 발표했던 1984년부터 1994년까지 그랬다. 1994년이 되어서야 싸움이 멈추었다. 폴링이 죽었기 때문이다. 한 번은 팔로 알토에 있는 폴링의 집에서 내가 한 시간 동안 준주기성을 주제로 강연을 했었다. 강연을 끝냈을 때, 그는 내게 말했다. "셰흐트만 박사님, 나는 당신이 어떻게 그 일을 했는지 모르겠습니다." 즉 그는 전자현미경을 전혀 이해하지 못했다. 그가 위대한 화학자일 수는 있지만, 나는 전자현미경 전문가였다.

### 어떻게 이런 적대적 환경을 견뎌냈는가?

내가 옳다는 확신이 들면 쉽게 흔들리지 않는다. 초등학교 1학년 때 나는 우리 반 전체와 맞섰다. 나는 당당하게 서서 말했다. "너희들 모두 틀렸어." 왜냐하면 그들이 틀렸기 때문이다. 전체 학급이 틀렸다. 왜냐하면 나는 무언가를 말하기 전에 스스로를 믿을 수 있는지 종종 점검하기 때문이다. 나는 무리를 따르지 않는다. 아마도 이런 성향은 나의 유전자에 자리 잡고 있을 것이다. 할아버지는 1906년에 개척자로서 나라를 만들기 위해 이스라엘로 왔다. 할아버지는 자신의 확고한 원칙이 있었던 고집쟁이였다. 누구도 이치에 맞지 않는 걸 가지고 할아버지에게 올 수 없었다. 나는 할아버지로부터 다른 사람이 너에게 하는 말을 아무것도 믿지 말라는 가르침을 받았다. "너 자신의 의견을 만들고 그 의견을 옹호하라. 풍부한 지식을 갖추고 사실을 다루어야 한다." 이것이 할아버지의

원칙이었다. 그러나 나는 할아버지보다는 훨씬
너그럽다.

## 한 인터뷰에서 여성들은 덜 참여적이고 경쟁을 덜 지향한다고 말한 적이 있다.

몇몇 여성은 대단히 경쟁적이지만, 보통 나는 여
성들을 함께 일하는 동료로서 신뢰한다. 평생 나와 함께
일했던 몇몇 여성이 있다. 예를 들면 대단히 신뢰하는 여성 행정 직원이 있다.
나는 그 여직원을 신뢰한다. 그녀는 나의 모든 출장과 전체 통신을 관리한다.
내가 한 마디만 하면, 그녀의 손에서 모든 일이 제대로 돌아간다.

## 젊은 과학자들에게 어떤 조언을 해주겠는가?

만약 당신이 젊은 과학자로서 실험을 하고 있다면, 당신이 하는 일을 실험 일
지에 모두 기록하라. 언젠가 그 일지는 대단히 중요할 수 있기 때문이다. 과학
분야에서 성공하고 싶다면 생물학, 화학, 물리학, 수학 분야에서 넓은 지식을
쌓을 필요가 있다. 그다음에 무엇을 하고 싶은지 선택할 수 있고, 그 분야에서
전문가가 될 수 있다. 어떤 분야든 최고가 되려고 노력해야 한다. 그럴 때 그 과
학 분야에서 위대한 경력을 쌓을 수 있을 것이다. 나는 전자현미경 전문가였다.
사람들은 대개 실험을 잘 준비하기 위해 긴 시간이 필요하다. 나는 5분이면 충
분하다. 그러나 전자현미경 분야에 들어가기 위해 여러 해가 필요했다.

## 당신은 과학자들의 사회적 책임을 어떻게 보는가?

과학자들은 누구에게도 책임을 지지 않는다. 과학자는 완전히 객관적이다. 우
리는 세계를 이해하려고 노력하고, 사회를 위해 사용할 수 있는 도구를 개발한
다. 책임은 사회의 더 높은 지배자들에게 있다. 정치인, 유권자, 사회, 이 모두에

게 책임이 있다. 과학자에게는 없다. 내 생각은 이렇다. 윤리적 문제와 관련해서는 내가 넘어가지 않으려는 몇 가지 선이 있다. 엄격한 통제와 감시 아래 진행되는 경우를 제외하고, 사람을 대상으로 하는 실험은 옳지 않다. 그렇지만 죽은 신체 조직에서 샘플을 가져오는 일은 누구도 반대하지 않을 거라고 생각한다. 내가 죽은 후 내 신체 일부를 연구를 위해 이용한다면 반대하지 않을 것이다. 어차피 나의 시신은 부패할 것이기 때문이다.

## 당신은 종교적인가?

아니다. 종교적이지 않다. 그러나 나의 뿌리와 전통에 따른 축제일을 존중한다. 내 사무실에는 성서가 있고, 나는 성서 내용을 상당히 잘 안다. 어렸을 때 종교적인 사람들을 부러워했다. 신앙이 있는 사람들은 정해진 행동 규범이 있어서 더 강했기 때문이다. 나는 그러지 못했다. 어떤 선택을 해야 하는지 늘 망설였다. 시간이 지나면서 동료들과 마찬가지로 나도 나만의 윤리 강령을 발전시켰다. 우리는 사람들의 말을 경청해야 하고, 다른 사람을 다치게 하지 않는다는 것을 확인해 주어야 한다. 이것이 바로 현대 사회가 해야 할 일이다. 우리는 무엇이 옳고 그른지 판명해 주는 국제적인 행동 규범을 만들어야 할 것이다.

## 삶에서 바꾸었으면 하는 무언가가 있나?

나는 사람들이 이 질문에 대답할 수 없다고 생각한다. 인생은 우연이 규정한다. 사람들은 이 우연을 알아차리지 못한다. 자신들이 모든 것을 통제할 수 있다고 생각한다. 나는 내 삶의 모든 것을 특정한 전환점들로 소급할 수 있다. 1분 동안의 대화. 그것이 내 삶의 길을 바꾸었다. 이런 일은 여러 차례 일어났다. 만약 내가 다른 것을 선택했었다면 지금 여기 있지 않을 것이다. 나는 이 전환점들을 알아차렸다. 다른 사람들도 무언가를 바꾸길 원한다면 이 전환점들을 알아차려야 한다고 늘 말한다. 삶은 대단히 특별한 선물이고, 인간은 지혜롭게 그

선물 같은 삶을 꾸려 가야 한다. 왜냐하면 삶에는
유통기한이 있기 때문이다.

**죽음에 대해 가끔씩 생각하나?**

그렇다. 그러나 죽음을 두려워하지는 않는다.
나는 놀라운 삶을 살았고 많은 행운이 있었다. 내
가 받은 선물은 엄청난 것이었지만, 늘 쉽지는 않았다.
많은 어려움이 있었고, 특히 청소년 시절에 그랬다. 나는 천식이 있었다. 끔찍
한 병이었다. 천식은 마치 숨이 막혀 죽을 것 같은 느낌을 준다. 나는 아이를 갖
지 않는 게 좋겠다고 확신했다. 천식은 유전될 수 있기 때문이었다. 나의 아이
들이 그런 고통을 겪는 걸 원하지 않았다. 그런데 어느 날 천식이 갑자기 사라
졌다. 마치 그런 병을 앓은 적이 없었다는 듯이 사라졌다. 그날은 나의 결혼식
이 있었다. 나는 어머니 곁을 떠났다. 그것이 도움을 주었다고 생각한다. 정말
그 때문에 천식이 사라졌는지는 모르지만 스스로는 그렇게 설명했다. 그 후에
도 나는 10년 동안 늘 천식 약을 가지고 다녔다. 그러나 천식은 완전히 사라졌
고, 아이 누구에게도 유전되지 않았다.

> "신앙이 있는
> 사람들은 정해진 행동
> 규범이 있어서 더
> 강했기 때문이다. 나는
> 그러지 못했다."

ubiquitin
We are
made of
proteins
and
SPIRIT

# "나는 다른 사람이 하는 말을 하나도 믿지 않는다. 언제나 그 말을 직접 검증한다."

**아론 치에하노베르** | 생화학

하이파 테크니온 의학대학 생물학 교수
2004년 노벨 화학상 수상
이스라엘

### 치에하노베르 교수, 당신은 왜 자연과학을 전공했나?

사실 자연과학이 아닌 의학을 전공했다. 의학 공부는 어머니의 꿈이었다. 의대에 가는 것은 매우 어려웠다. 의대에 가려면 정말 머리가 좋아야 했다. 그런데 의학 공부 중에 나는 의사가 나에게 맞지 않다는 걸 깨달았다. 의사는 질병과 함께해야 한다. 그 말은 어떤 과정의 끝, 삶의 종말을 관찰해야 한다는 뜻이다. 그러나 나는 질병을 일으키는 구조에 훨씬 관심이 많았다. 그래서 우선 1년 동안 생화학을 공부하기로 결정했다. 공부를 시작하자마자 생화학이 너무 좋았고, 먼저 과학자가 된 후 교수가 되어 이 분야에 어떤 영향을 미치고 싶었다. 그렇게 삶은 진행되고, 하나의 경험에서 다음 경험으로 넘어가게 된다. 죽을 때까지 우리는 그걸 즐기게 된다. 그렇게 행복을 느끼고, 심지어 사회에 어떤 기여도 할 수 있다.

> "과학은 마치
> 인간이 신과 체스를
> 두면서 신과 진화를
> 이기려고 노력하는
> 것과 같다."

**당신이 그런 일을 했다. 2004년 노벨상을 받게 했던 연구에 대해 설명해 줄 수 있을까?**

우리가 발견했던 것은 '우리 몸의 쓰레기 처리법'이라고 부를 수 있겠다. 우리 몸은 자신만의 언어로 말한다. 즉 단백질이라는 언어다. 몸 안의 단백질들은 다양한 영향 때문에 손상될 수 있다. 방사선, 변이들, 온도 또는 산소 등이 손상의 대표 원인이다. 손상된 단백질은 몸 안에서 처리되고 다른 건강한 단백질로 대체되어야 한다. 손상된 단백질이 몸 안에 쌓이면 암이나 뇌질환 같은 병으로 귀결될 수 있기 때문이다. 자신의 기능을 다해 더는 필요하지 않은 건강한 단백질도 처리되어야 한다. 겨울에 독감에 대항해 싸웠던 항체를 예로 들어 보자. 바이러스를 격퇴했다면 우리는 항체 생산을 중단해야 하고, 항체를 만들던 공장도 문을 닫아야 한다. 이 공장 또한 단백질로 구성되어 있다. 우리는 바로 이런 단백질이 해체되는 메커니즘을 발견했다. 이 발견 덕분에 몇몇 암 치료제 개발에 성공했으며, 이 약들은 수년 전부터 시장에 나왔다. 이 약들 덕분에 전 세계의 많은 사람이 생명을 연장했고, 삶의 질을 개선했다. 이런 기여는 빙산의 일각일 뿐이다. 우리는 아직 초기 단계에 있으며, 다른 질병 치료를 위한 의약품들도 계속 개발하고 있다.

**"내가 이걸 해냈어!"라고 외쳤던 순간이 있었나?**

아니다. 그런 순간은 없었다. 성공의 순간은 물론 있었지만 연구 자체는 끝이 없는 과정이다. 자연에 끝이 없듯이 말이다. 이스라엘은 제한된 자원을 가진 작은 나라이므로, 우리는 모든 과학자들이 접근하지 않는 영역을 연구하기로 결정했다. 우리는 생물학에서 그렇게 붐비지 않는 틈새를 선택했다. 첫 질문을 제기하면서 우리는 연구를 시작했지만, 그 질문의 의미조차 처음에는 완전히 이해하지 못했다. 그다음 암이라는 문제에 접근하기 시작했고, 양파 껍질을 벗기 듯이 한 단계씩 천천히 접근했다. 그 연구는 4, 5년씩 걸리는 마라톤과 같았다. 우리는 단거리 선수가 아니다.

## 성공은 무에서 나오지 않는다. 당신은 틀림없이 아주 열심히 일했을 것이다. 당신의 워라밸은 어땠는가?

나는 정말 노예처럼 일했다. 사실 노동 이상이었다. 과학자는 자신의 일과 하나다. 과학자와 결혼하는 사람은 대단히 특이한 사람을 배우자로 선택했음을 알아야 한다. 다행히 아내는 내가 가진 연구 열정을 이해해 주었다. 나는 연구의 한 부분을 미국에서 진행했었고, 아내는 갓 태어난 아이와 혼자 이스라엘에 남아 있었다. 아내는 의사로서 자신의 경력을 추구했고, 나에게 늘 불평했다. "내가 했던 말을 당신도 틀림없이 들었을 텐데, 제대로 귀담아듣지 않았네요." 아내의 말이 맞다. 나는 일에 빠져 있었다. 조금 미쳐 있었다. 솔직히 말하면, 조금보다 훨씬 더 연구에 사로잡혀 있었다. 과학은 나의 세계다. 나는 늘 과학을 체리와 크림으로 꾸며 놓은 케이크에 비교한다. 내가 가진 케이크 속이 과학이고, 케이크의 장식품이 음악과 장난감이다. 사람들, 음식, 역사, 철학, 종교도 케이크의 장식품에 포함된다. 나는 세계가 과학 바깥의 다양한 것들로 이루어져 있다고 생각한다. 새로운 발견과 지식을 향한 나의 식욕은 거대해서 세계를 탐욕스럽게 먹어 치운다.

## 노벨상 받을 것을 기대했었나?

반반이었다. 언젠가부터 소문은 있었고, 우리는 이미 저명한 상을 여러 개 받았다. 치료제는 시장에 나왔고, 우리는 중요한 모든 학술행사에 초대받았다. 이런 분위기가 이미 있었기 때문에 노벨상을 향한 트랙 위에 우리가 있다는 걸 알고 있었다. 한편으로는 두려움도 있었다. 노벨상을 수상하지 못했을 때의 실망도 매우 크기 때문이다. 그래서 노벨상과 거리를 유지하려고 노력했었다.

**아주 소수의 여성만이 노벨상을 받았다. 그리고 과학계에 여성은 그리 많지 않다.**

타당한 지적이다. 그러나 나는 상황이 좋아질 거라고 믿는다. 그러나 목욕물을
버리면서 아이도 버리지 않도록 주의해야 한다. "좋습니다. 지금부터는 여성만
노벨상을 받게 됩니다!"라고 말해서는 안 된다. 여성 과학자가 여자라는 이유로
인정을 받아서는 안 된다. 대신 자신들이 성취한 결과로 인정받아야 한다.

**노벨상 수상을 통보받던 그 순간을 묘사해 줄 수 있나?**

그날은 휴일이었고, 집에 있었다. 사실 나는 아무 전화도 기다리지 않았다. 노
벨상 위원회는 엄격한 절차를 준수한다. 10월 첫 주에 노벨상 수상자가 발표되

는데, 월요일에 생리·의학, 화요일
에 물리학, 그리고 수요일에 화학
수상자가 발표된다. 노벨 생리·의
학상 수상자는 이미 발표되었다. 학
생 하나가 월요일에 나의 사무실로
와서 슬픈 목소리로 전해 주었다.
"교수님, 노벨 생리·의학상 발표가
났어요. 이번에는 아닙니다." 그 후
나는 노벨상을 전혀 생각하지 않았
다. 그런데 화학상을 발표하는 수요
일에 연락이 왔다. 위원회는 내 연
구가 화학 분야와 더 큰 연관이 있
다고 본 것 같다.

## 노벨상이 당신의 삶을 바꾸었나?

우리는 이스라엘에서 처음으로 노벨상을 받았다. 그래서 엄청나게 큰 책임이 우리에게 지워졌다. 그러나 연구를 향한 나의 호기심을 포기하지 않았으므로 크게 변한 것은 없었다. 사람들은 내게 끊임없이 말한다. "노벨상도 받았으니 이제 뒤로 편하게 물러나서 삶을 즐길 수 있겠네요." 그러나 나는 과학으로 가는 여행을 계속하고 있다. 실제로 그전보다 더 바쁘다. 나는 교황이나 랍비 메나헴Menachem 같은 대단히 흥미로운 사람들을 만났다. 다양한 비전을 지닌 이런 사람들과의 교류는 매우 멋진 일이다. 나는 1977년에 대단한 카리스마의 소유자 랍비 메나헴을 만나 긴 시간 동안 대화를 나누었다. 우리가 그 발견을 하기 몇 년 전이었다. 메나헴 또한 엔지니어 출신이었고, 그는 우리 발견의 이면에 놓인 철학을 이해하고 싶어 했다. 나는 그에게 우리가 찾아낸 것을 설명하면서 그것을 새로운 창조를 위한 파괴라고 불렀다. 메나헴은 진화의 선택에 흥미를 보였다. 왜 진화는 우리가 파괴와 새로운 창조 사이를 왕래하는 선택을 하게 했는지 궁금해 했다. 여기에서 진화는 당연히 신이다. 나는 이런 영향력 있는 사람과의 만남을 통해 자신의 고유한 지평을 넓히는 일이 무엇보다도 중요하다고 생각한다.

## 랍비 메나헴과의 만남은 정말로 당신에게 대단히 특별했나 보다.

메나헴과의 만남을 특별하게 여겼던 이유는 내가 전통 유대교의 신을 믿기 때문이 아니라, 유대인이라는 자부심과 이스라엘이라는 나라에 대한 더 큰 자부심이 있기 때문이다. 랍비 메나헴은 영향력이 크고, 윤리적 권위가 있는 인물이었다. 나는 메나헴을 중요한 유대교 명절에 만났다. 그곳에 모였던 사람들이 어떻게 축제를 즐겼고, 메나헴을 둘러싸고 어떤 노래와 환호를 외쳤는지 생생하게 기억한다. 메나헴은 내게 몇 시간을 할애했다. 보통 지지자들에게 메나헴은 10초를 주었다. 브루클린에 있던 메나헴의 시너고그 앞에는 매일 수천 명이 줄을 서서 기다렸다. 이런 지도적인 인물과 만나는 일은 놀라운 일이다. 사람들은 이런 지도자들이 얼마나 중요하고, 오늘날 이런 인물이 드물다는 것을 깨닫고 있다. 나에게는 앙겔라 메르켈Angela Merkel이 마지막 세계 지도자다. 한편 노벨상은 대단히 유명하므로 수상자에게 어떤 권위를 제공해 주는 힘이 있다. 사람들은 수상자의 말에 귀 기울이고, 나는 이런 기회를 활용한다. 내가 지도자인지는 알 수 없지만 최선을 다할 뿐이다.

### 나는 당신이 종교적인 인물은 아니라고 알고 있다.

당연히 나는 유대교인이다. 그러나 세상에는 이처럼 많은 신이 있으므로, 유일한 신만이 우리를 다스리지는 않을 것이다. 종교는 우리에게 도덕적으로 행동하는 다양한 방법을 제공해 주었다. 10계명이 대표적인 예다. 그러나 유감스럽게도 종교 때문에 우리는 많은 피를 흘리기도 했다. 그래서 나는 아이들에게 신은 우리 마음속에 있어야 하고, 우리가 받아들일 수 있는 신을 믿어야 한다고 늘 말한다. 폭력으로 다른 이들에게 생각을 강요하지 않는 한 문제가 없다고 본다. 그렇지만 탈무드의 관점에서 보면 나는 확실히 신앙인은 아니다. 나는 다른 사람이 말하는 것을 믿지 않는다. 다른 사람의 말을 늘 직접 점검한 후 스스로 확신이 들 때만 받아들인다. 근본적으로 과학자에게 의심은 대단히 중요하다. 탈무드는 유대인들에게 질문하는 사람이 되라고 가르친다.

### 그러니까 제대로 질문하기와 의심하기는 과학의 중요 원칙이란 말인가?

물론이다. 그리고 과학자는 자신이 하는 일에 열정을 가지고 임해야 한다. 고집스럽게 머물면서 계속해서 실패할 준비를 해야 한다. 과학은 아주 긴 게임이기 때문이다. 그 실패들 또한 엄청난 재미를 준다. 실패는 연구자를 풍부하게 만들어 준다. 과학은 마치 인간이 신과 체스를 두면서 신과 진화를 이기려고 노력하는 것과 같다. 결코 쉬운 일이 아니다. 당연히 우리는 겸손해야 하고, 그 비밀의 아주 작은 일부만 깼다는 걸 인정해야 한다. 우리는 새로운 지식을 과학에 추가하고, 누군가 필요할 때 그 지식을 선택할 것이다. 과학은 마치 100만 조각으로 구성된 대단히 복잡한 퍼즐과 같다.

## 왜 젊은이들이 자연과학을 공부해야 할까?

무언가 흔적을 남기고 싶다면 열정이 있는 일을 선택해야 한다. 나는 젊은이들에게 늘 말한다. "어머니의 말을 듣지 마세요. 당신이 무엇을 잘할 수 있는지 눈을 감고 자문해 보세요. 그리고 그 일을 하세요. 당신은 모든 것이 될 수 있습니다." 나의 경우 과학이 그 대답이었다. 우리는 감탄을 자아내는 세계에 살고, 나는 그 모든 것 뒤에 숨어 있는 비밀을 이해하고 싶은 욕망이 있다. 우리는 100년 사이에 인간의 기대 수명을 50세에서 80세로 높였다. 뢴트겐선, 약품, 영양, 백신, 항생제 덕분이다. 이 모든 것이 과학이다. 유감스럽게도 진보는 양날의 검이며, 파괴를 위한 도구로도 사용될 수 있다. 그래서 우리는 과학을 어떻게 활용할지 주의해야 한다. 나는 민주주의가 과학을 규제하는 적절한 도구라고 생각한다. 왜냐하면 민주주의는 과학을 통제하는 여러 장치들을 발전시켰기 때문이다.

**책임에 대해 이야기해 보자. 수소폭탄의 아버지 에드워드 텔러(Edward Teller)는 다음과 같이 말했었다. "우리는 책임이 없다. 정치인들에게 책임이 있다."**
나는 텔러가 부분적으로 옳다고 생각한다. 이렇게 말하면 안 될 것이다. "당신은 과학자로서 책임이 있다." 이런 짐은 너무 무겁다. 게놈을 바꾸는 '유전자 편집'을 생각해 보라. 그리고 새로운 과학 기술들 모두를 생각해 보라. 과학자들이 모든 결과에 책임을 질 수는 없다. 그러나 이 문제를 그냥 정치인들에게만 밀어 놓는 것도 지나친 단견이다. 우리는 정치인, 성직자, 사회학자, 심리학자, 국회의원, 과학자들이 있는 한 사회를 이루며 모두 함께 우리의 미래를 설계하고 무슨 일이 일어날지 관리해야 한다. 우리 과학자도 사회의 일부이므로 이 일에 공동 책임이 있다. 그리고 과학자들은 무슨 일이 일어날지 이해하는 사람들이므로 과학 기술 이용의 장단점을 사회 전체에 설명해야 한다. 기후변화와 관련해서 미국이 내린 것과 같은 치명적 결정을 방지하기 위해서다. 그러니까 과학은 책임과는 거리가 먼 독립되고 고립된 상아탑이 아니다.

## 당신에게도 실패의 순간들이 있었나?

실제로는 행복한 순간보다 실패의 순간이 더 많았다. 성공을 위한 비법 하나는 실패를 바라보는 태도다. 나는 긍정적 태도로 실패를 본다. 실패를 실패라 부르지 않고, 대신 가르침이라고 부른다. 실패가 있었을 때 모든 이론적 숙고를 동원해 무슨 일이 있었는지 분석해야 한다. 그리고 기존의 단계를 바꾸어 다시 계속 진행해야 한다. 과학 연구는 진행하는 과정이며, 전진과 후퇴를 반복하면서 앞으로 나가는 과정이다. 실패 없는 성공은 없다고 생각한다.

## 과학의 미래를 어떻게 보는가?

생물학과 의학에서 다음 주제는 암과 알츠하이머병 같은 노인병의 치료가 될 것이다. 이 병들은 사회에 큰 부담이 되고 있다. DNA를 조작하는 새로운 방법은 엄청난 윤리적 질문을 제기할 것이다. 인간의 조작이 허용되는 기준은 무엇일까? 우리는 치명적인 질병과 같은 오류만 수정해야 할까? 아니면 인종주의적 개념에 매우 근접한 나치의 생각처럼 인간 자체를 개선해야 할까? 유전자 기술 이용에는 제한이 있어야 한다. 그렇지만 예를 들어 지적 장애아로 태어날 위험을 막을 수 있는 기술이 생긴다면, 우리는 이 결점을 과학 기술의 도움으로 수정해야 할 것이다.

## 많은 사람이 유전자 기술에 두려움을 느낀다.

우리는 먼저 사실을 알아야 한다. 악마는 디테일에 숨어 있다. 만약 무슨 일이 일어나는지 알지 못하면, 차라리 당신의 의견을 거둬들여라. 나는 베토벤의 음악을 평가하지 않는다. 이해하지 못하기 때문이다. 나는 음악을 즐기지만 이해하지는 못한다. 만약 어떤 유전자 조작 식물이 성장하는 데 필요한 물의 양이 평범한 식물과 비교할 때 10분의 1에 불과하다면, 또는 해충에 대한 저항력이 크다면 굶는 사람이 줄어들 것이다. 인도, 중국 혹은 다른 곳에 있는 수억 명의 운명을 결정하기 전에 우리는 무엇에 대해 이야기하고 있는지 명확히 설명해야 할 것이다.

## 어떤 메시지를 세상에 전하고 싶은가?

우리는 급변하는 시대에 살고 있다. 나는 기꺼이 평화의 세계를 경험하고 싶다. 무엇보다도 특히 서로 죽이는 일을 중단해야 한다. 둘째, 도움이 필요한 가난한 이들을 돌봐야 한다. 세계 인구의 3분의 1이 수도가 없거나 먹을 것이 부족한 상태에 빠져 있다. 이런 상황은 정말 문제다. 과학과 기술의 성취는 오직 특권층에게만 도달한다. 세계 인구의 소수만이 이익을 얻는다면 우리는 왜 과학을 하는가? 왜 우리는 이 거대한 불평등을 용인해야 할까? 나는 말하고 싶다. 첫째, 죽음을 멈추고 둘째, 더 많이 대화하고 모든 사람의 기본 욕구를 돌보라. 지금 나는 메르세데스 벤츠 자동차에 대해 말하는 게 아니다. 기본 식량에 대해, 백신 주사, 모기, 물에 대해 말하고 있다. 이런 세상을 나는 기꺼이 경험하고 싶다.

# "더 나은 교육이 사람들을 더 개방적이고, 더 평화롭고, 사랑스럽게 만든다."

판젠웨이 | 양자물리학

허페이 중국 과학기술대학교 물리학 교수
2020년 자이스 연구상 수상
중국

**판젠웨이 교수, 당신은 12년 동안 독일어권 국가에서 살았지만 독일어를 하지 못한다. 어떻게 그럴 수 있나?**

유감스럽게도 독일어를 조금 이해하는 수준이다. 나는 1996년에 오스트리아로 갔고 빈 대학교에서 박사학위를 받았다. 지도교수는 안톤 차일링거였다. 차일링거 교수는 독일어 학습을 여러 차례 권유했었다. 그러나 나는 연구실에서 밤낮으로 일했고, 독일어를 따로 배울 시간이 없었다. 모든 시간을 연구에 쏟아부었다. 나는 연구원으로 빈에 머물렀고, 그 후 하이델베르크로 와서 나의 연구팀을 만들었다.

**당신이 박사학위를 받을 때, 안톤 차일링거는 양자물리학에서 가장 앞서가는 과학자 중 한 명이었다. 오늘날 사람들은 당신을 '양자물리학의 아버지'라고 부른다. 차일링거는 이를 어떻게 받아들였나?**

처음에 우리 사이에 작은 오해가 있었다. 내가 독립된 연구팀을 만들었을 때,

우리는 경쟁자로 맞섰다. 그러나 곧 협력이 훨씬 의미 있다는 걸 알게 되었다. 2007년 3월, 미국 물리학회 모임에서 안톤 차일링거와의 만남을 제안하고 만났던 일을 정확히 기억한다. 나는 차일링거에게 이렇게 말했다. "우리는 하나 혹은 여러 가지 형태의 실험에서 자유롭게 함께 일해야 할 겁니다." 그 후 중국뿐만 아니라 빈에서도 지상센터를 계획하기 시작했다. 안톤 차일링거는 다원자 얽힘과 같은 분야에서는 매우 뛰어난 학자다. 나의 연구팀은 2004년에 다섯 개의 광자 얽힘을 보여 주었다. 나의 기술을 이용해 오스트리아 동료들은 여섯 개의 광자 얽힘을 보여 주는 데 성공했다. 10년이 지난 2017년에 우리는 협력 덕분에 '양자 키 분배quantum key distribution'에서 대륙을 넘어서 기쁜 결과에 도달했다.

### 어린 시절을 이야기해 달라.

나는 저장성 둥양시에서 삼 남매의 막내로 태어났다. 위로 누나 두 명이 있다. 어머니는 수학·화학·물리 교사였고, 이 과목들에 대한 나의 관심을 깨워 주었다. 아버지는 한 국영기업에서 일했다. 국영기업에서 일하기 전에 아버지도 교사였는데, 사실 학교에서 우리 어머니에게 중국어를 가르쳤다. 아버지는 나에게 문학, 문화, 중국어에 대해 많은 가르침을 주었다.

### 부모님은 당신에게 압력을 주었나?

우리 가족은 전통적인 중국 가족과는 달랐다. 부모님은 아무런 압력도 주지 않았다. 대학 진학을 진지하게 고민하던 시기에는 오랫동안 부모님과 대화했다. 당시에는 중국의 경제 상황이 좋아지기 시작하던 때였고, 나는 부모님에게 물었다. "제가 돈을 벌어야 할까요? 경제학을 공부할까요? 솔직히 말하면, 물리학을 공부하고 싶기는 해요. 물리학이 재미있거든요." 부모님은 원하는 것을 하라고 격려하면서 말했다. "물리학이 좋으면 물리학을 공부해야지. 돈은 걱정하지 마."

**당신은 1970년에 태어났다. 문화혁명에 대해 어떤 경험을 했었나?**

내가 학교에 입학했을 때 문화혁명은 거의 끝났었다. 어릴 때 그렇게 많은 경험을 하지는 않았지만 시간이 지나면서 그 시간이 얼마나 끔찍했는지 이해하게 되었다. 친할아버지는 상당히 부유했지만 외가는 몹시 가난했다. 외할아버지는 젊은 나이에 세상을 떠났다. 외할머니는 두 아이를 홀로 키워야 했다. 문화혁명 동안 우리 가족은 안전을 위해 어머니 성으로 바꾸었다가 나중에 다시 판으로 성을 바꾸었다.

**추측하건대, 지금 당신은 상당히 부유할 것이다.**

중국에서 교수는 괜찮은 급여를 받는다. 당신 말이 맞다. 나는 내가 석사까지 공부했던 중국 과학기술대학교 부총장이다. 부총장이라는 직책은 특허와 관련된 특별한 조항이 포함되어 있다. 그래서 나는 특허권을 통해 돈을 벌려면 은퇴할 때까지 기다려야 한다.

**양자 위성 '묵자호'를 개발하게 된 동기는 무엇인가?**

우리는 장거리 양자 통신을 개발하기 위해 '묵자호'를 구상했다. 수백 킬로미터가 떨어지면, 빛 신호는 약해져 도달하지 못한다. 광자 손실이 너무 크기 때문이다. 빛 신호를 증폭하지 못한다는 것은 한편으로는 양자 통신의 안전성이 보장된다는 말이며, 다른 한편으로는 수신 범위가 제한된다는 뜻이다.

우리는 위성을 이용해 진공 공간을 통과하는 양자 통신을 시작했다. 왜냐하면 빛이 지표 근처에서 수평으로 나갈 때보다 연직 구조의 대기를 통과할 때 훨씬 적은 교란이 일어나기 때문이다. 우리는 위성의 레이저 광선이 대기를 통과해 지상센터까지 도달할 수 있음을 증명했다. 우리는 이 프로젝트를 2002년에 중국 과학원의 지원으로 시작했고, 거의 10년간의 지상 실험 끝에 세계 최초의 양자 위성인 '묵자호'를 개발했다. 묵자호는 2016년에 궤도로 발사되었다.

## '묵자호'는 무엇에 이용되는가?

우선 실용적인 목적이 아닌 과학 연구를 위해 이용된다. 사실 처음에는 성공할 수 있을지 확실하지 않았다. 지금 우리는 기초 연구를 수행하면서 중력이 양자물리학에 미치는 영향을 연구하기 위해 위성을 이용한다.

## '묵자호'는 해킹을 할 수 없다. 군사적·경제적 목적을 고려하면 이 특징은 확실히 흥미롭다.

그렇다. 원칙적으로 그렇다고 할 수 있다. 그러나 이미 말했듯이 나는 오로지 과학 기술적 발전에 관심이 있을 뿐이다. 우리의 모든 발견과 지식을 전 세계 동료들과 공유한다. 그래서 중국이나 미국 군대는 비슷한 시스템을 개발할 수도 있을 것이다. 그걸 내가 통제하지는 못한다. 더 안전한 커뮤니케이션은 무기라기보다는 오히려 사생활을 무제한으로 보장해 준다.

## 말하자면, 더 안전한 커뮤니케이션과 아무 제한 없이 보장받는 사생활이 가능했으면 좋겠다는 말인가?

내가 보기에 그것의 실현 여부는 사회를 통치하는 정치에 크게 좌우될 것이다. 추측하기에 정부는 사생활의 완전하고 제한받지 않는 보호를 실현하지 않을 것이고, 양자 키 분배를 운영하는 모든 미래의 기업을 직접 경영할 것이다. 단지 위험하지 않다고 분류된 사람들만 양자 키 분배에 접근할 수 있을 것이다. 만약 이 기술이 잘못된 이들의 손에 떨어지면 통제할 수 없는 상황이 일어날 것이다.

## 감시 카메라와 얼굴 인식 카메라는 정부에게 아주 많은 통제권을 제공한다. 미래에는 이 상황이 바뀔까?

나는 모든 사람이 마스크를 쓰고 검은 옷을 입은 채 돌아다니는 것을 상상해

본다. 그렇게 되면 길거리를 돌아다니는 누구도 특정하지 못할 것이다. 그러나 이런 모습은 한편으로 지루한 느낌을 줄 것이다. 과학은 늘 좋은 면과 나쁜 면이 공존한다.

### '묵자호' 프로젝트에서 당신은 누구와 함께 일하는가?

오스트리아 과학원과 함께 일한다. 그리고 이탈리아, 독일, 스웨덴, 싱가포르와 함께 일할 계획이 있다. 만약 미국에 지상센터가 있었다면, 미국과도 함께 일했을 것이다. 지금까지 우리는 국제 협력에서, 특히 미국 동료들과의 협력에서 어려움을 겪었다. 나는 모든 사람이 과학에서 이익을 얻어야 한다고 생각한다. 만약 전 세계 과학자들이 발전을 촉진하기 위해 함께 일한다면 가장 좋을 것이다. 양자 기술의 미래는 밝지만, 지금 협력을 포기하기에는 너무 이르다. 여전히 가야 할 길이 멀다.

### 과거에는 유럽과 미국이 양자물리학을 지배했었다. 지금은 중국이 스타로 떠오르고 있다. 양자물리학을 둘러싼 전 세계적 경쟁을 예상하는가?

미국에는 국가 양자 주도National Quantum Initiative라는 기구가 있고, 유럽도 양자 플래그십 프로젝트Quantum Flagship-Project를 시작했다. 중국에서는 아직 이런 기구 구성에 대한 평가가 진행 중이다. 우리는 중앙 정부의 공식 허가를 기다리고 있다. 비록 우리가 양자 위성 개발 등은 처음 시작했지만, 지금은 유럽이나 미국보다 조금 뒤처져 있다. 미국은 특히 양자 컴퓨터에서 중요한 초전도체에 아주 강하다. 나는 중국에서도 곧 국가 프로젝트가 시작될 거라고 생각한다. 어느 정도 전 세계가 펼치는 경쟁이지만, 우리는 늘 함께 일해야 한다. 최근 10년간 점점 더 많은 국가가 스스로 고립되기 시작했다. 이런 모습에 불안함을 느낀다. 미래를 위한 옳은 방향이 아니기 때문이다.

**당신은 산업계와 협력하는가?**

우리 대학은 보통 연구를 기술로 전환하려는 과학자들을 후원해 주고, 창업 지원은 덜 적극적이다. 그러나 중국에서는 국가·과학자·사기업이 함께 지분을 갖는 회사를 만들 수 있다. 미래의 발전을 위해 이것이 더 건강한 형태라고 생각한다.

**중국에게 가장 위협적인 미래 과제는 무엇인가? 기후변화, 환경, 의학 또는 지속 가능성, 그 밖에 또 어떤 문제가 있을까?**

중국도 세계의 나머지와 같은 문제에 직면해 있다. 나는 에너지 기술이 핵심 문제라고 생각한다. 만약 우리가 깨끗한 에너지를 충분히 갖는다면, 환경 문제와 기후 문제도 해결할 수 있다. 우리 대학은 에너지·의학·정보통신 기술에 집중하고 있고, 기초 연구에 우선권을 둔다.

**세상에 전하고 싶은 당신의 메시지는 무엇인가?**

세계는 교육에 더 관심을 쏟아야 한다. 더 나은 교육이 사람들을 더 개방적이고, 더 평화롭고 사랑스럽게 만든다. 좋은 교육과 과학의 도움으로 세계는 빛나는 미래를 가질 수 있을 거라고 나는 여전히 믿고 있다.

# "연구자가 되는 법은 배울 수 없다. 그것은 직관과 같다."

데트레프 귄터 | 화학

취리히 연방 공과대학교 무기화학 연구실 교수 겸 부총장

스위스

**귄터 교수, 당신은 11월 9일 베를린 장벽 붕괴를 제2의 생일이라고 표현했다. 왜 이 날이 당신에게 그렇게 중요한가?**

11월 9일에 자유가 시작되었기 때문이다. 갑자기 나는 전 세계를 볼 수 있게 되었다. 진정 원했던 일이었다. 나는 늘 그랜드 캐니언을 꿈꾸었는데, 이제 그곳에 갈 수 있게 되었다. 우리 가족 모두에게 그날은 큰 축제일이었다.

**당신은 이미 어릴 때부터 자유를 사랑했었다. 아버지는 자유를 향한 당신의 갈망을 어떻게 잘 조절해 당신이 눈에 띄지 않게 했을까?**

아버지는 세상을 극복하는 방법을 보여 주었다. 이미 동독 시절에 우리는 탐색가의 욕망을 갖춘 채 체코슬로바키아, 헝가리, 루마니아, 불가리아를 여행했었다. 우리는 서독에 친척이 있다는 사실 정도로만 눈에 띄었고, 법을 어기지는 않았다. 한 번은 내가 맥주 몇 잔을 마신 후 스쿠터를 몰고 집으로 왔을 때 아버지로부터 아주 심한 꾸중을 들었다. 아버지는 아들의 잘못 때문에 사람들이

자신을 협박할까 봐 두려웠기 때문이었다. 부모님은 우리를 보호하려고 했다. 그 점에서 두 분은 의견 차이가 없었다.

**당신은 할레에서 화학을 전공했고, 레오폴디나 독일 국립과학원에서 장학금을 받았다. 그러나 이를 거절하고, 캐나다 뉴펀들랜드 메모리얼 대학교로 갔다. 왜 더 먼 곳을 선택했었나?**

나는 당시 영어를 전혀 못했다. 영어가 유창하지 않으면 과학계에서 두각을 드러낼 수 없다는 것을 깨달았다. 영어를 못하면, 강연을 하거나 연구 결과를 방어하지 못할 거라고 생각했다. 그래서 캐나다로 가기로 결정했다. 그곳에서 한 지도교수를 만났고, 그는 멋진 문장으로 내 마음속 패러다임을 바꾸어 놓았다. 지도교수는 나에게 "당신은 해야만 해요"라는 말 대신 "I think you can do it(나는 당신이 할 수 있다고 생각해요)"이라고 말해 주었다. 이 말은 이후 내 마음속 깊이 자리 잡아 삶 전체에 영향을 미쳤다. 지도교수의 신뢰를 통해 나는 스스로 무언가 할 수 있다는 걸 알게 되었다. 지도교수는 연구를 향한 내 안의 동기를 깨워 주었다. 그때부터 나는 15시간, 혹은 더 많이 일하기, 또는 모두가 아직 잠들어 있는 아침에 일어나기 등을 시작했다. 지도교수는 나를 자극하고 도전하게 했지만 절대 압박하지 않았다. 그리고 낮에 지도교수가 있을 때는 언제나 질문을 할 수 있었다. 그는 진정한 학문적 아버지다.

**캐나다에서 취리히 연방 공과대학교로 초빙되었고, 2015년 이후 취리히 연방 공과대학교 재정 담당 부총장으로 재직 중이다. 그 밖에도 자신의 연구팀을 이끌고 있다. 일이 많지는 않은가?**

취리히 연방 공과대학교는 나에게 화학의 타지마할이다. 이런 대학에서 가르치고 연구할 수 있다는 것은 감사할 일이며, 또 이곳에 무언가를 돌려주어야 한다고 늘 생각한다. 과제가 분배될 때마다 그것들을 기쁘게 받아들였고, 가끔은 나의 접시가 상당히 가득 차기도 했다.
그러나 나의 연구팀과 함께하는 일에
늘 우선순위를 둔다. 나는 여전히 과
학과 더 직접 관련이 깊고, 과학은
나에게 힘을 주기 때문이다. 비록
모두에게 그렇게 좋아 보이지는 않
더라도 연구를 놓지 않으려고 한다.
과학 연구는 여전히 나의 열정이다. 가끔

> "'당신은 해야만 해요'
> 라는 말 대신 "I think you can
> do it(나는 당신이 할 수 있다고
> 생각해요)"이라고 말해 주었다.
> 이 말은 이후 내 마음속 깊이
> 자리 잡아 삶 전체에
> 영향을 미쳤다."

모든 것이 내 위에서 폭발한 것처럼 보이는 상
황들이 있다. 그럴 때 나의 사생활은 상당히 빈약해진다. 친구들을 챙길 수 없
기 때문이다. 그러나 가족을 소홀히 하지는 않았고, 아이들을 위해 중요한 순간
에는 늘 함께 있었다.

## 당신 삶에서 가장 중요했던 연구 대상은 무엇이었나?

가장 중요했던 것은 아직 아무도 받아들이지 않았던 한 방법을 나중에 중요해
질 거라고 처음부터 믿었다는 점이다. 우리는 자외선 방사선으로 물질을 기화
했고, 이 기화된 물질을 유도 결합 플라스마 질량 분석기로 측정했다. 우리는
거의 전체 주기율표를 분석할 수 있었다. 미량 원소의 정량을 위한 첫 번째 자
외선 레이저 시스템을 취리히에 구축한 것이 우리 팀의 가장 큰 과학적 기여
다. 우리는 이 시스템을 기초부터 연구했고, 이 시스템이 할 수 있는 일을 보여
주었다. 그 과정에서 나는 큰 신뢰를 느꼈다. 1년 넘게 우리 연구실은 결과도
없이 돈만 쏟아부었다. 생각했던 모든 것이 실제 성공했을 때 우리는 큰 해방
감을 느꼈다.

**당신의 경험에서 볼 때 독일 대학들보다 취리히 연방 공과대학교가 젊은 과학자들을 더 잘 포용하는가?**

분명히 그렇다. 취리히에서는 수직적 위계질서 안에 나를 둘 필요가 없었다. 나는 처음에는 지구과학과에서, 그다음에는 무기화학 연구실에 소속되고 바로 받아들여졌다. 첫 번째 상을 받았을 때 동료들은 함께 기뻐해 주었고, 나의 기쁨은 더 커졌다. 부총장으로 일하면서는 상을 받은 연구자들에게 개인적으로 인사를 전하고 축하하려고 노력한다. 자기중심주의와의 결별이 과학계에서 점점 더 좋은 효과를 내고 있다. 재능 있는 젊은 과학자들을 더 일찍 동료로 받아들여야 한다. 우리 과학자들은 서로에게 더 많은 존중을 보내야 하고, 나누는 법을 배워야 한다. 자신의 영역에서 최고가 되려는 노력과 의지는 이해할 만한 일이다. 그러나 자신이 가진 능력의 일부를 이용해 더 큰 무언가에 기여하면 안 될 이유는 없지 않은가?

**독일에 있는 많은 과학기관들이 좀 더 많은 공동 작업에 나서야 하지 않을까?**

오늘날 더욱 복잡해진 과학적 질문들은 개별 연구 분야들의 협력과 공동 성장을 어쩔 수 없이 요구한다. 새로움을 위해 기초과학은 필요하고, 동시에 응용 연구와 연구 결과의 변용을 더 빠르게 해주는 산업계와의 협력도 필요하다. 여기에서 독일은 지금까지의 과제 분담을 아마 다시 한 번 숙고해야 할 것이다. 오늘날 우리는 에너지 개념 없이 새로운 영양 개념을 세울 수 없고, 늘어나는 인구에 대비한 영양 개념 없이 기후 문제를 다룰 수 없다. 이처럼 모든 것이 서로 긴밀하게 연관된다.

## 왜 유럽은 공동의 목표에 합의하지 못할까?

국가별 이질성과 역사적 다양성이 하나의 학문적 정체성 형성을 방해하기 때문이다. 상황이 좋아졌다고는 하지만 경제적 차이는 더 커졌고, 각 프로젝트마다 모든 것이 공정하게 분배되었는지를 다시 토론하게 된다. 지금까지 많은 혁신을 낳았고 기초 연구 분야에서 대단히 강하지만, 유럽은 아직 자신감이 없다. 유럽은 미래의 어떤 영역에서 강해지기를 원하는지 스스로 잘 생각해 봐야 한다.

## 산업계와의 협력은 어느 정도 종속을 낳지 않나?

오늘날 디지털적 변환이 보여 주듯이 연구는 그 자체가 목적이 아니다. 그리고 많은 장기 연구들이 특정한 시점에서 산업계와 함께 수행될 수 있다. 계약을 통해 깨끗하게 규정하면, 과학의 자율권이 흔들리지 않을 수 있다. 취리히 연방공과대학교는 어떤 프로젝트를 산업계의 투자로 진행할지를 스스로 결정한다. 그리고 그 이익을 나누는 방법은 다양하다. 또한 우리는 프로젝트를 평가하는 윤리위원회도 있다. 예를 들면 군사적 활용을 위한 얼굴 인식 프로젝트 제안이 있었고, 우리는 이 프로젝트를 시작하지 않았다. 이 연구가 넘어서는 안 되는 빨간 선을 넘었다고 판단했기 때문이다. 그러나 우리 대학이 얼굴 인식 프로젝트 자체를 거부하는 것은 아니다. 예를 들어 애니메이션과 얼굴 인식 분야에서는 디즈니와 함께 일하고 있다.

> "유럽은 미래의 어떤 영역에서 강해지기를 원하는지 스스로 잘 생각해 봐야 한다."

당신은 여러 나라 기관들과 협력하고 있다. 특히 중국과 긴밀히 협력하는데, 직접 우한에서 교수를 하기도 했었다. 중국 과학계에 기대하는 바는 무엇인가?

중국에서는 군중 속에서 두드러지기 위해 훨씬 더 많은 일을 해야 한다. 열심히 일하기 때문에 더 나은 아이디어가 나오는지는 다른 문제지만, 힘은 질량과 가속도를 곱한 값이다. 내 분야에서는 개선된 장비로 계속해서 창조적 성과가 나오는 경우가 많다. 중국인들은 부지런할 뿐만 아니라 전략적으로 움직인다. 15년 전에 중국인들이 내일의 발명가 정신이 될 거라고 예언했다면 아마도 나는 웃음거리가 되었을 것이다. 조만간에 몇몇 분야에서 중국이 주도권을 넘겨받게 될 것이다.

**새로운 시대가 열렸고 거대한 단절이 시작되었다고 언급한 적이 있었다. 구체적으로 어떤 변화를 이야기한 것인가?**

디지털화는 우리 사회와 과학 모든 분야를 엄청나게 크게 바꿀 것이다. 변화의 발생 여부는 더는 질문이 아니다. 변화의 빠르기 정도가 질문이 될 수 있을 것이다. 그 밖에도 오늘날 세대는 완전히 새로운 종류의 요구를 말한다. 이들에게는 웰빙이나 워라밸이 중요하다. 우리 과학자들은 학생들 사이에서 연구의 매력이 사라지지 않도록 더 나은 모범을 보여 주어야 한다.

**당신은 자녀들에게 어떤 가치 체계를 전해 주는가?**

나는 아이들에게 아무 이유 없이 큰 지원을 해준 적이 없다. 대신 자신들이 감당할 수 있을 만큼의 책임을 직접 져야 한다고 늘 강조했다. 먼저 일을 하고 그다음에 그 일로 무엇을 얻을 수 있는지를 고민한다. 이 가르침은 이미 나의 부모님이 전해 준 것이다. 아버지는 우리에게 무언가를 기꺼이 줄 준비가 늘 되어 있었지만, 그걸 받기 위해서는 우리가 먼저 첫걸음을 내디뎌야 했다.

### 부모님에게는 그 밖에 어떤 가르침을 받았나?

아버지의 경우 시간을 어겨서는 절대 안 되었다. 한 번은 아버지가 중요한 축구 경기에 가지 못하게 했다. 내가 집에 5분 늦게 왔기 때문이었다. 문 앞에서 "너는 함께 가지 못해"라는 아버지의 말을 들은 후 나를 제외한 채 출발하는 버스를 지켜봐야 했다. 이날의 기억은 평생 함께했다. 솔직함도 대단히 중요했다. 얼마나 나쁘냐와 상관없이 아버지는 모든 것을 용인할 수 있었다. 거짓말만 빼고. 또한 수의사였던 아버지는 농장을 방문할 때마다 누구에게나 같은 존중의 태도를 보여 주었다. 이 모습도 강한 인상을 남겼다. 학생 때 고상한 척하고 건방 떨기는 불가능했던 농기계 공장에서 일하면서 이런 태도를 직접 배웠다. 만약 지금 내가 지도하는 박사과정생이 그런 공장에 시급한 업무를 맡긴 후 사흘 동안 그 작업물을 가져오지 않거나 감사 표시도 하지 않았다면, 그 학생은 그 작업에서뿐만 아니라 나로 인해 스트레스를 받게 될 것이다.

### 당신은 자아가 강한 사람들의 무리를 하나로 결합해야 한다. 그 비결은 무엇인가?

가장 중요한 것은 개인적인 상호작용이다. 나는 사람들에게 접근할 때 나만의 방식으로 접근한다. 이 대화 방식도 아버지로부터 배웠다. 고집스러운 농부를 설득해 가축을 제대로 치료해야 할 때, 아버지는 질병에 대해 바로 이야기하지 않았다. 아버지는 먼저 수확은 어떠냐고, 그리고 아이들은 무슨 일을 하냐고 물었다. 나는 신중하게 행동하라는 이 원칙을, 오만한 과학자들의 마음을 얻어야 할 때 시도하곤 한다.

### 연구를 통해 당신 자신에 대해 알게 된 것이 있을까?

스스로 미화했던 것만큼 나의 인내심이 그렇게 크지 않다는 걸 배웠다. 무언가가 너무 오래 걸릴 때 가끔씩 견디기 힘들 때가 있지만, 대체로 꾹 누르면서 바로 허둥대는 반응을 보이지 않을 수 있다. 또한 내가 늘 이기기만을 원하지는 않는다는 걸 알게 되었다.

**누군가의 밑에서 일할 수는 없다고 말한 적이 있다. 왜 그것이 당신에게는 그렇게 어려운가?**

다시는 동독 시절처럼 감금당하고 싶지 않다. 성장하는 아이디어들을 다른 사람을 위해 이용하고 싶지 않고, 늘 나의 연구팀을 위해 이용하고 싶다. 위험의 크기와 상관없이 책임을 지고 싶다. 연구자가 되는 일은 배울 수 없다. 그것은 하나의 직관이다. 나는 추가 과제를 위해서도 손을 들 준비가 늘 되어 있던 그런 사람이었다.

**스스로 자긍심을 만끽했던 경우가 있었나?**

2003년, 마흔 살에 유럽 플라스마상을 받았고, 같은 해에 취리히 연방 공과대학교 부교수로 초빙되었다. 그것은 내 삶의 계획에 없던 일이었고 살면서 처음으로 깊은 감사를 느꼈다. 미국에서 첫 번째 기조연설을 할 때도 그런 감격을 누렸다. 나는 꽉 찬 강당에서 전문 분야 학술대회를 그 연설로 시작했다. 그때 인정받았다는 느낌을 받았다.

**부총장으로서 취리히 연방 공과대학교의 연구 방향을 함께 결정한다. 당신이 생각하는 연구 방향은 무엇인가?**

우리는 취리히 연방 공과대학교에서 세 가지 핵심 분야를 중요하게 여긴다. 컴퓨터 보안과 데이터 분야, 에너지와 환경, 그리고 의학이다. 연구위원회는 취리히 연방 공과대학교의 소속 기관으로서 새로운 프로젝트들을 평가한다. 그리고 어디에 더 좋은 인프라가 필요하고, 어느 연구 분야가 더 많은 공동 작업이 필요한지도 함께 고민한다. 이런 문제들을 나의 지위를 통해 조금은 조절할 수 있다. 하나의 프로젝트를 두고 학과, 교수, 연구위원회 사이에서 끊임없는 대화가 오고간다. 이 대화를 통해 이 프로젝트가 과장된 가정에 불과한지, 아니면 거대한 발전 가능성이 있는 계획인지를 확정한다.

**당신은 취리히 연방 공과대학교의 스핀오프 프로그램에 큰 가치를 부여한다. 이 프로그램에 왜 그렇게 자부심을 느끼는가?**

우리에게는 실리콘 밸리 같은 문화가 없다. 거기서는 많은 젊은이들이 위험을 감수하고 자기 회사를 만들어 자신들의 생각을 실현하려고 한다. 다행히 취리히 연방 공과대학교에서도 스핀오프의 숫자가 몇 년 전부터 늘어나고 있다. 사람들은 접시닭이에서 백만장자로 가는 다른 형태의 길이 있다고 믿기 시작했다. 우리는 매년 약 220개의 발명 보고서를 받고, 이 중에서 80~100개의 특허가 나오며, 이 특허 가운데 약 30개의 아이디어가 기업에서 사용된다. 이 숫자는 늘어나고 있으며, 혁신적인 대학으로서 취리히 연방 공과대학교의 명성을 높여 주고 있다.

**특허 하나에서 연구자와 대학은 얼마를 얻게 되는가?**

모든 지적 재산권은 취리히 연방 공과대학교에 속한다. 발명가, 연구팀, 그리고 대학이 라이선스 지분을 각각 3분의 1씩 나눠 갖는다. 이 분배 비율은 나름 깊은 고민 속에서 나온 공정한 분배다. 발명가와 연구팀에게 아무것도 주지 않는다면 아무도 특허를 내려고 하지 않을 것이고, 그들이 너무 많이 가져가면 아무도 대학을 위해 일하지 않을 것이다.

**"위험의 크기와
상관없이 책임을
지고 싶다."**

**결과를 내야 한다는 압력과 부담이 점점 더 많은 조작으로 이어지고 있다. 과학계는 이 문제에 어떻게 대처해야 할까?**

이런 의혹들을 투명하게 처리할 중앙 기구가 필요하다. 어떤 연구에서 잘못된 방법을 용인했을 때 그 결과가 무엇인지를 몇몇 젊은 과학자들은 잘 모르는 것 같다. 전체 과학 공동체는 몇 초 만에 그 잘못을 알게 되고, 그들은 이곳에 다시는 발을 들이지 못한다. 과학에서도 도핑은 허락되지 않는다.

### 세상에 주는 당신의 메시지는 무엇인가?

교육이 미래를 보장한다! 모범을 보이는 가르침과 연구가 없다면 우리가 직면한 다른 문제들을 해결하지 못할 것이다. 우리는 다음 세대에게 주의, 존중, 공감과 같은 기본 가치가 피어나는 이성적 세계를 허락하고 싶다. 그 바람을 실현하고 싶다면 지금 우리가 그렇게 살아야 한다.

# "나는 노화를 되돌려 다시 젊어지는 방법을 찾고 싶다."

**조지 맥도널드 처치** | 유전학

하버드 대학교 의과대학 유전학 교수 및
하버드 대학교와 MIT 보건학과 공학 교수
미국

## 당신은 파악하기 힘든 당신의 성격 때문에 과학 공동체에서 눈에 띈다. 무엇이 그렇게 당신을 다르게 만들었나?

솔직히 말하면, 나는 늘 아웃사이더 같은 존재였다. 실제로 어린 시절에 나의 뇌는 무언가 제대로 작동하지 않았다. 강박 장애, 주의력 결핍 과잉행동 장애 ADHD, 난독증이 있었고, 수면 발작으로 고통받았다. 정상이 되려고 노력했지만, 내가 입을 열자마자 사람들은 내가 정상이 아니라는 걸 바로 알아차렸다. 나는 어머니한테 배운 지성적 개념들을 그대로 따라 사용하곤 했는데, 플로리다 시골 마을에는 어울리지 않는 말투였다. 내가 선택한 전략은 조용히 있는 것이었다. 그 전략이 관찰하고 경청할 수 있는 시간을 주었다. 그렇게 나는 훌륭한 관찰자가 되었다. 당연히 관찰은 과학 기술의 핵심 요소다. 나는 여전히 타인의 의견에 너무 많이 의존해서는 안 된다고 생각한다. 그러나 그 사람의 생각이 어디에서 오는지 경청해야 하고, 이해하려고 노력해야 한다.

**또한 당신은 모험을 대단히 즐긴다.**

요즘에는 내 몸에 위험할 수 있는 시도를 그렇게 많이 하지 않는다. 사회가 내게 너무 많은 것을 투자했기 때문이다. 그 투자를 내가 함부로 버리면 안 된다. 그렇지만 기술 제국에서는 여전히 모험을 즐긴다! 나는 다른 사람들이 불가능하다고 여기는 일들을 한다. 내가 특별히 용감하다고 생각하지는 않는다. 내가 시도한 일들이 실제로는 상당히 쉽다는 걸 발견했기 때문이다.

**당신에게는 쉬운 일이겠지만 아마도 다른 모든 사람에게는 평범하지 않은 일일 것이다. 예를 들어 당신이 만든 미니 뇌를 생각해 보라.**

우리 팀은 나의 피부세포로 미니 뇌나 뇌의 일부를 만든다. 나의 피부세포를 줄기세포로 변환한 후, 이 줄기세포에서 뇌세포가 생겨나게 한다. 사실 자신의 세포를 자기 몸 밖에서 관찰하는 일은 특이한 느낌을 준다. 우리는 이 세포가 어떻게 유용한 일을 하고 새로운 형태를 취하는지 관찰한다. 이런 일은 지금까지 없었다. 그렇지만 자기 몸의 일부를 사회에 기부하는 일은 기분 좋은 일이다. 내가 죽어도 이 세포들은 나보다 오랫동안 생존할 것이다.

**미니 뇌는 어떤 아이디어와 배경에서 나왔나?**

미니 뇌의 목적은 새로운 치료법의 실험 환경을 만드는 것이다. 미니 뇌를 이용하면 세포 치료, 유전자 치료, 혹은 작은 분자 단위에서 진행하는 치료법, 장기 이식까지도 인간의 뇌에서 직접 실험하는 효과를 얻을 수 있다. 동물의 뇌는 완벽한 복제품이 아니기 때문이다. 시간과 노력을 고려할 때, 미니 뇌의 신뢰성과 대표성은 점점 높아질 것이다.

**언젠가는 당신의 완벽한 복사물을 완성할 계획도 가지고 있나?**

이런 일은 여전히 과학소설의 영역에 속한다. 우리의 작품은 인간의 진짜 뇌와

비교하면 정말 보잘것없다. 인공지능도 아직은
인간의 뇌 수준에 미치지 못한다.

"합성생물학은
지금껏 존재하지 않았던
것을 창조한다."

## 그러니까 당분간은 과학소설과 거리를 두겠다는 말인가?

그런데 사실 내가 지금 하는 일이 어떤 사람들에게는 이미 과학소설에 나오는 이야기 같은 것이다. 예를 들어 초기에 30억 달러로 추정되었던 한 사람의 게놈 해독을 우리는 거의 공짜로 할 수 있다.

## 어떻게 가격을 이렇게 엄청나게 낮출 수 있었나?

1980년대에 우리는 게놈 염기서열 분석을 위한 첫 번째 방법을 발표했고, 인간 게놈의 전체 정보를 해석하려고 했던 인간 게놈 프로젝트에 도움을 주었다. 당시에는 지금보다 훨씬 수준 낮은 게놈 해독에 30억 달러가 든다고 했었다. 이 프로젝트를 제대로 실현하기 위해서는 비용을 분명히 낮추어야 했다. 내가 개발하던 몇몇 기술들이 2004년부터 사용할 수 있게 되었고, 그 덕분에 우리는 300달러에 잘 해독된 게놈 정보를 얻을 수 있다. 고객은 자신의 게놈 해독에 비용을 지불하지 않는다. 시스템으로 이 비용을 상쇄하기 때문이다. 그렇게 30억 달러짜리 질 낮은 게놈 정보에서 0달러짜리 질 좋은 게놈 정보를 얻게 되었다.

## 무엇이 당신을 인간 게놈 해독에 뛰어들게 했는가?

모든 인간의 게놈을 해독하고 비교할 수 있는 기술을 개발하고 싶었다. 유전자 분석 등의 도움으로 특정 질병들을 예방하고 발견하고 싶었기 때문이다. 낮은 비용 덕분에 우리는 그사이에 100만 개의 해독된 게놈 정보를 확보했다. 이 게놈 정보들로 진단 과정과 치료에 유전자 정보 투입을 진지하게 시작할 수 있게 되었다. 우리는 질병을 치료하고, 예방하게 될 것이다. 그리고 여기에서 합성 물질들, 합성 신체 요소들이 중요한 역할을 할 것이다. 합성생물학은 지금껏 존재하지 않았던 것을 창조한다. 마치 미래의 기술을 이용해 예술 작품을 만드는 것과 같다.

**당시에 당신이 발견한 게놈 해독법은 큰 파문을 불러왔다. 지금은 어떻게 보이나?**

관심 있는 누구나 자신의 게놈을 해독할 수 있도록 우리는 이 주제를 더 익숙하게 만들어야 하고 해독 비용을 더 낮추어야 한다. 지금까지 지구인 70억 명 가운데 100만 명이 자신의 게놈을 해독했다. 몇 년 전 한 명도 없을 때보다는 크게 증가한 수치지만 미래에 얻게 될 70억 개의 게놈 정보와 비교하면 상당히 적은 수치다.

**자신의 DNA를 인터넷에서 보고 싶지 않은 사람은 어떻게 해야 하나?**

우리는 컴퓨터에서 이 정보를 암호화해 보관하는 방법을 찾았다. 이 컴퓨터 밖에서는 누구도 DNA를 읽을 수 없다.

**자신의 DNA를 본 사람들의 반응은 어떤가?**

몇몇 사람들은 조상들에 대해 더 많은 정보를 찾으려고 한다. 미국인들은 자신이 생각과는 완전히 다른 혈통을 가졌다는 데 종종 놀란다.

대부분의 사람은 의학적 측면에 관심이 있다. 그들은 특정 질병에 걸릴 위험 요소가 있는지, 그리고 삶의 질을 바로 개선할 수 있는지를 알고 싶어 한다. 당연히 지금은 소수만이 예방의학의 혜택을 받지만, 누가 혜택을 받게 될지는 모르는 일이다. 무언가를 발견하게 되면, 그 발견은 삶에 엄청난 영향을 줄 수도 있다. 현재 300여 개의 심각한 아동 질병이 예방의학을 통해 예방될 수 있다.

## 제약회사와 보험회사들의 관심도 환영하는가?

윈윈 상황이 될 수도 있을 것이다. 한편으로 사람들이 오래 건강하게 살면 보험회사들에게 도움이 된다. 다른 한편으로 우리는 유전자 때문에 차별받게 되는 일을 원하지 않는다. 그래서 미국에는 이를 방지하는 법이 있다. 제약산업계는 우리가 가지고 있는 게놈 정보로 더 나은 약을 개발할 수 있을 것이다. 실제 새로운 많은 약은 진단 요소와 치료 요소를 함께 가지고 있다. 그러나 사람들은 제약산업계가 희귀 질병을 무시하지 않도록 주의를 기울여야 한다. 미국의 희귀 의약품법Orphan Drug Act 덕분에 제약회사들은 이런 희귀 의약품에 많은 돈을 쓸 수 있다. 새로운 기술을 이용하게 될 때 기회균등이라는 관점에서 문제가 발생할 수 있다. 유전자 치료 약품은 가장 비싼 약이다. 한 병에 100만 달러 남짓하는 약도 있다. 나는 이 가격을 낮출 수 있기를 희망한다. 그렇지만 도구들이 여전히 비싸면 가격은 계속 문제가 될 수밖에 없을 것이다.

## 당신은 노화 과정도 멈추기 위해 노력한다.

노화를 되돌려 다시 젊어지는 방법을 찾고 싶다. 나는 10년 넘게 노화를 연구하고 있다. 예를 들면 미토콘드리아의 기능 요소들을 살펴보고 있다. 이 기능들은 이미 치료 분야에서 테스트되었다. 어떤 면에서 우리는 모두 원자일 뿐이다. 우리는 기억과 경험을 담당하는 원자들의 손상을 막고자 한다. 그리고 더 높은 삶의 질을 가능하게 해주는 원자들을 연구하고 있다.

> **"나의 과학은 신앙의 요소를 그 안에 가지고 있다. 그리고 많은 종교들이 사실을 기초로 한다."**

**생명을 연장하려는 당신의 노력이 사람들에게는 어떻게 보일까?**

솔직히 이 연구의 주제는 내가 아니다. 나는 다른 모든 사람을 돕고자 한다. 내가 생각하기에, 나와 관련이 있는 많은 사람은 기꺼이 증손자를 보고 싶어 하고, 다음 세기까지 살기를 원한다. 그들은 세계가 더 나아졌다는 걸 경험하고 싶어 한다. 누구도 이런 삶을 포기할 준비를 하지는 않을 것이다. 여전히 젊고 행복하다고 느끼는데 왜 자발적으로 죽으려고 하겠는가?

**의도하지 않은 결과가 생길 수 있다는 두려움은 없나?**

어떤 사람은 점점 늙어가는 국민이 인구 위기를 낳을 수 있다고 걱정한다. 그러나 내가 보기에는, 채워지기를 원하는 거대한 진공 세계인 우주를 채우고 그곳에서 살려면 더 많은 사람이 필요하다.

**당신은 또 장기 이식에 적합한 돼지를 만드는 실험도 한다.**

사실 이 아이디어는 매우 오래되었고, 지금 실현할 때가 되었다. 이런 일은 과학소설처럼 들리는 많은 상황에서 일어나는 일이다. 아이디어는 오래되었고, 실현하는 방법을 찾는 것이 어려운 일이었다. 요즘 우리는 인간에게 적용하기 전에 우선 돼지의 장기를 원숭이에게 이식하는 실험을 한다. 1~2년 후에 우리는 돼지 장기를 인간에게 이식할 수 있을 것이다.

**20년 전에는 상상조차 힘들었던 일들이 요즘 실현되는 것을 보면서 세상이 미쳤다고 생각하는 사람들도 있다.**

맞다. 정말 그렇다. 이것이 기하급수적 발전이다. 컴퓨터, 전자공학, DNA, 발달

생물학처럼 서로 연결된 많은 분야들이 점점 더 빨리 발달하고 있다. 내가 하는 연구의 일부도 여기에 속한다.

### 창조하고 싶은 또 다른 것이 있나?

우리가 빈곤 관련 질병을 정복할 수 있다면 빈곤 그 자체도 줄일 수 있을 것이다. 나는 인간을 새로운 환경, 예를 들면 우주 여행과 같은 환경에 적응하게 하는 전략을 개발하고 싶다. 그리고 더 나은 컴퓨터, 바이오 컴퓨터 같은 것도 만들고 싶다.

### 유전자 조작 아기를 탄생시킨 중국 과학자에게 무슨 말을 하고 싶은가? 우리가 넘어서는 안 될 경계가 존재하는가?

모든 새 치료법은 지금까지 존재했던 경계를 넘어선다. 인간들은 자신의 기대에 귀 기울이는 대신 이런 정보들을 봐야 한다. 데이터가 조작되지 않았고 아기가 진짜라면, 우리는 거기에서 무언가를 배우기를 희망할 수 있을 것이다.

### 당신이 보기에 과학자의 책임은 어디에 있나?

나는 과학의 최전선에 있다. 그러니까 나는 최전선에서 보고해야 하고, 무엇이 잘못될 수 있을지 고민해야 한다.

### 가끔 신과 같은 일을 하고 있다는 느낌이 들지 않나?

절대 그렇지 않다! 나는 공학자다. 인류 역사에서 대부분의 사람은 직접 공학자가 되거나 공학자로부터 이익을 얻었다. 우리처럼 말이다. 우리는 우주를 창조하지 않는다. 그런 일은 우리 능력 밖에 있다. 우리는 단지 이미 주어진 우주로 작은 것을 만들 뿐이다.

## 그렇다면 당신은 신을 믿는가?

나는 어린 시절 종교적·영성적 교육을 강하게 받았고, 늘 종교를 향한 자연스러운 호기심이 있었다. 청소년 시절에 우리는 오직 종교 공동체 주변에만 있었고, 그때의 경험은 나에게 큰 인상을 남겼다. 나는 도덕적 딜레마에 관심이 많았다. 예를 들어 당신의 부모님이 누군가를 죽이라고 당신에게 명령한다면 당신은 '부모님을 공경하라'는 계명에 복종할 것인가? 아니면 '살인하지 마라'는 계명에 복종할 것인가? 어린 시절 이런 모순을 고민하면서 도덕적 틀을 갖추게 되었다. 나이가 들어가면서 과학과 신앙의 교집합을 점점 더 많이 배운다. 나의 과학은 신앙의 요소를 그 안에 가지고 있다. 그리고 많은 종교들이 사실을 기초로 한다. 많은 과학자들이 이를 부정하지만, 우리는 선한 일을 하고 있고 그것이 선하다는 증명이 되기를 기다리고 있다고 믿는다. 세상에는 경외심을 부르는 많은 일이 있고, 나는 세계를 더 이해할수록 경외감이 커진다는 느낌을 받는다.

## 말하자면 우리는 어떤 더 위대한 존재의 일부인가?

확실히 상상할 수 있는 우주는 실제 우주보다 더 클 수 있을 것이다. 한 번의 빅뱅으로 하나의 우주만 존재하더라도 이것을 우리가 이해하기 어렵다. 그래서 나는 우주가 우리의 상상보다 크기도 하고 작기도 하다고 생각한다.

## 청소년 시절에 부모님은 어떤 영향을 미쳤는가?

어머니는 대단히 놀라운 여성이었다. 변호사이자 심리학자였고, 나에게 큰 영향을 미쳤다. 나는 아버지가 세 명이었다. 첫 번째 아버지는 공군 전투기 조종사였고, 두 번째 아버지는 변호사, 세 번째 아버지는 의사였다. 그 사이에 어머니가 나를 혼자 양육했던 오랜 기간이 있었다. 나는 아버지들과 친해질 기회가 많이 없었다. 그들 모두 열심히 일했고 출장이 많았다. 그리고 열세 살이 되었을 때 집을 나왔다. 생부는 우리와 6개월만 함께 살았다. 생부는 카리스마 넘치고 다른 사람들과 매우 편안하게 지내던 예전의 모습으로 돌아오는 데 많은 시간이 걸렸다. 열세 살 때 생부는 나를 샌안토니오로 초대했다. 생부는 그곳에서 수상스키 쇼의 아나운서로 일했다. 그는 대중 앞에서 말하는 데 부끄러움이 없었다. 그러나 첫 번째 쇼에서 갑자기 나를 불러 세웠을 때 나는 죽을 만큼 무서웠다. "청중 여러분, 여기 조지 처치 군이 있습니다. 조지, 일어나세요." 생부가 나에 관한 이야기를 꾸며대는 동안 나는 거기 서 있었다. 나는 생부가 죽기 직전부터 세상을 떠날 때까지 함께 있었다. 그의 정신 능력은 어느 순간부터 멈추었고, 마지막에는 나도 더는 알아보지 못했다.

**학창 시절에 대해서도 이야기해 달라.**
학교생활은 정말 보잘것없었다! 열세 살 때까지 플로리다에 살았고, 그곳에서는 확실히 교육에 그리 큰 가치를 두지 않았으며, 자연과학 수업은 거의 없었다. 보스턴으로 오기 전까지 기본적으로 나는 지적 도전을 받은 적이 없었다.

**플로리다의 장점은 무엇이었나?**
플로리다에서는 야생과 자연환경을 많이 경험했고, 위험한 일도 과감하게 할 수 있었다. 우리는 독이 있는 방울뱀과 늪살무사를 찾으러 다녔고, 상어가 돌아다니는 물속에서 헤엄쳤다. 한 번은 벼락을 맞을 뻔한 적도 있었다! 나는 그저 순간순간을 경험하고 싶었다.

**내가 제대로 이해했다면 당신의 어린 시절은 고달픈 인생 학교였다는 생각이 든다.**
솔직히 나는 위험을 피하려고 노력했었다. 그렇지만 몇 차례 위험에 처했다. 한 번은 깡패 두 명이 나를 잡고 눈에 멍이 들도록 때렸고, 그중 한 명의 손이 내 얼굴에서 부러지기까지 했다. 그러나 나는 반격하지 않았다. 그들이 구타를 멈추었을 때 놀라서 쳐다보았을 뿐이었다. 여전히 나는 폭력에 단호하게 반대하고, 폭력을 피하기 위해 모든 일을 할 것이다. 모든 사람이 나처럼 행동한다면, 우리는 모두 동등한 기회를 얻게 될 것이다.

## 건강은 챙기는가?

평균 다섯 시간 반 정도 잠을 자고 채식을 한다. 또한 걸어서 출퇴근하는데, 기면증 때문에 운전을 하면 안 되기 때문이다.

## 당신의 재정 건강은 어떤가?

나는 개인적 욕구가 적은 사람이다. 나의 재정은 충분하고, 행복한 상태다. 나는 연구를 위해 돈이 필요하다. 그래서 나의 회사가 버는 돈을 모두 연구에 투자하려고 노력한다.

## 과학 이외에 당신에게 중요한 것은 무엇인가?

과학 연구, 인간 종, 그리고 나의 가족. 이것뿐이다. 기본적으로 다른 것은 없다.

## 어떤 이유를 들면서 젊은이들에게 과학 공부를 하라고 격려할 수 있을까?

나는 과학에 끝없는 매력이 있다고 생각한다. 과학을 하면 사물을 관찰할 뿐만 아니라 사물을 바꾸고, 다른 사람을 도울 수도 있다. 그리고 위험을 감수할 기회가 많이 생긴다.

## 계속 전달해 주고 싶은 지혜가 있는가?

당신의 심장과 열정을 따라가라. 타인을 돌보고, 미래를 깊이 생각하고, 과거에서 배워라.

# "진화는 다양성을 잃어버리면 인간은 멸종할 거라고 가르친다."

**프랜시스 아널드 | 생화학**

캘리포니아 공과대학교(칼텍) 화학기술 및 생화학 교수
2018년 노벨 화학상 수상
미국

**아널드 교수, 당신은 네 명의 남자 형제, 그리고 핵물리학자였던 아버지와 함께 성장했다. 이런 가족 상황이 과학 작업을 위한 훈련이 되었나?**

내가 오히려 남동생들을 훈련시켰다고 생각한다. 청소년 시절에 나는 물리와 수학에 완전히 빠져 있었고, 이 분야에서 무슨 일을 하게 될 거라고 확신했다. 형제들끼리 우정 어린 경쟁을 했고, 내가 당연히 이겼다. 1960년대 말, 도시는 우리 가슴에 불을 지폈다. 시민권 저항 운동, 베트남 전쟁 반대 운동이 일어났다. 당시 젊은 세대 전체가 갑자기 자신의 부모 세대를 더는 믿지 않게 되었다. 부모님은 고민이 많았다. 내가 저항 운동, 방랑 여행, 그리고 여러 다양한 일들로 동생 네 명에게 나쁜 영향을 미칠 거라고 생각했기 때문이다. 부모님은 동생들이 나를 닮는 것을 원하지 않았다. 부모님은 말했다. "지금부터 행동을 제대로 하든지, 아니면 집을 나가." 나는 대답했다. "그럼 나갈게요!"

나는 자신의 길을 찾고 싶었다. 이제 막 열다섯 살이 되었지만 스스로 생계를 꾸려 갈 줄 알았다. 피자집에서 일했고, 칵테일 바의 종업원으로, 택시 기사로 일했었다. 내가 원했던 건 독립이었다.

　나는 모험을 좋아했다. 스스로 무언가를 하거나 찾을 때 겁이 없었다. 열아홉 살 때 이탈리아로 갔고, 나중에는 버스를 타고 남아메리카를 여행하면서 싸구려 호텔에서 잠을 자고, 길거리 가판대 음식으로 끼니를 때웠다. 여러 번 식중독에 걸리기도 했다. 나는 세계를 보고 싶었다. 호기심과 모험심도 나를 이끌었지만, 대담함이 가장 큰 역할을 했다.

## 과학자 경력은 어떻게 시작했나?

처음에는 기계공학을 공부했다. 입학할 때 프린스턴 대학교에서 가장 요구 사항이 적었던 과였기 때문이다. 나는 오랫동안 어떤 길을 원하는지 몰랐다. 엔지니어로 일할 생각은 없었지만 그래도 아주 괜찮은 과에 입학했다. 전공을 바꿀 이유가 없었다. 러시아 문학, 이탈리아어, 경제학, 문화사 등 다른 흥미로운 과목들도 들을 수 있었기 때문이다.

　그렇게 기계 제작 및 항공우주공학 졸업장을 갖게 되었고, 그 시기에 마침 우리가 지속가능한 삶을 배워야 한다는 것을 알게 되었다. 우리는 1970년대에 석유 파동을 겪었다. 당시에 많은 공학자들은 우리가 새로운 종류의 에너지원을 찾아야 하고 폐기물을 더 적게 만들어야 한다고 확신했다. 카터 대통령은 2000년까지 신재생 에너지 비율을 20%까지 올리겠다는 발표를 했다. 나는 이 발전에 기여하고 싶었고 태양열 에너지 연구소에서 일하게 되었다. 그러나 이런 노력은 1년밖에 가지 않았다. 정권이 교체되면서 에너지 정책의 방향이 달라졌기 때문이다.

　로널드 레이건이 당선된 대선이 끝난 후, 버클리 대학교에서 석사학위를 받기 위해 서부로 이사를 했다. 당시 세계는 또 다른 중요한 발견을 했는데, 생명의 부호를 조작할 수 있게 되었다. DNA 혁명이 시작된 것이다. 나는 생화학자가 되었다. 정확히 말하면 생화학공학자가 되었다. 그러나 이전에 화학을 공부한 적이 없었고, 생물학도 전혀 몰랐다. 나는 이 새로운 분야에 석사과정생으로 입학하면서 과감하게 몸을 던졌다.

**당시에 여성 교수는 특이한 케이스였고, 젊은 여성은 더욱더 그랬다. 당신이 임용되었을 때 동료들의 반응은 어땠나?**

칼텍에서의 임용은 예외적이었지만 유일한 사례는 아니었다. 화학과와 생물학과에는 여성 교수들이 있었다. 나는 교수에 채용된 아홉 번째 여성이었다. 나는 서른이라는 젊은 나이에 조교수 자리를 얻었다. 화학공학에서는 첫 번째 여성이었다. 그 자리를 견지하는 건 전투 같은 일이었다. 다행히 나는 전투에 승리하는 데 필요한 후원자가 충분히 있었다. 어쨌든 다 옛날 이야기다.

**당신은 분명 당신의 실험을 '신속하고 값싸게' 수행하기를 원했다.**

첫 번째 실험은 실패했다. 그때 크게 실망했었다. 실험을 어떻게 바꾸면 목표에 닿을 수 있을까를 숙고하면서, 그 실험을 좀 더 세련된 방식으로 진행하려고 해보았다. 반대로 동료들은 생물학적 작동 과정을 분석적으로 이해하려고 시도했지만, 더는 성공하지 못했다. 아무 진전이 없어서 절망하던 나는 돌연변이들을 생성하고 이 돌연변이들을 가능한 한 신속하게 분석했다. 무엇이 중요한지를 시스템이 알려 주도록 했던 것이다. 나는 생물학계에서 공학자가 되고 싶었고, 생명의 분자를 변환해 인간에게 유용하게 만들고 싶었다. 새로운 단백질, 즉 생명 반응을 조절하는 거대하고 복잡한 분자를 합성하고 싶었다.

생화학 분야의 몇몇 동료들은 내가 계획하던 방법을 좋아하지 않았다. 생화학자들은 디자이너의 관점에서 작업에 접근하려고 했다. 그러나 분자를 디자인하는 방법은 아무도 몰랐다. 반대로 나는 공학자의 관점에서 논의했다. 나의 관점에서 볼 때, 생명 분자의 작동 방식은 작동 그 자체보다 중요하지 않았다. 분자 발달을 빠르게 얻을 수만 있다면, 그것이 성공이지 않을까? 그렇게 사람들은 '빠르고 지저분하게' 일하면 된다. 그 발달이 구체적으로 어떻게 작동하는지는 나중에 발견할 수 있다.

## 당시에는 밤낮으로 일했나?

정말 일을 많이 했다. 그러나 칼텍에 간 지 4년만인 1990년에 첫째 아들을 낳았다. 아이가 있는 사람은 하루 20시간 노동과 육아를 함께 할 수 없다는 걸 깨닫는다. 나는 시간을 더 효과적으로 사용해야 했고, 나의 연구팀에게 더 많은 책임을 부여했다. 연구팀은 프로젝트에 결합된 학생들로 구성되어 있었다. 그렇게 해서 나는 저녁에 남편과 아이와 함께 집으로 갈 수 있었고, 다음 날 아침 다시 연구실에 나올 수 있었다. 집에 있는 게 일하러 가는 것보다 더 힘들었다! 나는 아이가 태어날 때마다 2~3주 후에 아이를 품에 안고 다시 연구소로 출근하곤 했다.

1980년대에 들어 아이가 있는 여성을 대하는 과학계의 태도가 바뀌었다. 과학이나 다른 영역에서 경력을 쌓기 위해 경쟁하는 여성들이 늘어나면서 전통적인 부부 형태는 줄어들었다. 집에서 아이를 돌볼 아내가 없다는 건 남편들에게도 곤란한 일이었다. 그렇게 보육의 다양한 가능성이 생겨나기 시작했다. 우리는 과학 기술계에 있는 여성들을, 그리고 당연히 엄마들을 넉넉하게 품어 주어야 한다. 이런 정책은 젊은 아빠들에게도 똑같이 적용된다.

이런 태도가 여성들뿐만 아니라 남성들에게도 대단히 유익하다고 생각한다. 오늘날 가정을 꾸린다는 것은 과거의 경우보다 훨씬 깊은 동반 관계를 의미하기 때문이다.

**당신은 무수히 많은 상을 받았다. 그중에는 국가 기술혁신 메달도 있다. 그리고 밀레니엄 기술상을 받은 첫 번째 여성이었다. 2018년에는 '유도 진화(directed evolution)'로 노벨상을 수상했다. 유도 진화가 무엇인지 간단하게 설명해 줄 수 있을까?**

유도 진화는 사육이나 품종 개량과 비슷하다. 단지 분자 단위에서 진행될 뿐이다. 농부는 사과 품종을 개량할 수 있고, 개 사육사는 새로운 개 품종을 만들 수 있다. 우리는 DNA를 배양접시에서 키워 새로운 생물 분자를 만든다. 유도 진화는 분자생물학의 도구를 활용해 효소와 같은 개량된 생체 분자를 생성한다.

과거에는 더 빠른 경주마를 얻으려면, 암말과 수말 두 마리를 신중하게 선택해야 했다. 그다음에 자손 중에 승자가 있기를 희망하며 기다려야 했다. 분자 단위에서 무언가 키우고 싶을 때는 두 부모가 아닌 세 부모에게서 유전자를 가져올 수 있고, 33개의 부모 DNA를 섞을 수 있다. 나는 종들을 혼합할 수 있다. 우연적 돌연변이를 만들 수도 있고, 그 범위를 정할 수도 있다. 기본적으로 진화 과정의 통제권을 갖는다. 이 기술이 실용화되기 전에는 누구도 갖지 못했다. 이 기술은 주어진 시간 안에 시작했던 것보다 더 나은 것을 어떻게 얻을 수 있을까라는 질문에서 출발했다. 나는 그 방법을 정확히 발견했고, 이 발견 덕분에 노벨상도 받은 것 같다.

우리는 산업 분야에 활용되는 다양한 효소를 개발했다. 우리 팀 학생들은 회사를 여러 개 설립했다. 이 회사들은 지속가능한 화학 분야에서 활동하며, 예를 들면 재생가능 원료에서 나온 비행기 연료 생산과 같은 일을 한다. 이들은 독성이 없는 살충제나 폐기물을 많이 만들지 않는 유용한 화합물도 생산한다.

세계의 일부는 유도 진화에서 나온 이런 방법을 받아들였고, 깨끗한 방법으로 의약품을 생산하고, 얼룩 제거 기능이 있는 세제를 만들며, 에너지 요구량을 줄이고, 섬유를 생산하고, 더 나은 의료 진단을 할 수 있다. 이처럼 다양한 분야에서 유도 진화를 통해 생산된 개선된 효소를 새롭게 활용하고 있다.

## 당신이 직접 회사를 세우기도 했다.

모든 이는 말한다. "와, 내 기술은 유용해." 그러나 아무도 사용하지 않는 기술은 유용하지 않은 기술이다. 어떻게 하면 사람들이 발명품을 사용할 수 있을까? 간단하다. 다른 사람이 쓸 수 있게 해주면 된다. 존재하는 회사 중에 이 기술을 받아들일 곳이 없다면 새 회사를 만들어 기술을 직접 퍼뜨려야 한다. 나의 첫 번째 산업계 나들이는 친구 피 스테머Pit Stemmer와 함께했다. 피 스테머는 유도 진화를 실용화하기 위해 막시젠을 창립했다. 나는 막시젠의 첫 번째 과학 자문 위원이었다. 그곳에서 스타트업을 키우는 방법에 정통한 사람들을 만났고, 그들에게 방법을 배웠다. 지금은 내가 직접 회사를 세웠다. 15년 전인 2005년에 첫 번째 스타트업을 설립했고, 이후 몇 개 더 설립했다.

## 당신은 대단히 조직적인 사람임이 틀림없다.

나는 초조직적인 사람이고, 시간 관리의 달인이다. 보통 아침 5시나 6시에 일어나 먼저 집에서 여러 일을 끝내려고 노력한다. 전화, 원고 교정, 편지 쓰기 등을 집에서 마무리하려고 한다. 그다음 칼텍으로 출근해 오후에는 학생들과의 대화, 연구팀 미팅, 손님맞이나 강의로 시간을 보낸다. 오후 일정이 끝나면 집으로 온다. 누군가 집에 있으면 가족과 함께 저녁을 먹고, 저녁 식사 후에는 조금은 편안하게 오디오북을 듣고, 산책을 하거나 요가를 한다. 그다음 잠자리에든다. 밤에는 일하지 않는다. 아이가 생기기 전에는 1, 2년 정도 밤에도 일을 했다. 그러나 첫 아이가 태어난 1990년 이후 밤에는 거의 일을 하지 않는다.

**개인적으로 당신은 계속해서 힘든 시간을 보냈다. 첫 번째 남편은 암으로 세상을 떠났다.**

우리는 결혼 5년 만에 이혼했다. 부부생활을 오래 유지하지 못했다. 남편은 스위스로 갔고, 나는 그를 따라가고 싶지 않았기 때문이다. 아직 어린아이도 있었던 그 시절은 대단히 어려운 시간이었다. 그러나 남편은 스위스로 가야만 했다. 얼마 후 나는 다른 멋진 남자를 만났고 두 명의 아이를 더 낳았다. 두 번째 부부생활은 오래 지속되었던 좋은 관계였다. 그러나 두 번째 남편도 2010년에 세상을 떠났다.

**두 번째 남편은 스스로 목숨을 끊었다. 그 일은 당신에게도 대단히 힘든 일이었을 것이다.**

그렇다. 그는 아주 심한 우울증을 앓았다. 그 병은 내가 이해하지 못하는 병이다. 나는 열두 살 때 마지막으로 우울함에 빠졌다. 그사이에 나는 자신의 통제권이 나에게 있고, 내가 진정 통제할 수 있는 건 유일하게 나 자신뿐이란 사실을 파악했다. 남편이 자살하기 2년 전에 우리는 갈라섰다. 나에게는 세 명의 아이가 남았고, 나는 혼자 그 아이들을 키워야 했다.

**그다음에 또 다른 비극이 찾아왔다. 아들이 사고로 세상을 떠났다.**

그렇다. 그 사고는 내 마음을 찢어 놓았다. 나는 아들을 매일 그리워한다. 아들은 누구에게나 사랑받는 아이이자, 주위에 사랑을 베풀 줄 아는 아이였다. 멋지고 재능 있는 아이였다. 사고 당시 아들은 스무 살이었다.

**이런 운명적 시련을 메워 준 아름다운 순간이 있었나?**

노벨상 시상식 때 네 명의 남동생 가운데 세 명이 부부 동반으로 함께 갔다. 그리고 나의 두 아들과 아들 제임스의 아내 알라나도 함께했다. 실제 우리는 일주일 내내 스톡홀름에서 함께 지냈다. 나의 제자들, 친구, 동료들도 왔다. 나는 그들의 얼굴에서 자부심과 행복함을 보았다. 그렇게 오랫동안 행복했던 적은 없었다.

**사람들은 처음에 당신을 야심이 넘치는 사람으로, 심지어 공격적인 사람으로 설명했다. 남성들을 평가할 때도 이런 성격은 잘 부여하지 않는다.**

나는 야심차고 공격적인 사람이었다. 그러나 그래야만 했었다. 한 번은 칼텍 총장이 내게 물었다. "당신은 왜 그렇게 거만합니까?" 나는 말했다. "아, 총장님. 제가 거만하게 굴지 않았다면 여기에서 살아남지 못했을 겁니다." 거만함, 야심, 공격성은 당시 나의 생존 전략이었다. 비록 다른 사람들은 믿지 않더라도, 나는 내가 하는 일을 믿었다. 나를 흔들리게 내버려두지 않았다. 이런 태도는 당시 내 삶에 큰 도움을 주었다. 그러나 오늘날에는 더 이상 그렇지 않다. 더는 나를 방어할 필요가 없다. 그리고 어느 때부터 내게 더는 필요없는 뾰족하고 모난 부분을 다듬으려고 노력하고 있다. 당연히 당시에 나는 고집불통이어야 했다. 그렇지 않았다면 오래전에 포기했을 것이다. 나는 참을성이 없는 사람이지만, 이 성격도 다듬고 있는 중이다.

다르게 보면, 뾰족하고 모난 것은 탄력성의 표징이다. 나는 후회하지 않는다. 후회는 아무것도 가져오지 못한다. 내가 암에 걸렸을 때 혹은 아들이 죽었을 때, 한탄할 수도 있었을 것이다. "아, 불쌍한 내 신세여." 그러나 나는 한탄하는 대신 스스로에게 이렇게 말했다. "아, 불쌍한 내 신세여. 그러나 지금은 앞으로 나가야 해."

나는 삶과 가족, 나의 학생들과 일을 사랑한다. 나는 나쁜 일이 아니라, 무엇보다도 좋은 일에 집중하는 것이 중요하다고 생각한다. 삶이 쉽다는 아무런 보증이 없다. 특정한 나이가 되면 사람들은 모든 것을 경험하게 된다. 사랑하는 사람을 잃고, 직장도 잃게 되며, 자신에게 아주 큰 의미가 있는 것도 잃게 된다.

그렇다고 포기할 것인가? 아니다. 늘 자신만 바라보는 아이가 있거나 학생들이 있는데, 어떻게 포기할 수 있겠는가?

## 몇몇 여성들은 성폭력과 맞서 싸워야 했다. 당신은 어땠는가?

원하지 않았던 접촉을 시도하는 경우도 분명히 있었다. 그러나 나는 늘 모든 것을 통제할 수 있다고 느꼈다. 만약 나이 많은 교수가 나에게 한 말이 마음에 들지 않으면, 그에게 당신은 호수에 뛰어들어야 한다고 대꾸했다. 다른 한편으로 나는 여성으로 받게 되는 더 많은 긍정적 주목을 즐기기도 했다. 당시에는 과학계에 여성이 적었고, 여성인 게 장점이 될 수도 있었다. 나는 창끝을 돌려서 나에게 말했다. '여성이라는 성별을 너의 장점으로 활용하라. 여성이라는 사실이 너에게 부정적 영향을 미치지 못하게 하라.' 한 예를 들면, 지금껏 여성 공학 교수를 본 적이 없었던 청중들 앞에서 내가 발언을 해야 할 때 청중 사이에 질문이 자동으로 생겨난다. '저 여자가 여기에서 뭘 할까?' 나는 남성보다 훨씬 수준 높은 강연을 해야 한다는 걸 알게 되었다. 강연을 시작하면서, 그리고 강연 중에도 계속해서, 심지어 그들이 처음 가졌던 호기심이 사라진 후에도 나는 그들이 내 말을 경청하도록 최선을 다한다.

## 만약 젊은 사람이, 특별히 여성이 자연과학 분야 공부를 고민한다면, 당신이 보기에 그들은 무슨 일에 최선을 다해야 할까?

늘 자신이 원하는 걸 해야 한다. 나는 과학자라는 직업을 대단히 멋있게 생각한다고 말해 줄 것이다. 연구직 특히 대학의 연구직은 유연성이 있다. 더구나 아이를 갖길 원한다면 대학 연구직은 좋은 직업이다. 이 유연성을 나는 대단히 높게 평가한다. 그러나 누구에게나 대학에서의 연구가 적합한 일은 아니다. 이 일은 대단한 스트레스를 줄 수도 있다. 누구나 한 팀을 이끌고, 아이디어를 발전시키며 연구지원금을 조직하는 일을 책임지고 싶어 하는 건 아니다. 사람은 모두 다르다.

나는 늘 다음과 같이 강조한다. 당신이 다른 사람들과 같은 길을 간다고 해도 당신 자신의 길을 잃어버리면 안 된다! 이런 다양성의 부족은 혁신을 가로막는다. 진화는 우리에게 다양성을 잃으면 인간은 멸종할 거라고 가르친다. 혁신적이길 원하거나, 자신이 기꺼이 하고 싶은 일을 찾으려면 다양한 일을 많이 시도해 봐야 한다. 이런 다양한 시도가 나에게는 큰 도움이 되었다.

## 세상에 전하고 싶은 메시지가 있는가?

당신 주변에 있는 사람들을 돌봐라. 그 돌봄이 당신에게 힘을 주고 행복을 가져올 것이며, 당신의 창조력에 날개를 달아줄 것이다. 언제나 호기심을 유지하라.

나는 많은 사람이 오고 가는 것을 보았다. 나는 여기에 아직 있는 사람들이 나에 대해 좋은 기억을 간직하기를 바란다. 내가 할머니와 나의 아들을 기억하는 것처럼 나를 아는 사람들도 나를 기억하기를 원한다. 그리고 나는 사람들에게 행복을 주는 긍정적 영향을 남기기를 바란다.

## 자연에서 당신은 무엇을 배웠는가?

생물학은 모든 것을 할 수 있다. 자연은 지구에 존재하는 최고의 화학자다(그리고 아마 우주의 나머지 지역에서도 최고일 것이다). 자연은 이 모든 놀라운 생명의 형태들뿐 아니라 이 생명체들을 구성하는 화학도 창조했다. 또한 자연은 진화라는 형성의 과정도 발명했다. 진화는 자연에게 거대한 장점을 만들어 준 마법 같은 비결이다. 지금은 나도 이 일을 할 수 있다.

나는 창조자가 아니다. 나는 한 사람의 개발자이자 경작자일 뿐이다. 창조는 자연이 한다. 나는 자연이 창조한 것을 가져와 여기에서 우리에게 유용한 새로운 것을 만든다.

# "생명을 가능하게 하는 다양한 분자와 유전자는 생명을 위협하기도 한다."

**로버트 와인버그** | 분자생물학

MIT 생물학 교수
1983년 로베르트 코흐상, 2007년 오토 바르부르크상 수상
미국

**와인버그 교수, 당신은 오래전에 건강한 세포가 암세포로 어떻게 변하는지에 대한 중요한 아이디어를 제시했다. 구체적으로 어떻게 이런 생각이 떠올랐나?**

학술행사 때문에 하와이에 있었다. 동료와 함께 여유를 부리며, 한 화산에 함께 올랐다. 분화구로 내려가면서 우리는 이런 이야기를 나누었다. "실제로 일련의 근본 법칙이 틀림없이 존재할 거야. 그 법칙에 따라 우리는 다양한 종류의 암을 이해할 수 있을 거야. 비록 그 암들이 외형적으로는 대단히 다양하고, 서로 닮지 않은 게 명백해도 말이야."

**화산 트레킹을 하면서 나누기에 괜찮은 평범한 대화인 것 같다.**

나는 틀을 벗어난 상황에서 갑자기 의미 있는 아이디어가 떠오르는 경우가 많다고 생각한다. 깊은 산속을 오르거나 사람으로 가득 찬 도시를 산책할 때와 같은 상황 말이다. 우리는 이미 이 주제를 연구하고 있었고, 그 화산에서 큰 소리로 함께 생각할 기회가 있었다고 볼 수 있다.

**이 대화는 상당히 빠르게 발전해 학술지에 성공적으로 발표까지 되었다. 그렇지 않은가?**

학술지 〈셀〉이 21세기 첫 번째 발간호에 실릴 학계를 조망하는 논문 집필을 나에게 의뢰했다. 나는 친구이자 동료 더글러스 하나한Douglas Hanahan에게 이 생각을 설명했다. 친구는 이렇게 말했다. "우리에게 아주 좋은 기회일 것 같아. 모든 종류의 인간 암에 공통된 근본 법칙 몇 개를 서술할 수 있지 않을까?" 이 논문의 제목은 '암의 특징들The Hallmarks of Cancer'이었다. 전반적인 분야를 조망하는 논문 대부분은 연못에 던진 돌처럼 사라진다. 그러나 이 논문은 기대하지 않았던 큰 반응을 얻었다.

**거의 20년 전의 일이다. 이후 당신의 연구는 얼마나 변했나? 그리고 당신이 오늘날 알고 있는 것을 짧게 설명해 줄 수 있겠나?**

그사이에 우리는 상세한 내용을 많이 알게 되었고, 암세포의 분자적 결함도 알게 되었다. 이 많은 지식을 지난 20년 동안 우리가 발견했다. 요즘 나의 연구실은 특정 조직에서 원발 종양으로 발달했던 암세포들이 어떻게 떨어져 있는 신체 조직이나 다른 기관으로 옮겨가 그곳에서 새로운 종양을 만들 수 있는지를 연구한다. 즉 암의 전이를 연구하고 있다.

**여전히 그렇게 많은 사람이 암으로 사망한다는 건 암을 연구하는 과학자들에게는 믿기 힘든 일이 아닐까?**

암은 질병 하나를 칭하는 게 아니라는 걸 분명히 해야 한다. 예를 들어 심장과 순환계 질환들은 기본적으로 하나의 질병이다. 이와 달리 암에는 200~300개의 서로 다른 질병이 있고, 형태도 모두 다르고, 활동 방식도 다르다. 암은 카멜레온처럼 끊임없이 변한다. 그래서 초기 치료에 반응하는 종양은 저항력을 발달시킬 수도 있다.

## 희망을 가질 근거는 있을까?

특정 부위의 암 치료는 크게 발전했다. 유방암의 사망률을 보라. 30~35% 정도 줄어들었다. 이에 반해 폐암, 췌장암, 위암에서는 큰 변화가 없다. 우리는 이런 종양들과 효과적으로 싸우는 방법을 여전히 모른다.

> "연구실에서 사람들 사이의 상호작용은 과학적 상호작용만큼 중요하다."

## 언제 당신은 자연과학을 전공하고, 특별히 암 연구를 하기로 결정했나?

어떤 사람들은 인생의 장기 목표가 있다. 나는 그런 사람이 아니다. 처음 공부를 시작할 때는 의사가 되겠다고 생각했었다. 그 후 의사가 되면 환자들을 살피기 위해 밤새 깨어 있어야 한다는 말을 들었다. 나는 잠이 필요하다고 생각했고, 그래서 의사는 안 맞는 일이라 판단했다. 대신 생물학자가 되었다. 결국 암을 유발하는 바이러스를 연구했고, 천천히 바이러스 이외의 요소들 때문에 생겨나는 암세포의 연구로 옮겨갔다.

## 왜 하필 암이었나?

인류를 사슬에서 해방시키고자 암 연구를 선택한 것은 아니다. 암 연구는 주의력과 에너지를 요구하는, 대단히 복잡하고 흥미로운 과학적 주제이기 때문에 선택했다.

## 청소년 시절에 누군가 당신을 과학으로 매료시킨 적이 있었나?

MIT 학사 과정 때 생물학으로 방향을 정했다. 분자생물학 수업에서 큰 영감을 받았다. 그 수업에서 DNA, RNA, 단백질에 대해 무언가를 배우기만 하면 인간의 전체 생명을 이해할 수 있음을 깨달았다. 그때 얻은 인식이 나에게 대단히 중요했다.

**부모님은 제2차 세계대전 때 미국으로 왔다. 당시에 당신은 어떻게 지냈나?**

미국인보다는 유럽인이라는 의식 속에서 성장했다. 세계시민적이고 고등교육을 받았던 부모님과 비교할 때, 피츠버그 사람들은 대단히 지역색이 강하다는 인상을 주었다. 어머니는 프랑스어를 유창하게 하면서 영어를 조금 할 수 있었고, 아버지는 영어를 아주 조금 할 수 있었다. 나는 전쟁이 지배하는 동안에는 길거리에서 독일어로 말하면 안 된다고 교육받았다. 그냥 전쟁 중이니까 그랬다. 이처럼 나는 이중 언어 환경에서 성장했고, 큰 장점이 되었다.

**전쟁은 당신 가족에게 어떤 의미였나?**

부모님이 1933년부터 1938년까지 겪었던 몇몇 일들은 악몽 같은 경험담이었다. 할아버지는 다섯 형제를 전쟁 중에 잃었다. 성공했든 아니든, 부유하든 가

난하든, 누구나 강제수용소로 보내졌다고 부모님은 말해 주었다. 어쨌든 삶과 존재는 대단히 불안하다는 느낌과 함께 성장했다.

**문명은 얇은 기름막에 불과하다?**

실제 그렇다. 내가 의심이 많고 편집증이 있었다고 말하려는 건 아니다. 다만 지나치게 조심하는 성격이었다. 아버지는 내게 늘 말했다. "성공하는 건 괜찮아. 그러나 군중 속에서 고개를 들지는 마. 눈에 안 띄어야 해."

## 그다음 인생 과정에서는 어떻게 행동했는가?

열심히 일했다. 덕분에 과학 분야에서 흥미로운 일을 하게 되었지만 거만해 보이지 않으려고 늘 조심했다. 스스로를 너무 중요하게 여기는 사람은 우리 가족 안에서 존중받지 못했다. 부모님은 지력과 유머 감각이라는 두 가지 특성으로 사람을 평가했다. 지력이 그렇게 뛰어나지 않은 사람도 유머로 충분히 만회할 수 있었다.

> "어쨌든 삶과 존재는 대단히 불안하다는 느낌과 함께 성장했다."

## 만약 누군가를 당신 연구실로 불러서 면접을 볼 때, 그 사람의 지력과 유머 감각도 유심히 관찰하나?

연구실 책임자로서 내가 하는 가장 중요한 일은 제대로 된 사람을 뽑는 것이다. 말하자면 동기 부여가 되어 있고, 다른 사람을 이해할 줄 아는 사람을 뽑는 게 중요하다. 연구실에서 사람들 사이의 상호작용은 과학적 상호작용만큼 중요하다. 연구원을 결정할 때 약간의 시간을 투자하는 것은 충분한 가치가 있다. 그 결정으로 수년 동안 함께 생활해야 하기 때문이다.

## 결혼을 결심했을 때도 원활한 상호작용을 중요하게 생각했나?

가끔은 눈을 딱 감은 채 목숨을 걸고 점프를 감행해야 할 때도 있다. 나는 한 여성을 알게 되었다. 그녀가 대단히 매력적이라고 느꼈고 나와 아주 잘 맞는다고 생각했다. 그 만남이 벌써 40년 전 일이다. 그리고 그 결정을 후회하지 않았다. 연구실의 연구원을 뽑는 일이 삶의 동반자를 결정하는 일만큼 의미가 크지는 않다. 그러나 서로 닮은 점은 있다. 어떤 연구원들은 5~7년 동안 나의 실험실에 있다. 나는 그들을 매일 봐야 한다.

### 당신은 어떤 유형의 보스인가?

나는 연구원들에게 내가 자신들의 작업을 진지하게 받아들인다는 확신을 주는 것이 중요하다고 생각한다. 연구원들은 자신들이 그저 익명의 노동력이 아니라 내가 정신적으로 함께한다는 것을 알아야 한다. 가끔씩 그들은 내 사무실로 찾아와 30분 정도 수다를 떤다. 나는 그들에게 지금 하는 일을 물어보고 문제는 없는지 확인한다.

### 당신은 당신의 일과 거리를 둘 수 있는 사람인가?

내 일에 완전히 미쳐 있는 사람은 아니다. 가끔씩 아내와 함께 뉴햄프셔 숲에 있는 우리의 오두막으로 간다. 오두막에 있을 때는 정원과 숲에서 일하면서 생물학을 하루 종일 잊을 수 있다. 나는 나름 괜찮은 목공이자 배관공이며, 전기 기사다. 손으로 하는 일을 좋아한다. 생물학이 나의 전부이자 첫 번째가 아니다. 어느 날 내가 죽었을 때, 아무도 나의 묘비에 이렇게 쓰지는 않을 것이다. "그는 483편의 논문을 발표했고, 그중 많은 논문이 〈셀〉, 〈네이처〉, 〈사이언스〉에 실렸다." 아무도 이런 것에 관심이 없다.

### 올바른 길을 가고 있는지 스스로에게 질문한 적은 없었나?

여기 있으면서 작은 의심이 생기는 경우가 있었다. 그러나 내가 하는 일이 대체로 기쁨을 주었기 때문에 크게 힘들지는 않았다. 과학은 조울증과 조금 닮았다. 성공과 기분은 늘 널뛰기를 하기 때문이다. 우리는 성공과 실패, 기쁨과 슬픔 사이에서 그네를 탄다. 그러나 삶이 원래 그렇다. 연속된 성공이 중단 없이 이어질 수는 없다.

## 더 높은 목표가 있었나?

아니다. 없었다. 과학자로 일하면서 다음 1~2년을 위한 목표는 세웠다. 그러나 5년, 혹은 10년짜리 목표는 없었다. 이미 말했듯이, 나는 삶이란 불안정하고 미래는 예측할 수 없다는 느낌 속에서 성장했다. 늘 대단히 임기응변식으로 생각했다. 다음에 우리는 어떤 흥미로운 일을 할 수 있을까만 생각했다.

## 300만 달러의 상금이 주어지는 브레이크스루상을 받았다. 상금은 어떻게 했나?

아내와 나는 100만 달러를 한 복지기관에 기부했고, 상금 일부를 세금으로 냈다. 우리는 늘 잘 살았다. 그래서 당신이 믿든 안 믿든 그 돈이 큰 차이를 만들지는 않았다. 충분히 돈이 있는 상황에서 특별히 그렇게 돈에 관심이 없었다. 나는 좋은 비즈니스맨이 아니다. 그때도 그랬다. 인정받는 건 좋았지만 모든 것이 지나간 후에는 다시 연구실에서 보내는 노동의 일상이 중요했다. MIT에 있는 모든 사람은 상당한 전문가들이다. 다행스럽게도 MIT에는 성공한 사람에게 찬사를 보내는 문화가 없다. 그곳에는 노벨상 수상자도 여러 명 있고, 우리는 서로 편하게 이름을 부른다.

## 동시에 당신의 연구는 사회에 큰 영향을 미쳤다.

우리 연구실에서 수행했던 작업의 일부가 유방암 치료와 현대 암 연구의 발전에 중요한 기여를 했다. 이런 영향을 준 점이 기쁘다. 그러나 내 연구실의 많은 사람은 암 환자에게 직접 적용하기 힘든 문제를 연구했다. 어떤 결과들은 활용되기까지 10년, 15년씩 걸렸다. 연구자는 호기심에서 수행했던 연구가 나중에 전체 사회에게 제품, 도움, 보상을 줄 수 있다는 걸 염두에 두어야 한다. 그러나 그것을 예측할 수는 없다.

"암은 엔트로피, 카오스를 의미한다."

## 당신이 세상에 전하는 메시지는 무엇인가?

즐거움을 주는 일, 그리고 흥미가 있는 일을 시도하라. 그리고 만약 그럴 수 있다면, 세상에 영향을 주는 일을 하라. 정신을 쏟게 만들고, 당신의 손을 일하게 하며, 당신을 많은 다른 사람과 연결해 주는 일을 하라. 그렇게 연결된 사회를 즐겨라. 다른 사람을 돕고 그들을 지원하는 것은 의미가 있다.

## 살아 있는 유기체의 게놈을 편집하는 방법인 크리스퍼/카스 기술에 대해서는 어떻게 보는가? 이 방법이 암 정복의 왕도가 될까?

지금 상황에서 대답은 '절대 그럴 수 없다'이다. 지름 1cm 종양 안에는 10억 개의 세포가 있다. 이 개수가 유전자 치료와 유전자 변형에서 문제가 된다. 만약 크리스퍼/카스9 기술로 종양의 행동을 바꾸려고 한다면, 종양세포 하나하나의 유전자를 바꾸어야 한다. 이 작업은 지금 우리의 능력을 넘어선다. 우리는 신체 조직 안에 퍼져 있는 세포 내 유전자를 바꿀 수 없고, 살아 있는 종양에서도 마찬가지다. 그러나 이 기술은 특정 실험을 더 빠르게 실행하는 데는 도움을 준다.

## 당신은 진화가 인간에게 가져다준 유전자 돌연변이는 인간의 몰락이 될 수도 있다고 말한 적이 있다. 무슨 의미인가?

우리 유전자 안에서 일어난 몇몇 변화는 지난 1억 년 동안 놀라운 생명체를 만들어 냈다. 그러나 동시에 암도 만들어 냈다. 세포는 끊임없이 분열한다. 그리고 모든 분열에는 암이 발달할 위험이 있다. 말하자면 우리는 영원한 위험과 함께 사는 것이다. 생명은 양날의 검이다. 생명을 가능하게 해주는 다양한 분자와 유전자가 동시에 생명을 위협한다.

**그러니까 원칙적으로 충분히 오래 살게 되면 인간은 결국 암을 얻게 된다는 말인가?**

그렇다. 언젠가 체세포 한두 개는 암세포가 될 것이다. 사람이 심장병이나 자가면역 질환, 감염 혹은 사고로 죽지 않는다면 언젠가는 암에 걸릴 것이다. 암은 엔트로피, 카오스를 의미한다. 암은 복잡하고 오래 사는 큰 생명체에게는 피할 수 없는 일이다.

> "아무도 나의 묘비에 이렇게 쓰지는 않을 것이다. '그는 483편의 논문을 발표했다.'"

**스스로도 암으로 죽을 거라고 자주 생각하나?**

아니다. 그렇게 자주 생각하지 않는다. 암이 생길 수도 있겠지만, 무언가 치명적인 게 생길 수밖에 없다. 누구나 알고 있듯이 나는 영원히 살지 못한다.

# "과학의 모든 중요한 도약은
# 훨씬 긴 역사의 일부다."

**피터 도허티** | 면역학

멜버른 대학교 미생물학 및 면역학 교수
1996년 노벨 생리·의학상 수상
호주

**도허티 교수, 과학계에는 경쟁과 질투가 만연하다고 들었다.**

정말이다. 그것도 대단히 격렬하다. 과학자들이 다른 분야 사람들보다 더 선한 사람들도 아니고, 질투와 경쟁에서는 더욱 특별한 사람들이다. 가끔은 리뷰어가 상대방의 논문에 엄청난 혹평을 가하는데, 그 이유는 논문의 질과는 크게 상관이 없다. 증거와 데이터를 기초로 하는 과학은 매우 힘든 작업인데, 그럼에도 이런 대단히 악의적인 일이 일어나기도 한다. 의학에는 히포크라테스의 선서 '해를 끼치지 말라'와 같은 규범이 있기도 하지만, 과학에는 선이라는 개념이 없다.

**왜 공부를 하겠다고 결심했었나?**

부모님 두 분 모두 열다섯 살 때 학교를 그만두었다. 어머니는 음악 교사 교육을 받았고, 아버지는 공공서비스 분야로 갔다. 나는 브리즈번 변두리에서 성장했는데, 그곳은 노동자와 중하층 계급이 사는 곳이었다. 그곳에서 파시즘의 의미를 이해했다. 왜냐하면 파시즘은 바로 그런 곳에서 나오기 때문이다. 기필코 그곳에서 벗어나고 싶었다. 바로 이 탈출 욕구가 대학에 진학한 이유다. 나는 특별히 뛰어난 학생이 아니었다. 전반적으로 아는 게 적었기 때문이다. 사촌 하나가 의학 공부를 했다. 그 사촌을 제외하고 내가 아는 사람 중에 대학 공부를 마친 사람은 손에 꼽을 정도였다. 동네에 있던 의사와 치과 의사 정도가 다였다. 내가 다녔던 학교의 선생님들조차도 모두 대학을 졸업한 건 아니었다.

### 당신은 노벨상을 받은 유일한 수의사다. 무슨 연구를 했던 것인가?

당시는 로마 클럽의 시대였다. 그래서 수의학을 공부하기로 결정했었다. 배고픔과 싸우고 무언가 좋은 일을 하고 싶었기 때문이다. 나는 이타적인 사람이었고, 어렸으며 매우 순진했다. 사실 이런 일을 하려면 의학을 공부했어야 했다. 그러나 환자들과 시간을 보내고 싶지는 않았다. 열여섯 살 소년이 상상하기에 그건 대단히 끔찍한 일이었다. 그래서 9년 동안 닭, 양, 돼지의 질병을 연구했다. 그런 연구를 하면서 감염의 과정을 더 잘 이해하려면 면역학을 더 배워야 한다는 걸 알게 되었다. 그래서 한 의학 연구센터로 갔고, 그곳에서 세포 면역성에 대한 것을 배웠다. 그리고 그 의학 연구센터에서 젊은 스위스 의사 롤프 칭커나겔Rolf Zinkernagel과 함께 중요한 발견을 했고, 그 발견 덕분에 20년 후에 노벨상을 받았다. 그 후 나는 수의학으로 다시 돌아가지 않았다. 말하자면 나는 양 박사에서 세포 박사가 되었다.

### 그 발견은 우연이었나?

사실 누구도 무언가를 발견하겠다고 결심할 수는 없다. 그러나 아마도 나는 병리학, 롤프는 세균학을 연구했기 때문에 이 발견을 할 수 있었을 것이다. 서로 다른 두 분야가 결합되면 가끔 기대하지 않았던 것을 발견한다. 그리고 나의 접근법은 다른 사람들이 선택하지 않으려고 했던 방법이었다. 이 방법을 이용해 실험을 한 후 우리는 전혀 기대하지 않았던 결과를 하나 얻었다. 이 결과는 우리를 생각에 빠뜨렸다. 이 결과가 맞으면, 엄청난 새로운 지식이기 때문이었다. 실제 그랬다. 당연히 우리는 그 발견으로 나중에 노벨상을 받을 거라고는 생각도 못했다.

## 당신의 발견을 쉬운 단어들로 설명해 줄 수 있을까?

우리는 세포독성 T세포라는 면역계의 특정한 부분을 관찰했다. 세포독성 T세포는 정상이 아닌 세포와 감염된 세포를 죽이도록 설계되어 있다. 우리는 감염된 쥐의 T세포는 바이러스에 감염된 다른 쥐의 '표적세포'를 죽이지 못한다는 것을 알아차렸다. 이 뜻밖의 결과를 계속 추적하면서 또 하나의 발견을 했다. 즉 이 T세포가 활성화되기 전에 먼저 표적세포의 표면에 있는 주조직 적합성 복합체MHC, Major Histocompatibility Complex라는 핵심 분자를 '시험'하는 것을 발견했다. 우리는 바이러스가 정상적인 '자기' MHC 분자를 '변형된 자기' 분자로 만들어 감염된 세포와 건강한 '자기' 세포 사이의 차이를 생성한다고 가정했다. 나중에 펩타이드라는 바이러스의 작은 부분이 MHC 단백질에 결합해 '비자기'를 만든다는 것이 밝혀졌다. T세포는 이때 마치 다른 유기체의 '외부' MHC를 만난 것처럼 반응하고, 감염된 세포를 마치 이식된 조직이나 외부의 기관처럼 거부한다. MHC가 원칙적으로 '자기' 표시자라는 이 새로운 발견은 세포 매개 면역에 대한 우리의 일반적 이해를 바꾸었고, 감염 이외에도 장기 이식, 자가면역성, 백신 개발, 그리고 최근 암면역 치료법과 관련된 연구에도 영향을 주었다. 우리가 MHC의 기능을 발견하던 당시 기술로는 그 이면에 있는 분자 구조를 이해할 수 없었다. 그럼에도 우리는 세포 매개 면역의 작동 방식과 다양한 MHC 시스템의 존재 이유에 대한 이론을 발전시켰다. 그 이론은 본질적으로 옳다고 판명되었다. 우리는 대단히 타당한 추측들을 제시했던 것이다.

## 당신의 새로운 발견을 바로 논문으로 발표했었나?

당시는 1970년대 초였고, 이메일 같은 빠른 통신수단이 없었다. 그래서 우리 이야기를 정리하는 데 6개월이 걸렸다. 그다음에 우리는 서너 개의 논문을 연속해서 발표했다. 과학에서는 논문이 발표되기 전까지는 아무것도 없는 것이다. 나는 젊은 연구자들에게 늘 이렇게 말한다. "출판되지 않은 것은 존재하지 않는 겁니다! 나중에 '내 생각도 정확히 그거였어'라고 말하는 건 아무 의미가 없어요. 논문 발표가 과학의 기초입니다. 기대하지 않았던 결과를 얻으면 완전히 흥분하게 될 겁니다. 그러나 이때는 먼저 데이터를 살펴봐야 해요. 친구들은 잊어버리고 당신의 데이터와 살아야 합니다. 이게 지금 당신의 생활입니다! 다른 사람들이 이전에 이미 했던 생각들은 무시하려고 노력하세요. 다른 모든 사람들과 같은 길을 선택해서는 새로운 것을 찾지 못합니다."

## 당신의 일에 온전히 집중하지 않았다면, 성공하지 못했을 것이다.

이 발견을 할 때 우리는 밤낮으로 일했다. 그 상황은 나의 아내 페니와 롤프의 아내 캐서린에게는 끔찍한 일이었다. 두 가족 모두 어린 아기가 있었기 때문이다. 그 후에 나는 더 나은 워라밸을 위해 노력했다. 그러나 과학자의 삶에는 늘 무언가에 미쳐 있는 시간이 존재한다. 이때는 일이 머릿속을 계속 맴돌고 있다. 꽤 자주 그렇게 해법이 나오곤 한다. 가끔은 완전히 다른 어떤 일을 할 때, 해변을 산책하거나 스키 타기처럼 완전한 집중을 요구하는 다른 일을 할 때 갑자기 아이디어가 떠오르기도 한다. 언제 봐도 뇌의 활동 방식은 대단히 흥미롭다.

## 최고의 결과를 얻으려면 휴식이 필요하다는 뜻인가?

나는 실험실에 있는 연구원들에게 늘 말한다. "너무 오래 일하지 마세요. 그건 비생산적입니다. 운동도 하고, 폐와 뇌에 신선한 산소도 채우세요. 그리고 다른 사람들도 종종 만나세요." 이런 휴식의 훌륭한 예는 몇몇 최고의 여성 과학자들이다. 그들은 가족 때문에 종종 더 짧은 시간 일하지만 대단히 효율적으로 일한다. 여성들이 생활을 아주 잘 조직하고, 멀티태스킹을 더 잘하는 경우가 많다. 그러나 나에게 성별은 중요하지 않다. 나의 동료와 연구원들은 무엇보다도 협력할 줄 알아야 한다. 나는 영리한 사람, 그리고 자신의 일을 하면서 공동 작업도 잘하는 사람을 존경한다.

## 좋은 과학자에게는 어떤 성격이 필요한가?

과학은 상상할 수 있을 만큼만 성과가 나온다. 그럼에도 어떤 이들은 많은 영감도 없으면서 위로 올라가려고 싸운다. 그들은 좋은 과학자라기보다는 권력으로 가는 평범한 방법을 선택하는 사람들이다. 그들은 좋은 매니저가 되거나 많은 돈을 가져올 수도 있다. 이런 경향이 점점 더 많아진다. 내 주변에 그런 사람을 두고 싶지는 않다. 그런 사람이 있는 곳에서 나는 살짝 오싹함을 느끼기 때문이다.

## 당신 인생에서도 위기가 있었나?

우리는 호주 국립대학교에서 그 발견을 했다. 그 연구가 끝난 후 나는 미국으로 갔다. 다시 미국에서 호주 국립대학교를 이끄는 자리로 돌아오려고 했을 때 일이 잘 풀리지 않았다. 내가 개혁가 그룹에서 활동했던 게 부분적 이유가 되었고, 나뿐만 아니라 아내에게도 어려움을 주는 위기 상황을 맞았다. 이 힘든 여정에서 많은 걸 배웠다. 많은 사람이 특별히 기여하지 않아도 만족하면서 지내는 시스템을 무언가 바꾸려고 하는 건 매우 어려운 일이다. 이런 변화는 권력의 저항이 없을 때만 가능하다. 나는 지나치게 낙관적이었고 너무 순진했었다. 호주로의 귀환은 내게는 매우 기쁜 일이었지만, 나는 그리 환영받지 못했다. 힘든 경험이었다. 반면에 노벨상을 받은 후 귀향할 때는 많은 긍정적 경험이 있었다.

## 당신이 사회에 기여한 점은 무엇인가?

나의 발견은 오늘날 의학의 작동 방식을 바꾸는 데 크게 기여했다. 최근에 나오는 많은 약품과 치료법, 그중에서도 류머티즘 관절염과 암, 다양한 종류의 자가면역 질환에 효과가 좋은 약들은 T 림프구와 함께 생산되는 면역세포 치료제이거나 우리가 연구했던 킬러 T세포의 영향력에 기초한 약품들이다. 우리의 연구 덕분에 실제로 암 치료의 새로운 단계가 열렸다. 과학에서 모든 중요한 혁신은 오랜 역사의 일부다. 과학에서 큰 행운은 무언가를 발견하는 일이다. 종종 발견들은 작고 특별한 주목을 받지 못한다. 그러나 가끔 우리 같은 행운이 찾아오기도 한다.

## 그러나 세상은 늘 최고에 대해서만 말한다.

노벨상 수상자가 세계 최고의 과학자를 의미하지는 않는다. 노벨상은 오히려 큰 주목을 받은 발견에 경의를 표하는 상이다. 나는 평생 암소 연구를 그만큼 잘했을 수도 있다. 그 또한 전혀 나쁘지 않은 일이었을 것이다!

# "나의 동기는 언제나 아픈 사람들을 돕는 것이었다."

**프랑수아 바레-시누시** | 바이러스학

파리 파스퇴르 연구소 바이러스학 은퇴교수, 프랑스 과학원 회원

2008년 노벨 생리·의학상 수상

프랑스

**바레-시누시 교수, 당신의 연구가 다른 사람들의 삶에 미친 영향이 그렇게 크다는 걸 알고 있었나?**

나는 혼자가 아니었다. 괜히 HIV/AIDS 공동체라고 부르는 게 아니다. 이 공동체에는 과학자, 활동가, 환자 대표, 의사, 간호사, 전체 의료진이 모두 포함된다. 우리는 1981년 이후 같은 목적을 위해 싸우는 사람들이며, 그 수도 엄청 많다. 우리는 모두 함께 힘을 다해 일하며, 각자는 거대한 퍼즐의 작은 조각이다. 그게 나의 전부다. 바로 HIV/AIDS 공동체의 한 조각.

**너무 겸손한 것 아닌가?**

아니다. 그게 사실이다.

**당신은 경력을 쌓으면서 많은 편견과 싸워야 했다. 예를 들면 어떤 편견들이 있었는가?**

사람들은 여자들이 과학계에서 무언가를 성취한 적이 없으니 직업을 다시 잘 생각해 보는 게 좋을 거라는 조언을 하면서 나에게 이렇게 말했다. "너의 꿈은 잊어버려." 그 말은 "여자는 집에 있으면서 애들이나 돌봐야 해"와 같은 뜻이었다.

**그런 말을 염두에 두지 않았던 게 좋았다고 생각한다. 그런 편견 속에서도 계속 경력을 쌓았고 인간면역결핍바이러스(HIV)의 발견으로 노벨상을 받았다.**

내가 과학자로 일하기 시작했던 1970년대 초 사람들의 가치관이 그랬다. 당연히 이후 많은 것이 변했다.

**이런 장벽을 극복하려면 어떤 생각이 필요한가?**

핵심은 올바른 동기다. 인내심도 필요하고, 타인을 돕겠다는 의지도 필요하다. 이런 것들이 내게는 중요했다. 과학을 단지 즐거움 때문에 하거나, 특별히 논문 발표 혹은 더 좋은 경력을 위해 연구 활동을 한다는 것은 환자의 삶을 개선하는 방법을 개발하겠다는 것만큼 큰 동기를 부여받지 못한다. 나의 동력은 언제나 아픈 사람을 돕는 것이었다.

**일에 너무 전념한 나머지 결혼식도 잊을 뻔했다. 이 이야기를 들려 달라.**

결혼식 날 나는 파스퇴르 연구소에 있었다. 11시쯤 되어 남자친구가 내게 전화를 해서 말했다. "이미 알고 있겠지만, 오늘 우리 결혼식 때문에 여기 가족들이 다 모여 있어." 나는 말했다. "이런, 벌써 11시네! 지금 갈게!" 이런 일에 남자친구는 놀라지도 않았다. 물론 나는 결혼한다는 것을 잊어버리지 않았다. 다만 그냥 연구실에서 시간 가는 줄 모르고 있었던 것이다.

대부분의 남성 과학자들에게는 모든 일을 돌봐 주는 아내가 집에 있다. 당신의 경우에는 달랐다. 당신 남편에게는 자기 일을 아주 열심히 하는 아내가 있었다. 남편은 이런 상황에서 어떻게 했었나?

아주 잘 지냈다. 남편은 자신의 자유를 사랑했다. 그래서 우리는 그렇게 서로 잘 지냈을 것이다. 남편은 내가 좋아하는 일을 계속할 수 있는 게 우리 관계에서 중요하다는 걸 알았다. 남편은 다른 사람들에게 늘 이렇게 말하곤 했다. "나는 아내의 목록에서 1번이 아니야. 1번은 아내의 부모님이고, 2번은 아내의 고양이지. 3번은 연구실이고. 나는 4번이야."

**이런 태도는 당시에 대단히 진보적이었다.**

아버지의 태도는 완전히 반대였다. 아버지는 남편에게 종종 말했었다. "우리 딸이 그냥 하는 대로 받아주면서 사는 자네를 이해할 수가 없네. 만약 내가 자네라면, 그걸 용납할 수 없을 거야. 자네는 내 딸의 잘못을 고쳐 줄 용기가 없어." 남편은 대꾸하곤 했다. "아버님, 이건 제 일이에요. 아버님 일이 아니에요."

**초반에 일할 수 있는 연구실을 찾는 데 어려움을 겪었다. 왜 그런 어려움이 있었나?**

당시에는 실험실에서 나 같은 젊은 학생을 받아 주는 일이 흔하지 않았다. 나는 대학교를 2년 다녔을 뿐이었다. 1970년대에는 석사학위를 마친 학생들이 실험실에서 일했다. 운이 좋게도 나는 파스퇴르 연구소를 찾았고, 그곳에서 자원봉사자로 받아 주었다. 당시 그 연구실은 레트로바이러스라고 부르는 바이러스 종류를 연구하고 있었다.

**인간면역결핍바이러스는 레트로바이러스의 일종이다. 파스퇴르 연구소에서 당신이 했던 이 초기 연구가 이후 당신의 성공을 가져오는 발판이 되었다. 이 발판을 기초로 인간면역결핍바이러스 발견으로 가는 과정은 어떻게 진행되었나?**

에이즈는 1981년에 처음 미국에서 특정되었다. 1982년에 한 프랑스 의사가 파스퇴르 연구소에 전화를 걸어 에이즈의 원인을 규명하는 일에 흥미가 있는지 물었다. 전화를 받았던 뤽 몽타니에Luc Montagnier가 나에게 와서 우리 실험실이 이 과제를 맡을 생각이 있는지 물었다. 나는 말했다. "당연히 먼저 상사와 이야기해야 합니다. 상사가 동의하면 바로 시작할 수 있어요. 최소한 레트로바이러스와의 관련성을 찾으려는 시도는 할 수 있어요." 우리는 한 환자로부터 바이러스를 추출하려고 시도했다. 이 환자는 아직 후천성면역결핍증에 걸리지는 않았지만 당시에 '에이즈 전조 증상'이라고 알려졌던 증상을 이미 보이고 있었다.

이 작업을 위해서 의사들은 우리에게 이 환자의 전체 증상을 묘사해주어야 했다. 이 병의 완전한 전개 과정이 필요했기 때문이다. 이 정보 교환을 통해 우리는 실험 방법을 설계할 수 있었고, 이 방법으로 원인을 규명하려고 시도했다. 결국 생체 검사에서 림프절 조직을 얻었고, 조직 배양을 시작해 바이러스를 분리할 수 있었다.

**그 발견의 순간에 어떤 느낌을 받았는가?**

발견은 한순간이 아니다. 그런 순간

은 과학에 없다. 그것은 점점 더 늘어나는 순간들의 연속이며, 그 순간들이 쌓여 발견이 만들어진다. 바이러스일지 모른다는 첫 번째 신호는 레트로바이러스와 관계가 있는 한 효소의 발견이었다. 그러나 여전히 할 일은 너무 많았다. 마침내 우리는 현미경을 통해 바이러스 조각을 발견했다. 이 조각은 레트로바이러스들이 가지고 있는 것과 크기가 같았다. 그러나 이 바이러스가 에이즈의 원인이라는 증거는 아직 없었다. "그렇습니다. 이 바이러스가 실제로 에이즈의 유발자입니다"라고 발표하기까지 긴 시간이 필요했다. 그 발표는 1983년 전이 아니라 1984년에 처음 확인되었다.

**이 결과를 발표했을 때 분위기는 어땠나?**

몇몇 사람들은 나를 믿지 않았다. 많은 과학자들은 이 주장이 다른 사람들에 의해 증명될 필요가 있다고 생각했다. 실제로 우리는 과학 공동체에게 확신을 주기 위해 노력해야 했다. 마침내 로버트 갈로Robert Gallo가 이끄는 미국의 연구팀이 바이러스를 분리하고 이 바이러스가 에이즈의 원인이라는 사실을 확인했다.

**당신이 로버트 갈로를 언급했으니 이 문제를 좀 더 이야기해 보자. 당신의 발견 이후 특이한 일들이 일어났다. 갈로의 팀원들은 자신들이 바이러스를 발견했다고 주장했던 것이다. 그 후 치열한 법적 다툼이 있었다. 심지어 당시 미국 대통령 로널드 레이건과 프랑스 대통령 자크 시라크도 관여했다.**

이 문제에 대해서는 자세히 이야기하지 않겠다. 그것은 연구기관들 사이의 싸움이었고, 이제는 끝난 일이다. 그 싸움 이후 미국이 아닌 프랑스의 발견이라는 사실을 인정받았다. 나는 이 다툼을 설명하는 걸 거부한다. 그러나 거부의 이유는 설명하고 싶다.

## 왜 거부하는가?

프랑스와 미국 사이에 이 갈등이 있던 시기에 내가 기자회견을 하면, 가끔씩 에이즈 환자들도 참석했었다. 그들은 나의 회견을 중단시키고 이렇게 말하곤 했다. "그만두세요! 우리는 당신네 과학자들을 더는 믿지 않아요. 당신들의 관심은 온통 서로 싸우는 데만 있어요." 몇몇 환자는 의사에게 가는 걸 거부했다. 의사 공동체나 과학 공동체를 더는 신뢰하지 않았기 때문이다. 그 싸움이 미친 영향은 끔찍했다.

## 이 싸움 때문에 우울증에 걸렸나?

우울증은 한참 뒤에 왔다. 1996년에 발병했다. 우울증은 10년 이상 지속된 인간면역결핍바이러스와 에이즈에 대응하는 방안을 마련하라는 과학과 의학 공동체의 엄청난 압박과 관련이 있었다. 내가 연구하던 에이즈로 고통받는 환자들과 직접 접촉한 것은 그때가 처음이었다. 몇몇은 좋은 친구가 되었지만, 나는 그들이 어떻게 죽어 가는지를 함께 보아야 했다. 과학자로서의 나는 치료법의 개발은 시간이 필요하다는 걸 잘 알았다. 그러나 인간으로서의 나는 서른에서 서른다섯 살 나이의 사람이 이런 끔찍한 조건 아래에서 죽어 가는 것을 받아들이지 못했다.

## 우울증에서는 어떻게 빠져나왔나?

병원의 조치에 맡겨야 했다. 다시 건강해지기까지 1년 이상 걸렸다. 그사이에 비록 온전한 상태는 아니었지만 가능한 한 일을 많이 하려고 노력했다. 당시에 나는 한 미국인 동료에게 전화를 했고, 파리로 와서 나의 연구실을 대신 이끌어 달라고 요청했다. 실제로 그 동료는 파리로 와서 연구실을 이끌었다.

**당신 손을 잡았던 한 환자의 일화가 있다. 이 이야기를 설명해 줄 수 있을까?**

1980년대 말이었다. 나는 샌프란시스코 종합병원에서 세미나를 개최했다. 세미나가 끝난 후 한 의사가 내게 물었다. 에이즈로 죽어 가는 한 남성이 당신을 보고 싶어 하는데, 그럴 마음이 있냐는 것이었다. 나는 중환자실로 갔다. 환자는 심각한 상황이었고, 말하는 데 어려움이 있었다. 그의 입술을 보면서 무슨 말을 하는지 추측할 뿐이었다. 그가 "고맙습니다"라고 말했을 때, 나는 물었다. "뭐가 고맙죠?" 그가 말했다. "저 말고 다른 사람들한테는 도움을 주시잖아요. 그게 고맙습니다." 나는 이 만남을 평생 기억할 것이다. 그는 그다음 날 죽었다. 이런 경험을 하게 되면 자신의 동기가 달라진다. 자신을 위해 일하던 것을 중단하고, 살아남는 데 필요한 도구를 그들 손에 쥐어 주려고 노력하게 된다.

**지금까지 약 3,500만 명이 에이즈로 사망했다고 한다.**

그렇다. 현재 3,700만 명이 인간면역결핍바이러스 보균자다. 이 사람들은 살아 있지만 이들 중 단지 60%만이 치료를 받고 있다. 용납할 수 없는 상황이다.

**사람들이 당신에게 과학자이면서 동시에 활동가라는 말을 할 때, 어떻게 반응하나?**

당연히 나는 활동가다. 진단법과 치료법 개발에 그렇게 많은 노력을 쏟았고, 그 사이에 심지어 예방법도 생겼다. 이처럼 과학적 진보는 엄청나지만, 그럼에도 계속해서 사람들은 에이즈로 죽는다. 어떻게 이 상황을 받아들일 수 있겠는가? 그럴 수가 없다. 이건 평등의 문제다. 누구나 살 권리가 있다.

**1985년에 처음으로 사하라 이남 아프리카를 방문했다. 그곳에서 무엇을 경험했나?**

내 눈에 맨 처음 들어온 건 고통이었다. 몇몇 사람은 소아마비가 있었고 걷지도 못했다. 그들은 손으로 걸으며 거리를 돌아다녔다. 다른 상황도 좋지 않아 보였다. 비단 인간면역결핍바이러스뿐만 아니라, 다른 질병들도 심각해 보였다. 그러나 그들이 삶을 어떻게 즐기는지도 바로 눈에 들어왔다. 그들의 얼굴에는 웃음이 만연했다. 그들은 음악을 하고 춤을 추었다. 그 모습이 첫 번째 충격이었다. 어떻게 이런 최악의 육체적 상태에서 그렇게 행복해 보일 수 있을까? 그들은 짧은 행복의 순간을 삶의 목표로 만들었다.

## 당시 에이즈 환자들은 어떤 치료를 받았나?

우리는 한 병원을 방문했고, 그곳에서 많은 사람이 에이즈로 죽어 가는 걸 보았다. 그러나 그 병원은 그 상황에 아무것도 할 수가 없었다. 당시는 1980년대였다. 아직 치료법도 없었지만 그 사람들은 좀 더 편안한 죽음을 도와줄 수 있는 처치나 약도 전혀 받지 못했다. 완화 치료도 없었다. 의사들은 죽어 가는 사람의 손만 잡아 줄 수 있을 뿐이었다. 이 상황을 경험하면서 나뿐만 아니라 많은 사람들이 아프리카와 협력하겠다는 결정을 내렸다.

## 이때의 경험이 더욱 열심히 일하게 하는 자극이 되었다고 말할 수 있을까?

이미 나는 너무 열심히 일하고 있었기 때문에 그렇게는 말할 수 없다. 그러나 그 경험이 인간면역결핍바이러스 연구에 더 힘을 쏟도록 한 것은 분명하다. 남편에게 그것은 악몽이었다. 나는 남편을 거의 보질 못했다. 일도 많이 했지만 출장도 아주 많았기 때문이다.

## 그래서 노벨상 위원회는 노벨상 수상을 알리려고 했을 때 당신을 찾을 수 없었다고 한다. 맞는 이야기인가?

그렇다. 당시에 나는 캄보디아에 있었다. 그곳에서 프랑스와 캄보디아의 에이즈 대처 공동 작업을 조직하고 있었다. 한 임상 연구를 다루는 매우 중요한 회의를 하고 있을 때 전화기가 울렸다. 프랑스 공영 라디오 방송사의 기자가 건 전화였다. 나는 처음에 또 무슨 일이 생겨서 전화를 했을 거라고 생각했다.

**그 방송국에서 일하던 남편이 그 직전에 세상을 떠났었다.**

맞다. 그 기자는 자기가 전화를 하고도 나에게 바로 말을 하지 않았다. 기자가 물었다. "이미 알고 계세요?" 나는 대답했다. "아니요, 나는 아무것도 몰라요. 무슨 일이에요?" 기자가 전화기 너머로 울기 시작했다. 나는 그 여기자에게 소리쳤다. "제발 그만 해요! 무슨 일이 생겼는지 그냥 말해요." 다시 마음을 가다듬은 기자가 말했다. "박사님이 노벨상을 받았어요." 나는 "당신 말을 믿지 못 하겠네요"라고 대꾸한 후 전화를 끊었다.

**전화를 끊었다고?**

그렇다. 전화를 끊었다. 그다음 전화기가 또 울렸다. 우리는 회의 중간이었고, 동료들이 말했다. "프랑수아, 전화기를 우리한테 줘." 무슨 일이 일어났는지 모든 것이 분명해졌을 때 음식과 꽃이 준비되었다. 캄보디아 프랑스 대사관에서조차 축하연을 해주었다. 정말로, 감동적인 순간이었다.

**당신만큼 성취를 이루려면 무엇이 필요할까?**

첫째, 인내다. 극도의 인내심이 필요하다. 내가 고양이를 좋아하는 걸 아는 한 동료가 이런 말을 한 적이 있다. "너를 보면, 혹시 고양이로 이중생활을 하는 건 아닐까라는 의심이 들어. 너무 참을성이 강해. 네가 하는 관찰은 몇 달, 혹은 몇 년씩 걸리잖아. 너는 분명한 확신이 들 때만 공격할 준비를 하는 게 틀림없어." 나는 이 비유가 좋다고 생각한다.

**스스로 과학자로서 의심한 적이 있는가?**

과학자라면 그런 의심을 해야 한다. 그렇지 않으면 좋은 과학자가 아니다. 과학자는 제대로 된 방향을 선택했는지 늘 되물어야 한다. 이것은 도박과 같다. 도박하는 사람은 자신이 언제 이길지 모른다. 그러나 그들은 언제나 질 수 있다는 걸 안다. 의심은 나에게 이런 의미다. 자기 일을 지나치게 확신하는 사람은 좋은 과학자가 아니다.

**다시 한 번 당신이 인간면역결핍바이러스를 연구하던 때로 돌아가 보자. 그때도 당신은 의심이 있었나?**

과학자는 가정을 세우고, 이 가정을 검증하기 위해 방법을 결정한다. 그다음에 결과를 모은다. 당시에 우리의 모든 결과가 긍정적이었다. 그런 일은 과거에는 일어나지 않았었다. 멋진 결과였다. 어떻게 보면 너무 지나치게 멋진 결과였다. 나는 이 '행운의 연속'이 언젠가 중단될 것을 알고 있었다. 그리고 당연히 중단 되었다. 특별히 우리가 백신물질 연구를 시작했을 때 그랬다. 우리는 백신물질 개발에 실패했다. 그때 우리는 모든 것이 생각보다 훨씬 더 복잡하다는 것을 깨달았다.

**마침내 바이러스를 발견했을 때 행복했었나?**

행복했냐고? 그렇지 않았다. 사람들이 죽어 간다. 사람들이 죽는데, 어떻게 내가 거기서 행복할 수 있었겠나? 우리는 서둘러야 한다고 느꼈다. 죽어 가는 사람을 지켜볼 수는 없었다.

**마침내 효과적인 치료법이 개발되었을 때는 어떤 느낌이었나?**

안도감이었다. 우선 환자들에게, 그다음 우리에게도 큰 안도감이었다. 에이즈 가 발견되고 그 치료법이 개발된 지 10년이 지났다. 다양한 치료법의 조합으로 인간면역결핍바이러스 보균자도 계속 살 수 있다는 걸 뜻하는 데이터들이 쌓 이고 있다.

## 인간면역결핍바이러스의 확산을 막을 수 있게 된 지금 상황은 어떤가?

이 바이러스와의 싸움은 엄청 힘들다. 지금 우리의 지식, 치료법, 기술로는 완전 퇴치가 불가능하다. 그렇지만 미래에는 모든 환자가 장기 완화 상태*에 도달해야 한다. 그 밖에도 놀라운 치료법이 개발되고 있다. 예를 들면 항레트로바이러스 약물을 주입하는 인공물을 삽입하는 것이다. 이런 방법은 대단한 치료법이지만 아직 충분하지는 않다. 나는 미래에 무슨 일이 생길까 조금 걱정스럽다. 아프리카와 아시아에서 약물에 대한 첫 번째 저항체들이 발전하는 것을 처음 관찰했기 때문이다. 이 저항체들이 확산될까 봐 걱정이다. 에이즈 전염병의 재발발은 끔찍한 일일 것이다. 그것은 내 인생의 가장 큰 실패가 될 것이다.

## 은퇴 후 시간은 어떻게 보내는가?

프랑스에서는 은퇴하게 되면, 그 사람의 연구실이 문을 닫는다. 법이 그렇다. 그러나 나는 여전히 해야 할 일이 많다. 나는 프랑스에서 인간면역결핍바이러스 감염 예방과 치료에 참여하는 과학자들과 공동체를 지원하는 한 시민단체의 회장이다. 그 밖에도 국제 파스퇴르 연구소 네트워크의 명예회장이고, 많은 과학위원회의 회원이다.

## 세상에 던지는 당신의 메시지는 무엇인가?

인생은 짧다. 그리고 삶은 유일무이하기에 중요하다. 나는 다른 사람들을 향한 관용을 말하고 싶다. 관용은 평화보다도 중요하기 때문이다. 마찬가지로 불평등과 싸우는 것도 중요하다. 과학은 자신이 원하는 모든 진보에 도달할 수 있다. 그러나 만약 사람들이 서로를 받아들이지 않거나 돕지 않는다면, 이 진보는 대단히 천천히 일어날 것이다.

---

* HIV 환자들에게 완화(remission)란 바이러스의 부하가 약물 없이도 환자가 잘 생활할 수 있을 만큼 줄어드는 것을 말한다.

# "내가 모든 것을 이해하게 되는
# 일이 가장 나쁜 일일 것이다."

클라우스 폰 클리칭 | 물리학

막스 플랑크 고체 연구소 소장이자 물리학 은퇴교수
독일 국립과학원 회원, 1985년 노벨 물리학상 수상
독일

**폰 클리칭 교수, 당신은 1980년 2월 5일 새벽 2시에 양자 홀 효과(Quantum Hall Effect)를 발견했고, 이 발견으로 당신의 이름을 딴 '폰 클리칭 상수'라는 보편적 표준값이 생겼다. 이 발견을 비과학자들에게 어떻게 설명해 줄 수 있을까?**
나는 속도를 예로 들어 비유적으로 설명하기를 좋아한다. 내가 다양한 속도를 측정한다고 가정하자. 걷는 사람, 자동차, 비행기는 측정값이 다 다를 것이다. 그러나 만약 빛의 속도를 측정하면, 늘 같은 결과를 얻는다. 모든 전자기파의 속도는 같기 때문이다. 빛의 속도는 물리 상수다. 나는 이런 기본 상수인데도 자연에 있는 전기와 모순되는 것을 발견했다. 이것이 그날 밤에 일어난 놀라운 일이었다. 나는 실험 하나를 했고, 그 실험에서 영국, 미국, 독일에서 온 샘플에서도 같은 값을 얻었다는 것을 알았다. 전혀 기대하지 않았던 결과였다. 솔직히 이 발견은 우연이었다. 그러나 나는 정확한 측정법을 알고 있었다. 한 시간 안에 정확히 같은 데이터를 얻는 실험을 반복하는 것은 누구나 할 수 있는 일이 아니었을 것이다.

> "기초 연구
> 분야에서 최고가 되고
> 싶었기 때문에 90%의
> 노력은 충분하지 않았다.
> 120%를 쏟아야 했다."

**그 밖에도 당신은 당신이 했던 일과 박사과정생이 했던 일을 철저하게 분리했다.**

그 연구소에서 우리는 늘 여러 가지 프로젝트를 수행했었다. 내가 담당하던 분야가 있었고, 그 연구원도 또 다른 실험을 하고 있었다. 그전에 우리는 이미 각자의 범위에 대해 합의했었다. 왜냐하면 누구의 이름을 어떤 논문에 실을 것인지를 미리 정해야 했기 때문이다. 바로 그날 아침에 우리는 나중에 갈등이 일어나지 않도록 그 결과의 어느 부분이 나의 영역에 속하고, 어떤 부분이 그 연구원에게 속하는지를 분명하게 정했다. 그래서 그 연구원은 나중에 그 논문에서 빠졌다. 그렇지만 다툼은 없었다.

**1985년에 노벨상을 받았을 때, 마흔두 살로 비교적 젊은 수상자였다. 당시에 한 인터뷰에서 말하길, 가족은 당신을 1년에 서너 번밖에 보지 못한다고 했다. 확실히 대단히 광적으로 연구에 매달렸었다.**

아내는 결혼할 때 내가 광적인 과학자라는 걸 이미 알고 있었다. 우리는 브라운슈바이크 대학교의 경비원 덕분에 만났다. 어느 날 밤에 실험실에서 일하고 있었는데, 경비원이 나를 발견하고 내쫓았다. 쫓겨난 나는 춤을 추러 갔고, 거기서 아내를 만났다. 내가 한 인터뷰는 사실이다. 기초 연구 분야에서 최고가 되고 싶었기 때문에 90%의 노력은 충분하지 않았다. 120%를 쏟아야 했다. 나는 이 일을 자발적으로 했다. 왜냐하면 연구가 즐거웠기 때문이다. 무언가 제대로 돌아갈 때는 며칠 밤을 새워 일하기도 했다. 나는 첨단 연구를 하는 사람들에게 늘 강조한다. 그곳에는 오직 하나의 메달, 금메달만 있다고. 2등 발명가는 꽁무니만 쫓아갈 뿐이다.

## 과학에서는 언제나 첫 번째가 되는 게 중요한가?

과학 논문 출판에서는 우선권을 보장받기 위해 제출 날짜가 아주 중요하다. 예전에는 훨씬 쉬웠다. 나는 양자 홀 효과를 처음 발견하고, 이를 다룬 첫 번째 논문 원고를 모든 경쟁자에게 보냈다. 그들에게 내가 성취한 것을 알리기 위해서였다. 스스로 위로를 받으려는 또 다른 목적도 있었다. 왜냐하면 처음 제출했던 관련 논문이 한 학술지에서 게재를 거부당했기 때문이다. 그 후 우연히 한 심사위원을 만났다. 그 심사위원에게 나의 결과를 보여 주었을 때, 그는 잔뜩 고무되었고, 편집자에게 전화를 걸어 이 논문을 반드시 실어야 한다고 말했다. 당시에는 인용 지수가 중요하지 않았기 때문에 이런 과정이 전혀 나를 화나게 하지 않았다. 중요한 건 내가 과학 공동체에서 인정받는 일이었다.

## 에릭 캔들의 아내는 어느 일요일 아침 캔들의 연구실 문 앞에 서서 이렇게는 계속 갈 수 없다고 말했다고 한다. 당신은 연구와 가족 사이의 균형을 어떻게 유지했나?

세 아이는 4년 간격으로 태어났다. 그래서 아내는 늘 아이를 돌봐야 했다. 나는 아내에게 당신은 더는 교사가 아니라 아이들을 이성적으로 가르치는 사람이 되어야 한다고 말했다. 아내 또한 거기에서 성취감을 찾았다. 이렇게 보면 나는 운이 좋았다. 그렇지만 가족에게 많이 소홀했던 건 사실이다. 요즘에는 과거의 부족함을 조금이라도 만회하려고 노력한다. 가끔 멋진 부속 프로그램이 있는 국제 행사에 아내와 함께 가기도 하고, 내가 놓쳤던 것을 손주들한테 조금은 채워 주려고도 한다. 그렇지만 내년, 내후년 일정은 이미 다 차 있다. 다행히 나는 여행을 좋아한다.

## 실험의 성공 여부를 알지 못하는 불안 속에서 어떻게 살았는가?

그것이 흥미진진한 일이다. 한 실험의 결과가 열려 있고, 그 결과에서 무언가를 배운다는 것 말이다. 그런 점에서 성공은 중요한 게 아니다. 중요한 것은 올바른 질문을 제기하느냐이고, 실험을 통해 기초로 삼을 수 있는 새로운 인식을 얻느냐이다. 우리는 올바르고 궁극적인 진리를 무엇이라고 말할 수 없다. 그러나 이 궁극적 진리를 추구하는 일이 과학자인 나를 자극한다. 아마도 가장 나쁜 것은 내가 모든 것을 이해하게 되는 일일 것이다. 그러나 나는 자연이 우리에게 여전히 충분한 질문을 제기한다고 낙관한다.

### 당신은 한계에 부딪힌 적이 있었나?

솔직히 늘 성공했다. 실험할 때는 자주 외면적 한계에 부딪히곤 했다. 장비 때문에 혹은 돈이 부족해서 혹은 나의 이해가 아직 충분하지 않아서 생긴 한계였다. 그러나 그런 실패의 도움으로 늘 앞으로 나갔다. 실패는 늘 새로운 지식을 전해 주었기 때문이다.

### 스스로를 의심하는 단계도 있었나?

박사논문과 교수 자격 논문을 마치고 큰 위기를 맞았다. 당시에 교수가 될 전망이 그리 높지 않았다. 그래서 산업 분야에서 취직 자리를 알아보고 있었다. 그때 한 회사가 나를 거절했다. 내가 너무 많은 연구를 했고 자기 회사에서는 만족하지 못할 것이라는 이유 때문이었다. 그것은 내 인생에서 가장 큰 치명타였다. 나는 능력이 너무 넘쳐서 직업이 없었다. 노벨상을 받은 후 몇몇 회사에 감사의 편지를 썼다.

만약 그들이 나를 받아 주었다면, 그 발견을 하지 못했을 것이다.

## 노벨상을 받은 후 당신에게는 또 어떤 목표가 있었는가?

노벨상을 받고 나면 솔직히 내려가는 일만 남았을 수도 있다. 너무 높이 올라가면 다시 더 깊이 떨어진다. 그래서 평정을 유지하려고 했고, 다른 사람이 나에게 기대하는 일은 결코 하지 않으려고 했다. 나의 목표는 나의 능력을 활용해 젊은 학생들이 나와 비슷한 기회를 가질 환경을 만드는 것이었다. 내가 젊은 과학자일 때는 엄청 큰 자유가 있었다. 무언가 제대로 되지 않는 것도 전적으로 나의 책임이었다. 당연히 노벨상은 거대한 책임감도 안겨 주었다. 그러나 다른 한편으로 노벨상은 해방이었다. 나의 독립성은 더욱 커졌고, 나 자신의 길을 추구할 수 있었다.

## 왜 젊은 사람들이 자연과학을 공부해야 할까?

우리 세계에는 돈이 아니라 자연과학적 사고로만 해결할 수 있는 많은 시급한 문제들이 있다. 사회를 위한 나의 기여는 새로운 지식으로 진보에 진정한 도움을 주었다는 것이다. 그러나 젊은 사람은 자연과학에 큰 흥미를 느낄 때만 자연과학을 공부해야 한다. 학생들은 무언가를 미리 이끌어 봐야 한다. 우리의 복지, 행복, 부유함은 자연과학적 지식에 기초한다. 그리고 물리, 화학, 생물학의 결합이 바로 근본적으로 진보에 기여한다. 여기에 동참하는 일은 아주 그냥 환상적이다. 종종 문제를 절반쯤만 해결하고 다음 프로젝트로 넘어가는 산업계와 달리 과학계에서는 주제를 좀 더 폭넓게 다룰 수 있고, 기대하지 않았던 발견을 할 수도 있다.

"나의 상수가 그냥 거기 있고 나를 계속 살아 있게 한다는 건 나에게 최고의 영예다."

## 자연과학 분야는 여전히 대단히 남성적인 세계다. 당신의 연구팀에는 여성이 얼마나 많이 있는가?

과학계에 자리를 잡았던 여성은 그리 많지 않았다. 기껏해야 약 10% 정도였다. 또한 그들은 대부분 결혼하지 않았고, 과학에 온전히 몰두했었다. 기초 연구의 단점은 1년만 빠져 있어도 연결 고리를 잃어버리고, 또 경쟁이 너무 치열하다는 것이다. 그사이에 여성에게만 육아를 맡기던 분위기가 바뀌었으므로, 이제는 엄마들도 첨단 연구 분야에서 성공적으로 머물 수 있다. 남성 연구원들이 육아 휴직을 신청할 때 나는 처음에 크게 놀랐다. 그러나 그사이에 나도 이런 모습에 익숙해졌고, 이 올바른 발전에 적응했다.

## 자연과학자로서 당신의 연구에 대해 어떤 책임을 갖는가?

새로운 지식의 획득을 막을 수는 없다. 예를 들어 핵분열의 발견은 법으로도 막지 못했을 것이다. 내 생각에 이 발견이 핵무기 제작에 사용될지, 아니면 핵에너지 생산에 쓰일지는 연구 활동이 직접 해결하지 못하는 문제다. 이런 문제를 해결하려면 다른 차원에서 윤리적 경계를 논의해야 하고, 새로운 지식을 어떻게 이용해도 되는지를 규정하는 정치와 법률이 발전해야 한다.

## 모든 일을 정치가에게 맡기는 대신 연구자들이 목소리를 높여야 하지 않을까?

과학자들의 목소리는 선거에서 아무런 역할을 못 한다. 기후변화만 봐도 그렇다. 97%의 과학자들이 기후변화의 영향에 동의하지만 몇몇 정치가는 이를 가볍게 무시한다. 우리의 힘은 대단히 제한적이다. 그럼에도 과학자들은 진정 어떤 프로젝트들을 계속하길 원하는지, 그리고 법적 규제를 위해 어떤 제안을 하고 싶은지 계속해서 심도 있는 논의를 해야 한다. 지금 나는 핵무장 문제가 모든 위험과 함께 다시 왔다고 본다. 모두 받아들여야 하는 법률에 세계가 합의하지 못했기 때문이다. 이것은 대단히 나쁜 발전이다.

## 당신이 세상에 전하는 메시지는 무엇인가?

사람들을 조작하려는 시도가 점점 늘어난다. 그러므로 진실에 좀 더 다가가기 위해 다양한 출처를 이용하고, 독립된 정보를 얻으려고 노력하는 게 중요하다. 스스로 질문하고 각자 결정하기 위해서는 자신의 뇌를 사용해야 한다.

## 당신은 자신의 우월감을 어떻게 충족하는가?

우월감은 부정적 표현이며, 듣기 좋은 말은 아니다. 그러나 나도 다른 모든 사람들처럼 인정받기를 원한다. 나에게 이야기를 해달라는 초대가 왔고, 그곳에서 사람들이 나를 만났다고 환호하고 열광하는 모습을 보는 건 최고의 경험이다. 그래서 계속해서 인정받고 기준에 맞는 사람이 되도록 노력해야 한다. 나는 프로이센 방식으로 양육되었다. 프로이센에서는 시간 엄수, 타인의 다양한 특성을 인정하기와 같은 기준들이 많이 있었다. 그 기준들은 가치가 높은 규범이지만, 오늘날 모든 곳에서 수용되는 건 아니다. 올바름도 나에게 늘 대단히 중요했다. 노벨상을 받은 후 나는 아이 중 누구도 물리학자가 되지 않았으면 한다는 바람을 가족에게 말했다. 만약 아이 중 누군가 물리학자가 된다면, 그 아이는 늘 비난을 받을 수밖에 없을 것이다. 아빠로서 나는 아이들을 살짝 조종했다. 우리 아이들은 생명공학, 기계공학 그리고 컴퓨터공학을 공부했다.

## 왜 당신은 물리학을 선택했었나?

처음에는 수학을 전공했었다. 부모님과 선생님이 수학으로 나를 매혹시켰기 때문이다. 그러나 수학은 너무 건조하게 느껴졌다. 나는 물리학의 실용적 문제에 나의 지식을 훨씬 더 잘 쓸 수 있다는 걸 깨달았다. 그래서 두 학기가 지난 후 전과했다. 한편으로 나의 이 경력 과정은 학생들의 동기를 자극하는 데 좋은 교사의 중요성을 보여 준다. 그래서 나는 '클라우스 폰 클리칭 상'을 만들어 학생들의 흥미를 계속해서 깨워 주는 교사들의 일이 얼마나 가치 있고 중요한지를 보여 주려고 노력한다. 부모, 교사, 유치원 보육교사까지도 자연과학의 미래를 위한 기초다.

## 부모님도 당신의 호기심을 북돋아 주었나?

확실히 어머니의 영향을 받았다. 어머니 또한 자연과학에 관심이 많았다. 이와 반대로 아버지의 귀족 가문에서는 모두 지주, 산림감독관, 아니면 군인이었다. 아버지는 산림감독관이었다. 아버지 덕분에 나는 어릴 때부터 숲에서 많은 일을 했고 그곳에서 자연과학적 질문들을 만났다. 수학에 다가간 이유는 아버지를 위해 측정값 덧셈을 했고, 늘 한 장 계산에 5페니히를 받았기 때문이다. 벌목을 하면 나무들의 길이와 둘레를 측정하고 목재의 부피를 계산해야 한다. 그래서 이미 어릴 때부터 20개의 숫자를 가장 효율적으로 더하는 법을 배웠다. 가톨릭 마을에 사는 개신교 신자였던 나는 마을 아이들 사이에서 외톨이였고, 나 자신에 더 많이 몰두해야 했다. 그런 상황이 수학 문제를 풀도록 자극했다. 수학 문제는 도전이었다. 자연과 자연이 던지는 문제들과 씨름하면서 나는 내가 훨씬 지능이 뛰어나고 이런 문제들도 풀 수 있다는 걸 깨달았다. 다섯 살 때 이미 내 안에 있는 힘을 느꼈다.

## 어떤 연구자들은 스스로를 신처럼 느낀다고 말한다. 당신도 이런 느낌이 드는가?

어릴 때 나는 사순절 기간에 늘 구약성서 구절을 배워야 했다. 그렇지 않으면 오렌지가 없었다. 그 외에 내 삶에서 종교는 아무 역할도 하지 않았다. 나는 종교와 일부러 거리를 두었는데, 세상의 많은 문제가 종교들의 권력 남용에서 생겨나기 때문이다. 그럼에도 나는 종교 없이 사회는 결코 제대로 굴러가지 못한

다고 믿는다. 평범한 사람들은 지지대가 필요하고,
나는 다른 뾰족한 해결책이 없다.

**2018년에 폰 클리칭 상수는 영원히 고정된 값이 될
것이라는 결정이 있었다. 심지어 킬로미터의 새로운
설정도 이 상수에 기초한다. 이렇게 당신은 불멸하게 되었다.**

킬로미터를 새로 정할 때 내가 발견한 상수 혼자 책임지는 건 아니다. 그러나
나의 상수가 그냥 거기 있고 나를 계속 살아 있게 한다는 건 나에게 최고의 영
예다. 그래서 나는 많은 사람들이 삶의 끝에 겪게 되는 패닉에 빠지지 않는다.
나는 죽음에 대한 두려움이 없다. 늘 존재하게 될 무언가를 남겼다는 걸 알기
때문이다. 그러므로 나는 미래 세대의 기억 속에 머물기 위해 더는 싸울 필요
가 없다.

"유치원 보육교사
까지도 자연과학의
미래를 위한
기초다."

> "아름다움은 인간이 추구하는 대상이 결코 아니다. 완벽한 결과에서 인간에게 주어지는 것이다."

**모리 시게후미** | 수학

교토 대학교 수학 교수 겸 고등연구원 원장, 수학적 과학 연구소 소장
1990년 필즈상 수상
일본

**모리 교수, 당신은 1951년 일본 나고야에서 태어났다. 가족에 대해 간략하게 소개해 달라.**

부모님은 섬유를 만들어 판매하는 작은 공장을 운영했다. 두 분 모두 거기서 일했다. 그래서 부모님은 나를 위한 시간이 많이 없었고 오후에 나를 학원에 보냈다. 당시에는 사람들이 극심한 경쟁에 시달리지 않았고, 학원에서는 아이들의 성적에 따라 반을 나누었다. 나는 서른 명이 있는 1등 그룹에 속한 적이 한 번도 없었고, 배우는 게 그냥 재미가 없었다. 수학만이 내게 흥미를 주었던 유일한 과목이었다. 우리는 퀴즈를 풀어야 했는데, 정답을 맞힌 아이는 각각 케이크 한 조각을 받았다. 하루는 나 혼자 정답을 맞혔다. 그래서 케이크 한 판을 받았다. 선생님은 나를 집까지 데려다주었고, 부모님께 내가 왜 이 커다란 상을 받았는지 설명했다. 왜냐하면 평소 나는 게으르고 뭘 잘하는 아이가 아니었기 때문이다. 그러나 그 특별한 과제는 나의 호기심을 깨웠고, 나는 아주 애를 써서 문제를 풀었다. 선생님이 부모님께 나의 성공을 설명했을 때, 부모님은 나

를 처음으로 칭찬했다. 그때가 아주 특별한 순간이었다.

## 그 덕분에 수학을 향한 사랑을 발견했나?

이때 처음으로 아마도 내가 수학을 하고 싶어 할지도 모른다는 생각이 떠올랐다. 나중에 고등학교에 가서 수학 관련 책을 읽었고, 신비로운 숫자 파이를 만났다. 파이는 초월수에 속한다. 나는 이를 어떻게 증명하는지 알고 싶었다. 하루 종일 학교 도서관에서 파이를 다룬 책을 읽었고, 이 내용에 매료되었다. 수학적 증명을 이끌어 내는 방식은 나의 모든 기대를 넘어섰다. 이 매력이 나를 계속해서 수학으로 이끌었다고 생각한다. 그때까지 우리 가족 누구도 대학 공부를 한 사람이 없었다. 과학계로 가는 건 가족들에게 완전히 낯선 일이었다.

## 당신은 나고야에서 공부했고 교토 대학교 조교가 되었다.

원래 도쿄 대학교에서 공부하고 싶었지만 학생 시위 때문에 입학시험이 취소되었다. 그래서 교토로 갔다. 그러나 교토 대학교 학생들도 캠퍼스를 점거하고 있었고, 나는 무한급수나 선형대수학 수업을 들을 수 없었다.

## 당신도 그 학생 운동에 참여했었나?

나는 흥미가 없었다. 대신 몇몇 친구들과 함께 세미나를 조직했다. 각자 수학책 한 장을 읽고, 다른 사람들에게 그 내용을 설명해야 했다. 우리는 질문을 던졌고, 오류를 지적했으며 생기 넘치는 토론을 했다. 심지어 선생님 한 분을 설득해 우리 세미나에 튜터로 오게 했다.

## 박사학위를 받은 후 미국 하버드로 갔다. 그것은 다른 세계로 가는 큰 발걸음이었다.

나의 박사 지도교수였던 나카타 교수가 모든 것을 조율하고 결정했다. 나도 한 번 시도해 보기로 마음먹었다. 그럼에도 겁이 났다. 결국 호기심이 이겼고, 그렇게 보스턴에서 조교수 생활을 시작했다. 1980년에 미국에서 잠시 돌아왔는데, 더는 일본 시스템에 맞지 않았다. 일본에서 흔히 말하듯이, 너무 오만해진 것이다. 나는 나고야로 자리를 옮겼다. 나고야에서는 내가 좋아하는 작업실을 받아 주었기 때문이다. 바로 카페테리아였다. 아마 학생들에게 나는 너무 많은 것을 요구하는 까다로운 교수였을 것이다. 내가 다시 일본 스타일에 적응하기까지는 시간이 한참 걸렸다.

**최소한 당신은 한 여성을 살펴볼 충분한 시간은 있었다.**

아내와 나는 중매로 만나 결혼했고, 아내 또한 나를 꽤 괜찮은 사람으로 생각하고 받아들였다. 1980년 하버드에서 돌아왔을 때 우리는 결혼했다. 몇 달 후 아내와 함께 다시 미국으로 갔다. 우리가 프린스턴에 있던 1981년에 첫째 아들이 태어났다. 그러나 나는 연구에만 관심이 있었고, 가족에 대해서는 크게 생각하지 않았다. 지금에야 그때를 되돌아보면서 아내에게 크게 감사하고 있다. 아내에게 무슨 빚을 지고 있는지도 이제는 안다.

**당신은 연구에 완전히 미쳐 있었나 보다.**

아주 정확한 표현이다. 프린스턴에서 연구하고 싶은 주제를 찾았고, 1988년까지 그 주제를 연구했다. 연구하는 동안 다른 어떤 것도 신경 쓰지 않았다. 그렇지만 아내는 언젠가부터 나를 박물관과 전시회에 데리고 다니는 데 성공했다. 원래 나는 이런 것에 전혀 흥미가 없었지만, 요즘은 아내를 따라다니는 일을 즐긴다. 외국에 갈 일이 있을 때 늘 아내와 함께 간다. 내가 일하는 동안 아내는 흥미로운 예술적 장소를 찾아다닌다.

**당신은 "나는 긍정적인 사람이 아니다"라고 말한 적이 있다. 왜 그런 말을 했나?**

그게 진실이기 때문이다. 아내의 도움 덕분에 삶이 소중하다는 것을 배웠다. 그런 긍정적 관점을 갖는 것이 내게는 힘든 일이었다. 요즘에 와서야 사물을 바라보는 다양한 관점이 존재한다는 걸 이해하고, 좋은 점을 보고 존중하려고 노력한다. 아내는 그림 그리기를 좋아한다. 누군가 미술에 대해 이렇게 말한 적이 있다. 미술에서는 본 것을 재현하는 일이 중요한 게 아니다. 대신 보이지 않는 것을 보이게 만드는 일이 중요하다. 이 원리는 과학에도 적용된다. 나의 분야인 대수기하학은 방정식을 이용해 도형을 연구하는 분야다. 나는 적절한 상징을 찾기 위해 그림도 공부했는데, 분명히 대수기하학과 파울 클레Paul Klee의 작품 같은 추상화 사이에는 연관성이 있다.

**수학적 지식은 종종 이해하기가 어렵다. 그럼에도 당신의 연구를 이해할 수 있는 단어로 설명해 줄 수 있을까?**

내가 연구했던 한 주제는 대수다양체를 원뿔처럼 대수적으로 정의된 도형으로 표현하는 더 쉬운 방법을 찾는 것이었다. 이 방법은 원래 히노나카 헤이스케에 의해 발전되었다. 나는 이런 원뿔 모양 도형에 기하적 의미가 있는 몇몇 각진 형태가 숨어 있음을 발견했다. 사실 대수다양체는 사람이 볼 수 없는 것이다. 이 도형은 여러 차원을 가졌지만, 대수기하학에서는 이 도형을 단순하게 아이스크림콘처럼 생긴 원뿔로 그린다. 그래서 나는 대수기하학을 입체과 그림들과 비교한다. 입체주의도 단순화된 형태를 이용해 대상을 표현하기 때문이다.

**그렇게 당신은 최소화한 모델이라는 개념을 개발했다. 이 개발로 필즈상을 받았나?**

대수다양체는 훨씬 쉬운 다양한 형태들로 표현될 수 있고, 우리는 이 다양체의 본질을 연구하려고 한다. 본질을 연구하는 한 가지 방법은 중요하지 않은 부분들을 제거하고 가장 단순한 형태로 연구하는 것이다. 이 방법을 최소모델이라고 부른다. 최소모델을 얻는 방법은 원뿔을 다루는 방법에서 유도된다. 나는 극광extremal ray이라고 부르는 방법을 개발했다. 대수다양체를 파악할 수는 없지만,

원뿔과 극광을 이용해 표현할 수는 있다. 이 방법을 통해 어떤 기하학적 구조를 알 수 있다. 이 기하학적 구조를 가져와 원래 형태의 연산을 수행한다. 이 과정을 여러 번 반복해 가장 단순한 형태인 최소모델에 도달하게 된다.

## 누군가 당신의 방법이 불가능하다고 여길 때 당신에게도 가끔 의심이 찾아왔나?

처음에는 모든 계산을 손으로 했다. 몇몇 예시를 제시한 후, 나는 계산을 더는 마무리할 수 없었다. 그래서 프로그램 짜는 법을 배웠고, 컴퓨터를 샀다. 그리고 더 많은 예를 찾았다. 이 예들을 발견하면서 제대로 가고 있다는 확신이 들었고, 그렇게 계속 진행했다. 연구를 할 때 연구자는 고집스러워야 한다. 한 방향을 선택했다면, 그 방향이 옳음을 증명하거나 모순을 찾아야 한다. 나는 유행을 따르지 않았고, 단지 나의 호기심을 따랐다. 그렇게 해서 최고가 될 수 있었다. 그것이 나의 성격과도 맞는다.

## 과학의 어떤 점에 그렇게 매료되었나?

혼자 정교한 사색으로 하나의 해답을 찾을 수 있다는 점이 나를 매료시켰다. 이것이 특별한 수학의 매력이고, 대단히 놀라운 일이다. 한편 생각하고 사물을 관찰하는 나의 방식을 바꿀 때 갑자기 문제들이 매우 쉬워지기도 한다. 어떤 위대한 수학자가 한 번은 수학적 아이디어에 관한 질문을 받았다. 자신은 수학적 아이디어를 정의할 수 없다고 그 수학자는 대답했다. 그러나 그 수학자는 무엇이 수학적 아이디어이고, 무엇이 아닌지 판단할 수는 있을 것이다. 왜냐하면 수학적 아이디어는 아름다움을 의미하기 때문이다. 아름다움이란 인간이 추구하는 대상이 전혀 아니다. 아름다움은 완벽한 결과에서 인간에게 주어지는 것이다.

## 좋은 학생은 질문을 많이 해야 하나?

호기심 갖기와 질문하기는 매우 중요하다. 사실 나는 강의 내내 내 말을 경청하지 않는 학생을 좋아한다. 내가 그랬다. 강의를 들을 때 무언가 특별한 질문이 나의 흥미를 깨우면, 강의 듣기를 중단했다. 계속해서 이 질문을 고민해야 했고 강의는 완전히 잊어버렸다. 이것이 중요하다. 학생들과 아이들은 각자의 생각을 가져야 하고, 유행을 따르지 말아야 한다.

## 세상에 전하는 당신의 메시지는 무엇인가?

오늘날 사람들은 결과를 즉시 보고 싶어 한다. 그러나 수학에서 유용한 응용법이 개발되려면 오랜 시간이 걸린다. 다만 한번 무언가가 발견되면, 그 발견의 유용성은 보통 오랫동안 지속된다. 그래서 수학에서는 참을성이 중요하다. 인내는 점점 더 어려워질 것이다. 관료들은 더 빠른 결과를 원하는데, 그들은 큰 돈을 다루기 때문이다. 그러나 수학에서는 이런 방식이 작동하지 않는다. 수학은 아주 느리고, 나도 아주 느리다.

## 무엇이 당신 인생을 행복하게 해주었나?

하고 싶었던 일을 했고, 나의 연구를 할 수 있었던 게 행복했다. 만약 수학을 고민할 수 없었다면 전혀 행복하지 않았을 것이다. 수학은 내 삶이다. 그리고 국제수학연맹 회장이라는 대단히 만족스러운 자리를 제안받았을 때, 나는 무언가 보상받았다는 느낌을 받았다.

# "당신의 인생에 우연을 위한 작은 공간을 허락하라."

세드릭 빌라니 | 수학
앙리 푸엥가레 연구소 전 소장이자 수학 교수
2010년 필즈상 수상
프랑스

**빌라니 교수, 저명한 필즈상 수상을 포함해 수학계에서 엄청난 경력을 쌓은 후, 정치에 뛰어들었다. 무엇이 이런 변화를 일으켰는가?**

항상 세상에 나를 개방하고 싶었다. 나는 여행을 많이 다녔고, 과학자로 활동할 때도 이미 정치에 적극적으로 참여했었다. 유럽연합의 개선을 위한 일에 내가 뛰어들기 시작했을 때, 정치와 관련된 사람들을 알게 되었고, 그중에 에마뉘엘 마크롱Emmanuel Macron이 있었다. 마크롱은 유럽을 대단히 긍정적으로 대했고 에너지가 넘치는 사람이었다.

**당시에 에마뉘엘 마크롱은 새로운 정당인 앙마르슈를 창당했고, 지금 당신은 이 정당 소속으로 프랑스 하원인 국민의회 의원이다. 그리고 지금은 파리 시장이 되려고 한다.**

나는 국민의회 의원이 될 계획이 없었다. 앙마르슈를 적극적으로 지지하는 바람에 어쩔 수 없이 국민의회 의원이 되어야 했다. 이와 반대로 파리 시장에 출마하려는 것은 대단히 의식적이고 단호한 결정이다. 나의 모든 능력, 나의 지식과 확신을 파리를 위해 쓰고 싶기 때문이다. 나는 파리에 많은 빚을 지고 있다. 파리가 바로 지금의 나를 만들었고, 이제 무언가를 파리에 되돌려주고 싶다. 특히 파리를 과학과 기술을 이용해 발전시키고 싶다. 또한 파리의 미래를 위한 구조적이고 중요한 주제들을 이야기할 것이다. 전통 정당들은 이런 주제들을 다루려고 하지 않는다. 나는 생태적 구조 전환을 위한 과학적 접근, 지식과 과학, 문화와 교육에 대한 강조, 그리고 정부 안에 더 많은 민주주의를 이야기하고 싶다. 무엇보다도 특히 거대한 목표와 일상의 문제를 포함하는, 오늘날의 중요한 도전들을 다루기 위해 파리가 성장해야 한다는 강한 확신을 보여 주고 싶다.

**당신은 자신이 정치가 혹은 과학자로서 더 많은 영향력을 가졌다고 생각하는가?**
많은 사람들은 과학자가 되는 일이 세상에서 가장 높은 소명이라고 생각하는 반면, 정치는 전혀 존경할 만한 것이 없다고 여긴다. 확실한 것은, 전직 과학자로서 다른 정치인들과는 다른 영향력을 미칠 수 있다는 것이다. 사람들은 정치인을 신뢰하지 않는다. 그들은 정직하고 헌신적인 사람, 그리고 정치에 투신하기 전에 다른 직업을 가졌던 사람을 원한다. 자신의 에너지를 공격과 배신에 투입하는 대신 문제 해결에 사용하는 사람을 원한다.

**그런데 옷이 상당히 특별하다. 약간 19세기 옷처럼 보이기도 한다. 거미 브로치를 즐겨 달기도 한다. 당신에게 이런 외형이 왜 중요한가?**
사실 이 의상은 21세기 재단사가 만든 것이다. 심지어 지금 입고 있는 이 옷은 한 젊은 예술가가 나를 위해 디자인했다. 대단히 현대적인 옷이다. 거미와 특별한 관련이 있다는 건 맞다. 거미는 나의 정체성에 속한다.

2010년에 란다우 감쇠(Landau damping)와 볼츠만 방정식(Boltzmann equation)에 관한 연구로 '수학계의 노벨상'이라고도 불리는 필즈상을 받았다. 당신의 연구가 무엇을 의미하는지 설명해 줄 수 있을까?

수학자들끼리는 필즈상이 노벨상보다 더 낫다고 말하곤 한다. 왜냐하면 필즈상은 한 국가의 학술원이 수여하는 게 아니라 국제수학연맹에서 주는 상이기 때문이다. 필즈상은 4년에 한 번씩 네 명에게 수여된다. 수학 공동체에서 공동체에게 주는 상이다. 이 과정은 정말 멋지다. 뭐 어쨌든 나는 동료들과 함께 플라스마의 특성을 보여 주는 한 방정식을 연구했다. 이렇게 생각해 보자. 우리에게 플라스마가 있고, 이 플라스마에 파동을 일으키는 전기장을 가한다. 여기에서 질문이 제기된다. 만약 전기장이 사라지면 이 파동은 어떻게 해소될까? 이 주제는 이미 오랫동안 연구되었다. 클레망 무오Clément Mouhot와 나는 러시아 물리학자 레프 란다우Lev Landau의 이름을 딴 소위 '란다우 감쇠'를 수학적으로 설명해 냈다. 우리가 만든 방정식은 물리학과 과학 기술에 영향을 주었고, 또한 다른 수리물리학자들에게 도움을 주었다.


**볼츠만 방정식에 대해서도 짧게 설명해 줄 수 있나?**

볼츠만 방정식은 기체의 전개 과정을 묘사한다. 기체가 상자 안에 있다고 상상해 보자. 우리는 이 기체가 분자들의 덩어리라고 알고 있다. 그러나 사실 이 기체는 훨씬 복잡한 물질이다. 그렇지 않은가? 이 분자들은 다양한 속도로 모든 방향으로 운동한다. 그렇다면 이 기체의 전개를 어떻게 예측할 수 있을까? 그 대답이 볼츠만 방정식에 있다. 이 방정식은 기체의 출발 상태가 자신의 미래 상태를 예언한다고 알려 준다. 이 방정식은 1870년대에 오스트리아 물리학자 루트비히 볼츠만Ludwig Boltzmann이 맥스웰Maxwell의 빼어난 생각에 따라 유도해 냈고, 기체의 움직임을 다루는 현대 통계역학의 기초가 되었다. 당시에 이 개념은 혁명적이었다. 원자를 믿던 사람들은 당시에 미친 사람 취급을 받았다! 원자 이론은 단지 이론으로, 꿈으로 여겨졌던 시대였다. 40년이 지나고 나서야 원자의 존재가 증명되었고, 다시 30년이 더 지난 후 원자폭탄이 만들어졌다. 이 역사는 사람들이 쓸모없다고 폄하하곤 하는 이론과학이 실제로는 세계에 엄청난 영향을 줄 수 있음을 보여 준다.

## 어릴 때 이미 수학에 열광했었나?

그렇다. 작은 소년일 때부터 수학을 사랑했다. 수학은 내게 즐거움을 주었다. 어떤 문제를 만날 때 그 문제는 수수께끼처럼 느껴졌다. 여기에서 가장 중요한 것은 해답이 그 문제 안에 들어 있다는 것이다. 사람들은 줄곧 수학은 추상적이라고 믿는다. 그러나 수학은 훨씬 구체적인 학문이다. 당신은 원자를 본 적이 있는가? 아닐 것이다. 그렇지만 틀림없이 삼각형은 본 적이 있다! 우리는 삼각형, 원, 선으로 많은 일을 할 수 있다. 무언가를 그릴 수 있다. 사물을 생각하고 증명할 수 있다. 어떤 면에서 보면 이런 상상이 자기 눈으로 보았던 어떤 것들보다 훨씬 더 익숙할 수 있다.

## 그렇게 당신은 젊은 연구자로서 이미 연구에 미쳐 있었나?

그랬다. 연구자는 많은 것을 생각해야 한다. 사실 나는 여러 가지 일에 미쳐 있다. 지금은 정치에 깊이 빠져 있다. 예전에는 연구소를 끌어가는 데 빠져 있었다. 또 다른 때에는 아프리카를 향한 사랑을 발견했고, 그곳에서의 과학 발전에 미쳐 있었다. 학생 때는 한동안 매일 극장에 가서 영화 한 편씩을 보았다. 그리고 최소한 매일 한 시간씩 피아노를 연습해야 했던 때도 있었고, 그 연습을 못하면 행복하지 못했다. 그리고 당연히 더 자주 볼츠만 방정식 같은 수학 문제해결에 미쳐 있었다.

당신은 결혼했고, 아이들이 있다. 당신은 아내에 대해 이렇게 말한 적이 있다. "아내는 불평 없이 많은 것을 받아들였다. 아내가 저녁을 하는 동안 나는 어두운 방에서 원을 그리며 걷고 있었다. 그건 좀 심한 일이었다." 어디에 완전히 빠져 있는 건 개인적 희생자들을 동반할 수 있다고 생각한다. 그렇지 않은가?

가끔은 대단히 어려웠지만, 가끔은 아내가 그런 나를 멋있다고 생각했다. 여러 가지 우여곡절이 있었다. 솔직히 말하면, 한 프로젝트에 완전히 미치는 이 능력이야말로 나를 가장 많이 나아가게 했던 장점이다. 이 능력은 과학에서만 발휘된 것이 아니다. 정치계에 있는 지금, 아이들은 이미 10대가 되었다. 나는 아이들이 어렸을 때보다 좀 더 많은 시간을 함께 보낼 수 있는 게 기쁘다. 내가 아이들에게 이야기를 들려주었던 그 수많은 시간이 가장 소중한 경험의 일부다.

### 더는 연구자가 아닌 것을 가끔씩 아쉬워하는가?

1분도 그런 적이 없다. 정치로 과감하게 뛰어드는 연구자는 아주 소수다. 정치는 상당한 도전이다. 팀을 꾸리고, 제도가 어떻게 돌아가는지 이해하며, 다양한 주제를 토론하고, 가능한 한 모든 사람 앞에서 말해야 한다. 아마 수백만 명은 보게 되는 텔레비전에 정기적으로 출연하는 일도 커다란 도전이다. 정말로 정치는 진정한 도전이며, 나는 더 많은 과학자들이 이 길을 선택하기를 바란다.

### 당신은 "만약 스스로 취약해질 수 없다면, 올바른 삶을 꾸릴 수 없다"고 말한 적이 있다. 삶에서 이런 적이 있었나?

이것은 삶이 내게 가르쳐 준 가장 중요한 일이다. 가끔 사람들은 강해지기 위해 스스로 취약하게 만들어야 한다. 시장 출마가 바로 그런 상황이다. 선거 운동은 대단히 공개적인 일이었다. 많은 놀라운 변화들이 있었고, 음흉한 계략들과 오해들이 난무했으며, 잘못된 의사소통, 심지어 몇몇 재앙적 상황까지 있었다. 우리는 1차 투표가 유효했는지 아닌지도 모르고 있다! 다른 한편으로 엄청난 어려움의 이면을 보면 선거 운동은 평범하지 않은 인간적 모험이었고, 대단한 가르침이 있는 체험이었다. 나는 매일 비판, 모욕, 공격에 놓여 있었다. 사람들은 나를, 내가 말하는 방식을, 그리고 내가 제안한 전략들을 비평한다. 이것은 대단히 위험한 상황이다! 그러나 나는 이걸 통과해야 한다. 스스로를 시험대에 세울 기회이기 때문이다. 연구자로서 나는 자주 이런 일을 했다. 가끔씩 결과를 미리 알려 놓고, 스스로를 엄청난 압력 아래 놓았다. 또한 계속해서 연구 방향을 바꾸었고, 전문가가 아닌 분야로 나를 보냈고, 그곳에서 빠르게 무언가를 해야 하는 상황을 만들었다.

**당신의 특성을 네 단어로 묘사할 수 있겠는가?**

자유, 공감, 대담함, 호기심.

**세상에 전하는 당신의 메시지는 무엇인가?**

자신을 스스로 가두지 마라. 움직임을 유지하라. 만약 당신이 무언가를 알았다면, 다음 단계로 나가라. 그리고 당신 삶에 우연을 위한 작은 공간을 남겨라.

# "나는 나의 과학 프로젝트에
# 완전히 미쳐 있었다."

크리스티아네 뉘슬라인-폴하르트 | 생물학과 생화학

튀빙겐 대학교 생물학 교수, 발달생물학 막스 플랑크 연구소 은퇴 연구자 대표

1995년 노벨 생리·의학상 수상

독일

**뉘슬라인-폴하르트 교수, 당신은 자신의 직업생활 전체가 '힘들었다'고 평가했다. 왜 그런 평가를 내렸는가?**

처음 과학자라는 직업생활을 시작했을 때, 나는 종종 그 팀에서 유일한 여성이었다. 나는 자주 방어 상태에 빠졌고, 존중받지 못한다는 느낌을 자주 받았다. 무언가 나를 짜증나게 했을 때, 나는 종종 너무 직접적이고 비판적이었으며, 친절함을 많이 보여 주지 못했다. 또한 당시에 남성들만의 게임 법칙을 잘 몰랐다. 나는 인기 없는 결정을 내리는 일을 두려워하진 않는다. 다만 업무에서 사람을 대하는 사교법을 조금 배워야 했다.

**남성들의 게임 법칙이 무엇인가?**

남성들은 서로를 보호한다. 상대방에 대한 비판을 직접적으로 하지 않으며, 심지어 서로에게 더 친절하다. 상대방의 체면을 구기지 않기 위해 늘 주의한다. 만약 한 여성이 한 남성에게 당신은 멍청한 짓을 했다고 말한다면, (비록 누가 봐

도 명백히 어리석은 짓일지라도) 그는 그 여성을 용서하지 않을 것이다. 나는 가끔 도자기 가게에 있는 코끼리처럼 좌충우돌했다.

## 당신은 그사이에 그 법칙을 배웠나?

나는 여전히 그 법칙을 제대로 몸에 익히지 못했고, 입에 제대로 올리지도 못했다. 반대를 거슬러 나의 확신을 전하고 싶을 때, 나는 자주 상당히 흥분한다. 그런 모습은 좋지 않다. 왜냐하면 '감정적' 행동으로 매도당하기 때문이다. 나는 장단에 맞추거나 분위기에 맞게 행동하지 않고, 가능하면 내가 옳다고 생각하는 것을 직접 말하고 싶다. 그러나 약간의 정치적 태도가 가끔은 도움이 되었을 것이다.

## 당신은 이미 어릴 때부터 예외적인 모습을 보였다. 주변에 있는 누구도 당신의 동식물에 대한 관심을 공유하지 못했다.

가족과 반 친구들은 친구와 사람을 중요하게 여겼다. 그러나 나는 책과 씨름하기, 식물과 동물, 그리고 현미경과 씨름하는 일이 그런 일 못지않게 중요했다. 나에게 큰 기쁨을 주고 나를 자극하는 좋은 선생님과 흥미로운 생물 수업이 학교에 있었다. 그러나 정말 제대로 알고 있고 내가 질문할 수 있는 그런 사람은 없었다.

## 부모님은 이런 당신의 생각을 펼칠 수 있는 충분한 자유를 주었나?

물론이다. 완전히 절대적인 자유를 주었다. 그게 가장 중요했다. 나는 자유중독자였고, 아이 때 이미 무엇에도 복종하지 않으려고 했다. 종종 나의 프로젝트에 완전히 미쳐 그 프로젝트를 고집스럽게 따라가면서 집중을 방해하는 외부의 어떤 시도에도 잘 따르지 않으려고 했다. 부모님은 대단히 자유로운 분들이었다. 두 분은 자녀들에게 보호받는 공간을 제공했다. 우리는 그 안에서 많은 자극과 기회를 받았다. 어머니는 내게 말했다. "너는 네가 무엇을 할지 알게 될 거야." 우리는 벌을 받은 적도 없었고, 지켜야 할 몇 가지 규칙만 있었다. 그리고 아주 일찍부터 무엇을 할지 안 할지를 혼자 결정해야 했다. 그것은 대단히 중요했다.

나는 또한 감성이 상당히 풍부했고, 시와 음악에 빠졌었다. 그래서 종종 외로웠고, 이해받지 못한다고 느꼈다. 다른 일을 하고 싶을 때는 가끔 학교도 빼먹었다. 어머니는 정중한 결석계를 써주었고, 아버지는 가끔씩 나쁜 성적에 놀라기는 했지만, 그 때문에 내게 부담을 주는 일은 없었다.

**대학 입학 자격시험을 쳤을 때 아버지가 세상을 떠났다. 아버지는 당신 안에서 무엇을 보았나?**

아버지는 나의 관심을 털어놓을 수 있고, 나에게 질문을 해주던 몇 안 되는 사람 중 하나였다. "학교에서 무엇을 배웠니? 무슨 일에 관심을 쏟았고, 지금 흥미를 느끼는 일은 무엇이니?" 아버지는 이런 질문을 해주었다. 당시 나는 괴테를 많이 읽었다. 아버지와 나는 나의 생각과 나의 프로젝트에 관해 대화했고, 아버지는 내게 생물학 책들을 구해 주었다. 특별한 대학 교육을 받지 않았던 한 건축가가 어린 딸에게 보인 이런 정성은 놀라운 것이었다. 아버지는 나의 일에 관심이 많았다. 왜냐하면 나는 아버지가 잘 모르는 것을 부탁할 수 있었기 때문이다. 그런 부탁이 아버지를 즐겁게 했다. 아버지에게도 나와 나의 지식욕을 키우겠다는 욕심이 생겼던 것 같다.

**그런 지식욕은 어디에서 왔는가?**

타고났다고 생각한다. 조부모님은 제2차 세계대전이 끝난 후 몇 년 동안 니더나이젠이라는 작은 시골 농가에서 살았다. 나는 어릴 때 종종 휴일에 그 시골에 혼자 가곤 했다. 시골에서 보내던 첫날에 여동생은 다시 집으로 보내졌는데, 너무 집에 가고 싶어 울었기 때문이다. 반대로 나는 많은 동물, 식물, 좋은 음식과 사랑스러운 사람들이 있어 그곳이 멋지다고 생각했다. 그곳에서 머문 경험이 내 안에 깊은 영향을 주었는지, 아니면 그냥 날아갔는지는 잘 모른다. 그러나 자연을 좋아하는 나의 기질을 이렇게 펼칠 수 있었던 것은 행운이었다.

### 누가 당신을 격려해 주었나?

학교에 다닐 때는 선생님들이 지지해 주었지만, 대학 시절과 그 이후에는 사실 그런 사람이 특별히 없었다. 나는 스스로 결정했고 멘토가 없었다. 특별히 사교성이 뛰어난 사람도 아니었고, 소심해서 사람들에게 쉽게 말을 걸 용기도 없었다. 이런 나를 거만하다고 생각하는 사람들도 있었다. 그래도 나는 늘 좋은 친구들이 있었고, 종종 친구들을 식사에 초대했으며, 연구원과 동료들을 위한 파티를 주최하기도 했다.

### 당신은 플루트 연주를 하고 노래도 한다. 어릴 때도 음악을 했었나?

이미 어린 아기였을 때부터 노래를 했다고 믿고 있다. 어머니가 남긴 기록에 그 증거가 있기 때문이다. 함께 노래를 부를 수 있는 친구를 아주 늦게 만났고, 65세 때 노래 수업도 받았다. 노래 수업은 7년 동안 계속되었다. 친절한 선생님들 덕분이었다. 그 선생님들은 정말로 친절하게 노래를 가르쳐 주었다. 아쉽게도 나의 마지막 노래 선생님이 수업을 중단했고, 더는 노래 수업에 가지 못한다. 그래도 나는 계속 노래를 하는데, 특히 피아노를 치면서 슈베르트, 슈만, 브람스의 가곡을 즐겨 부른다. 훌륭하고 낭만적인 가곡들이 독일 음악 작품들 안에 많이 있다. 나는 노래할 때 완전히 다른 사람이다. 노래하면서 완전히 다른 세계에 빠지고, 그 경험은 정말 멋지다.

## 1995년 노벨상으로 가는 길은 분명히 고난이 많았을 것이다. 당신은 모욕을 견뎠다고 하지 않았나?

모욕은 차고 넘쳤다. 박사논문을 쓸 때 나는 주제를 한 번 바꾸었다. 운이 없었던 한 학생이 마무리하지 못한 주제를 마지막으로 골랐다. 그게 당시 지도교수 마음에 들지 않았다. 그 후 나는 논문 저작권에서 교수에게 여러 차례 기만을 당했다. 그 때문에 지도교수와 갈라섰지만, 다른 곳에서 살아남았다. 좋은 출판물이 있었다면 나는 더 쉽게 박사학위를 받았을 것이다. 박사후연구원 시절에 지도교수는 여성을 전혀 인정하지 않았다. 지도교수는 내게 말했다. "여자 아인슈타인은 어쨌든 존재하지 않아요." 그리고 나는 뷔르츠부르크 대학교에서 교수 초빙을 받았다. 심사위원회 때 총장은 나를 '뉘른베르크 여사'라고 부르면서 내가 법률가인 줄 알았다고 했다. 그러면서 1년에 연구지원금 3만 마르크면 나에게 충분하다고 말했다. 울면서 그 자리를 나왔던 것을 기억한다. 쏟아붓는 빗속을 뚫고 나의 작은 시트로엥 되 슈보가 서 있었던 주차장까지 뛰어갔다. 나는 분노 속에 교수직을 거절했다.

## 노벨상은 당신의 가장 큰 성공이었나?

막스 플랑크 연구소 소장직이 더 중요했던 것 같다. 그전에 나는 미래에 대한 불안감이 있었다. 막스 플랑크 연구소로 가기 전에 하이델베르크에서 연구팀장 자리를 얻었다. 나보다 다섯 살 어린 에릭 위샤우스Eric Wieschaus도 함께 오기로 동의했기 때문에 나는 그 자리로 갈 수 있었다. 에릭은 전혀 일자리를 찾고 있지도 않았는데 말이다. 나 혼자만으로는 신뢰가 가지 않았던 것이다. 에릭과 나는 그곳에서 함께 일했고, 그 공동 작업이 두 사람에게 노벨상을 가져왔다. 그러나 우리의 연구는 연구소장의 인정을 받지 못했고, 마지막에 그리 좋은 대우를 받지는 못했다. 연구소는 우리를 내보내려고 했는데, 그들은 초파리를 하찮게 생각했기 때문이다.

**당신은 초파리를 연구했고 '초기 배아 발달의 유전적 조절에 관한 발견'으로 1995년에 노벨상을 받았다. 이 발견을 짧게 설명해 줄 수 있을까?**

질문은 단순했다. 어떻게 배아에서 복잡한 형태가 발달되어 나올까? 모든 세대에서 모든 개체가 발달하는 동안 새로운 신체 조직들은 늘 올바른 위치에 생겨난다. 어떤 유전자가 이 과정을 조정할까? 우리는 먼저 많은 기초 작업을 진행했고, 드로소필라 초파리를 연구하기 위한 새로운 방법을 개발했다. 그 후에 체계적 실험을 통해 이 복잡한 과정에서 중요한 역할을 담당하는 유전자 120개를 발견했다.

**유전공학은 이제 난자에 직접 개입이 가능하다. 당신은 20년 후에도 여전히 많은 아기가 자연적인 방법으로 태어날 것이라고 예상하는가?**

물론이다! 유전자 조작은 어려운 일이다. 그리고 난자의 게놈에 개입했을 때 생기는 결과가 충분히 안전하다고 예측할 수도 없다. 중국에서 진행되었던 인체 실험은 불행히도 대단히 위험한 실험이었다. 우리는 인간 유전자가 어떤 작용을 하는지 충분히 알지 못한다. 이런 무지는 아마 상당히 오래 지속될 것이다. 그래서 우리는 큰 규모의 인간 게놈 편집이 있을 거라고는 생각하지 않는다. 나는 착상 전 유전자 진단 및 줄기세포 연구를 다루는 윤리위원회에 관여했었고, 지속가능한 농업과 자연 보호를 위한 녹색 유전공학의 이용을 옹호한다. 그러나 지금까지 어느 것도 결실을 맺지 못했다. 비록 지금까지 내가 관여한 정치적 활동은 실패했지만, 언젠가 이성이 승리하기를 희망한다.

### 노벨상을 받았을 때 어떻게 축하했는가?

연구소에서 축배 자리가 있었고 많은 축하를 받았다. 그리고 나는 저녁에 혼자 집으로 돌아왔다. 그때 한 이웃이 왔고, 나를 포옹하면서 축하해 주었다. 그때는 정말 황홀했다. 그다음 한 기자의 질문을 받았다. 나의 첫 번째 텔레비전 인터뷰였다! 당시 에릭 위샤우스와 자주 통화했었는데, 우리는 서로를 축하해 주었다. 동료들의 반응은 다양했다. 어떤 동료들한테서는 이런 느낌을 받았다. '아니, 이렇게 나쁜 일이 있나?' 이런 질투는 오히려 가까운 동료들한테서 왔고, 다른 나라 동료들은 정말 환호해 주었다. 그들은 나의 노벨상 수상이 멋지다고 생각했고, 발달생물학과 유전학이 받은 상이라고 여겼다.

### 외국에 나갈 생각을 한 적은 없나?

제안들을 받았지만 그럴 용기가 없었다. 확실히 자신의 막스 플랑크 연구소에서 하버드나 스탠퍼드의 명성을 언급하는 건 여러모로 도움이 되었을 것이다. 그러나 나는 그런 놀이를 하진 못했다.

### 만약 당신이 가족이 있는 여성이었다면 이런 경력을 쌓을 수 있었을까?

절대 못했다. 가족이 없었기에 타협을 할 필요가 없었고, 나의 연구에 온전히 전념할 수 있는 시간과 자유가 있었다. 나 또한 사생활이 분명히 있고 이를 고려하지만, 가족과 같은 기준에서는 아니다. 그러므로 과학계의 다른 여성들을 나와 비교해 평가하는 것은 부당하다고 생각한다. 그런 평가는 공정하지 못하다.

## 당신은 거의 10년 동안 물리학자 폴커 뉘슬라인(Volker Nüsslein)과 결혼생활을 했었다.

당시에는 그렇게 살았다. 내가 10대 때, 소녀들은 잘 맞는 남자와 결혼해 아이를 갖는 것을 꿈꾸었다. 당시에 사람들은 아무도 '데려가지' 않아서 노처녀가 되는 일에 두려움이 있었다. 나는 스물다섯 살에 결혼했는데, 남편은 나와 수준이 맞는 사람이었고 친절하고 잘생긴 남자였으며 더욱이 학자였다. 그러나 솔직히 나와는 다른 기준을 가지고 있었다. 나는 가족을 원하지 않고, 나의 직업이 남편보다 더 중요하다는 걸 깨달았다. 그래서 우리는 이혼을 했고, 그건 좋은 선택이었다.

## 당신에겐 연구가 더 중요했나?

누구나 어떻게든 행복을 추구한다. 나는 야망이 커서 별을 잡고 싶었고, 가장 흥미진진한 프로젝트를 찾았다. 나의 과학 프로젝트에 완전히 미쳐 있었다. 그렇지만 끊임없이 자문했다. 나는 충분히 좋은가? 당시에 많은 여성이 직업적 이유 때문만이 아니라 투지의 부족이나 부부관계를 더 중요시하면서 자신의 연구를 포기했다. 남편에게 상처를 주지 않으려고 스스로 물러나는 여성들도 있었다. 아내가 더 성공하는 걸 받아들이지 못하는 남편도 있었기 때문이다.

## 여성들이 거울 앞에서 그렇게 많은 시간을 보내서는 안 된다고 말한 적이 있다.

여성들은 허영이 있다. 어떻게 보일까를 오랫동안 고민하는 여성이 많다. 물론 많은 여성들은 대단히 올바르게 행동한다. 이런 허영은 시간 낭비이며, 정신을

408

산만하게 한다. 일에서 아무 의미가 없다. 나에게는 외모 때문이 아니라 과학적 능력 때문에 인정받는 것이 중요했다. 예전에 나는 스스로 머리를 잘랐다. 미용실에서 보내는 시간이 너무 커 보였기 때문이다.

### 상사로서 당신은 어떤가? 연구원들이 자기 자신을 위해 일하도록 하는 게 당신에겐 어려운 일인가?

나는 사람들이 주눅 들지 않는 분위기, 유머가 넘치고 편안한 분위기를 좋아한다. 그리고 연구원들에게 지침 주는 걸 좋아하지 않는다. 나는 연구원들을 잘 지원해 주었다. 그러나 그들에게 또한 상당히 많은 걸 요구했고, 적극적 참여와 질 높은 실험을 기대했다. 그래서 엄격한 상사라는 평판을 얻은 것 같다. 그래서 여학생들이 내게 잘 오지 않았다. 너무 많은 일을 해야 한다는 두려움이 있었기 때문이다. 여성으로 성공하는 일이 다른 여성들에게 그렇게 매력적인 건 아니다. 그러나 가장 끔찍한 실수는 잘못된 사람을 채용하는 것이다.

### 미래 연구자들을 위한 장학금을 만들었다. 가사노동에서 벗어나라고 12개월 동안 400유로를 주는 장학금이다. 왜 이것이 당신에게 그렇게 중요했나?

여성 연구원들의 큰 약점은 집안일을 해줄 여성이 없다는 것이다. 솔직히 남성 연구자들은 모든 것을 돌봐주는 아내가 있다. 아내의 도움이 많은 남성들의 '어깨를 가볍게 해주고' 이 덕분에 남성들은 첨단 연구를 해나갈 수 있다. 아이가 있는 여성 연구자는 실제로 늘 시간 부족에 시달리고, 모든 것이 아이에게 쏠리게 된다. 그러나 돈이 있으면 도움과 시간을 살 수 있다. 이게 나의 생각이었다.

### 무엇이 오늘날의 당신을 만들었나?

호기심, 무언가에 미치기, 다면성, 재능, 이성, 진실함, 그리고 나 자신을 향한 솔

> "나는 야망이
> 커서 별을 잡고 싶었고,
> 가장 흥미진진한
> 프로젝트를 찾았다."

직함. 나는 상대적으로 타고난 재능이 있었다. 손재주도 아주 좋고, 아이디어도 많으며, 조합하는 능력도 있다. 지력이 대단히 뛰어나지는 않지만 그래도 연구 활동을 하기에는 충분하다. 그리고 재능 있는 많은 젊은 연구자들과 성공적으로 함께 일했고, 그들이 과학적 경력을 쌓는 데 도움을 줄 수 있는 행운을 누렸다. 그들과의 관계는 마치 가족과 같다.

## "나에게 중요한 건 자부심이 아니라 늘 다음 질문을 제기하는 일이다."

마르셀 소아레스-산토스 | 물리학

미시간 대학교 물리학 조교수
암흑 에너지 조사 팀원
미국

### 소아레스 교수, 무엇이 당신에게 과학에 헌신하도록 영감을 주었나?

나는 끊임없이 질문을 던지는 호기심 많은 아이였다. 심지어 나는 언제 내가 과학을 향한 열정을 발견했는지 정확히 알고 있다. 당시에 아버지는 한 광산회사에서 일했다. 그래서 우리는 몇 년 동안 브라질 아마존 우림 한가운데에서 살았다. 여섯 살 때 학교에서 한 노천 광산으로 소풍을 갔다. 광부들이 광산에서 철광석을 폭파하는 모습을 보여 주었을 때, 그 모습에 완전히 매료되었다. 그 광경은 놀라웠다. 폭발은 보지 못했지만 몇 초 후에 소리를 들었다. 선생님이 빛과 소리가 도달하는 데 걸리는 시간 차이를 설명해 주기 전까지 나는 그 현상을 이해하지 못 했다. 그 순간에 바로 물리학에 관한 흥미가 생겨났다.

### 브라질에서 박사학위를 받은 후 칠레로 갔다. 이유가 무엇인가?

매우 건조한 기후와 높은 산악지대 때문에 칠레는 세계에서 거대 망원경을 설치하기 가장 좋은 조건을 갖춘 지역이다. 나는 '암흑 에너지 조사Dark Energy

Survey'에서 카메라를 장착하는 일에 참여했다. 카메라가 준비되었을 때 몇 달 동안 칠레에 머물 수 있었고 망원경 설치도 도울 수 있었다. 우리는 이 카메라를 지금도 사용하고 있으며, 이 점에 큰 자부심을 느낀다.

**이 경험이 당신에게 새로운 도전을 던져 준 모양이다.**

맞다. 새로운 사람들을 알게 되었고 더 큰 공동체의 일원이 되었다. 이 만남 자체가 이미 도전이었다. 또한 그 일은 육체적으로 상당히 힘들었다. 우리는 아주 높은 산악지대에 있었고, 매일 장치를 설치하기 위해 산을 올랐다. 가끔씩 추위에 맞서야 했고, 다음 날 아침까지 견뎌야 할 때도 있었다. 그곳은 또한 너무 아름다운 야생이었다. 타란툴라와 그 지역에서 '알라크라네스'라고 부르는 작은 전갈이 많았다. 그런 것들을 처리하기 위해서 나는 좀 더 강해져야 했다.

**여전히 과학계에는 여성 과학자가 너무 적다. 과거 좋지 않은 경험을 했던 적은 없었나?**

강연을 위해 단상에 오를 때 나는 2초 만에 청중 속에 선입견이 존재한다는 걸 바로 알아차린다. 만약 내가 백인 남성이었다면 청중은 다르게 행동했을 것이다. 이런 일은 매일 일어난다. 나의 메시지를 잘 전달하기 위해 맞서야 하는 이런 추가적인 도전을 늘 인지해야 한다. 또한 내가 남자였다면 더 나은 프로젝트를 받았을 것 같은 느낌이 들 때도 있다. 이걸 증명할 수는 없다. 나의 전략은 나의 행동이나 좋은 강연을 통해 사람들에게 확신을 주는 것이며, 어떤 프로젝트를 하길 원하면 기다리는 대신 일찌감치 책임자를 찾아가는 것이다.

**당신은 유색인 여성으로서 존중받기 위해서 더 많은 노력을 해야 한다고 생각하는가?**

사람들은 나와 같은 지위에 있는 유색 인종 여성을 본 적이 드물다. 그래서 나는 뜻밖의 시선을 받고, 사람들은 가끔 놀라움을 표하기도 한다. 동시에 나는 나의 경력이 나의 성공에 기초하고 있다고 믿는다. 사람들은 이런 도전들을 극복하는 내 모습을 보았다. 이런 경력을 만드는 일이 백인 남성에게는 틀림없이 더 쉬울 거라 생각한다. 어쩔 수 없이 나는 끊임없이 나를 증명해 보여야 한다.

## 당신이 속한 젊은 과학자 세대와 나이 많은 연구자들 사이에 사고방식의 차이가 있는가?

요즘 연구자들은 옛날보다 박사 과정에서 더 많은 시간을 보낸다. 박사후연구원으로 보내는 시간도 더 많아졌다. 요즘에는 여러 연구팀이 하나의 그룹을 만들어 거대한 협력 체계를 형성하는 일이 더 자주 있다. 이것은 연구팀과 더 큰 공동체 사이에 교류가 더 많아졌음을 의미한다. 여러 팀의 협력은 반드시 필요한데, 우리가 풀려고 노력하는 문제들은 너무 복잡해 개인이나 작은 팀은 해결할 수 없기 때문이다. 협력만 있는 게 아니라 동시에 경쟁도 존재한다. 연구자들은 자신이 특별한 역할을 수행하고, 전체 연구에 기여하고 있다는 걸 보여주고자 한다. 젊은 연구자들은 스스로 자기 자리를 잡으려고 노력해야 하며, 협력과 경쟁이라는 두 가지 흐름 속에서 균형을 찾으려고 해야 한다.

## 당신은 중력파를 연구한다. 이 주제를 설명해 줄 수 있을까?

중력파는 시공간 안에서 퍼져 가는 파동이다. 호수의 표면을 생각해 보자. 호수에 돌멩이를 던졌을 때, 파동이 생겨 전체 호수 위로 퍼져 간다. 중력파는 엄청나게 거대한 물체와 관련이 되는 파동이다. 예를 들면 우리 태양만 한 크기지만 엄청나게 밀도가 높은 물체와 관련된다. 마치 태양을 가져와 압축했다고 생각할 수 있겠다. 그다음에 같은 형태의 두 번째 물질, 즉 쌍둥이 시스템을 가져와 이 두 개를 충돌시킨다. 이처럼 '시공간 진공'에서 퍼져 가는 파동을 만들기 위해서는 이렇게 거대한 에너지가 필요하다. 이런 파동이 왔을 때 이 파동을 감지할 수 있는 고감도 검파기를 우리는 가지고 있다. 이런 우주적 충돌에서 나온 중력파가 발견되면, 나는 칠레에 있는 카메라를 그 충돌이 일어난 하늘로 돌려 이 충돌에서 나온 빛을 발견하려고 시도한다. 즉 이런 충돌에서는 밝은 빛이 생기고, 이 빛은 시간이 지나면서 팽창하고 냉각된다. 중력파 덕분에 우리는 이 충돌에서 나온 빛 데이터를 어디에서 찾아야 하는지 알 수 있다. 그렇게 우리는 무슨 일이 일어났는지 생각을 얻게 된다.

### 당신이 했던 가장 놀라운 경험은 무엇인가?

당연히 이 우주적 충돌의 첫 번째 발견이었다. 그것은 2017년이었다. 우리는 이 프로젝트를 이미 몇 년 동안 준비했지만 그렇게 빨리 이 충돌을 발견하리라고는 기대하지 않았다. 앞으로 10년은 더 걸릴 거라고 생각했었다. 놀랍고 흥분되던 순간이었다.

### 당신은 거의 밤새워 일하는 것으로 유명하다.

교수는 여러 가지 일을 동시에 해야 한다. 나는 연구해야 하고, 내가 책임지는 멘티들을 돌봐야 하며, 강의도 해야 한다. 이 모든 과제를 위한 시간을 확보하려면 가끔씩 그냥 밤낮으로 일해야 한다. 많은 과학자에게는 일과 자유 시간의 경계가 종종 명확하지 않다. 왜냐하면 우리의 열정을 우리 삶의 일부로 만들었기 때문이다. 나는 과학자가 된다는 것을 단순히 사무실 문을 닫고 불을 끌 수 없는 사람이 되었다는 것과 동일시한다. 비록 내가 육체적으로 더는 일하지 않아도 나의 정신은 늘 돌아가고 있다.

### 아이를 얻기 위한 휴식을 가질 수 있겠는가?

남편도 물리학자지만, 지금 가족 계획을 고민하지는 않는다. 아기는 확실히 삶을 바꾸는 결정이며, 지금 당장은 현실의 도전에 집중하고 싶다. 몇 달 혹은 심지어 몇 년이 걸린 연구 결과들을 내 앞에 있는 논문의 형태로 보는 것, 이 순간이 지금 나에게 가장 가치 있는 일이다.

**그렇게 논문이란 결과물을 보는 순간이 당신의 자긍심을 채우는 순간인가?**

나에게는 자긍심의 충족이 아니라 늘 다음 질문을 던지는 게 중요하다. 중력파를 연구하는 이유는 우주의 팽창을 더 많이 아는 데 관심이 있기 때문이다. 이건 엄청나게 큰 주제다. 우주는 가속 팽창한다. 여기에서 우리가 아는 것은 한 가지뿐이다. 우주의 팽창 속도를 계속 증가시키는 원인은 기존 물리학 이론의 바깥에 존재한다는 것밖에 모른다. 우리는 이 힘을 암흑 에너지라고 부른다. 그러나 이 이름은 단지 전혀 모르는 것에 붙인 라벨에 불과하다. 이 거대한 수수께끼의 해결에 무언가 기여하는 일, 이것이 나를 추동하는 힘이며, 나는 여기에 기여할 수 있는 다양한 접근 가능성을 찾으려고 노력한다.

**당신은 미국에서 경력을 쌓고 있다. 과학자로서 브라질로 돌아갈 생각을 가끔씩 하는가?**

하지 않는다. 가까운 미래에 돌아갈 생각은 없다. 꽤 오랫동안 고향을 떠나 있을 것 같다. 내가 연구하는 분야에서는 미국에 더 많은 자원이 있다고 생각한다.

**왜 젊은이들이 과학계로 와야 할까?**

만약 이 요동치는 세계가 누군가를 매혹한다면, 그 사람은 그 황홀함을 그냥 내버려두어서는 안 된다. 과학에는 많은 경쟁이 있고, 발전하는 데 상당히 오랜 시간이 걸린다. 특히 젊은 사람이라면 자리를 찾기 위해 1년 이상 전에 지원해야 할 것이다. 그러기 위해서는 시간과 계획이 필요하다. 또 다른 조언을 하자면, 좋은 멘토를 찾는 것이다. 멘토들은 멘티들에게 도움을 주고, 동시에 성장할 수 있도록 멘티의 단점을 알려 준다. 과학자 경력을 쌓는 동안 나에게는 여러 명의 좋은 멘토가 있었다. 그리고 가족과 학교 선생님들도 나의 인격 발전에 기여했다고 생각한다.

## 당신은 사회에 어떤 기여를 하는가?

나는 젊은이들에게 과학을 하는 동기를 부여해야 한다. 이런 노력들은 자주 특권 계층 출신 사람들만을 대상으로 한다. 나는 다른 계층 출신 사람들에게도 좀 더 많은 관심을 두려고 노력한다.

## 세상에 던지는 당신의 메시지는 무엇인가?

세계가 모든 사람이 동등한 기회를 얻는 좀 더 공정한 사회로 발전하기를 바란다. 세계가 출신이나 외형과 관계없이 각자의 꿈을 실현하고 가능성을 펼칠 수 있는 곳이 되기를 바란다. 인류가 몇몇 지점에서 퇴보하기도 하지만 전체적으로 우리는 나아지고 있고, 더 나아져야 한다고 종종 생각한다.

# "중국에 있는 과학자들보다 더 열심히 일하는 과학자는 세계 어디에도 없다."

장타오 | 물리화학
다롄 물리화학연구소 소장 겸 화학 교수
중국 과학원 부원장
중국

**장타오 교수, 당신은 중국 과학원 부원장이라는 중요한 직책을 맡고 있다. 이런 성공을 하기 위해 어린 시절에는 어떤 준비를 했는가?**

어렸을 때 부모님이 큰 영향을 미쳤다. 어머니는 초등학교, 아버지는 중등학교 교사였다. 두 사람은 끊임없이 배우라고 나를 격려했다. 당시 중국은 매우 가난했고 내가 다녔던 시골 학교도 마찬가지였다. 네 명의 교사가 다섯 학년 100명이 넘는 학생을 가르쳤다. 1학년과 2학년이 같은 교실에서 수업했고, 3학년과 4학년도 같은 교실에서 배웠다. 그렇게 나는 1학년 때 2학년 내용을 배웠고, 3학년 때 4학년 내용을 배웠다.

**그때는 문화혁명 시기 아니었나?**

나는 1963년 산시성에서 태어났다. 그러니까 문화혁명이 시작되던 1966년에 세 살이었다. 내가 다니던 학교는 거의 폐쇄된 것과 다름없었고, 학교 교육의 질은 떨어졌다. 배우는 일이 매우 어려워졌다. 다행히 어머니가 나를 도와주었다.

> **"중국은 전 세계 과학에서 주도적인 역할을 하고 싶어 한다. 그리고 30년 뒤에 중국이 그 위치에 도달할 수 있을 거라고 확신한다."**

**부모님은 어떻게 학교 수업 문제를 해결해 주었나?**

어머니는 도시에 있는 한 초등학교에 교사 자리를 얻었고, 나중에 나도 그 학교에 다녔다. 그렇게 나는 도시에서 더 나은 수업을 받았다. 그 후 나는 대단히 어려운 입학시험에 합격해 그 도시에서 가장 좋은 중등학교에 입학했다. 재미있게도 당시 화학은 나의 주요 관심사가 아니었다. 나는 수학과 물리를 더 좋아했다.

**그다음에는 어디에서 교육을 받았나?**

덩샤오핑이 1978년에 중국을 개방했고, 그때 나는 열다섯 살이었다. 중국은 매우 가난했고, 가난을 벗어나려면 젊은 인재들에게 기대를 걸어야 했다. 그래서 덩샤오핑은 문화혁명 때 모두 문을 닫았던 대학을 다시 열기로 결정했다. 고등학교 1학년 때 나는 상위 2% 안에 포함되어 대학 입학시험에 합격하면 바로 대학에 갈 수 있었다. 시험 성적은 좋았지만 베이징 대학교와 같은 최고 대학에서 수학이나 물리학을 전공하기에는 충분하지 않았다. 베이징 대학교 입학시험을 다시 치르려면 3년은 더 기다려야 했을 것이다. 그때 한 작은 대학교에서 나에게 화학과 입학을 제안했다. 그렇게 대학 공부를 일찍 시작할 수 있었다. 대학을 졸업했을 때 열아홉 살이었다.

**말하자면 뜻밖에 화학을 공부했다는 뜻인가? 그럼에도 화학을 좋아했나?**

그렇다. 나는 화학 공부를 즐겁게 했다. 비록 일이 잘 안 풀려 시작했지만 말이다!

**지금 당신은 새로운 연구 분야에서 일하고 있다. 그 분야를 설명해 줄 수 있을까?**

플라스틱병은 우리가 흔히 페트PET라고 부르는 폴리에틸렌 테레프탈레이트로 만든다. 페트는 테레프탈산terephthalic acid과 에틸렌 글리콜ethylene glycol로 만든 화합물이다. 에틸렌 글리콜은 석유에서 얻는데, 당신도 알다시피 석유의 산출량은 정해져 있다. '그렇다면 다른 원료에서 에틸렌 글리콜을 더 많이 생산하는 방법은 없을까?'라는 질문이 우리 연구의 출발점이었다. 나의 연구 분야와 목표는 에틸렌 글리콜을 석유가 아닌 리그노셀룰로오스lignocellulose에서 만드는 촉매 과정을 개발하는 것이다. 리그노셀룰로오스는 바이오매스에서 나오는 재생가능 원료다. 석유와 달리 바이오매스는 지속가능하고, 재생할 수 있으며, 다시 자랄 수 있는 자연 원료다.

**환경, 의학, 지속가능성 문제 가운데 중국에서 중요하게 여기는 것은 무엇인가?**

에너지 문제다. 녹색 에너지와 재생 에너지는 중국이 맞이한 거대한 도전이다. 중국은 큰 나라이므로, 경제 성장을 지탱하려면 많은 에너지가 필요하다. 그러나 석유와 천연가스가 거의 없고 석탄만 있을 뿐이다. 우리는 석탄을 깨끗하게 사용할 수 있는 기술을 개발해야 한다. 이 에너지 분야가 가장 중요한 연구 분야이며, 나는 30년 이상 다롄 물리화학연구소DICP에서 이 분야에 종사했다. 새로운 에너지원 개발이 우리의 두 번째 중요한 연구 분야인데, 석탄 자원도 당연히 어느 날 고갈될 것이기 때문이다.

**다롄 물리화학연구소에서 진행된 당신의 연구 활동은 풍부한 재정 지원과 함께 큰 인정을 받았다고 알고 있다.**

그렇다. 우리는 다행히 충분한 지원을 받았고, 바이오매스에서 에틸렌 글리콜을 생산하는 데 필요한 새로운 반응도 발견했다. 내가 생각하기에 그사이에 촉매 연구 분야에 있는 거의 모든 사람은 바이오 에틸렌 글리콜이 중국의 다롄에서 나왔다는 걸 알게 되었다. 나의 꿈은 환경친화적 병과 섬유를 생산하기 위해 이 새로운 바이오 에틸렌 글리콜 기술을 상업화하는 것이다. 특허를 얻는 게 중요한 게 아니라 특허를 상업화하는 게 중요하다. 그럴 때 새로운 기술을 중국과 세계를 위해 유용하게 쓸 수 있다.

**당신이 이 새로운 기술을 상업화하게 되면, 그 이익은 누구에게 돌아가는가? 대학, 정부, 당신 가운데 누가 이익을 얻게 되나?**

좋은 질문이다. 새로운 규정에 따라 수입의 70%는 우리 팀에게, 나머지 30%는 연구기관으로 가게 될 것이다.

**그렇다면 큰돈을 벌 수 있겠다. 이미 당신은 부자가 아닌가?**

부자라고 할 수 있다. DICP는 이미 중요한 기술을 중국에서 많이 상업화했고, 그중에는 잘 알려진 메탄올을 이용한 알켄 제조법DMTO도 있다. 그래서 DICP는 산업계에서 이미 많은 돈을 받았다. 그 말은 DICP에서 받는 급여가 이미 상당히 높다는 뜻이다.

**중국은 어떻게 50년 만에 세계 과학계를 선도하는 주역이 되는 데 성공했을까?**

중국이 나머지 세계를 향해 자신을 개방한 지 40년이 넘었다. 지금까지 중국은 큰 발전을 했고, 급속한 경제 성장을 이루었다. 우리는 중국 자연과학기금NSFC을 통해 기초 연구를 위한 안정적인 재정 지원을 받을 수 있다. 그사이에 중국 과학원은 외국에서 활동하는 젊고 활동적이며 재능 있는 중국인 과학자들을 다시 데려와 이들이 중국에서 계속 경력을 쌓을 수 있게 하려고 노력한다. 다행히 중국에서는 학계와 산업계가 긴밀하게 연결되어 있다. 특히 DICP가 그렇다.

**중국에 있는 과학자들에게 순위는 얼마나 중요한가? 당신의 경우에는 150개의 특허와 400개가 넘는 검증 논문이 있다.**

순위를 정하는 일은 어렵다. 출판된 논문 수에 따라 순위가 정해지기도 하고, 얼마나 자주 인용되느냐로 정해지기도 한다. 우리 정부는 이런 순위를 권장하지 않는다. 순위를 강조하면 과학자들이 연구보다 인용 수에 더 관심을 갖기 때문이다. 덧붙이자면 순위는 그냥 숫자에 불과하다. 가장 중요한 것은 무슨 일을 했느냐이다. 자기 나라와 세계에 어떤 과학적 기여를 했는가가 평가 기준이다. 그렇지 않은가? 나는 늘 동료들에게 말한다. "여러분이 얼마나 많은 논문을 발표했고, 특허를 몇 개 받았는지는 나에게 중요하지 않습니다. 차라리 사회와 국가를 위해 당신이 무슨 큰 기여를 했는지 말해 주세요."

**그렇다면 어떻게 성과를 측정해야 할까?**

만약 선구적인 연구를 하고 싶다면 과감하게 나서서 무언가 완전히 새로운 걸 개발해야 한다. 첫째가 되는 게 중요하다. 그다음에 이 새로운 기술을 중국이 이용할 수 있도록 특허를 내고 상업화를 해야 한다. 즉 얼마나 많은 새로운 상품과 기술을 중국에서 상업화했느냐가 중요하다. 이것이 오늘날 우리의 평가 기준이다.

**중국의 과학은 왜 이렇게 강한가?**

중국에 있는 과학자들보다 더 열심히 일하는 과학자는 세계 어디에도 없다. 중국에서는 모든 과학자가 헌신적으로 일한다. 특별히 우리 세대가 더 헌신적으로 일한다. 왜냐하면 우리는 중국이 개방하기 전에 얼마나 가난했는지 알기 때문이다. 중국 밖에 있던 세계가 우리에게 완전히 새로웠던 때였다. 우리가 저 밖의 세계를 배우고 따라잡기 위해서는 최소한 30년이 더 필요하다. 더불어 중국의 가족은 아이들의 교육에 매우 큰 관심을 갖는다. 학교에서부터 부지런히 공부한다. 그리고 자연과학에 특별한 가치를 둔다. 유럽이나 미국과는 다르게 중국에서 수학, 물리학, 화학을 공부한 사람은 원하는 모든 것이 될 수 있다. 과학은 혁신을 이끄는 힘이며, 그래서 세계에서 가장 중요한 것이 되어야 한다.

### 중국 과학원 부원장으로서 세상에 전하는 메시지는 무엇인가?

내가 하고 싶은 말은 과학 분야에서 더 많은 국제 협력이 필요하다는 것이다. 과학은 지구적이어야 한다. 중국은 전 세계 동료들과 협력하려고 노력한다. 또한 전 세계 과학에서 주도적인 역할을 하고 싶어 한다. 그리고 30년 뒤에 중국이 그 위치에 도달할 수 있을 거라고 확신한다.

# "인간은 하나의 생각을
# 파괴하면서 전진한다."

**폴 너스** | 유전학과 세포생물학
런던 프랜시스 크릭 연구소 소장
2001년 노벨 생리·의학상 수상
영국

**너스 교수, 당신은 다방면에 관심이 많은 사람으로 유명하다. 또한 과학 연구를 좋은 시 읽기와 비교한 적도 있다. 구체적으로 어떤 의미에서 그렇다는 말인가?**

과학은 상당히 힘든 일이다. 연구 활동은 더 힘든데, 왜냐하면 연구는 지식의 최전선을 수리하는 일이기 때문이다. 그래서 연구는 종종 실패하고, 연구자는 자주 안개 속에서 헤매게 된다. 그러나 가끔 안개 속에서 빛이 새어 나온다. 내가 시에서 좋아하는 것이 바로 이런 명료함이다. 갑자기 당신은 세계를 보는 다른 눈을 갖게 된다. 과학이 바로 이와 같다고 할 수 있다.

**그러나 모든 과학자가 시를 읽지는 않을 것이다.**

그렇다. 나는 오직 나 자신에 대해서만 말할 수 있다. 나의 관심사는 매우 다양하고, 이미 다양한 많은 일을 했다. 파일럿 자격증이 있어서 비행기를 조종하고, 패러글라이딩도 하며, 등산을 좋아한다. 그 밖에 나는 공연과 박물관에 관심이 많으며, 대영박물관의 큐레이터이기도 하다. 실제 이런 다른 관심사에 더 많은 시간을 쓴 것이 내게 그렇게 나쁘지 않았을 거라고 생각한다. 가족들은 내가 일을 너무 많이 한다고 말하고, 실제 그 말이 맞다. 오늘 아침에는 5시에 일어났고, 아침을 먹기 전에 이미 몇 시간 일을 했다. 그러나 이것은 즐거운 노동이다.

**당신은 대학에 입학한 즉시 과학자가 되고 싶다는 걸 알았다고 말한 적이 있다. 어떻게 그럴 수 있었는지 설명해 달라.**

맞다. 진짜 그랬다. 대학에 갔을 때 열여덟 살이었다. 갑자기 세계 전체가 내 앞에서 펼쳐졌다. 그전까지 전혀 생각하지 못했던 모든 것을 만났고, 이 만남들에 엄청 흥분했다. 자연과학뿐만 아니라 정신과학, 미술, 예술, 사회과학도 마찬가지였다. 이 만남들이 내 남은 삶을 끌어갔던 원동력이었음이 틀림없다. 세계에 대해 무언가를 배울 수 있다는 것을 특권으로 느꼈다. 그리고 실제 나의 호기심을 충족할 수 있는 일자리를 얻는다는 건 특권이었다. 원하던 일을 하면서 돈을 받는 것을 믿을 수 없었다.

**당신의 배경에 대해 설명해 달라. 어떤 가정에서 성장했나?**

나는 학자적 배경이 전혀 없는 노동자 가족 출신이다. 그 환경은 결코 나쁘지 않았다. 그러나 나는 책, 사상, 혹은 문화를 전혀 접하지 못했다.

**가족은 종교적이었나?**

그렇다. 침례교 가정에서 성장했다. 주일학교에 다녔고, 매우 신앙심이 깊었다. 심지어 성직자가 될 생각도 했었다! 그러나 학교에서 세계를 더 많이 알게 되면서 진화론도 듣게 되었다. 진화론을 들은 후 목사님께 질문했을 때 목사님은 경탄과는 거리가 먼 반응을 보였다. 나는 내가 던졌던 질문을 기억한다. "창세기를 비유로 생각하면 안 되나요?" 이 질문에 목사님은 아무런 대꾸도 하지 못했다. 이후 의심이 시작되었고 서서히 지금 나의 모습으로, 즉 회의적 불가지론자로 변했다. 무신론자는 신과 초자연적 존재가 존재하지 않음을 알고 있다. 회의적 불가지론자는 초자연적 존재가 존재할 가능성은 대단히 희박하다고 생각한다. 그러나 그것은 초자연적이고 우리의 이해를 벗어나 있기 때문에 이런 존재가 없다고 확신할 수는 없다. 이것이 회의적 불가지론자의 태도다.

### 학교를 졸업하고 바로 대학에 가지 않았다. 왜 그랬는가?

대학 입학 자격을 위한 프랑스어 시험에서 여섯 번 떨어졌다. 한두 번이 아니고 여섯 번이었다. 아무리 노력해도 프랑스어 시험을 통과하지 못했다. 당시는 1960년대 말이었고, 나는 영국에 있는 어느 대학에도 갈 수 없음을 의미했다.

### 상당히 큰 충격이었겠다.

많이 힘들었다. 그러나 되돌아보면 그 경험이 많은 도움이 되었다. 나는 지역에 있던 기네스 맥주 공장에서 기능공으로 일했다. 공장 실험실에서 1년을 보냈는데, 그 경험은 내 삶에서 매우 중요한 계기가 되었다. 이런 공간에서 일하고 싶다는 마음을 더 굳게 만들어 주었기 때문이다. 또한 이 휴지기는 다른 이유로도 중요했다. 인생에서 일찍 실패를 맛보았고, 더는 실패를 두려워하지 않게 되었다. 나는 논문을 쓰면서 실패를 경험하는 뛰어난 석사과정생들을 많이 안다. 그들에게 이 실패는 심리적으로 극복하기 어려운 일이다. 그러나 나는 이미 일찍 실패를 경험했기 때문에 나중에 겪은 실패가 큰 문제가 되지 않았다.

### 지금 우리는 실패에 대해 이야기하고 있다. 또 다른 당신의 실패담을 들은 적이 있다. 대학생 때 물고기 알로 실험을 하다가 완전히 실패한 적이 있다고 들었다. 그 내용에 대해 설명해 줄 수 있을까?

아, 그 이야기! 나는 물고기 알이 분열하는 동안 호흡 변화를 측정하는 프로젝트에서 일했다. 우리는 수조에 알들을 넣었고, 수조 가운데에는 온도를 일정하게 유지해 주는 장치가 있었다. 수조에 있던 물고기 알이 분열하기 시작했고, 하나에서 두 개, 두 개에서 네 개가 되었다. 나는 호흡을 측정했고 분열하는 동안 호흡수가 변한다는 결론을 얻었다. 그러나 이건 틀렸다! 알의 분열과 호흡수의 변화는 아무 관계가 없었고, 수조 안에서 스스로 꺼지고 켜지던 자동 온도조절기 때문에 생긴 현상이었다. 나는 이 사실을 프로젝트의 마지막에 가서야 알아차렸다.

**이런 실패들 때문에 과학자라는 소명에 의심이 들었나?**
당시에는 내가 이 자리에 맞지 않고, 이 일이 나를 위한 게 아니라고 생각했다. 그래서 철학이나 과학사를 공부해야겠다고 생각했다. 실제 런던경제 대학교에 연락을 했었다. 대단히 유명한 과학철학자 칼 포퍼Karl Popper가 그곳에서 강의

하고 있었다. 나는 포퍼의 책 여러 권을 읽었는데, 실제 그 책들은 실험을 더 잘 계획하는 데 도움을 주었다. 포퍼는 관찰을 잘하려면 명료한 가정이 필요하다고 말한다. 그다음에 그 가정을 확인 혹은 폐기하기 위해 실험을 진행한다. 다른 말로 하면, 하나의 생각을 파괴할 때만 전진한다.

**그러니까 포퍼의 책들이 과학계에 머물도록 당신을 움직였다는 뜻인가?**
그렇다. 이 책들을 읽고 생각을 바꾸었다. 내가 그렇게 실패자는 아닐

거라고 생각했다! 나는 당시 아주 작은 팀에서 일했고, 교류는 제한되어 있었다. 과학 작업은 어렵고, 도움이 필요하다. 그래서 어려운 시간들을 잘 통과하기 위해서는 연구실의 좋은 문화가 중요하다. 과학은 하나의 소명이다. 과학은 크고 멋진 학술지에 실리는 논문 생산만을 의미하지는 않는다. 과학의 실제 주제는 진실 탐구이며, 이 진실이 문제가 될 수도 있다. 가끔씩 당신의 가정과 생각들이 그냥 분쇄되기도 한다. 그러나 진실 찾기가 주제라는 걸 늘 기억해야 한다. 과학은 소명이다. 사람들은 과학을 소명으로 바라보아야 한다.

## 과학자들 사이에는 경쟁이 심할 것 같다.

그렇다. 그 모습은 흥미로운 지점이다. 과학은 협력적이면서 동시에 개인적이다. 당연히 섬처럼 존재하는 사람은 없다. 비록 당신도 작가로서 혼자 일하지만, 당신을 둘러싼 문화의 영향을 받는다. 뉴턴이 말했다. "내가 멀리 보았다면, 그건 내가 거인의 어깨 위에 서 있었기 때문이다." 비록 뉴턴은 상당히 거만하고 불편한 사람이었다고 알려져 있지만, 자신이 공동체의 일부라는 걸 알고 있었다! 여러 사람이 함께 일하는 프로젝트에서 누가 먼저 결과를 얻느냐는 경쟁만이 중요하다면, 나는 물어보고 싶다. "온 세상에서 내가 그 일을 할 이유가 무엇인가?" 이런 프로젝트보다 나는 동료와 함께 생각하고 실험할 시간이 훨씬 많은 프로젝트에 참여하고 싶다.

## 과학자로 일하기 시작한 후 자주 이사를 다녔다. 그렇지 않은가?

그렇다. 일자리를 얻기 위해 다양한 지역으로 여러 번 이사를 해야 했다. 한동안 에든버러에서 일했고, 서식스 대학교에도 있었다. 변화는 다양한 것들과 접촉하게 해준다. 이사를 하면 다시 아기가 된다. 나는 가끔씩 트로츠키의 말을 생각한다. 사람들은 사물을 분해해 봐야 하고, 그걸 다시 조립해 봐야 한다. 그럴 때 그 사물을 새롭게 보게 된다.

**그러나 이렇게 자주 일자리를 옮기면서 불안감도 많이 느끼지 않았나?**

불안감이 아니라 불확실성은 생긴다. 내년에는 누가 나에게 급여를 줄까 생각하게 된다. 요즘 학문 세계에서는 젊은 사람들이 자주 수입 걱정을 한다. 당시에 나는 경제 문제를 편안하게 바라보았다. 아마도 기본적으로 낙관주의자인 것도 하나의 이유겠지만 내가 했던 일에 흥미가 컸고, 불확실성을 견딜 준비가 되어 있었기 때문이다.

**자신의 첫 번째 연구실을 만들게 되었을 때 기분이 어땠나?**

박사후연구원일 때 베른과 에든버러에 있는 두 연구소에서 일했다. 거기서 큰 자유를 누렸다. 어느 연구소에 있든, 두 연구소에서 내가 하던 일을 잘 관리할 수 있었다. 서른 살이 되어 서식스 대학교에 연구실이 생겼을 때 이미 나는 무언가를 이끌어 가는 것에 충분히 익숙했다. 반대로 미숙했던 점은 설비를 갖추고 연구지원금을 받는 일이었다. 이런 일을 나는 다시 배워야 했다.

**당시에는 무슨 연구를 했었나?**

근래의 연구와 그렇게 차이 나지 않는 주제였다. 우리는 모두 무수히 많은 세포로 구성되어 있다. 세포는 생명의 기본 단위다. 성장과 번식은 세포분열에서 시작한다. 나는 내 삶의 많은 부분을 쏟아부어 무엇이 세포의 번식과 분열을 조절하는지 발견했다.

**세포분열을 조절하는 단백질 분자의 발견으로 노벨상을 받았다. 이것이 당신의 가장 위대한 발견인가?**

그렇다. 내 삶에서 가장 중요한 발견이었다. 그러나 나는 사실 이 주제를 여전히 계속해서 연구하고 있다. 우리가 이해해야 할 일들이 많이 남아 있기 때문이다. 나와 나의 동료들, 그리고 릴런드 하트웰과 팀 헌트가 발견한 것은 효소를 생산하는 단백질 복합체였다. 이 효소는 다른 단백질에 인산염을 추가하고, 다양한 세포 발달 과정에서 중요한 스위치로 이용된다.

## 이 발견은 어떤 결과를 낳았는가?

이 발견의 의미는 우리가 세포 성장과 생산의 기본 과정을 이해하게 되었다는 데 있다. 달리 말하면 성장과 생식의 기초를 이해하게 되었다. 이 과정은 인간 뿐 아니라 우리 주변에서 볼 수 있는 모든 동식물에도 적용된다. 이 발견은 많은 분야, 특히 암 연구 분야에서 활용되고 있다.

## 영국 여왕으로부터 기사 작위를 받았다. 이 일은 진짜 새로운 경험이었을 것이다.

엄청난 사건이었다! 실제 나에게 기사 작위의 수락 여부를 묻는 편지가 잘못된 주소로 배달되었고, 나는 그 편지를 받지 못했다. 어느 날 다우닝가 10번지(총리 관저)에서 전화가 왔다. 전화를 건 사람은 내게 그 명예를 거절할 생각이냐고 물었다. 나는 말했다. "죄송합니다만, 무슨 명예를 말씀하시는지 모르겠네요." 그날은 금요일 오전 10시였다. 나는 주말 동안 고민을 해봐야겠다고 대답했다. 전화를 건 사람은 단호하게 말했다. "오늘 오후 4시까지 알려 주셔야 합니다." 그래서 나는 가족에게 전화를 걸어 의논했고, 가족들은 이구동성으로 당연히 그 명예를 받아들여야 한다고 말했다. 그래서 나도 그렇게 하겠다고 했다. 그들은 기사 수여식을 위한 궁전 초대장도 다시 틀린 주소로 보냈고, 나는 기사 수여식에도 거의 참석하지 못 할 뻔했다. 나는 또 프랑스 최고 훈장인 레지옹 도뇌르 훈장도 받았다. 기억하겠지만, 나는 프랑스어 시험에 여섯 번 떨어졌다. 나는 프랑스어로 짧은 인사를 해야 했고, 당연히 끔찍한 일이었다.

## 이런 수상과 명예들은 틀림없이 큰 기쁨이었겠다.

당연히 그랬다. 솔직히 말해서 나는 스스로를 특별하다고 생각하지 않는다. 그렇지만 기사 작위를 받는 일은 당연히 기뻤다. 나는 여러 가지 상을 계속해서 받았다. 그러나 가장 큰 명예는 내가 세포분열 조절 과정을 이해하는 데 기여했다는 점이다. 이 기여가 내게는 진정한 명예다.

## 세상에 어떤 메시지를 전하고 싶은가?

세상이 더 합리적이고 지속가능하며, 더 관용이 넘치는 곳이었으면 좋겠고, 과학이 여기에 기여할 수 있다고 믿는다. 과학은 그 본질에서 합리적이다. 우리는 계몽의 가치를 배워야 하고 이를 이용해야 한다. 이 가치에는 타인의 생각을 인정하는 것도 포함된다. 프랜시스 크릭 연구소에 있는 과학자 70%가 외국에서 온다. 만약 우리가 이런 조건을 망가뜨리면, 우리는 세계의 지적 자원에서 더는 이익을 보지 못한다. 세계 곳곳에서 뛰어난 지적 인력을 더는 끌어오지 못한다. 개방성이 필요하다. 유감스럽게도 브렉시트는 장벽만 쌓을 뿐이고, 이 장벽은 과학의 가치를 파괴할 것이다. 과학 공동체는 자만에 빠질 수 있다. 과학자는 특이한 무리다. 알다시피 가끔 우리는 무언가 세상 물정에 어둡고, 스스로를 기이하다고 말한다. "아, 나는 연구실에서 나의 연구를 하고 있어요. 그냥 나를 조용히 내버려두세요." 이런 태도는 좋지 않다. 만약 우리가 과학이라는 사회적 활동이 계속되기를 원한다면 대중과 논쟁해야 한다. 우리는 대중과 대화하고 문제를 제기해야 한다.

## 크리스퍼 유전자 가위 기술 및 다른 방법들의 등장이 대답이 필요한 많은 윤리적 문제를 제기하지 않을까?

당연하다. 분명히 그렇다. 우리는 오늘날 의학 기술을 이용해 30~40년 전에는 상상도 못했던 일을 할 수 있다. 게놈을 조작할 어떤 권리가 우리에게 있을까? 게놈 조작에 반대하는 거대한 저항은 늘 존재한다. 특히 유럽 대륙 일부의 반대가 심하다. 그러나 우리는 과학을 통해 세계를 바꾼다. 이 새로운 가능성을 이용해도 될지 알기 위해서는 폭넓은 토론이 필요하다. 우리는 이런 토론을 일찍 시작해야 한다. 그리고 어떤 점에서 겸허해야 한다. 이 주제는 자연과학자들뿐만 아니라 사회과학자들과도 관련된 문제이며, 가끔 종교적 문제이기도 하다. 다양한 문화와 사회가 이 질문에 다양한 결과를 내놓을 수 있다. 이 문제를 다루는 유일한 방법은 열린 자세를 유지하고, 모두 만족하는 해답에 도달하기 위해 합리적 주장과 증거를 보여 주는 것이다.

## 2003년 뉴욕 록펠러 대학교 총장이 되었다. 그곳에서 당신 삶을 완전히 바꾼 가족사를 발견했다. 무슨 일이 있었는가?

나는 미국에서 영주권을 신청했다. 그런데 영주권이 거부되었고, 출생증명서에 문제가 있기 때문이라는 통보를 받았다. 출생 증명 서류 전체를 살펴보던 나는 어머니가 나의 어머니가 아닌 것을 발견했다. 내가 어머니로 알고 있던 분은 할머니였고, 친모는 누나였다. 나는 이 사실을 전혀 몰랐다. 친모는 열일곱 살에 미혼 상태에서 나를 임신했다. 친모는 영국 노리치에 있는 친척에게 보내졌고, 그곳에서 나를 낳았다. 할머니가 나서서 엄마 역할을 했다. 이 모든 일은 비밀에 부쳐졌다. 1950년대 초에 이런 일은 드문 일이 아니었다. 혼외자를 치욕으로 여기던 시절이었다. 오늘날에는 상상조차 하기 힘든 일이다. 이 사건이 내게는 작은 충격이었다.

## 단지 작은 충격이라고?

아니다. 큰 충격이었다. 당연히 우리 부모님은 조금 늙었었고, 나는 가끔 이런 말을 하곤 했다. "나는 마치 할머니 할아버지와 사는 것 같아." 당연히 나는 진짜 조부모님 밑에서 크고 있다는 걸 전혀 몰랐다!

## 이 일 이외에, 가족들과의 관계는 어땠나?

나는 대학에 진학했지만, 그 이전에 가족 누구도 대학에 간 적이 없었다. 내가 제대로 설명하지 못하는 어떤 차이가 우리 가족과 나 사이에 분명히 있었다. 웃기는 건, 유전학자인 내가 자신의 유전자는 전혀 몰랐다는 것이다. 어쨌든 나의 가족은 최선을 다했다. 조부모님은 40대에 나를 받아들였고 전혀 불평하지 않으셨다. 친모에게는 나를 맡기고 떠나야 하는 일이 분명히 큰 어려움이었을 것이다. 친모는 내가 30개월일 때 결혼했다. 우리 집 근처에 살았고 주말마다 들렀다. 그리고 친모는 내가 이 사실을 발견하기 전에 세상을 떠났다. 조부모님과 다른 모든 가족도 마찬가지였다. 그 일이 크게 괴롭지는 않았다.

## 정말인가?

내 삶은 아무 문제가 없다. 평범한 삶이었다. 나는 부모님, 그러니까 조부모님의 사랑을 받았다. DNA 기술의 도움으로 심지어 누가 나의 아버지인지 찾아내는 것도 가능할 것이다.

## 혹시 찾아볼 생각이 있는가?

그럴 마음이 있다. 내가 유전학자이기 때문일 것이다. 나의 유전자 절반이 어디에서 왔는지 궁금하기 때문이다. 그렇지만 반드시 알아내야겠다는 집념이 있는 것은 아니고, 단순한 호기심일 뿐이다.

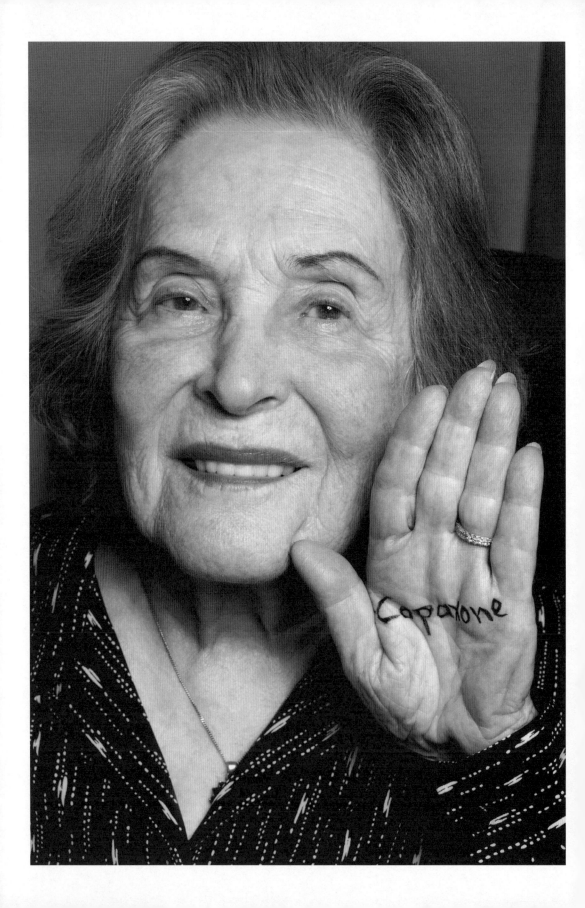

## "나는 내가 대장이고, 이 일이 내 일이라는 걸 늘 알았다. 그래서 그 일을 했다."

루스 아논 | 면역학

바이츠만 과학 연구소 면역학 교수
1979년 로베르트 코흐상 수상
이스라엘

**아논 교수, 당신은 유치원 때부터 늘 최고였다. 무엇이 그렇게 당신의 동기를 자극했나?**

나는 호기심이 강했고 끊임없이 질문을 던졌으며 기억력이 아주 좋았다. 언니들은 내가 배우기를 좋아하는 걸 알았고, 나에게 무언가 가르치는 일을 즐거워했다. 그래서 학교에 들어갈 때 이미 계산, 읽기, 쓰기를 할 줄 알았다. 그리고 1학년 때 바로 월반을 했다. 한편으로 나는 상당히 일찍 과학 사랑을 발견했다. 나는 위대한 과학자들과 그들의 발견을 다룬 매력적인 전기집 『미생물 사냥꾼』이라는 책을 읽었다. 특히 마리 퀴리Marie Curie는 큰 감동을 주었다. 마리 퀴리는 호기심이 아주 강해서 자신의 실험을 살펴보기 위해 한밤중에 연구실로 갔다고 한다. 나는 그 일을 연구라고 부른다는 걸 그때까지 몰랐다. 그러나 그 일을 반드시 하고 싶었다! 열다섯 살 때 생화학과 의학을 공부하기로 결심했다. 그러나 곧 의사가 될 마음은 없고 환자만 다루고 싶다는 걸 알게 되었다.

## 과학의 길로 가겠다는 당신의 결정에 부모님이 영향을 주었나?

부모님은 교육이 삶에 더 많은 의미를 제공하므로 중요하다고 가르쳤다. 어머니는 교사였고, 우리에게 줄곧 배움에 대한 압박을 주었다. 어머니는 아버지에게도 그런 압박을 넣어 전기공학을 공부하게 했다. 어머니는 아버지에게 말했다. "괴로워하지 마세요. 그냥 당신의 꿈과 바람을 따라가요." 아버지는 정말 믿을 수 없을 만큼 좋은 분이었다. 아버지는 내게 더욱 특별했는데, 아는 것이 많았기 때문이다. 아버지에게 들은 많은 얘기가 내 삶에 간접적으로 영향을 주었다고 믿는다.

## 당신은 어떤 연구를 하는가?

면역학자인 나는 인간의 면역계를 연구한다. 면역계는 몸 안에 들어오는 외부 물질을 인식하고 없애기 위해 만들어졌다. 그렇게 면역계는 바이러스나 박테리아가 일으키는 질병과 싸운다. 보통 우리 면역계는 우리 몸의 구성 성분도 인식하지만, 여기에는 아무 반응도 하지 않는다. 그런데 이런 자기 인식 구조에 오류가 생기면 자가면역 질환이 생길 수 있다. 우리 팀은 다발성 경화증MS, multiple sclerosis을 연구했다. 우리는 다발성 경화증의 원인이 되는 단백질과 비슷한 인공 중합체를 개발했다. 이 인공 중합체를 동물실험에 투입해 다발성 경화증의 구조를 연구하려고 했다. 그런데 우리가 만든 중합체가 질병을 유발하는 게 아니라 오히려 질병의 진행을 방해했다. 이 발견이 다발성 경화증 치료제인 코팍소네의 개발로 이어졌다.

## 그러니까 우연한 발견이었다는 뜻인가?

완전히 우연이었다. 우리는 이 합성 중합체로 모르모트를 치료했다. 대조군에서는 열 마리 가운데 여덟 마리가 죽었지만, 실험군에서는 단 두 마리만 아팠고 나머지는 완전히 다시 건강해졌다. 우리가 만든 합성물질이 다발성 경화증의 발병을 방해하고 심지어 멈출 수 있다는 것을 발견했을 때 마치 계시를 받은 것 같았다. 환상적인 기분이었다! 그 후에도 우리는 그 결과의 이면에 있는 구조를 찾기 위해 계속 연구해야 할 것이다.

## 전체 과정은 얼마나 걸렸나?

기초 연구에서 FDA 승인을 받기까지 29년이 걸렸다. 질병의 동물 모형을 이해하기 위해 기초 연구를 약 9년 정도 수행했다. 우리는 그 효능을 다양한 동물종에서 시험했고, 영장류에게도 시험했다. 동물실험이 끝난 후 7~8년 동안 의사들과 함께 환자를 대상으로 임상 연구를 했다. 이 연구에서 좋은 결과를 얻은 후, 한 회사가 관심을 보였고 약품 개발을 시작했다. 그 후 FDA의 승인을 받을 때까지 다시 9년이 걸렸다.

## 이 연구가 사회에 어떤 기여를 했다고 생각하는가?

코팍소네의 개발은 대단히 의미 있는 기여였다. 우리가 연구를 시작할 때, 다발성 경화증에 대응하는 약은 전무했고, 환자들의 상황은 끔찍했다. 코팍소네가 FDA의 허가를 받기 1년 전에 또 다른 치료제인 인터페론 베타제가 시장에 나왔고, 그래서 우리는 아쉽게 2등에 머물렀다. 그러나 여전히 큰 수요가 있었다. 수만 명의 환자가 우리 약을 오늘날까지 복용하고 있고, 모든 이들에게 확실히 병세의 호전이 있었다. 환자들은 거의 정상 생활을 꾸릴 수 있다. "코팍소네가 내 삶을 바꾸었어요"라고 환자들이 말할 때, 그 충만한 감격은 말로 표현할 수 없다.

## 이스라엘에서 거의 최초의 여성 과학자였다. 그 과정은 어땠나?

매우 힘들었다. 왜냐하면 가족도 있었기 때문이다. 나는 아내이자 두 아이의 엄마다. 여성들은 젊은 나이에 가족을 만들어야 한다. 그러나 자신의 경력을 아이가 다 큰 다음으로 미룰 수도 없다. 이 두 가지 일을 동시에 해야 한다. 그래서 아이가 어렸을 때 내 생활은 대단히 긴 하루로 구성되었다. 생각이나 계획 같은 창조적 과제를 끝내기 위해 매일 아침 4~5시에 일어났다. 아이들이 일어나는 7시까지 이 새벽 시간은 침묵과 고요가 함께 있는 나만의 시간이었다. 가족은 늘 내가 일하는 곳 근처에 살았고, 나는 점심 때 집으로 와 아이들과 함께 밥을 먹었다. 공식 업무는 오후 4시에 끝났지만 종종 저녁에 다시 한 번 연구실로 갔다. 이게 지극히 평범한 하루이자 일상이었다. 남편이 많이 도와주었다. 내가 멜버른, 런던, 혹은 파리에서 연구하고 싶었을 때 남편은 휴가를 내고 서너 달씩 나와 함께 있었다. 우리는 이 시기를 우리의 '작은 안식년'이라고 불렀다. 우리는 서로를 도왔다. 이 점이 아주 중요하다고 생각한다.

**어떤 여성들은 규칙적인 업무시간 때문에 산업계에서 일하기를 원한다. 당신도 산업계로 가는 걸 생각해 보았나?**

그런 적은 없다. 무엇을 연구할지 늘 스스로 결정하길 원했다. 산업계에서는 누군가 목표를 주고, 그 방향으로만 가야 한다. 기초 연구에서는 자신의 호기심을 따라야 한다. 그리고 가끔 기초 연구도 실용적으로 쓸 수 있는 어떤 결과를 만들어 낸다.

**왜 젊은 사람들이 과학계로 와야 할까?**

젊은이들은 늘 자신의 본능이나 열정을 따라가야 한다. 원하는 일을 할 때 최선을 다할 수 있기 때문이다. 사람들은 그것이 올바른 일인지를 내면 깊숙한 곳에서 느낀다. 내가 과학에 매료되었던 이유는 자신의 길을 선택할 수 있다는 점 때문이었다. 당연히 성공하지 못할 위험은 늘 있다. 가끔씩 사람들은 막다른 길에 도달하게 된다. 그 상황에서 생각을 바꾸고 이렇게 말할 수 있어야 한다. "좋아, 나는 이 길이 옳다고 생각했어. 그러나 그렇지 않군."

바이츠만 연구소와 다른 과학기관들에서 지도적 위치에 있다. 이런 곳에서 여성을 다르게 대한다는 느낌을 받은 적이 있었나?

남성들과도 일했고, 여성들과도 일을 해보았다. 남성들과 동료로서, 혹은 상하 급자로서 함께 일했지만 아무 문제도 없었다. 과학자는 과학자일 뿐 성별은 내게 중요하지 않다. 그리고 아이들이 다 큰 이후에는 연구소 안에서 여성이라서 겪는 차이가 아무것도 없었다. 나는 계속 발전할 수 있었고, 내 시간에 무엇을 할지 스스로 결정할 수 있었다. 학과장으로서, 학장으로서, 학술원의 부원장이나 원장으로서 어떤 차별도 경험하지 못했다. 나는 내가 대장이고, 이 일이 내 일이라는 걸 늘 알았다. 그래서 그 일을 했다.

## 좋은 과학자에게 필요한 성격은 무엇일까?

과학자는 고집이 있어야 한다. 그리고 강한 의지가 필요하다. 연구가 제대로 돌아가지 않을 때 포기하지 않고 계속 그 연구에 머물기 위해서는 이 두 가지가 꼭 필요하다. 모든 일은 처음 계획대로 돌아가지 않는다. 만약 결과가 어느 정도 기대한 대로 나온다면, 그건 대단히 환상적인 일이다. 기대한 결과가 나오지 않을 때, 유연하게 대처해야 한다. 가장 초기의 개념조차 바꾸어야 할 때도 있다. 이런 과정을 거쳐 그 후에 이 실험이 성공하게 되면, 나는 굉장한 만족감을 느낀다. 오늘날 한 국가의 번영은 자원이 아니라 노하우와 과학 기술로 결정된다.

## 동물실험에 대해서는 어떻게 생각하는가?

동물실험을 좋아하지 않았지만 동물 없이는 성공할 수 없다는 것도 알고 있었다. 동물실험에 반대하는 조직들이 많다. 우리가 인간의 건강에 도움을 주는 새로운 약을 개발하려고 한다면 동물실험은 불가피하다. 동물을 대상으로 좋은 결과를 얻을 때만 인간에게도 시도해 볼 수 있기 때문이다. 인간을 대상으로 바로 실험을 시작할 수는 없다.

**과학자로서 당신은 팀 안에서 일한다. 이런 방식이 마음에 드는가?**

나는 늘 팀으로 일했다. 코팍소네를 개발할 때 우리 팀은 미카엘 셀라Michael Sela 교수, 드보라 테이텔바움Dvora Teitelbaum 박사, 그리고 나로 구성되었다. 특히 생물학에서는 거의 늘 팀으로 일해야 한다. 혼자서는 연구를 할 수 없다. 왜냐하면 많은 실험들이 동시에 진행되어야 하기 때문이다. 모두 자기 몫을 한 다음, 함께 모여 문제를 푼다.

**과학자로서의 경력을 시작한 후 오늘날까지 오면서 당신에게 어떤 변화가 있었나?**

나는 늘 호기심에 배가 고프다. 그리고 연구는 늘 즐거움을 준다. 사실 지금의 나는 일을 하지 않아도 되지만, 즐거움을 위해 일을 한다. 나는 5년 동안 이스라엘 과학원 원장이었다. 당시에는 일주일에 사흘을 예루살렘에서 보냈고, 이틀 동안 여기 연구실에 있었다. 과학원에서 연구실로 돌아올 때마다 다시 연구욕이 생겼다. 새로운 실험을 계획하는 것보다 나를 더 기쁘게 하는 것은 없다. 이 일을 할 수 있는 한 오랫동안 할 것이다.

# "경계 넘기를 두려워해서는 안 된다. 어떤 것도 당연하게 여기지 마라."

비토리오 갈레세 | 신경과학

이탈리아 파르마 대학교 심리생물학 교수
2016년 이후 아인슈타인 방문 연구자
이탈리아

## 갈레세 교수, 왜 젊은 사람들이 과학계로 와야 하는가?

과학이 젊은이들이 할 수 있는 최고의 것이기 때문이다. 예술을 제외하고 과학은 가장 즐겁고, 제일 풍부한 영감을 주며, 가장 흥분되는 작업이다. 하루하루가 다르고, 다음 모퉁이를 돌았을 때 무슨 일이 일어날지 연구자는 알지 못한다. 연구자는 미지의 세계와 대면한다. 과학자는 가장 흥미로운 주제를 선택해야 한다. 그다음에 많은 노력을 쏟아야 한다. 과학에서는 모든 것이 숱한 작업과 노력으로만 얻어지기 때문이다. 과학에는 정해진 노동시간이 없다. 나는 함께 일하는 사람들의 헌신과 열정에 늘 놀란다.

**1991년에 당신은 자코모 리촐라티(Giacomo Rizzolatti), 레오나르도 포가시 (Leonardo Fogassi), 루치아노 파디가(Luciano Fadiga), 주세페 디 펠레그리노 (Giuseppe di Pellegrino)와 함께 거울신경을 발견했다. 이 발견에 대해 간단 하게 설명해 주겠나?**

우리는 당시에 운동 뉴런의 특성을 찾고 있었다. 이를 위해 '카논 뉴런canonical neuron'을 연구했다. 카논 뉴런은 이중의 특성이 있다. 원숭이가 물건을 잡을 때 마다 카논 뉴런은 방전한다. 이를 발화라고 부른다. 그런데 이 뉴런은 원숭이가 물건을 보기만 했을 때도 활성화된다.

임상적으로 이 뉴런을 시험하기 위해 물체를 높이 들어 마카크원숭이에게 보여 주었을 때였다. 우리가 물건을 잡는 동안에는 아무 변화가 없을 것이며, 원숭이가 우리 손에 있는 물건을 보았을 때 이 뉴런의 방전이 일어날 것이라고 예측했다. 대단히 놀랍게도, 우리는 우리가 물건을 잡았을 때 마카크원숭이의 몇몇 뉴런이 이미 발화된 것을 발견했다. 대단히 흥분되는 순간이었지만 감격 을 일단 재빨리 가라앉히고, 우리가 실수한 것은 아닌지 먼저 점검했다. 몇 달 이 지나면서 엄청난 발견을 했다는 게 분명해졌다. 과학자 경력에서 가장 흥분 되던 시간이었다. 가능한 설명들을 하나씩 지워 나가면서 우리가 진짜 행동과 관찰 사이에서 활동하는 새로운 신경 전달체를 찾았다는 게 점점 확실해졌다. 당연히 의심은 늘 존재한다. 그 과정은 점검과 확인, 환호와 실망 사이의 끝없 는 순환이다.

**이 발견은 또한 나의 생각이 당신 생각에 반영된다는 것을 뜻하는가?**

처음 이 현상은 마카크원숭이의 뇌에서 발견되었고, 우리는 이 현상을 눈에 분 명히 보이는 행동과 연결할 수 있었다. 그러나 계속 연구를 진행해 보니, 이 발 견은 거대한 빙산의 눈에 보이는 일각일 뿐이었다. 1999년에 우리는 미국 철 학자 앨빈 골드먼Alvin Goldman과 함께 이 거울 구조가 행동뿐만 아니라 감정과 감각에도 적용될 수 있다는 가설을 세웠다. 가설은 다음과 같다. 촉각이나 고통 같은 특정 감각을 가능하게 해주는 뇌의 일부가 다른 사람이 이 감각을 느끼는 것을 볼 때도 활성화된다. 이 가설의 기초 원리에 대한 한 경험적 연구에서 이 가설이 증명되었다. 그렇게 공감 개념이 거울신경에 추가되었다.

## 그래서 우리는 누군가 우는 모습을 보면 연민을 느끼는 것인가?

공감은 우리 사회의 기본 요소이고 타인이 느끼는 것을 직접 이해할 수 있게 해준다. 그러나 공감한다고 반드시 연민을 느끼는 것은 아니다. 심지어 사디스트도 공감할 수 있다. 사디스트는 타인의 고통을 인지하지만 연민을 느끼지는 않는다. 유감스럽게도 공감과 연민은 종종 분명하게 구분되지 않는다. 거울신경은 다른 사람에게 일어나는 일을 이해하는 능력을 줄 뿐, 다른 사람을 직접 돕게 하지는 않는다. 그렇지만 이 이해의 '실험적' 형태는 우리가 연민의 행동을 결정하는 데 힘을 줄 수도 있다.

## 거울신경의 발견 이후 과학계에서 이를 둘러싼 경쟁이나 질투가 있었나?

여러 영역의 과학적 지형을 바꾸는 새로운 무언가를 발견하면 당연히 그 결과가 따라온다. 경쟁도 그 결과의 하나다. 우리의 데이터 해석이 틀렸다는 걸 특별히 보여 주고 싶었던 다른 과학자들, 논문들과의 뜨거운 대결이 몇 번 있었다. 그러나 이런 대결은 연구 활동의 일부다. 나는 이를 과학의 건강한 변증법이라고 부르고 싶다. 우리가 자신의 관점과 대적할 때 과학은 진보한다. 하버드에서 온 논문이 도착하면, 사람들은 그 논문을 경청한다. 켐니츠나 파르마에서 나온 논문과는 다른 태도로 그 논문을 대한다. 무엇보다도 특히 우리는 공적 자금으로 연구하고 살아가므로 다른 사람이 하는 일을 평가해야 한다. 그러나 과학이 너무 경쟁하는 시험처럼 되어버렸다. 누가 가장 높은 H지수를 받았느냐만 따지곤 한다. 그렇게 새로운 발견은 대화, 반대, 경쟁, 개인적 분쟁을 가져온다. 그리고 누군가 몇 년 후 우리 발견을 반박하면서 이렇게 말할 위험은 늘 존재한다. "거울신경은 말도 안 되는 이론이다." 늘 이런 상황들을 염두에 두고 살아야 한다.

### 과학자는 어떤 마음가짐과 자세를 가져야 할까?

과학자는 감탄할 줄 알아야 하고, 호기심이 많아야 하며 일을 많이 해야 한다. 또한 경계를 넘어서는 일을 두려워해서는 안 된다. 아무것도 당연하게 여겨서는 절대 안 된다. 바로 이런 것들이 내가 학생들에게 장려하는 중요한 과학자의 자세와 태도다. 또한 과학자는 모험도 각오해야 한다. 그러나 이런 태도를 갖기가 점점 더 어려워진다. 오늘날 연구지원금을 얻기 위해서는 하늘을 나는 당나귀라도 약속해야 한다. 즉각적인 성공과 연구 결과의 재빠른 기술 전환을 보장하라는 압력이 점점 더 커지고 있다.

### 당신은 워라밸을 어떻게 유지하는가?

분명히 나는 상당히 극단적이다. 우리가 거울신경을 발견했을 때, 다른 팀원들과 마찬가지로 나도 대학에서 급여를 받지 않았다. 생활비를 벌기 위해 주말과 밤에 교도소 의사로 일했다. 5년 동안 그렇게 밤낮으로 일했다. 당시에는 진정 내가 원해서 그런 생활을 했다. 거울신경을 발견한 다음 해인 1992년에 우리는 처음 지원금을 받았고, 나는 2년짜리 연구장학금을 도쿄에서 받았다. 그 장학금은 큰 도움이 되었다. 완전히 낯선 환경에서 스스로를 증명할 수 있었고, 마침내 내가 좋은 신경학자라는 걸 확신했다. 파르마에서는 칭찬보다 질책이 더 많았기 때문이다.

### 이 중요한 발견은 여전히 당신 삶에 변화를 주고 있나?

정말 솔직히 말하면, 내 삶을 바꾼 가장 큰 사건은 아빠가 되는 일이었다. 아빠가 되는 일이 이렇게 엄청난 행운인 것을 진작 알았다면 마흔다섯 살에 아빠되기를 시작하지 않았을 것이고, 그랬다면 지금 두 명이 아닌, 세 명 또는 네 명의 아이가 있었을 것이다. 이런 생각을 하고 있으면 아내는 과거에 내가 했던 말을 상기시켜 준다. 확실히 이런 말을 하긴 했었다. "아이는 우리 일에 어울리지 않아." 정말로 어리석게도 젊은 남자였을 때 나는 그렇게 확신했었다. 가끔씩 그때를 후회한다.

## 그러나 힘든 일을 계속하지 않고서 이 발견을 할 수 있었을까?

나도 그렇게 생각한다. 우리 과학자들은 어떤 주제에 미친 듯이 매달리는 성향이 있다. 일하고 있지 않을 때도 실험과 관련된 생각이 거의 떠나지 않는다. 우리는 실험복을 결코 벗지 않는다. 거울신경을 발견한 후, 나는 사회인지 영역으로 연구 분야를 확장했다. 그 확장은 나의 학자 경력에서 하나의 전환점이었고, 나는 철학·정신병리학·미학에 더 깊이 들어가야 했고, 나중에는 영화 이론에도 빠져야 했다. 매일 추가 작업을 해야 했다. 보통 나는 1시쯤 잠자리에 들어 6시 30분에 일어난다. 그러니까 하루 다섯 시간 수면이 원칙이다. 집 전체가 완전히 고요할 때, 음악을 들으면서 일과 관련된 글을 읽을 수 있다. 또는 소파에 앉아 스칼라 극장에서 공연된 '라 트라비아타' 녹화 영상을 본다. 그 오페라가 너무 좋으면 눈물을 흘린다. 감동적인 음악과 예술을 감상하는 일은 상당히 멋진 일이다. 감정적인 사람이 훨씬 더 풍요롭다. 솔직히 나는 감정적이지 않은 사람에게 큰 두려움을 느낀다.

## 어릴 때부터 음악을 좋아했나?

부모님은 예술에 대한 나의 관심을 아주 잘 키워 주었다. 특히 아버지가 음악을 좋아했다. 심포니 공연을 보러 처음 오페라 극장에 갔을 때 나는 예닐곱 살이었다. 그때 들은 바그너의 '뉘른베르크의 명가수' 서곡은 내게 어떤 깨달음이었다. 부모님은 모두 사랑이 넘쳤던 분이었고, 나에게 많은 스킨십을 해주었다. 특히 어머니는 내게 자주 뽀뽀를 하면서 사랑한다고 늘 말해주었다. 요즘 나도 우리 아이들에게 똑같이 한다. 아이에게 스킨십은 엄청나게 중요하다고 생각한다. 아이 때 그렇게 많은 친밀감과 사랑을 경험했던 일이 나의 바탕이 되었다. 내가 가난한 신경학자가 아니라 부유한 정신과 의사가 되었더라면 어머니는 더 좋아했을 것이다. 그러나 어머니는 그 밖의 일에서는 나를 늘 든든하게 지지해 주었다. 아홉 살 때까지 나는 대단히 행복한 아이였다. 그 후 어머니는 심각한 우울증을 얻었고, 가끔씩 지옥을 경험했다. 가족 모두에게 그 상황은 상당히 힘들었다.

## 당신은 모든 감정을 과학적으로 설명할 수 있다고 믿는가?

신경과학이 모든 걸 설명할 수 있다는 생각은 완전히 잘못된 것이다. 인지신경학이 필요하다고는 생각하지만, 우리가 누구인지 밝혀내는 데에는 인지신경학만으로 충분하지 않다. 나는 하나의 진리만 존재하는 게 아니라 새로운 증거와 가정으로 논박될 수 있는 많은 잠정적 진리들이 존재한다는 과학 모델을 옹호한다. 과학이 논박이 불가능한 종교가 되어서는 안 된다. 사실에 머물러라! 우리의 유일한 교리는 이것뿐이다.

# "약간의 행운과 함께 무아지경 속에서 생각하는 것 같은 느낌이 생긴다."

**오누르 귄튀르퀸 | 심리학**

보훔 루어 대학교 생물심리학 교수
2013년 고트프리트 빌헬름 라이프니츠상 수상
독일

**귄튀르퀸 교수, 당신은 생각의 신경적 기초를 연구한다. 생각할 때 당신은 어떤 이상적 상황에 도달한다고 하는데, 그 상황이란 게 무엇인가? 그리고 어떻게 그 상황에 도달하는가?**

전원 단추를 눌러 그런 상황에 도달하지는 못하지만 자주 그런 상황을 만난다. 지평이 열리는 그 순간은 대단히 아름다우며, 이때 나는 유리처럼 명료하게 보고 이해한다. 모든 주의력을 분석하려는 작은 지점에 맞추고 다른 모든 것을 서서히 사라지게 한다. 약간의 행운과 함께 무아지경 속에서 생각하는 것 같은 느낌이 생긴다. 이 상황은 내가 피곤함을 느낄 때까지 몇 시간씩 지속된다. 가끔씩 나는 며칠 혹은 몇 주 내내 하나의 해답을 탐구한다. 그 후 어떤 대화 중에 이런 무아의 상황이 나를 덮치기도 한다. 또는 다음 날 아침에 일어나면 그 상황이 와 있기도 하다. 언제 이 상황이 덮칠지 예측하는 건 힘들다.

**당신은 인간, 돌고래, 펭귄도 연구한다. 그런데 왜 그 많은 동물 중 비둘기를 주요 주제로 선택했나? 구체적으로 무엇을 연구하는가?**

나는 생각이 뇌에서 어떻게 생겨나는지를 연구한다. 오랫동안 과학자들은 인간과 비슷한 뇌만 복잡한 사고 능력이 있다고 확신했다. 말하자면 인간과 원숭이 뇌의 형태, 조직, 작동만이 고등한 사고 능력의 기초를 제공한다고 믿었다. 그러나 최근 20년 동안의 발견은 까마귀와 같은 조류도 침팬지와 같은 인지 능력이 있음을 보여 준다. 그런데 까마귀와 비둘기 같은 조류의 뇌는 근본적으로 인간의 뇌와 구성이 다르고, 크기 또한 훨씬 작다. 이런 사실은 우리가 잘못 알았다는 걸 증명한다. 복잡한 사고 과정은 인간의 뇌와 근본적으로 다르게 구성된 뇌에서도 분명히 생길 수 있다. 그래서 나는 포유류의 뇌뿐만 아니라 조류의 뇌에서도 생각이 어떻게 생겨나는지 이해하려고 비둘기를 연구한다. 뇌구조의 구체적 형태는 중요하지 않다고 확신한다. 신경세포 집단의 자세한 작동 원리가 훨씬 중요하다. 이런 신경세포 집단들이 자리 잡고 있는 뇌의 모습은 매우 다양하지만 그럼에도 동일한 사고 과정을 생성한다. 이런 새로운 과학적 관점의 도움으로 우리는 지금껏 살아 있는 로봇으로 여겼던 많은 동물이 복잡한 정신적 내면 생활을 한다는 걸 인식하게 될 것이다.

**당신의 연구에서 무엇이 가장 행복한 경험이었나?**

박사논문을 위해 비둘기 뇌의 양쪽 반구에 어떤 변화를 주었는데, 아무 의미 없는 데이터가 나왔다. 마침 그때 러시아에서 열린 학술행사에 참석하고 돌아온 벨기에 동료가 병아리의 좌뇌와 우뇌의 차이를 발견한 호주 학자 이야기를 해주었다. 그때 내 눈에 씐 비늘이 벗겨지는 것 같았다. 나는 나의 데이터를 좌뇌와 우뇌에 맞추어 다시 조절했고, 대단히 명료한 그림을 얻었다. 이 순간을 잊지 못할 것이다.

**당신은 생리 중인 여자는 남자처럼 생각할 수 있다는 사실도 발견했다. 이런 일이 일어나는 원인은 무엇인가?**

인간의 뇌 반구는 비대칭적으로 조직되어 있다. 언어는 좌뇌, 공간 감각은 우뇌가 주로 담당한다. 통계적으로 보면 여성의 경우에 이런 뇌의 불균형이 더 작게 나타나고, 호르몬을 통해 조정될 수 있다. 이런 조정은 인지 능력에 영향을 미친다. 공간 지각 능력을 측정하는 정신 회전mental rotation 테스트 결과는 남성들이 여성보다 월등히 우수하다. 그러나 생리 기간에는 여성의 뇌 불균형이 남성과 비슷해진다. 이 시기에 여성들은 정신 회전 테스트에서 남성과 거의 같은 능력을 보여 준다. 그러므로 인지 능력의 차이는 부분적으로 어떤 시기에 테스트했는지에 달려 있다. 이것은 매력적인 발견이었다. 만약 당신이 나에게 그 원인을 완전하게 이해했냐고 묻는다면, 나는 그렇지 않다고밖에 대답할 수 없다.

> "나의 흉터는 휠체어 생활보다는 과학자로 일상적 생존 투쟁을 하면서 더 많이 생겼다."

**당신은 파란만장한 인생 경험을 했다. 터키에서 태어나 소아마비를 앓았으며, 어린 시절 독일에 있는 삼촌에게 보내졌다. 그리고 독일 병원에서 부모님과 떨어져 홀로 지냈다. 그 경험은 어떤 영향을 미쳤는가?**

사실 이런 경험은 심각한 트라우마가 되어야 했을 것이다. 당시 여섯 살이었던 나는 아무도 터키어를 하지 않는 환경에 던져졌다. 당연히 나도 독일어를 하나도 몰랐다. 병원에서 보낸 첫 달은 기억나지 않는다. 어린 시절에 얻은 극단적 트라우마는 기억 상실로 귀결될 수 있다. 나도 자신을 위해 그렇게 기억을 지웠던 것이다. 당시 나와 다른 아이들을 돌보던 간호사들을 만나기 전까지 그랬다. 당시 우리를 돌보던 간호사 대부분은 미혼이었고, 우리는 마치 그들의 아이 같았다. 간호사들은 우리와 함께 아침을 먹었고, 저녁에야 다시 집으로 돌아갔

459

다. 내가 재구성할 수 있는 모든 기억에서 보면, 당시 병원 환경은 아이의 눈으로 볼 때 대단히 편안했고, 마치 가족과 같았다. 이런 상황 덕분에 당시에 얻은 심리적 상처가 나에게는 남아 있지 않다. 병원에서 8개월을 보낸 후 나는 독일어로만 말을 했고, 부모님은 나의 말을 거의 이해하지 못했다. 그러나 뇌 속에 묻혀 있던 언어는 상대적으로 빠르게 다시 돌아왔다.

**소아마비 때문에 죽음의 문턱까지 갔었다고 들었다. 그 일을 아직 기억하는가?**
내가 인공호흡기인 강철 폐에서 나왔을 때 어머니는 내 입에 귀를 대고 있었다. 나는 할 수 있는 한 가장 크게 말했다. 그러나 내 입에서는 속삭임만 나올 뿐이었다. 내가 곧 죽을 거라고 생각했던 의사들은 부모님께 내가 겪을 고통의 시간을 줄여 주어야 하는지 물었다. 이 이야기를 나는 아주 나중에 들었다. 어

머니는 단호하게 '아니요'라고 말했고, 그 이야기는 더 이상 나오지 않았다고 한다. 이 이야기를 들은 후 나는 늘 말한다. 절대 사람을 포기하지 마라!

**당신은 이미 어릴 때부터 휠체어에 앉았다. 1970년대 터키를 생각할 때 당신은 성인이 되는 데 필요한 모든 일을 하지는 못했을 것이다. 당시 어떻게 생활했었나?**
당연히 많은 물리적 장애가 있었다. 사춘기는 부모가 가장 적게 필요할 수 있는 시간이다. 그러나 장애가

있는 사람은 그럴 수 없다. 어머니는 나를 위해 특별한 보호 장치를 만들지 않았지만 부모님의 도움 없이도 나는 하루를 잘 보낼 수 있었다. 언제나 같은 반 친구 두 명이 알파벳 순서에 따라 교대로 하루 종일 나를 돌보았기 때문이다. 당시 담임 선생님이 그렇게 만들어 주었다. 장애를 부끄러워해서만은 안 된다. 장애의 불편함을 극복하는 데 대단히 도움이 되는 성격이 있는데, 내가 바로 그런 낙관적인 성격을 가지고 있다.

### 성장하면서 소녀들과의 접촉은 어땠는가?

대단히 어려운 과정이었다. 그러나 당연히 사랑으로 가는 다양한 길이 있다. 나는 열아홉 살 때 한 파티에서 아내를 처음 만났다. 우리는 여전히 사랑하는 부부다. 어느 날 갑자기 아내는 나의 추방을 막기 위해 결혼해야겠다고 말했다. 이것이 아내의 공식적인 프러포즈 이유였다. 나는 대단히 로맨틱하다고 생각했고 결혼을 즉시 수락했다.

### 장애인으로서 이후 어떤 어려움과 싸워야 했나?

나의 흉터는 휠체어 생활보다는 과학자로 일상적 생존 투쟁을 하면서 더 많이 생겼다. 휠체어 생활은 내게 익숙한 일이며, 나 자신의 일부와 같다. 이 한계를 상처로 느낀 적은 없었다. 과학 작업에서 가장 중요한 것은 감동을 느끼고 열정을 갖게 되는 것이다. 과학자는 평범한 직업이 아니다. 증명해야 하고, 알려져야 하며, 인용되어야 한다. 과학자는 많은 실패를 다루어야 한다. 과학자는 가끔 몇 년 동안 작업했던 결과물을 내놓는데, 그 결과물을 마치 자신의 일부와 같다고 느낀다. 익명의 동료들이 그런 논문을 흘깃 쳐다본 후 통렬한 비판을 쏟아낸다. 그것은 마치 발가벗은 채 광장에 서서 생각하는 것과 같다.

## 과학이라는 직업을 갖는 과정이 특별히 험난했나?

당연히 그랬다. 내가 진정 잘할 수 있는 일자리를 얻을 기회가 적었기 때문이다. 나는 망원경을 목에 걸고 흥미진진한 질문을 간직한 채 석 달 동안 초원에서 시간을 보내며 기이한 동물들을 관찰할 수는 없다. 그럼에도 최선을 다하려고, 그리고 타협하지 않으려고 노력했다. 과학은 과학자가 연구하는 대상에 자신을 불태울 때만 보상을 준다.

## 어릴 때 이미 과학자가 되고 싶었나?

다른 일을 한 적이 없었다. 지금 그 일을 좀 더 많은 도구를 가지고 더 전문적으로 하고 있을 뿐이다. 초등학생 때 나는 둥지에서 떨어져 죽은 제비 한 마리를 발견한 적이 있었다. 나는 그 제비가 시조새이기를 꿈꿨고, 그 작은 사체를 해부하는 데 온통 마음을 빼앗겼다. 나는 바구미를 모아서 카세트테이프 상자에 가두었다. 그리고 그 상자에 미로를 만든 후 바구미가 거기를 탈출하면 상을 주곤 했다. 물고기들이 색깔을 구별하는지 알아내기 위해 어항의 물고기를 검사하기도 했다. 현미경을 얻기 위해 설거지를 하면 10페니히를 달라고 어머니와 협상했다. 확신하건대, 나는 받은 돈보다 훨씬 더 많은 일을 엄마를 위해 했지만 네커만 학생 현미경은 내 최고의 보물이었다. 직업생활에서 나의 최고 보물은 지도교수였던 후안 델리우스Juan Delius 교수였다. 나는 뇌를 연구하고 싶어서 심리학을 공부했다. 그러나 심리학을 공부하면서 뇌와 심리학이 무슨 관련이 있는지 끊임없이 질문을 받았다. 당시는 뇌 없는 심리학이었다. 나는 심리학 공부를 중단하려고 진지하게 고민했다. 델리우스 교수는 반대로 나를 매료시킨 실험을 했다. 바로 내가 하고 싶었던 그런 실험이었다. 델리우스 교수가 나의 학문적 삶을 구해 주었다. 뇌가 있는 심리학을 보여 주었기 때문이다.

## 대학에서 가르치는 선생으로서 당신은 어떤가?

터키 고등학교 때 나의 늙은 수학 선생님처럼 되려고 노력한다. 지금 교수가 된 것은 내가 다닌 고등학교 덕분이다. 그 수학 선생님은 학생들을 위해 열정을 불태웠다. 그러나 그분은 우리에게 결코 0.5점도 더 준 적이 없었다. 그게 멋지다고 생각했다. 나는 그 선생님에게 제대로 공부하는 법을 배웠다. 화장실 가는 1분도, 멍하니 몽상에 빠져 있는 시간도 기록을 해야 했고, 마지막에는 공부한 시간을 계산해야 했다. 고등학교 때 어떤 날에는 밤낮으로 공부한 것 같은 느낌인데도 8시간만 집중하고 나머지는 모두 허비한 날도 있었다. 시간이 지나면서 나아졌고, 14시간 25분 공부한 적도 있었다. 이게 기록이었다. 평생 그렇게 많은 공부를 했던 적은 없었다고 생각한다.

## 어떻게 연구와 사생활의 조화를 이루는가?

나는 운이 아주 좋다. 일찍 자고 일찍 일어나기를 좋아하는 아내와 결혼했기 때문이다. 반대로 나는 늦게 자고 늦게 일어나는 걸 좋아한다. 우리의 타협안은 잠은 내 시간에 자고, 즉 자정 전에는 침대로 가지 않고, 아내의 시간에 일어나는 것이었다. 6시 15분이 기상 시간이 된 것이다. 이 때문에 우리 둘 다 너무 적게 잠을 자게 되었고, 약 40년 전부터 우리는 이 시간을 바꾸어야 한다고 말하고 있다. 그 밖에도 나는 매우 빨리 많은 일을 할 수 있고, 빠른 결정을 내릴 줄 안다. 그리고 운 좋게도 좋은 학과 행정 직원들을 만나 그들에게 일을 믿고 맡길 수 있다.

## 과학계에는 높은 자리에 올랐던 여성이 상대적으로 드물다. 여성 과학자들과의 경험은 어떤가?

우리 팀에는 남성보다 여성이 많다. 왜냐하면 그들은 뛰어난 여성 과학자이기 때문이다. 특히 심리학은 여학생이 많은 과다. 거의 80%가 여학생이다. 그러나 더 많은 도구를 다루게 되고, 기술이 더 많이 필요할수록 남성이 더 많이 남는다. 이런 현상은 나의 팀에서도 보게 된다. 더욱이 과학자의 일은 위험이 대단히 많은 작업이다. 평균적으로 남성들이 과학자가 되는 것과 같은 위험을 더 감수하려고 한다. 또한 과학자라는 직업은 가족을 꾸리는 일과 결합하는 게 어렵다. 아이가 태어난 이후가 가장 힘든 시기다. 이 시기에는 아이와 가사에 우선권을 두라고 남편을 설득하는 일이 쉽지 않다고 많은 여성들은 확신할 것이다. 실제 남성들은 이런 준비가 덜 되어 있을 것이다. 결국 여성들이 어쩔 수 없이 초기에 아이들을 돌보는 것을 선호하게 될 것이다. 그러나 나는 이런 차이가 점점 줄어들고 있는 걸 보고 있다. 대단히 기쁜 일이다.

## 당신은 위험에 어떻게 대비하는가? 연구 중에 방향을 잃은 적이 있었나?

당연히 그렇다. 통계적으로 보면 실험의 실패가 평범한 일이다. 그래서 박사학위 논문을 위한 실험들은 대단히 조심스럽게 설계되고 실패 지점이 있다는 가정 아래 기획된다. 대부분의 거대한 꿈들은 실현되지 않는다. 젊은 사람들이 과학자가 될 이유는 오직 하나뿐이다. 호기심과 자유다. 그렇지 않다면 누가 그 보잘것없는 계약으로 세계를 떠돌며 품을 팔고, 밤을 새우면서 헛된 일을 하겠는가? 돈도 적게 벌고, 경쟁은 극심하다. 그리고 한 학술행사에서 다른 누군가가 나보다 더 빨랐다는 걸 또 확인하게 된다. 이런 일은 정말 재앙이다! 그러나 과학자는 자유로움을 만끽하고, 미지의 세계로 들어가고, 새로운 것을 발견하고, 완전히 새로운 설명을 찾으면서 보상을 받는다. 다행히 세상에는 손익만을 따지는 호모 에코노미쿠스만 있는 게 아니다. 그랬다면 과학은 존재하지 않았을 것이다.

## 당신은 어떻게 과학자가 되는 데 성공했나?

중증 장애인으로서 나는 자신에 대해 매우 영리하게 고민해 계획을 세울 것을

강요받았다. 그래서 내가 원하는 일에 전
념했다. 동시에 자신의 능력에 늘 만
족하지 못했으므로 엄청나게 부지
런히 일했고, 종종 더 큰 위험을 기
꺼이 감수하려고 했다. 그러나 능력
이 전부는 아니다. 신뢰, 돌봄, 친근함이
중요한 삶의 영역도 있다. 과학자들도 마찬

> "과학자는 자유로움을 만끽하고, 미지의 세계로 들어가고, 새로운 것을 발견하고, 완전히 새로운 설명을 찾으면서 보상을 받는다."

가지다. 왜냐하면 과학자들은 매우 자주 함께 일하며, 서로 친교를 맺기 때문이
다. 이 모든 것을 나는 어떻게든 획득했다. 지금 나는 큰 기쁨을 가지고 내 삶을
바라본다.

### 세상을 위한 당신의 메시지는 무엇인가?

나는 자신의 미래를 만들어 가는 인간의 힘을 믿는다. 인류는 많은 것을 파괴
할 수 있지만, 또한 엄청나게 많은 것을 창조할 수 있다. 지난 5,000년을 돌아
보면, 평균적으로 우리는 파괴한 것보다 더 많은 것을 건설했다. 계속 그렇게
되기를 희망한다.

# "생각을 실현하는 데
20년 계획이 필요했다."

캐롤린 베르토치 | 화학
스탠퍼드 대학교 화학 교수
2010년 레멜슨 MIT 상 수상
미국

**베르토치 교수, 당신은 서른두 살에 이미 천재상을 받았다. 천재라고 불리는 것은 어떤 기분인가?**

대부분 사람들은 이런 상이 있다는 말을 들으면 피식하고 웃는다. 내가 그 상을 받는다는 이야기를 들었을 때, 처음에는 그들이 언니와 나를 착각했다고 생각했다. 언니는 실제 수학 천재였다. 그들이 나에게 상을 준다는 것을 이해하기까지 시간이 좀 걸렸다.

**당신은 레멜슨 MIT 상을 받은 첫 번째 여성이자 화학자다. 이 상은 상금 50만 달러도 함께 준다.**

엄청 큰돈이었다! 이 상은 빼어난 기술 혁신을 가져온 연구자에게 주는 상이다. 이 상을 받으면서 나도 실제 발명가일 수 있다는 걸 분명히 알게 되었다. 나는 이미 몇 가지 발명을 했었고, 특허도 몇 개 얻었으며, 그 직전에 회사도 하나 만들었다. 이 상을 받으면서 MIT에서 강연할 기회도 함께 얻었다. MIT는 아버지가 평생 교수로 일했던 곳이다. 심지어 부모님도 그 강의에 왔다. 상당히 쿨한 장면이었다.

## 당신 가족도 과학계에 종사했다. 그 때문에 당신도 과학자의 길을 선택했나?

부모님이 과학자라면 틀림없이 부엌에서부터 실험을 하면서 자랐을 거라고 많은 사람들이 생각한다. 그러나 나는 연구에 특별한 관심이 없었고, 남자아이들과 어울리는 걸 좋아했다. 학창 시절 활동 대부분은 과학과 전혀 관계가 없었다. 운동이 더욱 소중했다. 특히 축구와 소프트볼이 그랬다. 그리고 음악이 있었다! 나는 여러 밴드에서 키보드와 피아노를 쳤다. 그걸로 칼리지 시절 돈을 벌었다. 밴드 생활은 내게 청중 앞에서 긴장하지 않는 법과 무언가 잘못되었을 때 적절하게 대응하는 법도 가르쳐 주었다. 한 밴드 멤버는 나를 꼬드기려고 애썼다. "우리 모두 LA로 가서 음악씬을 한번 뒤집어 보자." 나의 반응은 이랬다. "야, 그러려면 나는 칼리지를 그만둬야 하잖아. 부모님이 가만두지 않을 거야." 나는 그 단계로 나갈 용기는 없었다. 그 친구와 밴드는 상당히 유명해졌다.

## 처음에는 생물학을 공부했다.

생물학은 고등학교 때 가장 좋아했던 과목이다. 그러나 그 후에 우연히 유기화학을 발견했다. 나는 상당히 시각적으로 사고하는 사람이다. 그래서 유기화학을 선택했다. 모든 분자는 각각의 특징이 있고, 또한 대단히 개별적으로 활동한다. 어떤 분자는 에너지가 넘치고, 어떤 분자는 안정되어 있으며, 또 다른 분자는 위험하다. 이런 게 좋았다. 오늘 저녁 파티가 있어도 집에서 공부를 하겠다는 마음이 생기게 하는 주제를 드디어 찾았다. 유기화학이 그랬다. 나는 단계별로 합성분자를 만들고 싶었다. 합성분자 하나를 만드는 데 성공했다면, 지금껏 존재하지 않았던 무언가를 창조한 것이다. 그 일은 마치 황홀경을 느끼는 것과 같다. 그러나 유기화학은 대단히 어렵다. 종종 생각했던 것을 얻지 못한다. 마치 야생동물을 길들이는 일과 비슷하다.

## 그래서 유기화학 분야에서 일하고 싶었나?

그렇다. 그러나 연구실험실을 찾으면서 벽에 부딪혔다. 유감스럽게도 여성을 가르치고 싶은 교수가 없었다. 당시는 석기시대가 아니라 1980년대 중반이었다! 연구실에 지원할 때마다 빈자리가 없다는 답변을 받았다. 1~2주가 지난 후 나와 같은 학년의 남학생이 같은 교수에게 물어보면 그 학생은 자리를 얻었다. 그때 처음으로 과학계에 차별이 있다는 것을 알게 되었다. 내 삶이 나를 둘러싼 모든 남자들의 삶과 다르다는 걸 갑자기 깨달았다. 차별을 뼈저리게 경험했지만 편집증 같은 반응을 보이지 않고서는 이 차별을 명쾌하게 부르지도 못했다. 차별은 그 안에서 은밀하게 작동했다. 낙담할 수밖에 없는 상황이었다. 나는 진정 올바른 선택을 했는지, 유기화학 실습을 언젠가 할 수는 있는 건지 자문하게 되었다. 심지어 나는 생화학 실험실에 지원하기도 했다.

## 당시에 유기화학을 공부하려던 계획을 포기하고 싶었나?

당연히 그랬다! 그런 상황에 처해 있을 때 뜻밖에도 한 조교수가 강의가 끝난 후 내게 와서 말했다. "관심이 있으면 우리 실험실에서 일할 수 있게 해줄게요." '자리 없어요, 자리 없어요, 자리 없어요'를 계속 들은 후에 이 제안을 받으니 마치 로또를 맞은 것 같은 기분이었다. 나는 그 조교수가 무슨 일을 하는지 몰랐다. 그러나 아무 상관이 없었다. 그건 대단히 멋진 선택이었다! 그리고 정말 처음으로 나보다 나이 많은 과학자가 나를 동등하게 대우해 주었다. 그 조교수는 지금까지 다른 남자들처럼 나를 이상하고 어색하게 대하지 않았다. 문제가 있으면, 그냥 그 사람의 사무실을 찾아가 도움을 청할 수 있었다. 그 조교수와의 만남은 어려운 주제를

> "연구실험실을 찾으면서 벽에 부딪혔다."

다루기 위해 필요한 자신감을 만드는 데 도움을 주었다. '만약 과학이 이런 거라면, 즉 도움을 받고, 다른 사람과 대화하고, 무언가를 발견하는 것이라면 나는 이 일을 할 수 있어!'

## 당신은 스스로 과학자 자질이 충분하지 않다는 느낌을 가졌나?

전혀 그렇지 않았다! 연구실을 이끌지 못할 거라거나 연구에 기여하지 못할 거라는 생각을 해본 적이 없다. 버클리 조교수로 과학자 생활을 시작할 때부터 몇몇 다툼이 있었다. 왜냐하면 나보다 지위가 높은 교수들로부터 아무 지지를 받지 못했기 때문이다. 사람은 멘토가 필요하다. 연장자 교수가 젊은 교수를 뒤에서 지원하지 않으면 젊은 교수 한 사람의 경력 전체가 망가질 수 있다. 나이 많은 동료들의 반대만 경험하다 보면, 결국 자신의 직업 선택에 의문을 품게

된다. 이때는 정말 힘든 시기였다. 오늘날 나는 사람들을 고용하고 격려하는 일에 직접 관여하기 때문에 조직문화에 더 많은 영향을 미치고 있다.

## 과학계에서 좀 더 많은 인정을 받기 위해 여성들이 특별히 할 수 있는 일은 무엇일까?

우리가 할 수 있는 모든 일을 이미 했다고 생각한다. 솔직히 말해서 이건 오히려 남성들의 의무다. 그전까지는 많은 변화가 생기지 않을 것이다. 미국에서 여성이 투표하지 못

했을 때, 누가 그들에게 투표권을 줄 수 있었나? 유일한 방법은 남성들이 결정하는 것이었다. "그래, 여성들도 투표해야 해." 지금 남성들은 무엇을 하고 있는가? 지금까지 누구도 어떤 남성들에게 책임을 물은 적이 없었다. 우선 충분히 많은 남성들이 이 일에 관심을 가지고 이 상황에 책임을 느낀다면 상황이 바뀔 것이다. 그러나 비용에 비해 유용성이 두드러질 때만 이런 일은 일어날 것이다. 라티노, 흑인, 아시아계는 어떻게 되었는가? 과학이 계속해서 이렇게 완고하게 머물면 50년 뒤에는 누구와도 소통하지 못하는 특이한 소수 집단이 될 것이다.

> "마감 시간을 지켜야 하는 걸 늘 염두에 두면서, 아이를 모든 계획의 위에 놓아라."

## 당신의 연구 분야를 쉽게 설명해 줄 수 있을까?

박사 과정 장학금을 받은 3년 동안 샌프란시스코에 있는 캘리포니아 대학교 면역학 연구소에서 일했다. 이 연구실에서 우리는 인간 세포를 감싸고 있는 당 분자를 연구했는데, 초코볼의 설탕 코팅과 비슷하다고 보면 된다. 글리칸glycan이라고 부르는 이 당은 인간의 면역계에서 대단히 중요한데, 글리칸은 면역세포가 건강한 세포와 병든 세포를 구별할 수 있게 해주기 때문이다. 우리는 이 세포들이 사용하는 '언어'를 이해하고 싶었다. 그러나 글리칸의 화학 구조를 찾아내는 일은 대단히 어려웠다. 우리가 이용할 수 있는 도구들이 아직은 상당히 원시적이었기 때문이다. 교수가 되어 버클리에 나의 실험실을 갖게 되었을 때, 나의 목표는 이 비어 있는 지식을 채우고 글리칸의 정확한 분자 구조를 찾아내는 것이었다. 처음 10년 동안 우리는 기술과 화학적 방법을 개발했다. 이전의 방법이 충분하지 않다고 확신했기 때문이다. 바로 이때 나온 몇몇 발명 덕분에 우리는 레멜슨상을 받았다.

## 이 연구는 사회에 무엇을 가져다주었는가?

당 분자를 연구하는 당 과학의 도움으로 치료법들이 나올 수 있다. 우리는 암이 면역계에 의해 발견되지 않은 채 몸 안에 머무는 데 당 분자가 어떤 역할을 하는지 이해하려고 노력한다. 암세포가 면역세포를 속이고 '보내버리는' 방법을 찾기까지 20년이 걸렸다. 그리고 약품을 개발하는 데 앞으로 10년이 걸릴 것이다. 암 치료법은 진정 놀라운 유산이 될 것이다. 우리는 또한 여러 도구와 재정이 부족한 곳, 예를 들면 전기가 없어 약품의 냉장 보관이 불가능한 곳에서 사용 가능한 결핵 진단법을 개발하려고 한다. 이 개발을 위해 우리는 '빌 & 멀린다 게이츠 재단'의 연구지원금을 받았다. 남아프리카공화국에서 막 현장 시험이 진행 중이다. 이 시험에 성공하면, 아프리카에 큰 도움이 될 것이다. 왜냐하면 아프리카에서는 이미 진단부터 큰 문제가 되기 때문이다.

## 아내 모니카와의 사이에 세 명의 자녀가 있다. 레즈비언으로 미국에서 공부하는 일은 어땠나?

1980년대 연방대법원은 동성애자가 범죄자와 같은 등급이라는 판결을 내렸다. 이 판결은 원칙적으로 동성애자들을 직장에서 쫓아내는 데 활용되었다. 나는 석사논문을 위해 샌프란시스코로 갔고, 그곳에서 동성애 공동체 활동을 열심히 했다. 그 활동은 화학 박사논문과 함께 나란히 진행된 나의 또 다른 삶이었다. 1980년대에 동성애자 부부는 이성애자 부부와 같은 권리를 얻으려고 노력했다. 캘리포니아 대학교는 배우자 의료보험이나 학생 주택 제공과 같은 사회보장 정책에서 동성애자 부부의 지위를 인정하지 않았다. 결혼한 석사과정생과 박사후연구원들은 주택 단지에 들어갈 수 있었지만 동성애 부부는 그곳에서 살 수 없었다. 이성애 부부들은 말했다. "우리는 동성애 부부들이 여기 오는 걸 원하지 않습니다. 우리에겐 자녀들이 있기 때문이죠."

## 이 상황은 어떤 영향을 주었는가?

나에게 많은 긴장과 스트레스를 유발했다. 2000년에는 소위 발의안 제22호 California Proposition 22라는 또 다른 악의적 결정이 있었다. 이 법은 동성 부부의 모든 가능성을 배제하기 위한 소위 예방 전쟁이었다.(캘리포니아 주민들은 2000년에 결혼은 남성과 여성의 결합이라는 규정을 주 가족법 안에 신설하는 주민 발의안을 통과시켰다. 이 법률 개정으로 캘리포니아 주에서는 동성 결혼이 금지되었다—옮긴이) 이 시기는 정신분열증에 빠질 것 같은 시간이었다. 내가 맥아더 장학금을 받으면서 큰 인정을 받던 그 주간에 나에게 시민권이 없다는 법적 결정이 동시에 내려졌다. '너는 결혼하기에는 충분히 좋지 않아! 너는 쓰레기야.' 그렇게 나는 하루를 축하하고 그다음 날부터 울기 시작했다.

## 모니카와 언제 결혼할 수 있었나?

우리는 캘리포니아에서 결혼했다. 캘리포니아 주 대법원은 동성 결혼을 금지한 가족법이 주 헌법에 어긋난다는 판결을 내렸다. 그래서 발의안 제22호는 폐지되었지만 석 달 후 다시 동성 결혼을 금지하는 캘리포니아 주 헌법 개정 주민 발의안이 주민 투표에서 통과되면서 다시 캘리포니아에서 동성 결혼이 금지되었다. 이 두 결정 사이에 석 달의 공백이 있었고, 동성애자들은 결혼할 권리가 생겼던 것이다. 당시에 우리는 조쉬를 임신 중이었다. 우리는 오클랜드 시청으로 갔고, 번호표를 뽑고 대기석에 앉았다. 조교가 혼인 증인으로 함께 갔는데, 마침 점심 휴식 중이었기 때문이다. 이게 다였다. 우리는 결혼했고, 나는 다시 일터로 돌아갔다.

## 어떻게 세 자녀를 두고서 연구 활동을 관리했나?

모니카는 2004년 버클리에서 만났다. 몇 년 동안 우리는 자녀가 없는 부부였다. 나는 자궁 적출술을 받았고 이제 아이는 끝이라고 생각했다. 모니카는 나보

> **"만약 누군가 회상하면서 이렇게 말할 수 있다면 나는 대단히 기쁠 것이다. '베르토치 교수는 자기 자신과 자신의 가치에 충실했다.'"**

다 다섯 살 어렸고 아이를 가지고 싶어 했다. 모니카는 고집스럽게 버텼다. 요즘 나는 아이들 덕분에 기쁘다. 아이들이 없었을 때는 주말과 저녁에 실험실에서 일했다. 학생들을 집으로 초대해 파티를 열었고, 학생들과 소풍을 갔으며, 토요일에는 하루 종일 학생들의 논문 작업을 도왔다.

이제는 이런 일이 더는 가능하지 않다. 아이가 생긴 후 나는 내 일 이외에 팀원들을 위해 더 이상 시간을 낼 수 없다. 학생들은 실망했고 불만을 터뜨렸다. 그것은 힘들었다. 그러나 곧 내가 아이가 있는 사람들에게 좋은 상사라고 알려지기 시작했다. 아이가 있으면 융통성 있는 시간 이용이 필요하다는 것을 내가 이해했기 때문이다. 나는 아이가 있는 연구원에게 말한다. "마감 시간을 지켜야 하는 걸 늘 염두에 두면서, 아이를 모든 계획의 위에 놓으세요."

**아내는 집에 있으면서 아이들을 돌본다. 전형적인 가족의 모습과 똑같다. 아내가 배우자의 직업생활을 지탱해 준다.**

완전히 같지는 않다. 나도 이런 틀 안에서 성장했다. 어머니가 모든 걸 처리했고, 아버지는 밖에서 일했다. 우리의 경우는 다르다. 내가 출장 없이 집에 있을 때는 일을 하면서 동시에 아이들을 돌보기 때문이다. 나는 5시에 일어나 아이들에게 아침을 먹이고 학교에 데려다준다. 학교가 끝나면 아이들을 학교에서 데려와 함께 저녁을 먹는다. 어제는 맏아들의 숙제를 밤 10시까지 함께 했었다. 주말에는 아이들을 피아노 강습이나 수영 강습에 데리고 간다. 단지 내가 출장을 갈 때만 이 모든 일이 모니카의 몫이 된다. 어쨌든 아이들이 커가면서 돌보는 일은 쉬워진다. 아이가 있는 사람은 시간이 얼마나 소중한지를 이해한다. 지금 새로운 프로젝트를 시작하지 않으면 시간이 금방 지나갈 거라는 걸 나도 분명히 알게 되었다. 아이디어를 실현하는 데 20년 계획을 세워야 하기 때문이다.

## 그리고 당신은 무엇을 남기게 되는가?

학술 분야에서 생산품은 연구자가 만든 인적 자본이다. 나의 경우 내가 교육했던 모든 학생들과 박사후연구원들이 나의 생산품이며, 그들이 다시 자신들의 학생, 발명, 아이디어, 책들과 함께 한 작업도 여기 포함된다. 만약 은퇴하게 된다면, 이 300명 남짓 되는 사람들을 남기게 될 것이다. 이것이 나의 유산이다. 사람들이 씨를 뿌리고, 씨는 자라나서 그렇게 이 사람들로 하나의 생태계가 만들어진다. 만약 누군가 회상하면서 이렇게 말할 수 있다면 대단히 기쁠 것이다. "베르토치 교수는 자기 자신과 자신의 가치에 충실했다. 그녀는 자신의 관심을 추구했고 다른 사람의 목소리 때문에 자신이 하고 싶은 일을 단념하지 않았다." 이게 나의 목표다.

## 마치 프랭크 시나트라의 노래처럼…

그렇다. "I did it my way(나는 나의 길을 갔어)." 나는 레즈비언이고 아웃사이더 였기 때문에 나만의 길을 가는 게 아마 남들보다 쉬웠을 것이다. 내가 모범으로 삼고 따라갈 만한 시나리오가 없었다. 어떤 면에서 나는 나 자신의 시나리오를 집필했고, 그 집필 과정이 나에게 해방을 주었다.

# "인간 본성에는 더 많은 것을 원하는 마음이 있다."

울리아나 시마노비치 | 생화학

바이츠만 과학 연구소 물질 및 표면과학 조교수
이스라엘

**시마노비치 교수, 젊은 사람이 과학자라는 직업을 선택하려면 어떤 성격이 필요할까?**

문제에 접근하고 해답을 찾으려는 호기심이 많아야 하고 고집이 있어야 한다. 당연히 과학 연구에는 언제나 불확실성이 존재하지만, 과학자의 일이 바로 해답과 대답을 찾는 것이다. 이 불확실성이 과학과 과학자를 끌어가는 동력이다. 나는 과학자를 동기가 충만한 사람이라고 정의하고 싶다.

**자녀가 둘이다. 생활과 일을 어떻게 분배하고 관리하는가?**

여성들은 아이를 갖자마자 더 효율적으로 일하게 된다. 나는 싱글맘이다. 어머니가 많이 도와주고, 아이 아빠도 아이들을 돌본다. 아이들은 아직 많이 어리다. 첫째 딸은 네 살, 둘째 딸은 한 살이다.

## 당신은 어떤 사고 구조를 가지고 있나?

그 질문은 나를 아는 사람들에게 물어봐야 할 것이다. 확실한 건 사고 구조가 매우 복잡하다는 점이다. 특히 여성으로서 그렇다. 여자는 많은 과제를 머릿속에 정리해야 하기 때문이다. 아이가 있으면 확실한 질서, 확실한 계획이 필요하다. 하루 일정표가 필요하다. 그리고 매우 집중해야 한다. 그러나 아이와 함께 있으면 당연히 집중하기가 힘들다. 아이를 돌봐야 하고 달래야 하며, 아이가 요구하는 것을 마련해 주어야 한다. 그러면서도 연구에 집중해야 한다. 몇몇 과학자들은 다시 신선하고 새로운 관점을 얻기 위해 연구 활동에서 잠시 로그아웃할 수 있는 취미생활을 한다. 아이들이 이런 로그아웃 상황을 만들어 준다.

## "이 프로젝트는 잘못된 방향으로 가고 있어. 어떻게 계속 진행해야 할지 모르겠어"라는 의심을 가진 적이 있는가?

첫 아이를 임신했을 때, 영국 케임브리지에서 박사후연구원으로 있었다. 출산휴가를 이스라엘에서 보내기로 계획을 세웠다. 그래서 가능한 한 많은 데이터를 모아서 이스라엘로 갔지만 결과가 제대로 나오지 않았다. 나는 실망했다. 아기가 태어난 후 데이터를 다시 살펴볼 시간이 조금밖에 없었다. 그런데 갑자기 한 가지 방법을 발견하게 되었다. 의심이 들고 한 문제에 대단히 집중해야 할 때, 가끔은 한 걸음 물러나 신선한 공기를 맞고 다른 관점에서 상황을 관찰하는 게 도움을 준다.

"당연히 나 또한 경쟁을 한다. 경쟁은 긍정적이면서 동시에 부정적일 수 있다."

## 일하는 엄마로서 과학계에서 경력을 쌓는 일이 많이 힘든가?

내 생각에는 여전히 많은 사람들이 아내가 남편의 직업적 경력을 받쳐 주는 게 당연하다고 여긴다. 그 반대, 즉 남편이 아내의 일을 위해 돕는 것은 당연한 일이 아니다. 한 남편이 그렇게 했다면 칭찬받을 가치가 있고 드문 일이라고 여긴다. "와, 남편이 그런 희생을 했구나." 여성들은 멀티태스킹에 능하다. 그래서 여성은 과학계에 특별히 더 잘 맞는다. 예를 들어 나 같은 경우 시간을 아이에게 분배한 후 모든 것을 미리 계획해야 한다.

**바이츠만 연구소는 대단히 명성이 있는 연구기관이다. 당신은 여성이고 상당히 젊다. 어떻게 지금의 위치에 올랐나?**

나에게는 나를 크게 지원하고 격려해 주던 박사 지도교수가 있었다. 그 교수님은 늘 에너지가 넘치던 분이었다. 그는 이제 80대지만, 나보다 훨씬 에너지가 많다. 그리고 케임브리지에서의 환경도 훌륭했다. 또한 바이츠만 연구소는 연구 활동, 재정 후원, 학생들 관리를 아주 잘 해주는 기관이다. 그리고 내게는 훌륭한 멘토가 한 명 있다.

**바이츠만 연구소에는 젊고 갈망이 넘치는 과학자가 많이 있다. 경쟁 또한 치열한가?**

아니다. 우리는 서로서로 돕는다. 당연히 나 또한 경쟁을 한다. 경쟁은 긍정적이면서 동시에 부정적일 수 있다. 연구 분야와 활동 영역이 완전히 겹치지 않기 때문에 경쟁은 긍정적이다.

**"와, 정말 환상적이다! 내가 무언가를 발견했어"라고 외치며 환호하던 순간이 있었나?**

개별 사건을 꼭 집어 '이것이 바로 전환점이었다'라고 말할 수는 없다. 그러나 점점 더 인상적인 데이터와 결과가 나올수록 사람들의 열광도 점점 커진다. 그러나 환희는 개별 사건이 아니라 사건들의 연속이다.

**과학자들은 논문 발표와 강의로 평가받는다. 당신은 이 두 가지 일을 어떻게 하고 있는가?**

여기에는 두 가지 측면이 있다. 첫 번째는 쓰기와 논문 출판이고, 두 번째는 자기 연구의 발표다. 첫 번째 과제에서는 아무 문제가 없다. 어려운 것은 학술행사와 미디어에서 청중들의 주목 속에 서 있는 것이다. 나는 부끄러움이 많은 사람이기 때문이다. 처음에 나는 무대에 서는 일, 나의 연구에 대해 말하는 것, 그리고 청중의 평가를 대면하는 일이 두려웠다. 무언가에 대처하는 좋은 방법은 그 일을 직접 해보는 것이다. 이 약점들을 인정한 다음에는 두려움을 극복하기 위해 되도록 자주 강연을 하려고 노력했다. 강연 자리에 서는 데 익숙해지면, 강연자는 지금 자신을 응시하는 청중이 아닌 강연 내용의 사소한 측면을 생각하게 된다.

**빨리 연구 결과를 발표해야 한다는 압박은 강한가?**

부족한 데이터로 발표하는 일과 큰 주목을 받는 것 사이의 균형을 찾으려고 노력한다. 같은 주제를 동시에 연구하던 다른 사람이 자기보다 먼저 논문을 발표하는 게 예상된다면, 그런 타협을 할 수도 있을 것이다.

**과학자에게는 외국에서 공부하는 게 중요한가?**

그렇다. 다른 나라에서는 다른 환경에서의 경험을 모을 수 있고, 다른 사고방식을 가진 사람들과 소통하는 법도 배울 수 있다. 나는 케임브리지에서 많은 걸 배웠다.

### 당신이 박사후 과정을 밟았던 케임브리지는 무엇이 달랐는가?

박사 과정에 있을 때는 조언을 해주는 지도교수가 있다. 반대로 박사후 과정에 있는 사람은 어느 수준까지는 독립적인 연구자다. 박사후연구원은 연구 프로젝트를 관리하는 법, 목표를 정의하는 일, 그리고 그사이에 생겨나는 문제들을 해결하는 법을 배워야 한다. 그들은 석사과정생을 이끄는 방법과 이들에게 조언하는 방법을 배운다. 원칙적으로 박사후연구원은 경영과 연구 관리의 숙련된 기술, 그리고 사람들과 소통하고 상호작용하는 법을 배워야 한다.

### 당신은 자신감이 강해 보인다. 늘 그랬었나?

솔직히 말해 자신감이 강하다고 생각하지 않는다. 다만 옳은 일을 하려고 노력했다. 내가 원하는 것을 알고, 그것을 얻기 위해 최선을 다한다. 나는 상당히 끈기가 있다.

### 이스라엘에서 태어났나?

아니다. 우즈베키스탄 타슈켄트에서 태어났다. 아버지는 기상학자였고 날씨 측정 장치 건설 현장에서 일했다. 그래서 여러 곳을 옮겨 다니면서 살았고, 심지어 시베리아에서도 살았다. 17년 전에 우즈베키스탄에서 이스라엘로 이주했는데, 당시 나는 스무 살이었다. 그때 이미 학사학위가 있었다. 열여섯 살 때 대학에 입학했기 때문이다. 이스라엘에 왔을 때 히브리어를 기초부터 배워야 했다. 책들은 영어로 되어 있었지만, 강의를 이해해야 했기 때문이다. 그래서 히브리

> "실수를 하고 구석에 포그려 앉아 울 수도 있다. 또는 계속 일을 진행하면서 실수를 통해 배우려고 할 수도 있다."

어 수업을 신청했다. 어려운 시간이었고, 내가 이걸 할 수 있을지 확신이 없었다. 그러나 다른 사람들이 하는 것만큼 히브리어를 배우고 싶었다. 나는 같은 수준에 도달하고 싶었고, 심지어 더 높은 수준에 가고 싶었다. 나는 졸업하고 싶었고, 유창하게 말하고 싶었고, 빨리 그렇게 하고 싶었다. 나의 모든 시간을 여기에 썼다. 석사 과정이 끝나갈 때 나는 나의 팀을 이끌고 싶어한다는 것을 알았다.

### 부모님은 당신을 어떻게 도왔나?

두 분은 늘 나를 지지해 주었다. 부모님에게 교육은 대단히 중요했다. 어떻게 보면 어머니는 나의 롤모델이기도 하다. 어머니는 우즈베키스탄에서 법역사를 가르쳤고, 늘 앞으로 나아갔던 분이다. 더 많은 것을 원하는 것은 인간 본성이라고 생각한다. 어떤 사람은 돈을 원하고, 어떤 사람은 권력을, 또 다른 사람은 자신들이 이미 가진 것을 더 많이 원한다.

### 당신은 서른여섯 살이다. 그러니까 16년 안에 지금까지의 모든 경력을 만들었다. 평범한 것은 아니다.

그렇다. 이렇게 하기 위해서는 목표와 행복에 충실해야 한다. 자신이 원하는 일, 자신에게 행복을 주는 일을 해야 한다. 대학에서 강의하거나 연구팀을 이끄는 일이 누구에게나 자동적으로 행복한 일은 아니다. 반면 나는 여기에서 행복을 느낀다.

## 가끔씩 실수를 하는가? 그때는 어떻게 하나?

당연하다. 평생 늘 실수하고 있다. 연구에서, 내 삶에서 그렇다. 실수를 했을 때 자신을 너무 가볍게 여기지 않고, 해결책을 고민하려면 자기 통제가 필요하다. 실수를 하고 구석에 쪼그려 앉아 울 수도 있다. 또는 계속 일을 진행하면서 실수를 통해 배우려고 할 수도 있다. 사람들은 가끔씩 막다른 길에 몰리기도 한다. 이럴 때 그 길에서 빨리 벗어나 다른 길로 계속 가야 한다. 당연히 모든 사람에게 완전히 힘이 빠져 그냥 모든 것을 내려놓고 싶어지는 순간들이 있다. 그러나 이런 태도는 감정적이다. 이성적 대처법은 결과에 대해 생각하는 것이다. 여기에서 포기하면 무엇을 하게 될까? 그렇게 문제를 고민해야 하고, 그 상황에서 최선을 다해야 한다.

## 스스로를 과학계의 떠오르는 스타라고 여기는가?

그렇게 말할 수는 없다고 본다. 나는 최상의 연구를 수행하기 위해 최선을 다하는 과학자일 뿐이다. 나는 또한 과학 연구가 대단히 여성적이라고 생각한다. 과학은 사람이 좋은지보다 그 사람이 무엇을 더 잘할 수 있는지 늘 점검하기 때문이다. 나는 또 장벽을 고치고 장애물을 극복하려고 노력한다.

## 이민자였다는 것이 당신의 성공에서 차이를 만들었나?

이민자들은 성공을 가져다줄 특성이나 동기를 발전시킨다. 이민자들은 가능한 한 사회에 잘 통합되려고 노력한다. 내가 이민자가 아니었다면, 경력을 이렇게 빨리 쌓는 일에 그렇게 많은 가치를 두지 않았을 것이다. 이민자로서 다르게 생각했을 것이다.

**그러나 당신은 원주민만큼 이스라엘 사회에 소속된 것 같지는 않다. 가끔씩 외로움을 느끼지 않나?**

그렇다. 가끔씩 외롭다. 그러나 가끔씩 군중의 일부가 되지 않는 것도 좋은 일이다. 자신의 지도력을 발전시킬 수 있기 때문이다. 나의 조언은 사람들을 생각하지 말라는 것이다. 마음에 드는 일을 하라. 당신이 즐겁게 일하고 그 일을 하는 모습이 다른 사람들이 보기에 좋아 보이면, 다른 사람들이 당신을 따라올 것이다.

**왜 자연과학을 공부했는가?**

내게는 아주 멋진 화학 선생님이 있었다. 그분이 나에게 화학을 흥미롭게 전달해 주었다. 우리는 단순히 공식을 받아 적는 게 아니라 그 공식을 실험실에서 실습해 볼 수 있었다. 원하는 학생은 추가 시간에 실험실에 갈 수 있었다. 그곳에서 실험을 연습하거나 더 많은 것을 발견할 수도 있었다. 또는 다른 실험을 검토하거나 정규 수업을 넘어서는 더 많은 것을 할 수 있었다.

**당신의 연구를 비과학자도 이해할 수 있게 아주 쉬운 말로 설명해 줄 수 있을까?**

우리 팀은 단백질의 자기 조직화를 연구한다. 단백질은 우리 몸에 연료를 전달하는 분자다. 특정한 조건 아래에서 단백질 분자들은 상호작용을 하면서 대단히 얇은 섬유질을 만든다. 우리는 거미가 거미줄을 칠 때 이 현상을 볼 수 있다. 같은 일이 인간 뇌 안에 있는 신경세포들에서도 일어난다. 신경세포에서는 대단히 독성이 강한 특정 섬유가 생성되어 아포토시스apoptosis라고 부르는 세포의 자살을 불러올 수 있다. 이 현상이 파킨슨병이나 알츠하이머병과 같은 신경퇴행 질환의 원인이 된다. 우리는 거미줄처럼 잘 작동하는 섬유와 인간 몸 안에 있는 독성 섬유의 차이를 연구한다. 우리는 '나쁜' 섬유와 '좋은' 섬유의 생성 과정에서 둘 사이의 차이를 알아내려고 하고, 이 섬유의 생산 과정을 바꾸는 방법을 찾으려고 한다. 여기에는 몇 가지 전문적 질문이 있다. 예를 들면 인간은 섬유를 생성하게 하는 분자의 신호를 어떻게 변환할 수 있을까? 어떻게 하면 이 변환이 강도와 같은 섬유의 물리적 특성에도 영향을 줄 수 있을까? 섬유질의 물리적 특성을 바꾸면 인간 신경 세포에 완전히 다른 영향을 주지 않을까? 우리는 세포의 자기 방어 메커니즘을 '작동'해 독성 섬유를 파괴할 수 있을까?

> "연구 활동은 나에게 에너지를 주며, 그 에너지는 산업 분야의 직업에서 성취할 수 있는 에너지보다 훨씬 더 크다."

**당신 연구의 사회적 기여는 어떻게 표현할 수 있을까? 그리고 연구는 어디까지 진척되었나?**

우리 팀을 비롯한 세계 곳곳에 있는 여러 팀들의 연구는 몇몇 신경 퇴행 질환의 기본 메커니즘을 발견했다. 우리가 알츠하이머병이나 파킨슨병의 치료에 이미 가까이 와 있다고 주장하고 싶지는 않다. 가까운 미래에 그런 일이 생기기를 희망하지만, 나는 당연히 사실에 머물러야 한다. 최소한 몇몇 부작용과 증상이 완화될 수 있었고, 환자의 기대수명을 늘릴 수는 있었다. 더 많은 연구가 필요하다.

**이런 종류의 연구는 세 단계로 진행된다고 들었다. 그 단계들을 설명해 줄 수 있나?**

1단계는 만약 연구자가 한 효과를 특정 혹은 반박할 수 있을 때 그 효과의 일관성을 시험한다. 2단계에서 연구자들은 관찰된 효과를 개선하고 이 기술을 복잡한 시스템에서 이용할 수 있게 만들려고 노력한다. 예를 들어 고립된 단백질 안에서 특정 효과가 나타날 수 있지만 그 효과가 세포 내부, 혹은 쥐와 같은 더 큰 유기체에서는 사라지기도 한다. 3단계는 임상시험이다. 이 단계에서 이 치료가 살아 있는 인체에서도 효과가 있는지 시험한다. 이 단계에서 해당 치료법은 긍정적인 결과를 낳으면서 동시에 심각한 부작용을 초래할 수도 있다. 이런 부작용은 몇 년 후에 나타날 수도 있다. 그러므로 연구자는 이 약물이 인체를 해치지 않는다는 것을 면밀하게 확인해야 한다.

### 노동시간이 정해진 산업계에서 일하는 것을 생각해 본 적이 있나?

아니다. 없다. 연구 활동은 나에게 에너지를 주며, 그 에너지는 산업 분야의 직업에서 성취할 수 있는 에너지보다 훨씬 더 크다. 연구 활동은 내가 아이들을 돌볼 에너지를 준다. 가끔씩 나는 아이들을 연구실에 데려간다. 그곳에서 아이들은 현미경을 가지고 놀 수 있다. 나는 그 놀이가 아이들에게 즐거움을 준다고 믿는다. 그리고 나도 즐겁다. 나는 나의 일을 사랑하고, 그것은 우리 아이들에게도 좋은 일이다. 엄마가 성공하고 행복할 때 아이들도 훨씬 행복하고 자신감이 크다는 것을 확신한다.

# "열린 정신을 유지하고 발견가로 머물려고 노력한다. 나는 모험가다."

**리처드 자레** | 화학

스탠퍼드 대학교 화학 교수
2005년 화학 분야 울프상 수상
미국

**당신은 여성 과학자의 강력한 후원자로 유명하다. 남성이 지배하는 분야에서 평범한 일은 아니다. 어떻게 이런 생각을 하게 되었나?**

원래 그렇게 태어난 것은 아니고, 시간이 지나면서 그렇게 발전했다. 부분적으로 모두 직장생활을 하는 세 딸 때문이었다. 그리고 과학계에 있는 여성들을 지원하는 아내 때문이었다.

**아내에 대해 이야기해 달라.**

그녀와 사랑에 빠진 것은 대단한 일이었다. 50년이 지난 지금도 나는 여전히 행복한 결혼생활을 한다. 아내는 내가 대화할 수 있고 경청할 수 있는 사람이다. 우리는 좋은 팀이다. 요약하자면, 나 자신의 기대와 현실이 일치한다는 말이다.

**몇몇 과학자들은 여성들이 출산 후 다시 성공적인 경력 쌓기가 힘들다고 말한다. 당신도 그렇게 생각하는가?**

전혀 그렇지 않다. 여성들은 모든 것을 할 수 있다. 사회는 충분한 보육과 출산 휴가로 여성들을 지원해야 한다. 내가 화학 연구소 소장이었을 때, 12주 유급 출산휴가를 도입했었다. 당시에는 이례적인 일이었다. 화학 연구소가 가족 친화적 기관이 되면서 우리는 더 많은 최고의 여성 연구원들을 얻을 수 있었다. 여성들이 그 분야를 빛낼 수 있는 동등한 권리를 갖는 게 중요하다. 여성이 인구의 절반을 차지하기 때문이다. 만약 여성들을 배제한다면 엄청나게 많은 재능을 낭비하고 불균등한 세상을 만들 위험에 처한다. 세상은 여성들의 이야기를 경청해야 한다. 그런데 여성들은 여성권을 다루는 행사를 개최하고 여성들만 초대한다. 여성뿐 아니라 남성들도 무슨 이야기가 오가는지 들을 수 있어야 하고, 함께 이야기할 수 있어야 한다.

**여성의 권리 이외에 무엇이 또 당신에게 동기를 부여하는가?**

나의 기쁨과 발견을 모든 사람에게 알릴 수 있다는 기대가 나의 동력이다. 피터팬이 옳았다. 어른이 되지 마라. 아이로 머물고, 당신이 가지고 태어난 감탄하는 능력과 호기심을 보호하라. 나는 그렇게 했다. 어렸을 때 나는 아버지의 사랑과 감탄을 얻는 게 중요했다. 나중에 나는 아버지가 단지 사랑의 감정을 표현하는 법을 몰랐다는 걸 알게 되었다.

**아이였을 때, 아버지는 또 어떤 영향을 미쳤나?**

아버지는 원래 콜럼버스에 있는 오하이오 주립대학교에서 화학 박사를 하고 싶었다. 아쉽게도 아버지는 석사학위를 따지 못했다. 그래서 집에는 화학책이 여기저기 많았다. 부모님은 그 책들을 만지면 안 된다고 내게 말했다. "그 책들을 그냥 둬. 그 책들은 불행만 가져올 뿐이야." 그러나 나는 저항적이고 불손한 아이였기에 더욱더 그 책들을 보고 싶은 마음이 커졌다. 나는 화학책들을 침실로 가져갔고 이불 속에서 손전등을 켜고 그 책들을 읽었다. 나는 아버지에게 화학 상자를 하나 사줄 수 없냐고 물었다. 아버지는 안 된다고 했다. 다행히 나는 석탄, 황, 초석 등 나에게 모든 것을 제공해 달라고 동네 약사를 설득할 수 있었다. 약사는 나에게 무엇을 만들려는지 알고 있냐고 물었다. 왜냐하면 이 원료들은 화약을 만드는 재료들이었기 때문이다.

## 어릴 때부터 화학 실험하는 걸 좋아했나?

첫 번째 실험은 서너 살 때 했었다. 계획되지 않았던 우연한 실험이었다. 나는 어항에 소변을 보았고 그로 인해 열대어들이 죽었다. 이 실험 때문에 아버지는 내 엉덩이를 마구 때렸고, 나는 서러웠다. 그러나 화학의 힘은 나에게 강한 인상을 남겼다. 나는 오줌이 물고기를 죽일 수 있다는 것을 전혀 몰랐다. 나는 이것을 나의 첫 번째 화학 실험으로 여기고 있다. 한때는 마그네슘 태우는 일에 재미를 붙였다. 어느 날 지독한 냄새와 함께 지하실에서 불이 나기 시작했다. 나는 나쁜 평판을 얻었고, 그 평판이 나는 또 마음에 들었다.

## 어린 시절 생활이 쉽지 않았던 것 같다.

어린 시절은 처음부터 어려웠다. 나는 유치원에 가지 못했다. 유치원에 가려면 조건이 있었는데, 스스로 신발 끈을 묶을 줄 알아야 했다. 그런데 나는 누군가 묶어 줄 때까지 충분히 오래 기다리기만 하면 된다는 것을 알고 있었다. 나로서는 무언가를 배울 아무 이유를 찾지 못했다. 그런 일은 계속되었다. 1학년 때는 읽기를 제대로 배우는 데 실패했다. 우리는 앨리스, 제리와 스팟, 개에 대한 책을 소리 내어 읽었다. 나는 기억력이 좋았다. 내가 읽어야 할 부분이 있을 때 한 문장씩 기억 속에서 끄집어냈다. 어느 순간 선생님은 내가 읽을 줄 모른다는 걸 알아차렸다. 나는 정말 사교성이 없었고, 학교 책장에 몸을 숨기는 그런 아이였다. 친구를 찾는 일이 너무 어려웠다. 외톨이였다. 7학년 때는 새로 온 젊은 선생님을 도발했다. 그 선생님은 실수를 절대 인정하지 말라는 가르침을 신봉하는 사람이었다. 선생님은 우리에게 잘못된 답을 알려 주었고, 나는 선생님의 잘못을 보여 주기 위해 도서관으로 가서 책을 찾아 관련 내용을 뽑아 왔다. 나는 여러 차례 교장선생님에게 보내졌고 마지막에는 학급에서 쫓겨났다. 학교는 내가 너무 반항적이라 학교를 떠나야 한다고 결정했다. 우리는 가난했고 아버지는 힘들게 일했지만, 다행히 결국 한 사립학교에서 장학금을 받을 수 있었다.

## 이런 반항적 태도는 어디에서 왔는가?

부분적으로 유대인 배경에서 왔다. 부모님은 유대인이었고, 나는 유대적 환경에서 성장했다. 나는 그리스도인들

은 산타클로스를 믿고, 그들이 믿는 건 모두 꾸며낸 거짓 이야기라고 들었다. 나는 일찍부터 사람들이 진실이라고 여기는 것들을 의심하기 시작했다. 우리 가족은 다른 동네로 이사했는데, 거기서 우리는 유일한 유대인 가족이었고, 주변은 모두 그리스도인이었다. 그곳에서 나는 3학년에 진학했고, 교실에서 크리스마스 노래를 불렀다. 선생님은 왜 함께 부르지 않느냐고 물었다. 나는 가사를 모르고 어쨌든 그 가사도 사실이 아니라고 말했다. 결국 바보

모자를 쓰고 교실 구석에 서 있어야 했다. 나중에 아이들에게 집단 구타를 당하기도 했다. 나는 학교로 결코 돌아가고 싶지 않았다. 어머니가 먼저 그 아이들과 대화해야 했다. 이 경험들은 트라우마를 남겼고, 이 경험을 통해 모든 것에 의문을 제기하는 것을 배웠다. 예를 들면 내가 열세 살이 되었을 때, 랍비는 내가 자신에게 신의 존재 증거를 더는 요구하지 않는다는 조건을 걸고 나의 성년식을 허락했다. 다행히 이런 회의적 태도가 과학과 연구 활동에서는 중요하다. 과학자들은 과학계에서 앞으로 나가기 위해 '기쁜 분열증' 상태에 있어야 한다. 과학자는 이중적인 태도 속에 하나의 생각을 구상한다. 이 생각을 믿으면서 동시에 그 생각에 의문을 제기하면서 말이다.

## 그러나 이런 질문 방식 덕분에 대학의 최고 직책에 오르지 않았을까?

하버드 박사과정생일 때 대학에서 처음 일자리를 얻었다. 지도교수였던 더들리 허슈바크Dudley Herschbach가 내게 물었다. "보스턴 지역에 계속 머물고 싶어요?" 나는 그렇다고 대답했다. 허슈바크 교수는 바로 MIT 화학 연구소 소장 아서 C. 코프Arthur C. Cope에게 전화를 걸었다. "코프 교수, 당신을 위한 완벽한 화학자가 여기 있어요." 나는 MIT에서 강연을 한 번 해야 했고, 그러고 나서 일자리를 얻었다. 유감스럽게도 알코올 중독자였던 코프 교수는 자신이 나를 고용했다는 것을 누구에게도 말하지 않은 채 MIT를 떠났다. MIT에 도착했을 때 나는 사무실도, 실험실도 없어서 연구를 할 수 없었다. 그들은 화학 연구소에서 아주 멀리 떨어진 다른 사무실에 나를 배치했다. 나는 스테인리스에서 나온 조각이 반드시 필요한 작업을 하려고 했다. 그래서 작업장이 있는 물리학 연구소에 나의 기획안을 보냈다. 아무 일도 일어나지 않았다. 시간이 조금 지난 후, 왜 아무도 내가 보낸 설계도에 따라 작업을 하지 않느냐고 물었다. 그들은 대답하길, 너무 많은 화학자들이 물리학 연구소의 작업장을 이용하는 바람에 한 나이 많은 화학자가 그 일을 금지했다고 한다. 나는 뭘 어떻게 해야 할지 몰랐고,

학장을 찾아갔다. 나는 콜로라도 대학교에서 제안을 받았다고 학장에게 말했다. 그러나 학장은 의아한 몸짓을 보였다. "콜로라도 대학교 때문에 MIT를 떠나는 사람은 아무도 없어요. 그 제안을 믿기가 힘드네요." 나는 바로 사직서를 제출한 후 볼더에 있는 콜로라도 대학교 실험 천체물리학 합동연구소JILA로 갔다. 그리고 1977년부터는 스탠퍼드에서 일했다. 스탠퍼드에서는 다른 기관들과 함께 일하기가 쉬웠다. 스탠퍼드는 '일도 열심히, 파티도 열심히'라는 멋진 태도를 지닌 곳이다.

**연구 활동 초기부터 레이저 유도 형광에 관심이 있었다. 이 주제를 설명해 달라.**
처음 레이저가 개발되었을 때 사람들은 레이저로 무엇을 할 수 있는지 몰랐다. 레이저는 자신이 해결할 수 있는 문제가 필요했다. 나는 레이저의 도움으로 분자 단위에서의 화학 작용을 연구하기로 결정했다. 나는 레이저 빛의 자극을 받은 분자들은 스스로 빛을 방출하고, 사람들은 거기서 형광 스펙트럼을 얻을 수 있다는 것을 발견했다. 이후 우리는 반응역학, 분자의 충돌 과정, 심지어 인간 게놈을 연구하기 위해 레이저 유도 형광을 이용한다. 암 유발 세포와 그렇지 않은 세포를 구별하고, 기후변화와 관련해 쓰임새가 많아진 대기 속 분자 연구까지 레이저 유도 형광은 광범위하게 활용된다.

**당신은 이 방법을 외계 생명체를 찾는 데도 사용했다. 그렇지 않은가?**
화성에 생명체가 있는지 알고 싶었다. 우리는 묶음 레이저로 운석에 열을 가한 다음 다른 레이저로 다시 이 운석에 자극을 주어 운석에 있는 분자를 이온화했다. 나는 벤젠 고리가 있고 단일 결합과 이중 결합이 교대로 나타나는 분자를 몇 개 찾아냈다. 우리는 대단히 흥분했다. 이런 종류의 화학적 결합은 이 운석들이 화성에서 왔다는 걸 보여 주었기 때문이다. 사람들은 내게 말했다. "당신은 처음으로 화성에서 유기 분자를 발견했고, 이 분자는 원시 생명체의 첫 번

째 흔적이 될 수도 있습니다." 그러나 이 발견의 온
전한 의미는 여전히 해명되지 않았다. 나는 열린
정신과 발견가로 머물기 위해 노력한다. 나는 모
험가다.

### 최근에는 어떤 일을 하고 있나?

작은 물방울을 아주 열정적으로 실험하고 있다. 물방울은 거대한 물보다 훨씬
반발력이 강하다. 그 밖에도 초저온 환경에서의 충돌 과정을 연구하고 여기에
서 암 조직이나 정상 조직과의 관련성을 찾으려고 한다. 그리고 나노 입자를
이용해 환자들에게 약물을 투입하는 시도를 하고 있다.

### 당신의 실험은 늘 성공했나?

무슨 말이냐! 우리는 대부분 실패한다. 그러나 실패로부터 성공으로 가게 하는
것이 올바른 태도다. 충분히 실패하지 않으면, 성공할 수 없다.

### 그러나 당신은 분명히 성공했다. 당신은 50개가 넘는 특허를 등록했다. 당신의 논문들은 얼마나 자주 인용되는가?

과학자들은 종종 인용 횟수에 따라 평가받는다. 이것이 좋은 평가 기준이라고
생각하지는 않는다. 만약 우리가 스탠퍼드에 지원한 사람을 심사한다면, 인용
횟수 대신 이런 질문을 던질 것이다. "이 사람은 이 분야에 대한 사람들의 생각
을 어떻게 바꿀까?" 특허와 관련해서는, 나는 특허 개수를 세지 않는다. 경제적
으로 큰 성공을 거두었지만 그 성공을 개인적 재산 증식으로 이용할 만큼 나는
충분히 영리하지 못했다. 예를 들면 우리는 모세관 전기 영동법 연구에 참여했
었다. 이 방법은 액체 속 분자를 분리하는 기술이다. 나는 나의 발견과 우리 연
구를 재정적으로 후원했던 베크만사에 넘겼다. 베크만은 그 후 내가 넘겨준 방

법을 활용한 장비로 수백만 달러를 벌었다. 그러나 이에 대한 사용료를 직접 받은 적은 없었다. 나는 부자였던 적도 있었고, 가난했던 적도 있었다. 부유한 것이 확실히 더 낫긴 하지만 나는 본질적으로 지식에 관심이 있으며, 세상에 대한 감탄을 다른 사람들과 나누려고 한다. 나는 과거에 내가 생각했던 것보다 훨씬 성공했다. 그 성공은 우연이 지배하는 과정이었고, 발견가로서 비틀거리며 전진했던 결과다.

### 여러 상을 수상했고, 당신의 업적은 공적으로 인정받는다.

그렇다. 몇 개만 나열해 보면 프레제니우스상, 웰치상, 파이잘 왕 상 등을 받았다. 그 상금은 스탠퍼드 장학금을 설립하는 데 사용했다. 원하는 것을 돈 때문에 할 수 없다면, 도대체 돈은 어디에 쓰임새가 있을까? 나 자신이 하버드 장학금을 받았었고, 그걸 감사하게 생각한다. 그래서 다른 사람에게 무언가 돌려주고 싶었다. 심지어 나의 평생 업적을 기리는 상도 하나 받았다. 비록 대단히 이르기는 하지만 말이다. 나는 지금 활동을 그만둘 생각이 없다. 나의 일을 사랑한다. 워커홀릭이다. 그러나 내게 일은 노동이 아니라 놀이다.

### 일 이외에 무엇이 또 즐거움을 주는가?

나는 삶을 마음껏 즐기는 사람이다. 일례로 오페라 극장에 가는 걸 좋아한다. 큰딸은 한 오케스트라에서 활동하는 직업 호른 연주자이며, 나는 딸의 콘서트에 자주 간다. 나는 여행과 음식에서 기쁨을 얻는다. 정치학은 또 다른 취미다. 한편 IBM은 나를 대표 화학자로서 자신들의 과학 자문위원회에 불러 주었다. 그 자리에서 나는 다른 관점으로 몇 가지를 관찰할 수 있었다.

### 당신은 독일어도 배우지 않나?

아버지의 가족은 제2차 세계대전 때 몰살당했다. 그 때문에 우리 가족 안에는 반독일 정서가 강했다. 부모님은 당연히 내가 독일어 배우는 것을 반대했다. 그러나 독일어 학습은 취미가 되었다. 어릴 때 나는『안네 프랑크의 일기』를 독일어로 읽었고, 평생 계속해서 독일어를 배웠다. 그렇게 우리 딸들도 모두 독일어를 배우게 되었다.

**이런 풍성한 삶은 과학자에게 이례적이다. 이런 면에서 당신은 특별하다.**

남들과 다른 것은 맞다. 그러나 특별하다고? 그건 모르겠다. 나는 지금 나처럼 사는 게 행복하다. 스스로를 어떤 모습으로 꾸미려고 하지 않는다.

**수업하는 걸 좋아하는가?**

그렇다. 나는 수업 때 발견에서 내가 느낀 황홀함을 전달할 수 있다. 강의는 또한 연구를 위한 나의 비밀 병기다. 다른 사람에게 무언가를 가르치면 나도 새로운 것을 배운다. 학생들은 강의를 평가한다. 나는 모든 비판에서 어떻게 더 나아질 수 있는지를 배우려고 노력한다.

**아직 평생을 앞에 두고 있는 아이들에게 무엇을 가르치겠는가?**

너의 흥미를 끄는 것, 너 안에 있는 열정을 깨우는 것을 찾아라. 그리고 그것을 좇아라. 완벽한 직업은 없다. 모든 것에는 불만족스러운 면이 있다. 그런 면과 타협해야 한다. 예를 들어 나는 요리를 좋아하지만, 그다음엔 설거지가 기다리고 있다.

**과학에 관심이 있는 젊은 사람들에게 어떤 조언을 해주겠는가?**

과학은 발견, 학습, 생각의 공유라는 만족을 준다. 과학과 비교할 것은 그 어디에도 없다. 과학에는 다양한 일을 하는 다양한 사람을 위한 충분한 자리가 있다. 그러나 당신은 사물에 대한 질문을 던져야 하고, 불확실성과 다의성을 받아들일 준비가 되어 있어야 한다. 또한 과학은 사회적 이동을 가능하게 해준다. 나는 정말 가난한 가정 출신이었지만, 누구의 기대보다도 훨씬 더 많은 것을 이루었다. 물론 이를 위해 정말 열심히 일했다.

## 그 밖에 과학은 사회에 어떤 기여를 할 수 있을까?

과학은 세상을 바꾸었다. 우리가 지금 사는 모습, 잘 사는 모습 모두 과학의 결과다. 과학과 기술은 경제의 동력이다. 미국과 다르게 중국은 이것을 이해했다. 많은 중국 정치가들이 과학자 출신이다. 다행히 과학은 제로섬 게임이 아니다. 모든 새로운 지식은 전체 세계에 도움을 준다. 세상에는 많은 문제가 있다. 과도한 에너지 소비, 지나친 육식, 지속가능하지 않은 물과 토지 소비가 대표적인 예다. 나는 과학이 이 문제들을 푸는 새로운 길을 찾을 수 있다고 믿는다. 아마 우리는 고기 맛이 나는 식품을 개발할 것이다. 1798년에 맬서스는 우리는 모두 굶어 죽을 거라고, 우리를 기다리는 건 전쟁과 기아뿐이라고 예측했다. 그러나 우리는 굶어 죽는 대신 화학비료를 개발했다. 다시 한 번 화학에서 구원이 나왔다. 기술의 진보는 이렇게 계속될 것이다.

## 당신은 미래에 무엇을 기대하는가?

나는 우리가 인간 본성을 바꾸고 인간을 점점 더 기계와 결합하게 될 거라고 믿는다. 몇백 년 후 인류는 지금 우리를 원시인으로 돌아볼 것이다. 긍정적 발전과 함께 부정적 발전도 있을 것이다. 과학자와 사회는 과학의 발전이 오용되지 않고 더 나은 삶에 쓰이도록 함께 책임을 진다. 우리는 미래를 두려워하면서도 기대해야 할 것이다.

# "나는 사회적 죽음을 맞을 준비가 되어 있었기 때문에 독립을 획득할 수 있었다."

오트마르 에덴호퍼 | 경제학 및 기후영향 연구

베를린 공과대학교 기후변화 경제학 교수

지구 공유자산과 기후변화 메르카토르 연구소 소장, 포츠담 기후영향 연구소 소장

2007년 기후변화에 관한 정부 간 패널 공동 의장으로 노벨 평화상 수상

독일

**에덴호퍼 교수, 당신은 바이에른 주 시골 마을 강코펜에서 자랐다. 이상적이지 않은 출발점을 어디에서 보충할 수 있었나?**

나는 이미 어릴 때부터 자연에 지적 흥미를 느꼈고, 다윈과 마르크스에게 매료되었다. 아버지는 사업가였는데, 나는 아버지가 사람들을 착취한다고 생각했다. 어릴 때 이미 스스로를 세계를 개혁하는 사람으로 이해했다. 나는 어떻게 무언가를 효과적으로 바꿀 수 있을지 전략을 탐색했다. 그리고 탁자를 내리치는 것보다는 지식으로 더 많은 걸 이룰 수 있다는 걸 확신했다.

**말하자면, 당신은 조용히 부드럽게 와서 더 많은 것을 바꾸었다는 말인가?**

나는 전통적 의미에서 관습을 벗어난 아이가 아니었다. 늘 조용했던 건 아니지만 외형적으로는 대단히 관습에 충실했다. 처음 반항하기 시작했을 때, 나는 다른 사람들이 화를 내는 걸 느꼈다. 다행히 혼자 있는 법을 일찍 배웠다. 그리고 책의 세계를 발견했다. 생물학에 깊이 빠져 있을 때 다윈의 전기를 만났다. 거

기서 변이 과정과 선택 과정이 생명의 법칙이고 자연은 냉혹하다는 것을 이해했다. 그 발견은 일반적인 과학 연구와 마찬가지로 나를 대단히 흥분시켰다. 유치원에 다닐 때 이런 생각을 했다. 나는 엄청나게 큰 숫자를 생각할 수 있고, 그 큰 숫자에 언제나 1을 더할 수 있으므로 나는 끝이 없는 곳에 있다. 이것이 무한에 대한 나의 첫 번째 생각이었다. 나중에 이 무한을 신에 대한 질문과 연결했다. 이 무한이 신일 수도 있지 않을까라고 생각했다. 나는 경건한 아이였지만, 진정한 지식이 무엇인지 알고 싶었다. 그래서 학문에 몰두했다.

**처음에는 경제학을 공부했고 그다음에 철학을 공부했다. 경제학은 왜 당신에게 충분하지 않았나?**

기업가 가정에서 자라지 않았다면 아마 경제학을 절대 공부하지 않았을 것이다. 당시에 나는 이미 유한한 세계에서 영원한 성장은 있을 수 없다고 생각했다. 인류는 하나의 질서 안에 자리 잡지 못한 채 정상 궤도를 벗어난 상태에 빠져 있다고 확신했다. 더욱이 경제학의 접근법은 내게 너무 좁아 보였다. 그래서 철학으로 갔다.

**그 후 예수회에 입회한 이유는 무엇인가?**

청년 시절에 인간에게 맞는 경제 모델이라는 질문이 머릿속을 떠나지 않았다. 당시 나에게는 예수회가 이 문제를 통합할 수 있는 수도회로 보였다. 주로 예수회 사제 오스발트 폰 넬-브로이닝Oswald von Nell-Breuning에 매료되었다. 그는 예수회 회원이었고, 경제학자이자 윤리학자였으며, 자신의 지식으로 노동조합과 정치가들에게 조언했고, 사회적 시장경제의 형성에 영향을 주고자 했다. 나도 예수회에서 이런 삶을 살 수 있겠다고 생각했다. 그 후 시간이 흐르면서 의심이 생겼는데, 원래 세웠던 목표에서 멀어져 있는 나를 발견했기 때문이다. 나는 단지 관찰자가 아니라 갈등이 일어나는 곳에 있고 싶었다. 구호단체를 만들기 위해 유고슬라비아 전쟁에 파견되었을 때 전체 시민적 표준이 얼마나 빨리 한꺼번에 무너질 수 있는지를 경험했다. 문명이라는 겉치레는 너무 얇았고, 그것을 벗는 데는 그리 많은 시간이 걸리지 않았다.

## 7년 동안 몸담았던 예수회를 떠났을 때, 당신에게는 무슨 일이 일어났는가?

예수회 탈퇴는 삶의 기준이 되는 공동체, 소명, 전망의 상실을 뜻한다. 당시에 편안하게 잘 지냈던 사람들도 나와의 연락을 완전히 끊었다. 나는 그 어려운 상황을 극복했다. 왜냐하면 사회적으로 죽는 법을 배웠기 때문이다. 거부와 무시를 받으며 사는 것은 전혀 아름다운 느낌이 아니다. 그렇다고 세상이 무너지지는 않는다는 것도 안다. 오늘날 나는 이렇게 말하고 싶다. 그 상황에서 빠져나와 무언가 생산적인 일을 하는 것이 가장 좋았다.

## 기후변화라는 주제는 언제부터 다루기 시작했나?

한스 요나스Hans Jonas의 『책임의 원칙』이란 책에서 기후 문제를 처음으로 제대로 접했다. 이후 나는 열역학을 집중적으로 연구했다. 이 연구를 통해 석탄, 석유, 가스의 연소가 지구의 복사 균형radiation balance을 바꾸고, 이 균형의 파괴가 다시 윤리적 질문을 건드린다는 것을 알게 되었다. 여기에서 모든 관심이 갑자기 한꺼번에 생겨났고, 경제학과 기후변화는 어떻게 서로에게 영향을 미칠까라는 질문에 전적으로 관여하게 되었다. 2000년에는 포츠담 기후영향 연구소에 박사후연구원으로 들어갔다. 기후변화 문제는 당시에 누구도 관심이 없었고, 기후영향 연구소는 학생이 굉장히 적은 학과였다. 나의 첫 번째 연구 결과는 그렇게 큰 성공은 아니었다. 그러나 나의 결과가 올바르다고 늘 믿었다. 우리가 처음으로 해결책을 위한 모델을 만들었던 2004/2005년 가을 학기부터 기후변화 경제학이 학술 분과로 인정받았다.

**당신은 2008년부터 194개국 의사 결정자들과 함께 기후변화 보고서를 작성했다.**

2008년에 기후변화에 관한 정부 간 협의체 공동 의장이 되었다. 이 기구의 과제는 세 가지 질문을 2,000페이지짜리 문헌에서 해명해야 하는 것이었다. 첫째, 인간이 실제로 기후변화에 책임이 있는가? 둘째, 기후변화의 결과는 무엇이고 우리는 왜 그 결과를 걱정해야 하는가? 셋째, 해결책은 무엇인가? 나는 국제 무대에서 무명인으로 세 번째 질문을 담당해야 했다. 이를 위해 8년 동안 지구의 중요한 과학자들과 소통했지만, 그 과정에서 나의 심리적·신체적 능력도 한계에 도달했다. 200명의 권력자들을 한곳에 모아 그들에게 동기를 부여하고 대화하는 일은 대단히 힘든 일이다. 마지막으로 194개국 정부에게 제출하기 위해 우리는 보고서를 작성하며 함께 하나하나 짚어 가야 했다. 당연히 사실을 둘러싼 다툼도 있었지만, 가치관과 세계관의 갈등도 컸다. 자신이 믿는 근본적

가치가 사실의 압력 때문에 수정되어야 하는 상황은 누구에게도 쉽지 않았다.

**과학자로서 이 과정을 통해 어떤 새로운 지식을 얻었는가?**

그렇게 대단한 것은 아니다. 대기의 한정된 수용 능력에 비추어 볼 때 땅속에는 너무 많은 화석연료가 있다. 그리고 우리는 국제 협력을 통해 대기의 이용을 제한해야 한다. 만약 자연이 우리를 위해 이 과제를 수행하지 않고, 신 또한 우리를 위해 이를 해결하지 않는다면, 국제

적 합의를 통해 이 문제를 해결해야 한다. 인류는 지금까지 법적 규정력이 있는 합의를 통해 지구 자원을 공정하고 효과적으로 다룬 적이 없었다. 지금 우리는 지구 대기의 사용권을 정해야 한다. 나중에는 바다, 숲, 토지의 사용도 제한해야 할 것이다. 지금까지 우리는 앞으로 작은 걸음을 내디뎠다. 시급함을 공유하고 함께 노력해 작은 원칙에 합의할 수 있었다. 앞으로 어떻게 세계의 기준에 도달할지는 대단히 어려운 정치적·윤리적 질문이다.

**이 합의를 지키기 위해 어떤 정치 수단이 이용될 수 있을까?**
금지와 규정이 아닌 이산화탄소 가격제를 통해서 규제할 수 있다. 우리는 시장이 대기의 수용 능력에 한계가 있다는 사실을 인식하게 해야 한다. 이 문제를 해결하기 위해 시장경제는 지구적 틀이 필요하지만, 지금껏 그런 틀은 없었다. 국가를 강제할 수 있는 국제기관이 없다는 게 큰 문제다. 국가들의 협력 방안에 대한 나의 이상은 임마누엘 칸트가 『영원한 평화를 위해』에서 서술했던 내용과 일치하고, 그 이상은 인류 역사에서 진보는 있었는가라는 질문과 연결된다. 기후 정책은 결국 폭력 억제와 평화 보장을 위한 정책이다.

**당신의 철학은 가톨릭 교회에도 영향을 주었다. 당신은 교황 회칙 '찬미받으소서'에서 프란치스코 교황의 자문 역할을 했다. 이 회칙에는 대기가 인류의 공동 재산이라는 개념까지 등장하는데, 이 개념이 당신의 생각이라고 했다.**
지나친 칭송이다. 이미 토마스 아퀴나스가 이런 질문을 만들었기 때문이다. '인간들이 공기나 물과 같은 기본 재화를 사유재산으로 소유하는 게 가능한 일일까?' 이 질문에 이어 토마스 아퀴나스는 지상 재화의 보편 목적이라는 놀라운 착상을 했다. 모든 사람은 이 재화들을 사용할 권리가 있다. 사유재산권은 이 점을 고려해야 한다. 대기가 인류의 공동 재산이라는 기본 생각을 널리 알리기 위해 나는 많은 노력을 기울였다.

**당신의 신앙은 지금 하는 일에 어느 정도의 역할을 하고 있는가?**

나는 여전히 신앙인이다. 나는 칸트와 마찬가지로 인간은 윤리적 행동을 위해 신, 자유, 불멸을 전제해야 한다고 확신한다. 마지막에 우리는 신 앞에 서게 될 것이다. 그리고 그 만남을 통해 인간의 삶은 처음으로 완전한 종말을 맞게 될 것이다. 나는 여전히 아이처럼 순진하게 신을 믿는다. 신을 증명할 수는 없다. 그러나 나의 행동이 기대했던 열매를 맺을지 확신하지는 못하지만, 그 행동으로 지상에서의 지옥은 면할 수 있을 것이다. 이 예상에 대해서는 내기를 할 수도 있다. 나는 내가 버틸 수 있기를 기도한다.

**하루 한 시간씩 명상을 한다. 그 일이 당신에게 필요한가?**

그렇지 않으면 버티지 못할 것이다. 명상하는 사람은 침묵 속에 자신을 신의 현존 안에 세운다. 그곳에서 나는 나 자신의 느낌, 충동과 거리를 얻게 된다. 그것은 과학을 넘어서는, 무언가 포괄하는 존재에게 내가 '예'라고 응답할 수 있는 하나의 경험이다. 한 시간씩 명상을 한 후에는 또 계속해서 일을 할 수 있다. 나는 주로 새벽 4시에서 4시 30분에 일어나 글을 쓰면서 하루를 시작한다. 이 글 쓰는 습관에도 상당히 집착하는데, 무언가 중요한 것을 썼다는 느낌이 들면, 그다음에 한 시간 명상을 시도한다. 이처럼 과학은 위대하지만, 전부는 아니다.

**과학 이외에 당신에게 근본적으로 중요한 것은 무엇인가?**

아내와 가족, 친구와 내가 무조건 신뢰할 수 있는 사람들이 중요하다. 그런 사람은 그렇게 많지 않다. 아내는 내가 좀 더 사교적이기를 바라고, 늘 책상에 앉아 있는 대신 친구들을 만나면서 더 많은 즐거움을 얻었으면 한다. 아내는 내가 자신을 혼자 있게 만들었다고 말한다. 그리고 아이들은 한때 내가 자신들의 첫 10년 동안 전혀 도움을 주지 않았다고 생각했었다. 그러나 사춘기 때는 내가 유용하고 중요하다는 걸 경험했다고 한다. 아들은 나와 비슷하게 학문적 강박이 있고, 딸은 예술적 욕구를 좇고 있다. 가족과 삶을 공유할 수 있다는 건 엄청나게 큰 선물이다. 비록 내 삶은 일 중심으로 돌아가지만 가족을 놓치고 싶지 않다. 안타깝게도 일과 가족 사이의 균형을 잡는 데 늘 성공하는 건 아니다. 또 나는 계속해서 건강에 문제가 있었다.

## 젊은 사람들이 왜 과학을 공부해야 할까?

모든 제한에도 불구하고 과학은 고귀한 작업이다. 그러나 과학이 건네준 힘 때문에 과학은 위험해질 수도 있고, 이 책임을 확실히 의식해야 한다. 과학의 사용에서 특정한 제한이 존재해야 하고, 이 제한의 기준을 우리는 끊임없이 점검해야 한다. 만약 우리가 위험한 기후변화를 허락한다면 현대 세계는 우리의 통제를 벗어날 것이다. 과학자가 되려는 사람은 뛰어난 지적 능력이 있어야 한다. 동시에 과학은 깊은 직관이 필요하다. 심지어 빠른 생각과 금욕적 자세보다 더 필요할 수도 있다. 과학을 하려는 사람은 많은 좌절을 견딜 줄도 알아야 한다. 한편 과학은 강력한 유혹과도 같다. 새로운 지식을 얻으려고 노력해 보았던 사람은 끊임없이 여기에 끌리게 될 것이다.

## 당신은 무엇을 위해 인생에서 자신을 극복하려고 했나?

결국 우리는 삶의 한계와 어린 시절부터 우리가 가져온 두려움을 짊어지고 어떻게든 삶을 꾸려 가야 한다. 나는 실패에 대한 두려움이 컸고, 이상한 사람으로 취급받으면서 거부당했던 경험이 있었다. 어린 시절 내가 배웠던 가장 중요한 것은 다른 사람이 나를 어떻게 생각하는지는 중요하지 않다는 것이다. 나는 사회적 죽음을 맞이할 준비가 되어 있었기 때문에 독립을 획득할 수 있었다.

그러나 인간 공동체에서 어느 정도 인정을 받지 않아도 상관은 없지만, 중요한 사람들의 인정을 하나도 받지 않고서 살아갈 수는 없다.

## 심지어 노벨상을 받으면서 제일 큰 인정을 받았다.

기후변화에 관한 정부 간 협의체는 과학 집단으로 노벨 평화상을 받았다. 이 수상은 좋은 신호이기도 하다. 우리에게는 위대한 개별 과학자도 필요하지만, 무언가를 함께 작업하는 집단도 중요하기 때문이다.

## 당신은 어린아이에게 인생에서 가장 중요한 것은 무엇이라고 말하겠는가?

자신이 어떤 사람이 되려고 하는지 각자 찾아야 한다. 여기에서 각자의 꿈을 좇아가는 게 중요하다. 대부분의 사람은 자신의 소명을 덮어버린다. 왜냐하면 규범에 자신들을 맞추어야 한다고 믿기 때문이다. 삶에서 주어지는 역할을 긍정하는 것은 큰 지혜와 힘에서 나온다. 아직은 없지만, 나의 손주에게 큰 질문에 너무 일찍 관습과 전통에 따라 대답하지 말라고 말해 주고 싶다.

## 당신에게 주어진 역할을 인지했었나?

나는 늘 스스로를 지도를 그리는 제도사로 이해했다. 제도사는 결정권을 가진 사람에게 딜레마에서 벗어날 수 있는 길을 그려 주는 사람이다. 길 안내자라는 이 이미지에 큰 매력을 느낀다. 나는 이 역할을 늘 하고 싶었고, 기후변화에 관한 정부 간 협의체를 통해 국제 무대에서 이 역할을 실현할 수 있었다. 나는 어떻게든 교과서 한 권을 쓰고 싶다. 그 책을 통해 나의 지식을 전달하고, 다음 과학자 세대가 이 분야에서 나보다 훨씬 자신감을 가지고 학제 간 연구를 할 수 있도록 돕고 싶다.

## 세상에 전하는 당신의 메시지는 무엇인가?

가장 중요한 일은 폭력을 방지하는 기관 설립을 도모하는 것이다. 모든 세대는 협력을 향한 걸음을 새롭게 내디뎌야 한다. 그리고 저항은 언제나 있을 것이다. 나는 폭력이 주는 충격을 이미 어릴 때 겪었다. 아직도 자세히 기억한다. 서너 살 때 나는 권투 시합을 보았다. 누군가 다른 사람의 얼굴을 피가 나도록 때리고, 모두가 그 주위에 앉아 환호하는 모습을 보고 역겨움을 느꼈다. 나는 아주 일찍부터 삶이란 거룩한 것이라고 깨달았다. 일곱 살 때 나는 새총으로 새 한 마리를 쏘았다. 그 새가 떨어지는 장면을 보았고, 새가 죽었다는 걸 알면서 끔찍한 느낌을 받았다. 나는 바로 신부님께 가서 고해를 했다.

> "길 안내자라는 이미지에 나는 큰 매력을 느낀다."

## 2018년에 로마노 과르디니상을 받았고, 시상식에서 아주 인상적인 연설을 했다.

시상식 바로 직전에 암 진단을 받았다. 연설의 초안을 이미 마무리한 다음이었다. 나는 연설의 제목을 '역사의 종말?'이라고 고치고 다음 질문을 숙고하려고 했다. 우리가 계몽의 끝에 와 있는가? 그렇다면 그다음에는 무엇이 올까? 그러나 글을 쓰면서 나 자신의 종말도 함께 숙고하고 있음을 깨달았다. 적절한 시기에 진단을 받았기 때문에 다시 한 번 간신히 암에서 벗어났다. 이 경험은 내 삶을 바꾸었다. 일을 더 적게 하지는 않지만 이제 종말을 좀 더 의식하고 있다.

## 당신은 무엇을 남기게 될까?

카르투시오회 수도자들이 전해지는 경구가 하나 있다. 만약 한 사람이 성스럽다는 평판 속에 죽으면, 살아서 그는 자신의 일을 잘했다는 뜻이다. 이것은 잘못된 겸손이 아니라 자신이 맡은 일을 잘하기 위해서는 모든 것이 요구된다는 통찰이다. 만약 내가 남긴 것이 나의 일을 잘하려고 노력했던 것이라면 그것으로 충분할 것이다.

# "나는 생명이 이미 정해져 있다고 굳게 믿는다."

브루노 라이하르트 | 외과

뮌헨 대학교 심장외과 은퇴교수
독일 연구협회 이종 이식 연구연합 대변인
독일

**라이하르트 교수, 당신은 이종 이식 분야에서 일한다. 돼지의 심장을 개코원숭이에게 이식한다. 이 과정을 우리는 어떻게 상상해야 할까?**

이종 이식은 인간의 장기가 아닌 다른 종의 신체기관을 장기 이식에 이용하는 것을 말한다. 독일에서 우리는 해마다 약 5,000만 마리의 돼지를 먹기 때문에, 나는 인간 장기 이식에 돼지의 장기를 사용할 수 없을까를 고민하게 되었다. 당연히 유전공학적 변환을 우선 거쳐야 한다. 유전적 변환 없이 이런 종류의 장기 이식은 불가능하다. 돼지의 심장은 개코원숭이 몸에서 한 시간 안에 거부 반응을 일으킬 것이다.

**당신은 이미 1998년부터 이종 이식을 연구하고 있다. 그사이에 연구는 많이 발전해 돼지 심장을 이식받은 개코원숭이가 195일을 살기도 했다. 이 성공은 당신의 실험에서 중요한 진전인가?**

임상적으로 중요한 결과를 얻기 위해 20년 넘게 전임상시험을 했다. 이 실험들은 늘 성공해야 하고, 동물들은 생존해야 한다. 실험의 성공을 위해 생화학자, 바이러스학자, 수의학자들의 도움과 조언도 받는다. 형태로 보면, 유전자 조작 돼지의 장기들은 인간의 장기와 많이 닮았다. 특히 심장과 신장이 그렇다. 아마 이 장기들이 인간에게 이식될 수 있는 첫 번째 장기들이 될 것이다.

**과학은 크리스퍼/카스9 기술의 발견과 함께 큰 발전을 했다. 당신 연구에는 어떤 영향을 미쳤는가?**

사람들은 유전자 가위를 이용해 마치 영화 필름의 장면을 잘라 붙이듯이 유전 자를 조작한다. 사실 이미 오래전부터 존재했던 기술이다. 그러나 내가 연구를 시작했을 때, 유전자 가위를 이용한 작업은 1년 혹은 몇 년이 걸리는 작업이었 다. 크리스퍼/카스9 방법 덕분에 이제는 원하는 유전자를 쉽게 조정하고 자를 수 있다. 더욱이 이 방법은 비용도 훨씬 싸다. 생명이 있는 모든 곳, 그리고 여 기에서도 그렇듯이 새로움은 늘 유용성과 위험성이란 기준으로 평가받는 게 중요하다. 아직은 유용성이 위험보다 더 크다.

**당신은 돼지 심장 하나를 개코원숭이 세 마리에게 이식했고, 이 중 두 마리는 안 락사시켜야 했다. 왜 이미 195일을 살았던 개코원숭이를 안락사시켜야만 했나?**

우리의 모든 장기 이식은 아주 상세한 내용까지 당국과 합의해야 한다. 어떤 동물의 심장을 제거한 후 유전자 조작 돼지 심장을 이식할 때, 이 동물이 피를 흘려서는 안 된다. 돼지 심장을 이식받은 동물은 이식받은 심장을 바로 받아들 여 스스로 호흡하고 생존해야 한다. 우리는 혈액은행이 없고 필요에 따라 쉽게 피를 구할 수도 없기 때문이다. 이것은 실험실 조건에서 동물을 관리하는 게 얼마나 어려운지 보여 주는 하나의 예일 뿐이다. 개코원숭이의 경우, 먼저 3개 월의 기간을 허락받았다. 그다음에는 이 실험 원숭이들을 안락사시켜 실험을 끝내야 한다. 우리에게 주어진 목표는 유전자 조작 돼지 심장 이식의 10회 실시다. 이를 위해서는 개코원숭이 여섯 마리가 최소 3개월은 생존해야 한다. 쉽게 도달하기 힘든 수치다.

## 인간에게 임상시험을 실시하기까지 얼마나 걸릴까?

우리는 방금 개코원숭이 두 마리에게 심장을 이식했고, 이 두 마리는 최소 3개월은 생존해야 한다. 지금까지 우리는 충분히 많은 동물 이식에 성공했다. 이 정도 성공 사례면 임상시험이 가능하다는 걸 증명하는 데 충분할 것이다. 임상시험을 하기 위해 우리는 독일의 백신 및 바이오 의약품 담당 기관인 파울 에를리히 연구소의 허가가 필요하다. 허가를 받기 위해서는 실험 과정을 아주 상세히 서술해야 한다. 예를 들면 돼지우리의 모양까지 정해야 한다. 동물들의 위생 상태도 적합해야 하고, 우리로 들어가는 공기는 공기 정화 장치를 거쳐야 하며, 사료는 제작되어야 하고, 물은 무균이어야 한다. 나는 이 모든 것을 3년 안에 준비할 수 있다고 예상한다.

## 파울 에를리히 연구소는 도덕 및 윤리적 지침도 제시하는가?

윤리 문제를 다루기 위해 우리 조직에도 두 명의 윤리학자가 있다. 그들은 우리가 도덕적 지침을 따르도록 도움을 준다. 그리스도교 교단들은 이종 이식이라는 우리의 목표에 동의했다. 나는 유대교 랍비와 이슬람 종교 교사도 만났다. 이 두 종교에게도 돼지 심장의 이식은 문제가 되지 않는다. 비록 유대교와 이슬람교는 돼지고기를 먹지는 않지만, 두 종교 모두 돼지 심장이나 돼지 신장으로 인간의 생명을 연장하는 일은 받아들일 수 있다. 인간을 위해 동물을 희생해도 되느냐는 질문은 두 종교가 생각하는 창조물의 계층 구조에 달려 있다. 인간은 가장 높은 존재이며, 동물은 그 아래에 있다. 이런 관점은 특히 구약성서에서 두드러진다. 그러므로 구약성서를 경전으로 인정하는 유대교인과 이슬람교인들이 우리 연구를 더 쉽게 받아들인다. 그리스도인들과 신약성서의 관점에서는 받아들이기가 더 어렵다. 그러나 그들 또한 우리가 동물을 존중하고 불필요한 고통을 주지 않는 한, 연구에 전혀 반대하지 않는다. 사실 가장 잔인한 동물 학대는 식품 생산을 위한 도축 과정에서 자주 나타난다.

### 올바른 길을 가고 있다고 확신하는가? 아니면 당신도 가끔 의심을 하나?

과거에는 긴 호흡과 확실한 자신감이 필요했다. 그러나 지금은 일주일에 7일씩 이 프로젝트 일을 할 수 있는 상황이 행복하다. 개코원숭이가 몇 달 동안 생존할 때, 혹은 우리 가운데 좋은 논문이 나올 때 기쁨을 느낀다. 이 일은 사춘기 시절부터, 그리고 청년 시절부터 내가 가졌던 호기심을 채우는 일이다. 처음 이일을 시작했을 때는 백발의 권위 있는 사람들이 많았다. 나는 운이 좋게도 몇몇 스승을 만났다. 그분들은 내가 힘든 상황에 처했을 때 도와주었다. 그러나

당시에 많은 사람은 내가 아무 성과도 내지 못할 거라고 생각했다. 나는 완전히 밑바닥에서 올라왔다. 부모님은 평범한 서민이었다. 그러나 포기하지 않았다. 나는 한동안 미국 테네시 주 멤피스에 있는 대형 병원에 있었다. 그곳에서 노예처럼 쉬지 않고 일했다. 아침 7시부터 저녁 8시까지 근무했고, 여기에 야간 근무와 주말 근무도 병행했다. 1년에 14일의 휴가만 있었다. 그들은 내가 해야 했던 모든 일을 나에게 단 한 번 설명했고, 그다음에 나는 그 모든 일을 스스로 해내야 했

다. 속도는 중요하지 않았지만, 잘해야 했다. 나는 전체 진단을 담당했고, 환자들의 수술을 준비했으며, 보조 역할도 하고 수술도 함께 했다. 이 과정을 통해 성장했다. 서른한 살에 나는 외과 의사이자 한 인간이 되어 독일로 돌아왔다.

**가끔씩 당신을 의심하는 사람들에게 무언가 보여 주고 싶다는 생각을 한 적이 있었나?**

그런 적은 없었다. 그들은 잘못된 사람들이 아니라 내가 존경해야 할 사람들이었다. 그들이 말했던 건 진실이었다. 나는 어떤 식으로든 그 일을 처리해야 했다. 한편으로 긴 노동시간은 나를 더욱 단련했고, 나를 만들어 주었다. 그 시간을 통해 내가 불량품이 아니고 모든 걸 잘못하는 사람이 아니라는 걸 깨달았다. 특히 이런 비난을 '부주방장'에게서 자주 들었다. 거기서 나는 위계질서를 느꼈다. 결국 나는 그 의사들과 경쟁을 벌이게 되었는데, 내가 자신들과 같은 수준으로 올라오는 걸 원하지 않았기 때문이다.

**온전히 심장 수술과 연구에 헌신했다. 당신 삶에 또 다른 것은 없었나?**

사생활이 거의 없었다. 많은 외과 의사들이 그렇듯, 첫 번째 결혼은 완전히 망했다. 기자이자 매우 독립적인 사람인 두 번째 아내 엘케조차도 나에게는 병원이 늘 먼저이고 그다음에 가족이란 걸 금방 알게 되었다. 그러나 엘케는 이를 인정해 주었고 그래서 결혼생활은 나빠지지 않았다. 1984년에 엘케가 나와 함께 아직 인종차별 정책과 내전이 지배하던 남아프리카공화국으로 갔을 때 나는 크게 감탄했다. 아내에게 고마움을 느끼는 부분은 또 있다. 아내는 내가 바보가 되지 않고 수술실과 실험실 밖 세계에서 일어나는 일도 알 수 있도록 챙겨 준다.

**남아프리카공화국에서의 시간은 당신에게 하나의 이정표였다. 당신은 한때 쌍둥이 아기에게 개코원숭이의 심장을 이식하려고 했었다. 모든 것이 준비되었지만 수술 전에 개코원숭이들이 독살되었다. 이때 무엇을 깨달았나?**

우리는 케이프타운에 있는 그루트 슈어 병원에서 거대한 장기 이식 프로그램을 만들었다. 그러나 장기가 너무 적어서 개코원숭이의 장기를 가져올 생각을 떠올렸다. 개코원숭이는 하등 원숭이에 속하기 때문에, 즉 침팬지와 같은 유인원이 아니므로 그렇게 크게 보호받지 않는다. 개코원숭이는 작아서 치료할 수 없는 심장병을 가지고 태어난 아기에게 심장 이식을 제안했다. 그 병원에는 쌍둥이 환자가 두 명 있었고, 부모는 이종 이식에 즉시 동의했다. 우리는 모든 것을 준비했는데, 어느 날 아침 개코원숭이 두 마리가 우리 안에서 죽어 있는 걸 발견했다. 그것은 하나의 경고였다. 서양 지향적 사회는 윤리적 이유로 인간이 아닌 영장류의 장기를 인간에게 이식하는 걸 원하지 않는다는 걸, 나는 그때 이해하게 되었다. 또한 가능하다고 모든 일을 할 수도 없다는 것을 알게 되었다.

**그 후 더는 넘어가려고 하지 않는 경계가 있었나?**

당연히 그런 경계는 있다. 외과 의사도 뇌가 있고 윤리가 있는 사람이라는 사실을 잊으면 안 된다. 그러나 환자의 생명과 관련될 때 나는 경계를 거의 모른다. 그럴 때는 모든 것을 시도한다. 역풍은 늘 있었다. 이종 간 심장 이식에서도 가장 큰 장애물은 아마 이런 수술을 진행해서는 안 된다고 말하는 사람들이 될 것이다. 사람들이 받아들여야 하는 생명의 끝은 있다. 위험이 대단히 크면 나는 모든 것을 제대로 계산했더라도 수술이 성공하지 못할 가능성을 고려해야 한다. 그러나 나에게 죽음은 언제나 패배이기도 하다. 죽음은 내가 가진 확신을 흔든다. 여기에서 벗어나는 가장 좋은 방법은 다음 수술에 착수하는 것이다. 성공이 최상의 심리 치료법이다.

**1981년에 첫 번째 심장 이식 수술을 성공적으로 집도했다. 수술에 성공한 후 어떤 느낌이 들었나?**

행복감이었다. 그러나 당시 열 시간 동안 수술을 한 상황이라 매우 피곤하고 조금 얼이 빠져 있어서 모든 것을 제대로 이해하지는 못했다. 사실 그때보다 내가 더 큰 감동을 받았고 더 잘 기억하고 있는 것은 독일에서의 첫 수술 몇 년 전에 스탠퍼드에서 처음으로 심장 이식 수술에 참여했던 일이다. 장기가 어떻게 이식되고, 겸자가 어떻게 열리며 심장이 어떻게 뛰는지 그때 보았다. 그러나 심장 이식 수술을 처음 집도했던 1981년에는 특별한 무언가가 있었는지 잘 기억이 나지 않는다. 아쉽게 실패로 끝났지만 독일에서의 첫 번째 심장 이식 수술은 이미 1969년에 시도되었다. 이런 상황에서 나의 첫 심장 이식 수술에 쏟아진 미디어의 관심에 나도 많이 놀랐다.

> "이종 간 심장 이식에서도 가장 큰 장애물은 아마 이런 수술을 진행해서는 안 된다고 말하는 사람들이 될 것이다."

**새로운 발견에서 세상은 늘 첫 번째 성공만 입에 올린다. 세계 최초로 심장 이식 수술에 성공했던 남아프리카공화국의 크리스천 버나드(Christiaan Barnard)는 첫 번째 심장 이식 수술에 성공하기 위해 미국의 한 연구실에서 심장 이식 관련 실험을 참관했었다. 심장 이식이란 주제에서 버나드의 이름은 무조건 등장한다. 그러나 사실상 심장 이식술의 발명가인 노먼 셤웨이(Norman Shumway)에 대해서는 누구도 더는 말하지 않는다. 당신의 이종 이식 분야도 다른 연구팀들과 경쟁 상태에 있나?**

두 사례를 단순 비교할 수는 없다. 당시에는 대중의 감정이 상당히 고조되었다. 주제가 인간 사이의 장기 이식이었기 때문이다. 한 사람이 죽으면서 자기 심장을 주는 일이었다. 심장은 생명을 가능하게 하는 펌프다. 심장 위에는 인간 정신이 자리 잡고 있는 뇌밖에 없다. 셤웨이는 1958년부터 심장 이식을 위한 전제들을 발전시켜 왔다. 1967년에 남아프리카공화국에서 심장 이식에 성공했다는 소식을 들었을 때 당연히 셤웨이는 슬펐다. 그렇지만 셤웨이는 연구를 계속했고 결국 충분한 인정을 받았다. 현재 전 세계에는 우리를 포함해 세 팀이 이종 간 심장 이식을 연구한다. 내가 보기에, 미국에 있는 동료가 처음 목표에 도달할 것이다. 나의 포부는 이종 간 심장 이식에 아주 능통해져서 그 결과를 계속 전달하는 것이다. 이를 위해서는 지속성이 중요하고, 또한 팀이 중요하다. 팀으로만 이 일을 성공할 수 있기 때문이다.

**국가가 과학에 더 많은 야심을 보여 주면 좋겠다고 말한 적이 있다. 이를 위해 독일에서는 무엇이 개선되어야 할까?**

지금 세대는 우리와는 다른 가치를 중요하게 여긴다. 가족, 자유 시간, 노동시간 단축 같은 것이다. 이런 가치를 추구할 때 교육과 과학의 희생이 뒤따른다. 어떤 학문도 기초 연구와 혁신 없이는 발전하지 못한다. 흉부외과는 이런 상황의 완벽한 사례다. 독일에서 흉부외과학은 지난 10년 동안 큰 진전이 없었다. 반대로 심장학은 판막중재술과 카테터 덕분에 점점 더 많은 성과를 낳고 있고 흉부외과의 일을 뺏어가고 있다.

**과학을 전공하려는 젊은 사람들에게 어떤 조언을 하겠는가?**

당연히 과학 전공을 해야 하고, 새로운 방법을 잘 알고 있는 아주 좋은 기관을 찾아야 한다. 선생도 매우 중요하다. 교수의 나이가 너무 많으면 안 된다. 스물다섯에서 서른 정도의 젊은 연구자들에게 미래로 가는 길을 닦아 주기 위한 이상적인 선생의 나이는 마흔에서 쉰 사이다. 이런 조건 아래에서 열심히 일해야 하고, 야망이 있어야 한다. 많이 읽어야 하고, 다른 연구자들과 자신을 비교해야 한다. 그 밖에도 유연하면서도 호기심이 많아야 한다. 조용하면 안 되고 가끔씩 다른 사람의 신경을 거슬러야 한다. 또한 생활의 균형을 맞추기 위해 빠르게 시작하고 끝낼 수 있는 일을 찾는 것이 좋다. 예를 들면 스포츠 같은 것이다.

## 당신이 하는 일의 매력은 무엇인가?

나는 새로운 일을 하고, 지금껏 누구도 찾지 못한 것을 발견할 가능성이 있다. 인내심은 매우 중요하고, 무언가를 발견할 수 있다는 믿음도 중요하다. 어딘가에서부터 우선 시작해야 한다. 그럴 때 주제가 저절로 다가온다. 기본적으로 흉부외과는 멋지고 전혀 힘들지 않은 일이다. 또한 여성들도 아주 잘할 수 있는 분야다.

## 얼마나 많은 여성 흉부외과 의사가 당신과 함께 일했나?

매우 적었다. 안타까운 일이다. 이미 언급했듯이 여성들이야말로 타고난 흉부외과의라고 생각하기 때문이다. 예를 들어 여성은 남성보다 손을 더 능숙하게 사용한다. 그러나 나의 경험에서 보면, 여성들은 심장외과를 어려워하고, 유감스럽게도 너무 빨리 포기한다. 그 이유는, 여성들은 야망이 매우 크고 종합병원의 일상에서 너무 쉽게 소진되기 때문이다. 실제 종합병원 생활은 우리에게도 큰 스트레스를 줄 수 있다. 또는 여성들이 너무 친절해서 수술 프로그램 등에서 가장자리로 밀려나기 때문이다. 가족과 직업생활의 조화 같은 문제를 흉부외과에서는 해결할 수 없다. 다른 많은 종합병원들도 마찬가지다. 솔직히 여성외과 의사가 18개월 육아휴가를 갖는 건 불가능하다. 만약 자신의 직업에 더 가치를 두는 여의사라면 새로운 체외수정 기술을 고려할 수도 있다. 예를 들어 자신의 난자를 보존해 나중에 시험관 아기를 가질 수도 있을 것이다.

## 당신은 얼마나 많은 힘을 일에 쏟았나?

나는 정해 놓은 한계가 없다. 가끔씩 피곤을 느낀다. 그럴 때 똑바로 누워서 조금 잔다. 거의 모든 수술대 위에서, 어디 저 구석에 있는 곳에서도 잠을 자 보았다. 나의 직업생활에서 특정한 일을 더는 하지 못하게 되는 상황이 와도 애석해하지 않을 것이다. 나는 생명이 이미 정해져 있다고 굳게 믿는다. 나의 경력 가운데 특별히 중요한 장면이 있었던 것을 되돌아보면, 종종 마지막에 성공했던 경우가 많다. 나는 여전히 그 이유를 알지 못한다. 기본적으로 일이 흘러가게 하고 움직임을 계속 유지하게 하는 것이 중요하다. 진지하게 애를 쓸 때, 그 사람에게 길이 나타날 것이다.

### 무엇이 지금의 당신을 만들었나?

나는 제2차 세계대전 이후 자유 의식과 실용적 사고를 배운 세대에 속한다. 학교에서뿐만 아니라 대학에서도 이 가치는 내게 깊이 뿌리내렸다. 그 밖에 나는 좋은 의사가 되려고 노력했다. 처음에는 외과 의사가 아닌 가정의학과 의사가 되고 싶었다. 그러나 그건 운명의 선택이었다.

### 세상에 전하는 당신의 메시지는 무엇인가?

없다. 단지 동료 인간들에게, 특히 젊은이들과 학생들에게 전하고 싶은 게 있다. 부지런해라. 호기심을 가져라. 무언가를 시도해 봐라. 바로 포기하지 마라. 그리고 성공적인 작업은 힘을 요구한다는 사실을 잊지 말아라.

# "나의 동기는 언제나 분노, 심지어 두려움, 그리고 불만족의 혼합물이다."

**나카무라 슈지 | 전자공학**

샌타바버라 캘리포니아 대학교 재료학 및 전자공학 교수
2014년 노벨 물리학상 수상
미국

**나카무라 교수, 당신은 일본의 4대 섬 가운데 가장 작은 시코쿠에서 자랐다.**

그렇다. 아버지는 지역 전력공급 회사에서 정비기술자로 일했다. 나는 목가적인 조용한 동네에서 자랐고, 매일 밖에서 놀았다. 산을 오르고 바다에서 헤엄을 치며 놀았다. 그래서 자연과 깊이 연결되었다는 느낌을 가졌다. 자연을 관찰하면서 호기심이 생기기 시작했다. 왜 꽃은 그렇게 빨리 자라지? 바람은 왜 바다에서 불어올까? 이 모든 것이 과학에 대한 나의 관심을 자극했다.

**어릴 때 당신은 형과 끊임없이 다투었다.**

나는 삼 형제 중 가운데다. 어린 시절부터 우리는 끊임없이 다투었다. 싸움에 져도 절대 포기하지 않았다. 나는 생각했다. '내일은 틀림없이 내가 이길 거야!' 내가 늘 싸우는 이유가 아마 여기에 있을 것이다. 우리는 살면서 종종 다른 사람에게 굴복하지만, 나는 모든 패배를 동력으로 받아들인다. 대학에 다닐 때 한 번은 특이한 데이터가 결과로 나왔다. 각자 데이터를 설명하는 이론은 달랐다.

523

나의 이론은 교수와 다른 학생들에 의해 거부당했다. 나는 이 거부를 받아들이지 않았고 계속해서 이 문제를 생각했다. 침대에 앉아 생각하고 또 생각했다. 이처럼 나의 동기는 늘 분노, 두려움, 불만족의 혼합물이다. 이런 것들이 이미 어린 시절에 내 안에 자리 잡았을 수 있다.

### 도쿠시마 대학교에서 전자공학을 공부했다. 그 후에도 시코쿠를 떠나지 않았다. 왜 그랬는가?

고등학교 때 우리는 도쿄로 수학여행을 갔다. 나는 도쿄를 보고 생각했다. '와, 이건 완전히 미친 도시구나.' 사람이 너무 많았고, 그 복잡함이, 특히 사람들로 꽉 찬 기차의 복잡함이 너무 끔찍했다. 나는 대도시가 싫었다. 조용한 시골 생활에 익숙했고 대도시로는 절대 가지 않겠다고 결심했다. 절대로! 나중에 다른 직장을 찾을 때, 로스앤젤레스에 있는 대학교UCLA와 스탠퍼드가 나를 채용하고 싶어 했다. 그러나 샌타바버라로 갔다. 왜냐하면 그곳이 작고 조용한 도시였기 때문이다.

### 그래서 당신은 우선 일본에 머물렀고, 시코쿠에서 직장을 구했나?

전기공학 석사를 마친 후 취직을 하려고 했다. 그러나 시코쿠에 있는 어떤 회사도 나의 지식이 필요하지 않았다. 나는 지도교수였던 타다 교수를 찾아가 혹시 내가 갈 만한 회사가 없는지 물었고, 분야는 상관없다고 말했다. 마침 타다 교수의 친구 한 명이 지역 화학회사인 니치아에 있었고, 결국 나는 그곳 연구개발 부서에서 일하게 되었다.

### 그곳에서 연구 장비를 직접 만들어야 했다고 말한 적이 있다.

그렇다. 그러나 나는 그 일을 아주 좋아했다. 아버지는 어린 아들들에게 나무와 대나무로 직접 장난감 만드는 법을 가르쳐 주었다. 이런 식으로 나는 모든 것을 배웠다. 니치아에 입사하기 전에 그 회사 직원 여러 명이 해고를 당했다. 회사가 이익을 내지 못했기 때문이다. 나는 이런 사실을 몰랐고, 팀장에게 작업하는 데 필요한 용광로를 구매할 예산을 요청했다. 팀장은 나에게 제정신이냐고 되물었다. 그래서 폐차장으로 갔고, 필요한 부품들을 모아 직접 용광로를 만들었다. 처음 회사에서 나는 전통적인 적색 LED와 적외선 LED에 사용할 고품질 재료 관련 작업을 했었다. 이 작업은 상당히 위험했다. 나는 갈륨인화물 결정으로 실험을 시작했고, 한 달 사이에 여러 번 큰 폭발이 일어나면서 실험은 끝났다. 그다음에는 가연성이 없는 갈륨비소로 바꾸었다. 그러나 폭발에서 생긴 가스에는 독성이 있다. 어느 정도 시간이 지나면서 동료들은 나의 실험실에서 일어나는 폭발에 익숙해졌다.

### 언제 청색 LED 연구를 시작했는가?

내가 개발한 적색 및 적외선 LED는 잘 팔리지 않았다. 우리는 너무 늦게 이 시장에 들어갔던 것이다. 나는 종종 재미로 우리가 시장에 제일 먼저 들어갈 수 있을 테니 청색 LED 작업을 하자고 제안했었다. 선임자의 대답은 한결같았다. "정신 차려요. 회사를 잘 알잖아요. 돈도 없고 배짱도 없는데, 그런 개발을 지원해 주겠어요?" 그래서 오가와 노부오 사장을 직접 찾아갔다. 그리고 내가 청색 LED를 연구할 수 있는지 물었다. 당시 거의 여든 살이었던 오가와 사장은 말했다. "좋네요. 그렇게 하세요." 덧붙여 연구 예산 500만 달러를 지원해 줄 수 있는지, 그리고 내가 1년 동안 플로리다 대학교에 가서 연구를 할 수 있는지 물어보았다. 사장은 이 요청도 들어주었다. 나는 나의 행운을 이해할 수 없었다.

### 플로리다 대학교에 갔을 때 서른다섯 살이었다. 그곳에서 어떤 경험을 했나?

박사과정생들과 일해야 했다. 그들은 내가 석사이고 어떤 논문도 발표한 적이 없다는 것을 곧 알게 되었다. 그때부터 나를 기능공처럼 대하기 시작했다. 그들은 논문을 함께 쓰자는 제안은 물론, 어떤 미팅에 함께 가자는 제안도 더는 하지 않았다. 나는 갑자기 외톨이가 되었다. 이런 사람들에게 하찮은 대접을 받는 일을 더는 용납하지 않겠다고 다짐했다. 그런 동등한 대우를 받기 위해 일본으로 돌아와 박사논문에 집중했다. 강한 동기를 키우려면, 나는 늘 이렇게 스스로 조금 불행하다고 생각하거나 분노를 느껴야 한다. 행복할 때 나는 아무 자극도 느끼지 못한다. 당시에 나는 분노했고, 아주 열심히 일하겠다고 단호하게 결심했었다.

**몇 년간 아침 7시부터 저녁 7시까지 일했다. 그다음 집으로 돌아가 저녁을 먹은 후 목욕을 하고 잠자리에 들었다. 신년 축제를 제외하고 하루도 휴일이 없었다.**
전화도 받지 않았고, 연구에 집중하기 위해 회사 회의에도 참석하지 않았다. 정

신이 산만해질까 봐 내 조수와도 대화하지 않았다. 완전히 스스로를 격리했고, 가족과도 말을 하지 않았다. 늘 나의 연구를 생각했기 때문이다. 나는 200만 달러를 유기금속 화학 증착 반응기MOCVD-Reactor, Metal Organic Chemical Vapor Deposition Reactor에 썼는데, 이 반응기는 복잡한 다층 반도체 구조를 만들기 위해 결정을 키우는 장비다. 나는 기존 반응기를 두 개의 통로로 가스가 주입되는 '투 플로two flow' 형태로 개조했고, 그 덕분에 세계에서 가장 품질이 좋은 결정층들을 얻었다. 18

개월 동안 계속 같은 과정이 진행되었다. 나는 매일 아침 유기금속 화학 증착 반응기를 조절하고, 오후에는 결정 성장을 시작하고, 그다음 결과를 분석했다.

## 그러나 이 혁신적인 발명이 성공하기까지 오랫동안 기다려야 했다. 이 시간을 어떻게 느꼈나? 의심이 생기지는 않았었나?

나는 문제 푸는 걸 좋아하기 때문에 이 시간을 매우 즐겼다. 이런 일은 이미 대학 때 시작되었다. 첫 3년 동안 나는 강의만 들었다. 지루함을 느꼈고, 강의에 가지 않고 집에서 공부하곤 했다. 그러나 시간이 지나면서 우리는 연구 프로젝트를 시작했고, 곧 흥미를 느끼게 되었다. 연구와 데이터! 나는 데이터를 상세하게 들여다보는 것을 좋아했다.

니치아에서는 모든 실수와 폭발을 경험했지만, 그곳이 마음에 들었다. 그곳에서 나는 엄청난 혁신적 발명에 성공하게 되었다. 나의 첫 번째 시제품 청색 LED의 빛은 아주 약했다. 첫 번째 질화갈륨 결정이 그리 좋지 않았기 때문이다. 나는 이 시제품을 저녁 내내 켜두었고, 아침까지 빛을 계속 낼 수 있는지 살펴보았다. 놀랍게도 계속 빛을 내고 있었다. 이 시제품 LED는 1,000시간 넘게 빛을 냈다.

## 1993년에 니치아는 세계 최초로 고휘도 청색 LED를 만들었다고 발표했다.

사실 첫 번째 고휘도 청색 LED 개발은 이미 1992년에 끝났다. 나는 즉시 기자 회견을 하려 했지만 이사회 의장이 내게 말했다. "우리는 작은 회사입니다. 지금 이 사실을 언론에 알리면, 우리는 곧장 주문을 받고 배송할 수 있어야 합니다. 그렇지 않으면 다른 회사들이 이 방법을 베낄 것이고, 우리는 파산할 겁니다. 그러니 대량 생산을 먼저 준비해 두어야 합니다." 그렇게 우리는 1년 동안 발명을 비밀로 했다. 마침내 우리는 기자회견을 열었다. 사실 큰 기대는 하지 않았다. 변두리 섬에 있는 이 작은 회사가 이런 중요하고 혁신적인 발명을 했다고 믿을 사람이 얼마나 될까 생각했기 때문이다. 그러나 기자들은 우리 사무실에서 청색 LED를 본 후 소리쳤다. "우와!"

## 일본 밖에서도 인정을 받았는가?

1996년에 베를린에서 초청을 받았다. 한 학술행사에서 강연을 해달라는 요청이었다. 나는 그 제안을 거절했다. 한 친구에게 그 학술행사에 대해 물어보았고, 친구는 말했다. "그건 상당히 이름 있는 학술행사야. 근데 거절했다고?" 그래서 거절을 취소하고 베를린으로 갔다. 그곳에는 노벨상 수상자들도 많이 있었다. 그중에는 터널 다이오드를 발명해 1973년에 노벨상을 받았던 일본인 에사키 레오나도 있었다. 대단히 감동적이었다. 우리는 막 데이터 저장을 위해 필요한 청보라색 레이저 시제품을 개발했고, 그 시제품을 베를린 학술행사장에서 처음으로 발표했다. 실제로 나는 발표할 때 이 청보라색 레이저를 레이저포인터로 사용했다. 모두 대단히 놀랍다는 반응을 보였고, 긴 박수갈채를 받았다. 마치 후지 산 정상에 올라간 것 같은 기분이었다.

## 평생 당신에게는 아카사키 이사무와 아마노 히로시라는 두 명의 경쟁자가 있었다. 당신이 청색 LED를 처음 발명했다는 게 당신에게는 분명한 사실인가?

두 사람은 이미 1980년에 청색 LED 기초 연구를 시작했다. 반면 나는 1989년에 처음 시작했다. 그러니까 그들은 나보다 거의 10년을 앞서 있었다. 나는 그들의 작업을 소문으로 들었다. 그들도 나름 나를 알았지만 진지하게 생각하지 않았다. 자신들은 이미 많은 특허가 있었고, 나는 그렇지 않았기 때문이다. 1990년에 나는 '투 플로 유기금속 화학 증착 반응기'를 만들었는데, 내 인생에서 이룬 가장 큰 혁신이었다. 그 후에 우리 팀은 늘 두 사람보다 더 나은 결과를 냈다. 왜냐하면 투 플로 유기금속 화학 증착 반응기에서 만들어진 모든 결정체는 LED용이든 레이저 다이오드용이든 상관없이 세계에서 최고였기 때문이다.

**2014년에 그 두 사람과 함께 노벨 물리학상을 받았다. 그 상을 경쟁자 두 명과 함께 받는 것이 어땠나?**

두 사람은 고품질 질화갈륨을 처음 만들었다. 그전에 있었던 질화갈륨 결정은 상당히 질이 좋지 않았다. 1989년에 두 사람은 P형 도핑된* 질화갈륨을 처음 개발했다. 이것이 두 사람의 업적이었다. 그러나 질화갈륨은 청색과 녹색 빛을 낼 수 없다. 여기에서 핵심 물질은 인듐질화갈륨이다. 그들은 인듐질화갈륨을 길러 내는 데 성공하지 못했다. 반대로 나는 처음으로 인듐질화갈륨을 청색 및 녹색 LED에 사용할 수 있었다. 그렇게 나는 첫 번째 고휘도 청색 LED를 발명했고, 나중에는 백색 LED도 가능하게 했다.

**학계에서 아웃사이더였던 당신에게 노벨상은 특별한 기쁨이었나?**

지방 대학에서 공부했고 작은 화학회사에서 일했던 나는 늘 아웃사이더였다. 그래서 노벨상은 엄청나게 큰 명예였다. 그런데 모든 일본 학자들과 심지어 정부에서 일하는 사람들조차 이렇게 말했다. "아카사키와 아마노가 청색 LED를 위한 연구에서 중요한 기여를 했고, 나카무라는 단지 제품을 생산했다." 두 사람이 전체 명예와 인정을 독차지했다. 나는 우연히 그 제품을 개발한 단순 기술자 취급을 받았다. 그런 평가에 상당히 마음이 아팠다. 무척 열심히 일했기 때문이다. 그러나 제품 생산으로 노벨상을 받지는 않는다. 그것은 단지 발명이나 발견으로 인정받을 뿐이다. 그래서 이런 취급에도 불구하고, 나는 노벨상 수상이 매우 행복했다.

**지금 당신은 행복한 사람인가?**

아니다. 일본의 학문 공동체는 내가 단지 무언가를 생산했을 뿐이라고 계속해

---

* P형 도핑이란 반도체의 결정 격자에 '정공', 즉 양전하 자리를 만드는 원자를 첨가하는 것을 말한다.

서 주장한다. 일본 정부가 출판한 과학자 연감에는 이렇게 적혀 있었다. "나카무라는 다른 사람이 개발한 기술을 이용해 제품만 생산했다." 나는 이런 평가를 증오했다. 그래서 정부 측에 연락해서 말했다. "이 내용을 수정하지 않을 거면 최소한 내 이름은 지워 주십시오. 이 문장 전체를 삭제해 주십시오." 이 일은 여전히 아물지 않은 상처다. 그러나 나는 이것을 자극으로 받아들였다. 이미 말했듯이 불행은 나에게 중요한 동력이다.

**당신과 니치아사 사이에 큰 다툼이 있었고, 회사는 2001년에 당신을 고발했다. 결국 당신은 800만 달러의 보상을 받았다.**

그렇다. 나는 1999년에 니치아를 떠났다. 샌타바버라 캘리포니아 대학교에서 교수를 하기 위해서였다. 니치아는 나에게 비밀유지 각서에 서명하라고 요구했다. 대학의 변호사는 각서의 검토를 위해 니치아에 영어 번역본을 요청했다. 니치아는 이 번역본을 보내지 않았기 때문에 나는 어떤 서명도 하지 않은 채 니치아를 떠났다. 그다음에 회사는 나를 상대로 소송을 제기했다. 내가 미국에서 영업비밀을 어겼다는 이유였다. 화가 났다. 나의 녹색 및 청색 LED와 레이저 다이오드 발명을 니치아에 넘겨주었기 때문이다.

비밀유지 각서에 서명하지 않기 때문에 니치아는 나를 고발했다. 나는 갑자기 할 일이 많아졌다. 소송을 위한 증거 자료를 만들고 강의도 해야 했다. 이 때문에 더욱 화가 났고, 1년 후 니치아를 고발했다. 만약 일본에서 누군가가 회사에서 일을 하면서 무언가를 발명하면, 그 특허는 회사가 아닌 발명가에게 속한다. 독일과 일본에서만 이런 특허권이 통용된다. 통상적으로는 고용 계약이 종료되었을 때 발명가가 특허권을 회사에 넘긴다. 니치아는 너무 작아서 이런 양도에 서명할 필요가 없었다. 그래서 우리는 법정으로 갔다. 도쿄 법원은 모든 특허를 니치아가 갖는다는 암묵적인 동의가 있었지만, 나에게도 보상받을 권리가 있다고 판결했다. 도쿄 법원에 따르면, 나는 2억 달러의 권리가 있었다.

결국 대법원에서 800만 달러의 보상이 결정되었다.

## 집에서 LED 등을 사용하나?

집에서 나는 게으른 사람이고, 그래서 집에 있는 조명기구 절반 정도는 여전히 옛날 전등이다. 사실 나는 태양빛을 좋아한다. 사무실에서는 절대 커튼을 치지 않는다. 차양을 치고 생활하는 미국인 동료들은 내 사무실에 오면 너무 밝아서 눈을 찡그릴 수밖에 없다고 불평한다.

## 당신이 보기에 미국과 일본의 가장 큰 차이는 무엇인가?

일본에서 교수는 마치 왕처럼 대접받는다. 학생들은 모든 걸 돌보는 신하다. 심지어 식당 예약까지 학생들이 한다. 학생들은 무언가 실수를 해서 교수의 심기를 건드릴까 봐 전전긍긍한다. 미국에 있는 교수들은 학생들에게 이런 요구를 할 수 없다. 여기에서는 모두 동등하다. 우리가 학생들과 상담을 하고 있으면, 종종 누가 교수인지 알아차리지 못한다. 일본에서는 대단히 쉬운 일일 것이다. 말하고 있는 유일한 사람이 교수다. 동등한 권리라는 측면에서는 미국이 훨씬 더 잘 되어 있다. 반대로 일본은 여전히 관료 시스템을 몸으로 보여 주고 있다.

## 과학계 최정상에는 여성이 많지 않다. 여성이 위로 올라가기 위해 남성들은 무엇을 할 수 있을까?

어려운 질문이다. 미국에서는 소수 인종 교수를 더 많이 채용해야 할 것이다. 그러나 솔직히 나는 남성과 여성의 뇌가 서로 다르게 작동하고, 호기심 또한 서로 다르다고 생각한다. 남성들은 기술에 더 큰 관심을 갖고 여성들은, 예를 들면 패션 같은 일에 더 관심이 많다. 그러니까 한 남성, 혹은 한 여성을 채용한다는 말은 다른 호기심과 다른 사고를 가진 사람을 채용한다는 뜻이다. 여기에 진정한 평등은 없다.

**딸이 셋이다. 자녀들이 어렸을 때 그들과 보내는 시간이 있었나?**

나는 딸들과 그렇게 돈독한 관계를 맺지 못했다. 아내가 딸들을 돌봤다. 일본에 있을 때는 집에서 아내를 전혀 돕지 않았다. 그런데 미국에 왔을 때, 다른 사람들이 집에서 하는 것을 보고 깜짝 놀랐다. 일본에서는 남편에게 아주 열심히 일하기를 기대한다. 반면 미국에서는 사생활도 그만큼 중요하다. 미국에서 나는 다르게 살려고 노력한다. 그런데 그사이에 이젠 일본에서도 사람들이 주말에는 집에 있다.

**과학 이외에 다른 것에는 관심이 없나?**

그렇다. 관심이 없다. 숙고는 나의 취미다. 이 취미는 어린 시절에 시작되었고, 그만둔 적이 결코 없었다. 이미 서너 살 때 나는 혼자 바닷가에 앉아 지나가는 배를 바라보았다. 초등학교 당시 사진들을 보면 나는 늘 나 자신에 빠진 모습으로 서 있다. 한 문제에 깊이 빠져들어 해답 하나를 찾을 때까지 그런 모습을 보였다. 한 달이고 두 달이고 시간이 얼마나 걸리든 상관없었다. 그리고 깊이 생각하기 위해서는 혼자 있어야 한다. 그리고 조용해야 한다.

# "과학에 영리하게 투자하는
# 나라들이 잘 발전한다."

에릭 캔들 | 신경과학
뉴욕 컬럼비아 대학교 생화학 및 생물리학 교수
2000년 노벨 생리·의학상 수상
미국

**캔들 교수, 당신은 빈에서 태어난 유대인이지만 오스트리아를 탈출해야 했다. 그 때의 탄압은 어떤 영향을 미쳤는가?**

빈에서의 경험을 잊지 못할 것이다. 친구였던 사람들이 갑자기 등을 돌려 우리를 지켜 주지 않았다. 오히려 그들은 1938년 11월 9일 나치가 우리 집 문을 두드린 이후에 더 적극적으로 우리를 적대시했다. 그날 나치는 우리에게 며칠 동안 집을 비워야 한다고 말했다. 어머니는 중요한 물건 몇 개만 각자 챙기라고 말했다. 나는 욕실용품과 속옷을 챙겼다. 나보다 다섯 살 많은 형은 상황을 제대로 파악했고, 수집하던 우표와 동전을 비롯해 자기가 좋아하는 물건들을 모두 챙겼다. 5일 뒤에 집으로 돌아왔을 때 값어치 있는 물건은 하나도 남아 있지 않았다. 11월 7일은 내 생일이었고, 아버지는 내게 장난감 열차를 선물로 주었다. 그 열차도 사라졌다. 나치는 나의 다른 선물도 모두 가져갔다.

## 이런 충격적 경험이 당신의 행동을 바꾸었나?

추측하건대, 나는 빈에서 겪은 사건들 때문에 늘 뇌와 기억에 흥미를 느꼈다. 친구였던 사람이 순식간에 적이 되는 상황에 크게 놀랐다. 공원에서 옛 친구들에게 집단 구타를 당하기도 했다. 아버지는 칫솔로 보도에 쓰인 슈슈니크 Schuschnigg 옹호 선전물을 모두 지워야 했다. 슈슈니크 총리는 오스트리아의 독일 병합 직전에 히틀러로부터 사퇴를 강요받았다. 히틀러가 온 이후 빈의 상황은 끔찍했다. 당시 상황에 대한 나의 기억은 늘 대단히 고통스럽다.

## 그런 상황에서 어떻게 오스트리아를 떠나는 데 성공했나?

우리는 부모님 없이 오스트리아를 나왔다. 부모님은 열네 살 형과 아홉 살인 나를 기차역에 데려갔고, 우리 형제는 브뤼셀로 가는 기차를 탔다. 브뤼셀에서 우리는 미국으로 가는 배를 탔다. 미국 도착은 자유의 만끽을 의미했다. 빈에서 유대인으로 사는 일은 힘들었지만, 미국에서는 완전히 달랐다. 조부모님이 4개월 전에 이미 미국에 와 있었고, 우리 형제는 미국에 도착한 후 조부모님 집에 함께 있었다.

## 청소년 시절을 설명해 달라. 부모님이 이후 뉴욕으로 왔을 때 상황은 어땠나?

우리는 매우 가난했다. 아버지는 수입 물건을 파는 방문판매원으로 일했다. 시간이 조금 지난 후 아버지는 가게를 열었고, 마침내 작은 건물을 하나 살 수 있을 만큼 돈을 벌었다. 가게 위로 가정집이 두 채 있었다. 가게 바로 위층에 우리가 살았고, 우리 집 위층은 세를 주었다. 뉴욕에서 보낸 청소년 시절은 환상적이었다. 빈에서는 경험하지 못했던 진정한 자유를 느꼈다.

## 어느 학교에 다녔나? 그 학교들은 당신의 사고에 어떤 영향을 주었나?

삼촌이 나를 브루클린에 있는 집 근처 학교에 등록했다. 그러나 나는 그곳에서 불편함을 느꼈다. 누구도 유대인처럼 보이지 않았고, 나는 또 집단 구타를 당하지 않을까 걱정했다. 할아버지는 전통 유대인이지만 대단히 진보적인 분이었는데, 나에게 히브리어를 가르쳐 주었다. 덕분에 나는 유대인 학교인 플랫부시에 있는 예시바Yeshiva of Flatbush로 전학할 수 있었다. 질문하는 것은 훌륭한 유대교 전통이다. 유대인들은 호기심이 대단히 많고 교육을 중요하게 생각한다. 유대인들은 정신적 노력이 필요한 지적 영역에서 두각을 나타낸다. 예를 들어 전 세계 인구의 0.2%만이 유대인이지만 노벨상 수상자의 22%가 유대인이다. 나중에 나는 에라스무스 홀 고등학교에 진학했다. 마지막 학년 때 역사 담당이었던 캄파냐 선생님이 물었다. "어느 대학에 지원할 거니?" 나는 대답했다. "브루클린 칼리지에 지원할 겁니다. 형이 그 칼리지에 다니거든요." 선생님이 되물었다. "왜 하버드 대학교에 지원하지 않니?" 집으로 돌아온 나는 이 문제를 아버지와 의논했는데, 아버지는 나의 하버드 진학을 반대했다. "애야, 우리는 브루클린 칼리지에 지원하려고 이미 5달러를 지불했어. 나는 하버드 대학을 들어본 적도 없어. 브루클린 칼리지도 충분히 좋은 학교야." 나는 다시 캄파냐 선생님을 찾아갔다. 선생님은 내게 하버드 대학 지원을 위한 5달러를 주었다. 결국 나는 하버드에서 장학금을 받았다. 이게 미국이다. 정말 환상적이었다.

## 당신의 공부 방향에 영향을 미친 것은 무엇이었나?

하버드에 갔을 때, 우선 빈에서 내게 일어났던 일을 이해하고 싶었다. 나는 역사와 문학 학사학위를 땄는데, 이를 위해 세 명의 독일 작가 카를 추크마이어Carl Zuckmayer, 한스 카로사Hans Carossa, 에른스트 윙거Ernst Jünger를 연구했다. 이 세 명은 국가사회주의에 대한 다양한 입장들을 대표한다. 한편 하버드에서 나는 안나 크리스Anna Kris와 사랑에 빠졌는데, 안나의 부모님은 정신분석학자 마리안네 크리스Marianne Kris와 에른스트 크리스Ernst Kris였다. 에른스트 크리스는 내게 말했다. "문학을 읽어서는 지성이 어떻게 작동하는지 이해하지 못할 거야.

자네는 인간 자체를 공부해야 하고, 뇌를 연구하고 정신분석을 공부해야 해.”
나는 지그문트 프로이트를 읽기 시작했고, 그의 사상이 대단히 매력적이라고
생각했다. 이 매력에 끌려 정신분석가가 되기 위해 의대로 진학했다.

### 언제부터 뇌와 기억을 전문적으로 연구하기 시작했나?

마지막 선택 과목은 뇌였다. 모든 사람에게 그렇게 중요한 기억을 이해하기 위
해 해마체를 연구했다. 나는 포유동물의 해마체 사진을 찍는 데 성공한 첫 번
째 사람이었다. 나는 올던 스펜서Alden Spencer와 함께 6개월 동안 해마체 세포를
연구했다. 우리는 이 세포들이 어떻게 작동하는지 배웠지만, 기억 작용이 어디
에서 일어나는지는 아직 알지 못했다.

### 당신의 연구가 성공하기까지는 오랜 시간이 걸렸다. 자신의 연구를 의심한 적은 없었나?

처음에는 연구의 중단을 진지하게 고민했었다. 연구는 진척이 없었고, 나에게 맞는 길이 아닌 것처럼 보였다. 그러나 차차 자신감이 커져 갔다. 처음 무언가에 성공했을 때, 여전히 나는 운이 좋았다고 생각했다. 네다섯 번의 성공이 이어진 후에 내가 이 일을 잘하는 것 같고, 나머지 인생을 이 일을 하면서 보내도 되겠다는 걸 깨달았다.

**당신 연구에서 전환점을 만든 변화는 무엇이었나?**

나는 과학에서 환원주의적 접근을 개발하기 시작했다. 단순한 동물인 바다 달팽이 군소Aplysia를 연구하기로 결정했다. 군소의 신경계는 매우 단순하고, 더욱이 신경세포는 아주 커서 맨눈으로도 볼 수 있다. 나는 군소의 몸 안에서 단순 반사를 조종하는 신경 회로세포를 특정할 수 있었고, 군소의 이 단순 반사가 학습을 통해 바뀔 수 있다는 걸 발견했다. 같은 방법으로 동물이 무언가를 배우면, 실제로 신경세포의 결합들도 변한다는 것을 발견했다. 실제로 이 신체적 변화를 관찰할 수 있었다. 그리고 생각했다. '와우, 대단한데!'

**2000년에 뉴런에 저장되는 기억의 물리적 기초 연구로 노벨 생리·의학상을 받았다. 당신은 이 상을 아르비드 칼손(Arvid Carlsson), 폴 그린가드(Paul Greengard)와 함께 받았다. 이 상을 받을 때가 당신의 유레카 순간이었나?**

나의 유레카 순간은 학습이 뇌 안에 해부학적 변화를 가져온다는 것을 처음 알게 되었을 때다. 나는 뇌 안에서 일어나는 일을 단순 묘사하는 차원을 넘어 구조적 차원에서 더 깊이 이해하고 싶었다. 단기 기억의 경우 기능적 변화는 있지만 인체 구조에서 변화는 일어나지 않는다. 반면에 장기 기억과 관련된 무언가를 하면, 실제 뇌에서 해부학적 변화가 일어난다. 즉 시냅스 연결이 강화된다. 만약 무언가를 잊어버리면 이 시냅스 연결도 끊어진다. 이 발견으로 노벨상을 받았다. 학습과 기억의 생물학적 기초 메커니즘을 바로 내가 처음 발견했던 것이다. 신경생물학과 심리학은 서로 관련이 깊다. 신경생물학은 행동의 생물학적 기초다.

**당신은 당시에 수업도 했었다. 강의를 잘하는 교수였나?**

수업하는 걸 좋아했고, 훌륭한 선생이기도 했다. 나는 수업을 연극처럼 하려고 했다. 학생들은 그냥 멍하게 앉아 있거나 필기를 하는 게 아니라 경청해야 한

"추측하건대,
나는 빈에서 겪은 사건들
때문에 늘 뇌와 기억에
흥미를 느꼈다."

다. 나는 학생들에게 강의 요약문을 나눠 주었고, 덕분에 학생들은 편하게 등을 기대고 앉아 조용히 경청할 수 있었다. 마지막에 나는 이 강의들을 모아 교과서를 집필했다. 『신경과학의 원리들Principles of Neural Science』이 바로 그 책이다.

## 당신은 평생 연구에 헌신했다. 후회되는 일은 없는가?

나는 매일 열심히 일했고, 밤에도 자주 일을 했다. 그 속에서 큰 즐거움을 느꼈다. 사람들은 저녁에 텔레비전을 본다. 그들과 달리 나는 텔레비전을 거의 보지 않고, 저녁에 주로 글을 쓴다. 나는 친구들에게 말한다. "내가 쓴 걸 읽어 보지 않으면, 어떻게 나의 생각을 내가 알 수 있겠어?" 과학은 그렇게 매혹적이다. 나는 늘 계속해서 매력적인 높은 자리, 예를 들면 하버드 대학병원 정신과 원장 같은 자리를 제안받아 왔다. 그러나 아내 데니스는 그런 곳에서 나를 보고 싶어 하지 않았다. 아내는 이렇게 말할 뿐이었다. "그런 자리를 맡는 건 관리직을 위해 당신의 연구 경력을 버리는 짓이에요!" 데니스는 내가 명료한 지성을 갖추었고 나의 시간을 연구에 쏟아야 한다고 생각했던 것이다. 아내는 이런 제안을 받을 때마다 나를 막아 주었다. 나의 연구 활동에서 아내가 유일하게 이의를 제기한 것은 너무 많은 시간을 연구에 보낸다는 것이었다. 나는 그날을 기억한다. 하루는 아내가 네 아이 중 하나를 데리고 실험실 문 앞에 서 있었다. 아내가 말했다. "에릭, 이렇게 계속 갈 수는 없어요. 자기는 우리를 무시하고, 자기 일만 할 뿐 가족은 돌보지 않아요." 나는 큰 충격을 받았다. 내가 가족을 무시한다고 생각하지는 않았지만 가족과 보내는 시간은 충분하지 못했다. 그 이후 조금 나아졌다. 시간 분배에 대해서는 의견을 달리했지만, 아내가 없었다면 노벨상을 받지 못했을 것이다. 아내는 나에게 매우 큰 신뢰를 보내 주었다. 아내는 내가 명료한 지성을 가지고 있다고 생각했다. 아내가 틀릴 수도 있지만, 평생 함께 살아 온 지금 시점에서 그보다 더 나은 점을 가르쳐 주지는 않을 것이다.

## 시간이 흐르면서 당신의 연구 분야는 어떻게 바뀌었나?

내가 연구 활동을 시작했을 때, 뇌를 공부하는 사람은 소수였다. 뇌 연구는 그냥 너무 복잡했다. 오늘날에는 상당히 많은 과학자가 다른 어떤 신체기관보다 뇌를 더 많이 연구한다. 대단한 사진들을 제공하는 기기와 방법 덕분에 사람들은 인간과 실험 동물의 다양한 학습 과정을 효과적으로 연구할 수 있다. 우리는 이제 대뇌의 다양한 영역이 각각 다양한 기능을 수행하는 것을 안다. 그래서 시각을 연구한다면 우리는 한 영역만 집중할 수 있고, 청각을 연구한다면 다른 영역에 집중하면 된다.

## 하워드 휴스 의학 연구소의 지원을 받는다. 지원받는 과정은 어떻게 되는가?

하워드 휴스는 연구자들을 5년마다 평가하고 있다. 이 평가는 대단히 까다롭다. 지원을 받는 사람은 자신의 과학적 업적을 주제로 에세이 한 편을 써야 하고, 중요한 출판물들을 제시해야 한다. 그다음 지난 5년 동안의 작업을 소개하는 강연을 한 차례 해야 하고, 근본적인 질문들을 받게 된다. 지원을 받는 사람들은 이 과정을 대단히 진지하게 받아들여야 한다. 나는 이 과정이 공정하다고 생각한다. 모든 사람에게 동등한 기준이 적용되기 때문이다. 누구나 자신의 마지막 영화만큼 훌륭하다. 나는 올해 아흔 살이다. 연구 활동을 중단할 수도 있지만, 이 일이 정말 좋다. 미국에서는 잘할 수 있는 한, 나이와 관계없이 오랫동안 교수로 일할 수 있다. 2년마다 받는 평가를 통과하면 계속 교수 활동을 할 수 있다.

## 지금 연구하는 주제는 무엇인가?

나이에 따른 기억의 상실을 연구한다. 기억력 감퇴를 최대한 늦추거나, 더 나아가 완전히 막을 수 있는 방법은 없을까? 나는 뼈에서 나오는 호르몬 오스테오칼신이 기억을 대단히 효과적으로 활성화하는 것을 발견했다. 노인들에게 가장 좋은 활동 중 하나는 걷기다. 그래서 나는 매일 출퇴근길을 걸어 다닌다. 나이를 먹으면서 생기는 기억력 감퇴를 통제하는 데 걷기가 도움이 되기를 희망하면서 말이다. 동물실험에서는 오스테오칼신이 큰 효과를 보였다. 내게도 아마 효과가 있을 것이다.

## 만약 당신이 죽는다면, 무슨 일이 생길까?

사람이 죽으면 아무것도 남는 게 없다. 영혼도 더는 살아 있지 않다. 그러나 나의 자녀들과 손주들은 계속 살아 있을 것이고, 나의 연구 결과들, 내가 쓴 책과 논문들도 계속 살아 있을 것이다. 내가 성취한 것들에 자부심을 느낀다. 나는 좋은 경력을 쌓았다. 학습이나 기억처럼 당시에 연구가 불가능하다고 여겨졌던 문제들을 분자 단위에서 접근할 수 있었고, 이 주제를 상세하게 연구할 수 있다는 걸 보여 주었다. 이것이 나의 사회적 기여라고 생각한다.

## 과학 연구를 고민하는 젊은 사람들에게 어떤 조언을 해주겠는가?

우선 지식욕이 강해야 하고 좋은 대학에 가야 한다. 과학 연구는 풍부하고 만족스러운 직업이다. 연구자들은 자신의 아이디어로 놀이를 하고, 이 아이디어를 근본적으로 실험하기 위한 방법을 찾는다. 그 과정은 절대 지루하지 않을 것이다. 기쁨을 줄 수 있는 직업을 선택하는 일은 중요하다. 열심히 일하지 않으면 그 직업에서 성공하지 못한다. 마찬가지로, 일에서 즐거움을 얻지 못하면 자신의 많은 것을 그 직업에 투자하지 않는다.

## 과학은 얼마만큼 당신을 개인적으로 행복하게 해주었나?

아무리 하찮아도 새로운 것을 발견하는 일은 대단히 만족스럽다. 끊임없이 문제를 풀고 어떤 사물의 기능을 이해하는 것은 무척 즐거운 일이다. 가끔 우주의 아주 작은 일부를 세계에서 처음 본 사람이 될 수도 있었다.

## 빈에서 명예박사학위를 받았다. 당신은 과거와 평화롭게 화해했나?

노벨상을 받았을 때 빈에서 많은 연락을 받았다. 그들은 이번 노벨상을 빈 사람이 받았다고 주장했다. 나는 당신들은 틀렸다고 말했다. 이 상은 미국인이 받은 상이고, 유대계 미국인이 받은 노벨상이라고 정정해 주었다. 오스트리아 정부는 내게 편지를 보내 이렇게 물었다. "어떻게 하면 우리가 이 문제를 다시 바로잡을 수 있겠습니까?" 나는 히틀러의 국가사회주의에 대항했던 오스트리아의 투쟁을 주제로 빈에서 심포지엄을 개최하라고 요구했다. 이 심포지엄에서 다룬 내용은 나중에 책으로도 출판되었다. 우리는 이 심포지엄에서 오스트리아와 독일의 태도를 비교했다. 그 자리는 대단히 생산적인 논쟁의 장이었다. 나는 친구들을 얻었으며, 그들은 내가 빈을 좀 더 편안하게 느낄 수 있게 해주었다. 그리고 나는 오스트리아인들이 유대인 공동체를 위해 무언가를 해야 한다는 것을 납득시켰다. 오스트리아인들은 유대인 공동체가 입은 피해를 보상해 주었다.

## 과학은 왜 그렇게 중요한가?

과학은 미래를 위한 우리의 희망이다. 우리는 사회에 부담을 주고 해답을 요구하는 너무 많은 문제를 안고 있다. 과학은 그 상황에서 방법을 제시한다. 과학에 영리하게 투자하는 나라들이 잘 발전한다. 과학을 진지하게 받아들이고 과학의 발전을 장려하는 일은 한 나라의 발전에 매우 중요하다.

## 하루 일과를 설명해 달라.

연구실 사람들을 만나고 그들과 연구 작업에 관해 토론한다. 건강을 위해 거의 매일 걸어서 출퇴근한다. 나는 우리 집을 사랑한다. 집에는 예술품이 많다. 나는 수영을 좋아하고 주말에는 테니스를 친다. 음식은 적당히 먹는다. 고기는 먹지 않고, 생선과 채소를 선호한다.

## 과학자로서 예술에도 관심이 있나?

예술과 과학은 분리된 세계가 아니다. 예술가는 실험적으로 일할 수 있고 이때 과학자와 같은 방법을 이용할 수 있다. 과학자들도 창조적일 수 있고 예술가적 감성을 가질 수 있다. 나는 하버드에 진학한 첫날부터 예술에 흥미를 가졌다. 입학 첫해에 들었던 시각 예술에 대한 멋진 수업 덕분이었다. 그 수업을 들으면서 박물관을 좋아하게 되었다. 새로운 도시에 가면 흥미로운 박물관이 있는지부터 살펴본다. 나는 19세기 말 빈의 분리파 미술, 클림트Gustav Klimt, 실레Egon Schiele, 코코슈카Oskar Kokoschka 같은 작가의 미술을 좋아한다. 19세기 말은 특별한 시대였고, 그 시대는 나에게 정말 큰 영향을 주었다. 어제 나는 코코슈카 전시회를 관람했는데, 코코슈카가 얼마나 뛰어난 예술가인지를 다시 한 번 깨달았다.

## 삶에서 가장 중요했던 원칙은 무엇인가?

할 수 있는 한 최선을 다하라. 굶어 죽고 싶지는 않았지만 돈이 나의 큰 동기였던 적은 없었다. 나의 목표는 즐거움을 주는, 지적으로 흥미로운 일을 하는 것이었다. 열심히 일하는 것은 삶에서 가장 중요한 원칙 중 하나였다. 직접 매달리지 않으면 어떤 일도 스스로 해결되지 않는다. 솔직히 말해서, 의미 있는 일 중에 쉬운 건 없다.

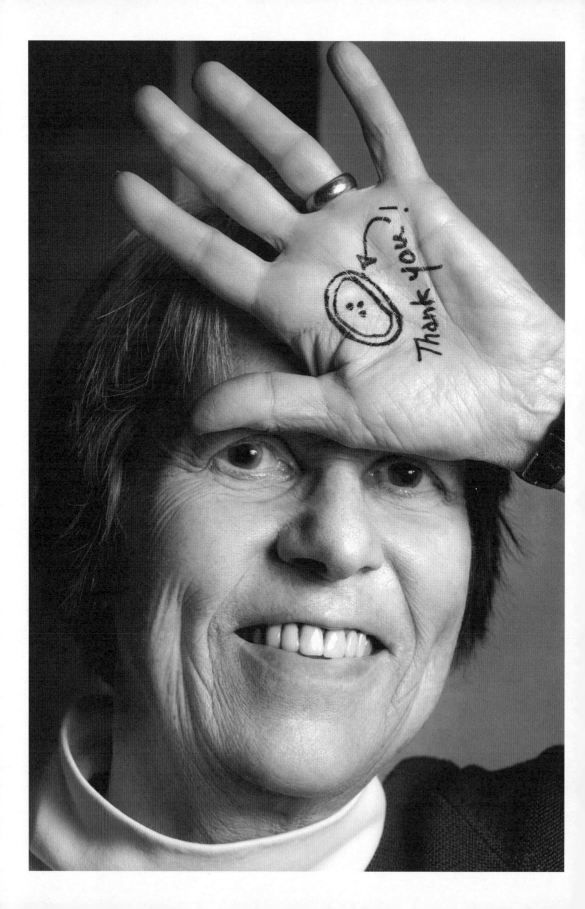

# "인간은 더 많은 대답을 찾을수록 더 많은 질문을 갖게 된다."

샐리 치솜 | 해양생물학

MIT 생물학 교수
2019년 크라포르드상 수상
미국

**치솜 교수, MIT에서 교수 생활을 시작할 때, 과에서 유일한 여성이었다. 어떤 느낌을 받았었나?**

청소년 시절부터 늘 남자가 많은 환경에서 생활했다. 부모님 친구들은 모두 아들만 있었다. 그래서 소년들에게, 나중에는 남자들에게 둘러싸여 있는 게 익숙했다. 그 상황에서 최선을 다하려고 했다. 그리고 장벽은 아주 늦게 감지했다.

**어떤 장벽을 어떻게 느끼게 되었나?**

대학에서 학문 관련 일자리를 처음 얻었을 때 자신의 직업을 대하는 남성과 여성의 차이, 그리고 대학사회 안에 존재하는 미시적 불평등을 비로소 알게 되었다. 나의 경험 세계가 남성 동료들의 경험 세계와 근본적으로 얼마나 다른지를 이해하기 시작했다.

## 어떻게 달랐는가?

그것은 내가 축구 경기를 하는 것 같았다. 거기에는 규칙이 있고, 선수들은 경기를 할 줄 안다. 남성들은 학문 세계의 규칙을 알고 있었고, 반면에 나는 규칙을 발견하려고 싸우고 있는 것 같은 느낌이 늘 들었다. 몇 가지 일들은 남성들에게 너무 당연한 것이었다. 예를 들면 남성 동료들은 최고 책임자에게 거리낌 없이 가서 할 수 있는 질문은 다 하곤 했다. 반면에 나는 도움을 청하는 일이 거의 없었다. 도움 요청이 약자의 신호라고 생각했기 때문이다.

## 대학도 당신을 다르게 대했나?

이렇게 말할 수 있다. 가끔은 오늘날에도 그렇기는 하지만, 당시에는 전반적으로 여성들이 남성들처럼 진지하게 받아들여지지 않았다. 나는 1976년에 교수로 채용되었다. 바로 그 직전에 연방정부의 연구지원금을 받으려면 미국 대학들은 여성 교수를 의무적으로 채용해야 하는 규정이 생겼다. 누구도 명시적으로 말하지는 않았지만, 내가 여성이기 때문에 나의 경력에 어떤 일들이 일어났다는 것이 확실했다.

## 예를 들면 어떤 일이 그랬나?

대학에 자리를 얻었다는 것부터 그랬다. 당시에 여성을 채용하라는 압력이 대학에 가해졌다. 우리 세대에서는 그런 방식으로 소수의 여성만이 혜택을 받았다. 말하자면 나는 '적극적 우대 조치affirmative action'의 수혜를 받았지만 나의 직업생활에 존재하던 미시적 불평등이 그 혜택을 다시 '되돌려 주었다.'

## 장비, 사무실, 실험실 사용 등에서 남성 동료들과 동등한 권한을 누렸나?

젊은 연구자로서 학과의 도움을 많이 받았다. 그러나 늘 다 좋았던 것은 아니었다. 평균적으로 여성들은 동등한 자리와 급여를 받지 못했다. 경력을 쌓으면

서 내 급여가 다른 남성 동료들에 비해 높지 않다
는 것을 여러 차례 확인했다. 다행히 나중에 이
문제는 개선되었다.

### 남성 동료들은 당신을 어떻게 대했는가?

어떤 면에서 운이 좋았다. 나는 우리 과에서 유일한 여성이면서, 동시에 생물학
을 대표하는 유일한 생물학자였다. 무시당했을 때 나는 내가 여성이어서 그랬
는지, 아니면 생물학과에서 와서 그랬는지 이유를 몰랐다. 소외감을 느꼈지만
성별에 책임을 돌리지 않았다. 나는 유일한 생물학자로서 나 자신의 리듬에 따
라 생활하는 데 익숙해졌다.

### 당신 경력에서 모욕을 당한 일도 있었나?

모욕은 너무 심한 표현이지만 이런 일이 있었다. 누군가 공학대학에 있는 자연
과학자는 그저 숨어 있는 평범한 과학자에 불과하다는 말을 했고, 나는 이 말
을 또렷이 기억한다. 이 말에 너무 화가 나서 속으로 다짐했다. '내가 너에게 그
렇지 않다는 걸 보여 줄 거야.' 이 생각이 이후 나의 경력을 끌어가는 자극제가
되었다고 생각한다.

### 당신에게 크게 기대하지 않는다는 느낌을 받았었나?

나는 여성들이 단지 남성들과 같은 수준을 유지하기 위해 더 잘하려 애써야 한
다고 생각한다. 내가 받은 인상에 따르면, 학생들은 어떤 사람이 무언가를 증명
하기 전까지는 그 사람을 그리 훌륭하다고 믿지 않는다. 대학의 남자 교수들을
보면 모두 대단히 성공한 사람들이고, 이들은 당연히 자신들이 엄청나게 똑똑
하다고 확신한다. 여성들은 반대로 여기에서도 더 많은 걸 증명해야 한다.

**당신 또한 어쨌든 그렇게 더 많은 것을 했을 것이다.**

그렇게 했었다. 그런 노력이 중요하지 않다는 걸 깨달을 때가 있다는 건 좋은 일이다. 사람들은 자신들이 생각한 대로만 생각할 뿐이다. 따라서 자기 자신을 위한 일을 시작해야 한다. 그렇지 못하면 가면증후군imposter syndrome이 그 사람의 숨통을 조일 것이다. 많은 여성들이 이 가면증후군에 시달린다.

**스스로 가면증후군을 느꼈던 순간이 있었나?**

여기에는 이런 긴장이 있다. 누군가 그렇게 훌륭하지 않은 사람이 자신보다 더 많은 것을 성취할 때 좌절감을 느낀다. 이때 자신이 훌륭하다는 걸 알게 된다. 반면에 나는 그런 걸 경험하는 일조차 쉽지 않았다. 나는 어느 정도 즐겁게 MIT에 갔고, 처음에는 이 연구소에서 별종이었다. MIT에 계속 있으면서 행운

과 몇몇 정말 좋은 사람들의 도움이 필요했다. 나는 내가 가졌던 행운에 대해 늘 생각한다. 특히 내 인생의 사랑 프로클로로코쿠스Prochlorococcus 가 존재하는 오늘날 더욱 그 행운을 되새긴다.

**남편은 이를 어떻게 느꼈나? 당신의 사랑을 두고 남편이 프로클로로코쿠스와 경쟁했다고 농담한 적이 있다.**

그것은 건강한 균형이다. 남편은 종종 나의 사랑을 얻기 위해 싸우지만, 상당히 관대한 사람이다. 남편은 과학자가 아니다. 나를 지지하고

나의 경력에 관심을 가져 주는 사람이 있다는 건 좋은 일이다. 그러나 모든 것을 너무 진지하게 생각하지 않고 다양한 변화가 있는 삶을 꾸려 가는 것도 나를 도와준다.

## 아이를 갖지 않은 것은 의식적인 결정이었나?

능동적인 결정은 아니었다. 삶은 다양하게 전개된다. 내가 MIT에 처음 갔을 때는 그곳에서 일하는 소수의 여성만이 아이를 가졌다. 당시 과학계에서 일하는 여성이 가족을 이룬다는 건 정말 힘든 일이었다. 게다가 나는 결혼을 늦게 했다. 결혼할 때 40대였다. 나도 아이를 가질 수 있었겠지만 너무 늦었다. 가끔씩 우리 부부에게 아이가 없는 게 슬플 때도 있다. 예를 들어 아이가 있어 행복해하는 친구들과 함께 있을 때 말이다. 그러나 온종일 아이 걱정만 해야 하는 친구와 함께 있을 때는 아이가 없는 게 그리 나쁘지만은 않다고 생각하게 된다.

## 프로클로로코쿠스가 무엇인지 짧게 설명해 줄 수 있을까?

프로클로로코쿠스는 바다에 많이 존재하는 정말로 작은 미생물이다. 프로클로로코쿠스는 광합성을 한다. 지구에서 가장 작고, 가장 많이 존재하는 광합성 세포다. 대략 수십억 마리의 프로클로로코쿠스가 바다에 존재한다. 프로클로로코쿠스는 해양 물질 순환에서 아주 중요한 역할을 담당하고, 해양 먹이사슬의 기초다.

## 프로클로로코쿠스가 왜 그렇게 중요한가?

프로클로로코쿠스는 대기의 이산화탄소를 흡수해 바닷속에 저장할 수 있다. 단지 프로클로로코쿠스뿐만 아니라 식물성 플랑크톤이 멸종한다면 바닷속에 있는 이산화탄소가 모두 대기로 나올 것이고, 대기의 이산화탄소량은 지금보다 두세 배 많아질 것이다. 이것은 바다를 덮고 있는 살아 있는 광합성 필름이 지구 생태계의 균형을 유지하는 데 얼마나 중요한지 보여 준다.

**그렇다면 당신의 연구는 기후변화 때문에 중요해졌나?**

기후변화를 이해하기 위해서는 기후 시스템과 지구 이산화탄소의 순환에서 해양이 담당하는 역할을 이해해야 한다. 식물성 플랑크톤이 이 해양 역할을 이해하는 데 열쇠가 된다.

**식물성 플랑크톤이 무슨 일을 하는가?**

매달 우리는 이 작은 유기체에서 새로운 것을 발견한다. 이 유기체는 비밀이 많다. 한편으로 매우 아름답고 단순하며, 다른 한편으로 지구적 규모에서는 믿을 수 없을 만큼 복잡하다. 우리가 식물성 플랑크톤을 연구할수록, 식물성 플랑크톤의 이야기는 점점 커져 간다. 이 연구는 마치 매일 선물을 개봉하는 것과 같다. 프로클로로코쿠스 공부는 다른 생명체에게도 분명히 중요하다. 나는 이 연구를 통해 지구 위에 있는 생명을 다른 눈으로 보게 되었다.

**그런 예를 하나 들어 줄 수 있을까?**

미생물을 연구할 때 연구자는 개별 세포 하나를 떼어 내 성장시킨 다음, 이것을 분석하고 조사한다. 프로클로로코쿠스를 분리시키려고 했을 때, 우리는 프로클로로코쿠스가 다른 박테리아와 함께 공동체를 이루어 살고 있고, 다른 박테리아와 함께 있을 때 더 잘 자란다는 것을 알게 되었다. 우리는 왜 이런 공동체 안에서 살아가는 것이 프로클로로코쿠스를, 말하자면 행복하게 해주는지 발견하려고 노력하고 있다. 우리는 생물학에서 알고 있는 많은 지식이 고립된 개체 연구에서 나왔다는 것을 이해하기 시작했다. 한 생명체를 고립된 상태에서 관찰한다면 왜곡된 그림을 얻게 된다. 그래서 나는 연구방법론 하나를 개발했고, '교차 규모 생물학cross-scale biology'이라고 이름 붙였다. 이 방법을 통해 우

리는 유기체들을 다양한 층위에서 이해하려
고 한다.

### 오바마 대통령이 국가과학상을 수여했을 때 어떤 느낌을 받았는가?

엄청 흥분되었다. 수상 소식에 깜짝 놀
랐는데, 왜냐하면 내가 다소 변두리 주제
를 연구했기 때문이다. 이 상을 받았다는 것은

> "나는 이 상황을 정말 사랑한다. 나는 오로지 나 자신과 함께 있고, 내 머릿속에 머문다. 마치 내가 나의 뇌 속으로 되돌아가 있는 듯한 느낌이 든다."

저 밖에 있는 누군가가 실제로 내가 한 작업을 읽었고, 내 연구의 의미를 이해
했다는 걸 뜻했다. 지금껏 해양생물학 분야에서 국가과학상을 받은 적은 없었
다고 알고 있다. 프로클로로코쿠스가 이렇게 인정받았다는 데 감격했다.

### 어떤 숭고한 느낌을 받았나?

아니다. 그런 건 아니었고 그냥 겁이 났다. 나는 소심한 사람이다. 그런 스포
트라이트를 받는 자리에 서는 게 긴장되는 일이었고, 한편으로 약간 화가 나기
도 했다. 나는 가운데에 서 있는 게 편안하지 않았다. 우리 팀 전체가 나와 함께
그곳에 설 수 있기를 바랐다. 내 연구실에 있는 재능 있는 사람들에게 빚을 지
고 있다는 느낌이 들었다. 나는 지휘자에 가깝고, 음악가는 그들이다. 그들 없
이 나는 아무것도 아니다.

### 이런 태도가 전형적인 여성의 태도라는 생각은 들지 않나?

잘 모르겠다. 그건 그냥 나의 태도다. 나의 연구원들은 내 연구의 본질적 요소
이기 때문이다. 나는 다양한 분야에서 이 사람들을 불러 모았기 때문에 그들이
하는 말을 절반 정도밖에 이해하지 못하는 상황을 잘 극복해 나가야 한다. 이
런 나의 태도를 종종 겸손으로 해석하지만, 겸손한 게 아니라 솔직한 것이다.

나는 전문가 집단을 모았고 큰 전체를 볼 수 있는 이점을 누리고 있다. 그러나 마지막에 그들의 전체 힘든 노동을 치하하는 일은 쉽지 않다.

**당신은 MIT에만 있는 기관교수(Institute Professor)라는 엄청난 자리에 올랐는데도 여전히 조금 불안해 보인다. 어떻게 그럴 수 있나?**

내가 이런 성공을 할 거라고는 생각도 못했다. 뱁새가 황새를 따라가는 노력을 하면 교수직은 얻을 수 있을 거라고 생각했지만, 이런 엄청난 영예는 기대하지 않았다. 어제 수상을 축하하는 이메일을 하나 받았다. 보낸 사람은 학부생이며, 나의 논문을 읽었다고 했다. 나는 학부생이 나의 논문을 읽을 이유가 없다고 계속 생각했다. 세상이 나를 어떻게 인지하는지 감지하는 일은 쉽지가 않다고 추측해 본다.

**그런 당신의 모습은 어디에서 왔다고 생각하는가?**

나는 대단히 가부장적 가정에서 성장했다. 청소년 시절 오빠는 빛나는 모범으로 대우받았던 반면, 나에게는 아무도 기대를 하지 않았다. 그래서 나도 자신에게 아무런 기대를 하지 않았다. 그러나 어릴 때부터 이미 주목받고 싶은 욕구가 있었다. 그래서 모든 것을 제대로 하려고 노력했다. 끊임없이 계속해서 노력했고, 언젠가부터⋯ 누군가 나를 주목했다.

**무엇이 과학에 사로잡히게 했나?**

아버지는 사업가였고, 어머니는 꿈이 좌절당한 주부였다. 어머니는 똑똑했지만, 당시 여성에게 직업활동은 생각할 수 없는 일이었다. 나는 대학에서 생물학 수업을 수강했다. 실험을 하면 논문을 발표할 수 있다는 것과 사람들이 그 논문을 믿어 준다는 것을 그 수업을 통해 알게 되었다. 나는 생각했다. '놀라운 일인 걸. 이건 젊은 여성인 내가 내 목소리를 찾고 내가 무언가를 알고 있음을 증명하는 하나의 방법이야.' 이렇게 나는 과학에 사로잡혔다.

## 과학에 흥미를 느끼는 젊은 사람에게 어떤 조언을 해주겠는가?

그 젊은이에게 그 일이 마음에 들면 계속하라고 말하고 싶다. 과학은 늘 쇄신
되는 분야다. 더 많은 대답을 찾을수록 더 많은 질문이 생겨난다. 과학은 세상
을 이해하는 하나의 방식이다. 물론 삶을 이해하는 방식이기도 하다. 무엇이 이
보다 흥미진진할 수 있겠는가?

## 과학자 경력이 시작된 후 성공하기까지 여러 해가 걸렸다. 그 시기를 어떻게 버
텼나?

실제로 우리는 프로클로로코쿠스를 5년 동안 지원금 없이 연구했다. 이 주제는
그냥 너무 흥미로웠고, 우리 연구실에 나만큼 이 주제에 매료된 사람들이 있었
다. 과학에서는 호기심이 있어야 한다. 그리고 실수를 견딜 수 있어야 한다. 매
일 높은 기대를 할 수는 없다. 또한 탐구 과정이 정답의 발견보다 훨씬 재미있
어야 한다. 우리는 다른 연구에 할당된 돈을 가져다 썼고, 프로클로로코쿠스 연
구를 계속하는 데 충분했다.

## 은퇴생활에 대해 어떤 계획이 있는가?

나는 은퇴를 할 마음이 없다. 아무것도 놓치고 싶지 않기 때문이다. 우리는 지
금 막 대단히 흥미로운 대상의 뒤를 밟고 있다. 그리고 물러나기 전에 프로클
로로코쿠스를 과학계에 확산시키는 일을 정말 확실하게 하고 싶다. 프로클로
로코쿠스의 여러 종이 전 세계에 다양하게 존재하지만, 이를 연구하는 연구실
은 그리 많지 않다. 그러니까 모든 작업이 끝난 후 프로클로로코쿠스가 바닥으
로 사라지는 일이 일어날 수도 있다. 나는 프로클로로코쿠스에게 미래가 있기
를 원한다.

## 일에 완전히 몰두한 당신은 어떤 모습인가?

나는 집에서 일을 많이 한다. 집에서는 많은 일을 해치울 수 있기 때문이다. 세상을 서서히 소거하기 위해 노동자들이 요란한 큰 기계 앞에서 쓰는 것과 같은 귀마개를 한다. 나는 남편에게 말한다. "좋아, 지금부터 나는 봉쇄 상태로 들어가." 그다음에 정말 내 일에 깊숙이 파묻힌다. 나는 이 상황을 정말 사랑한다. 나는 오로지 나 자신과 함께 있고, 내 머릿속에 머문다. 마치 내가 나의 뇌 속으로 되돌아가 있는 듯한 느낌이 든다.

## 당신은 바다에서 멀리 떨어진 곳에서 성장했고 열네 살이 되어서야 바다를 처음 보았다. 그런데 왜 해양학 분야를 선택했나? 물과 무슨 관계가 있었나?

사실 나는 민물로 된 바다 같은 슈피리어 호수 근처에서 자랐다. 칼리지에 다닐 때 연구 프로젝트도 호숫가에서 진행했다. 대학교에 진학한 후에도 민물 플랑크톤을 연구했었다. 그러나 해양학이 훨씬 더 많은 지원을 받는다는 것을 곧 알게 되었다. 해양학에는 해군이 많은 돈을 투자하기 때문이다. 그래서 해양학 박사후 과정으로 옮겼고, 그렇게 해수 식물성 플랑크톤으로 갔다.

## 물은 평생 당신의 열정이었나?

그렇지는 않았다. 특별히 물과 관계가 있다거나 바다를 향한 열정 같은 건 없었다. 무언가 다른 것도 없었다. 내가 가르친 많은 학생들은 무엇이 자신의 열정인지 의문을 품는다. 그들은 무엇에 진정한 흥미가 있는지 스스로 결정하지 못할 때가 많다. 그럴 때 나는 말해 준다. "그걸 지금 알 필요는 없어요. 그냥 한 걸음 내디뎌 보세요. 그럼 열정이 학생을 찾아올 겁니다." 실제 내가 이런 경우였다. 나는 무언가를 추구했던 적이 없었다.

## 세상에 전하는 당신의 메시지는 무엇인가?

자연이 주는 것을 더 강력하게 보호해야 한다고 말하고 싶다. 우리는 자연계와 우리가 의존하는 다른 종들을 고려해야 한다. 프로클로로코쿠스는 그중 하나다. 우리는 살아 있는 지구를 당연하게 여기고, 자연이 늘 여기 있고 우리 인간을 품어 줄 거라고 확신한다. 우리는 이렇게 계속 갈 수 없다. 지금 방식을 유지할 때, 지구는 더 이상 견디지 못할 것이기 때문이다.

톨룰라 오니와의
인터뷰 영상

# "늘 자신의 목표를 기억하고 왜 이 일을 하는지, 무엇을 하려고 하는지를 마음에 새겨야 한다."

**톨룰라 오니** | 의학

케임브리지 대학교 역학 조교수
영 글로벌 아카데미 전임 공동 의장
영국

**오니 교수, 당신은 나이지리아 라고스에서 태어났다. 어떻게 운명에 맞서서 큰 성공을 거두었나?**

음, 나는 여전히 성공으로 가는 길에 있다고 주장하고 싶다. 기본적으로 부모님이 우리 형제들에게 추진력과 야심을 가르쳤다. 부모님은 우리에게 늘 말했다. "해 봐!" 그 결과 우리는 축복처럼 어떤 목표의식을 가지고, 우리에게 무한한 잠재력이 있다는 느낌을 갖게 되었다. 계획한 모든 것을 성취할 수 있다는 느낌이 들었다.

**분명히 부모님은 당신에게 긍정적 영향을 주었다. 두 분은 어떤 일을 하셨나?**

아버지는 식품공학을 공부했고 한 다국적 기업에서 일했다. 어머니는 대학교에서 프랑스어를 가르쳤다. 어머니는 사회에 널리 퍼진 여성은 열등하다는 생각으로부터 나를 보호했다. 그리고 나에게는 한계가 없다는 느낌을 주었다. 그러므로 나는 오늘날 많은 여성들이 직면하는 성차별 문제에서는 큰 행운을 얻었다. 내가 받은 양육이 사려 깊고 특이했다는 것을 나중에 알게 되었다. 그러나 당시에 나는 소년이든 소녀든 상관없이 누구나 원하는 모든 일을 할 수 있다고 생각했었다. 나는 대학교에서 어머니의 강의가 끝날 때까지 기다렸다. 대학에서 강의하는 일이 특이한 일이라고 생각하지 않았다. 그건 그냥 어머니의 직업이었다. 그리고 어머니가 이런 일을 잘했다면, 나도 잘할 수 있지 않을까라는 생각을 하곤 했었다.

### 학교에서 가장 똑똑하고 성적도 가장 좋은 학생이었나?

나는 늘 야심이 있었고 최고가 되려고 노력했다. 타고난 재능에만 의존하지 않았다. 이때 이미 경쟁을 좋아했다. 그리고 나와 형제들은 누가 학기 말에 학급에서 1등을 하는지 내기를 하곤 했다. 나는 끈질긴 야심과 거대한 활동력의 혼합물이었고, 이것이 나를 여전사로 만들었다.

### 당신은 야심이 컸다고 말했다. 삶에서 가졌던 첫 번째 목표를 기억할 수 있나?

그렇다. 이미 아이 때 의사가 될 거라고 말했다. 그리고 사람들에게 긍정적 영향을 줄 수 있는 무언가를 하고 싶었다. 일곱 살 때 수술을 다룬 다큐멘터리에서 한 아이의 심장을 보았다. 대단히 괴상하게 보였던 심장의 모습에 매료되었다. 당시 나는 그 자리에서 어린이 심장과 의사가 되겠다고 결심했다. 왜냐하면 활발하게 뛰어놀고 학교에 가야 할 이 어린 환자가 마음에 걸렸기 때문이다. 나는 확신했다. "나는 나와 같은 아이들을 도울 수 있어. 그걸 바로 내가 해낼 거야!"

> "당시에 나는 소년이든 소녀든 상관없이 누구나 원하는 모든 일을 할 수 있다고 생각했었다."

### 라고스에서는 얼마나 오랫동안 살았는가?

열다섯, 혹은 열여섯 살까지 살았다. 부모님은

내가 국제적으로 인정받는 학교 교육을 받기를 원했다. 그래서 나를 런던 근교 지역 서리에 있는 기숙학교로 보냈고, 그곳에서 학교 공부를 마쳤다. 기숙학교를 졸업한 후 유니버시티 칼리지 런던에서 의학을 공부했고, 뉴캐슬어폰타인에서 외과 실습을 마쳤다. 이어서 호주 시드니 내과 중환자실에서 일하면서 1년을 보냈다. 영국으로 돌아온 후, 런던의 한 병원에서 일하면서 감염병 연구에 집중했다.

## 이 시기에 인간면역결핍바이러스(HIV)에 특별한 관심을 갖게 되었나?

그렇다. 국제 보건학 분야에서 학사학위를 받은 후 인간면역결핍바이러스에 관심을 갖기 시작했다. 의학 공부를 하는 동안 나는 1년 휴학을 했다. 그 휴학 기간 동안 에이즈의 원인과 나라 밖의 요인들이 지역에 미치는 과정을 이해하고 싶은 나의 바람이 제대로 익어 갔다. 그것은 진짜 나를 깨우는 종소리였다.

나는 학사 졸업논문을 '국경없는 의사회'에서 항레트로바이러스 치료를 주제로 썼다. 그때가 2000년이었다. 당시에는 가난한 나라 사람들은 시계가 없어서 언제 약을 복용해야 하는지 모르기 때문에 인간면역결핍바이러스 치료를 받을 수 없다는 잘못된 편견이 지배했었다. '국경없는 의사회'는 이런 소문을 받아들이지 않았고 소득이 낮은 나라에서도 치료를 시작하기로 결정하면서, 이런 나라에서도 인간면역결핍바이러스 치료가 완전히 가능하다는 걸 보여 주려고 했다. 그들은 다양한 나라에서 파일럿 프로젝트를 시작했는데, 인간면역결핍바이러스의 확산을 여전히 부정하던 남아프리카공화국도 여기에 포함되었다. 케이프타운에 있는 카이엘리차 마을에서 첫 번째 무료 진료가 시작되었다.

## 어떻게 직접 이 프로젝트에 참가하게 되었는가?

나의 과제는 전 세계 곳곳의 새 파일럿 프로젝트에서 나오는 정보를 모으는 일이었다. 치료가 시작된 후 6개월과 1년이 지난 다음부터의 정보를 모았다. 예상대로 치료 효과는 대단히 좋았다. 이 일이 나의 첫 번째 연구 프로젝트였고, 내게는 믿을 수 없는 경험이었다. 런던으로 돌아왔을 때, 나는 중요한 주제를 생각해 냈다. 인간면역결핍바이러스를 치료만 하지 않고, 연구를 통해 인간면역결핍바이러스 감염으로 인한 사망률을 낮추는 방법을 찾고 싶었다. 런던에서는 인간면역결핍바이러스 환자들이 약을 얻을 수 있었고, 전 세계 다른 지역과는 달리 더는 죽지 않았다.

**그래서 인간면역결핍바이러스 연구가 시급했던 남아프리카공화국으로 가기로 결심했나?**

그렇다. 한 교수와 상담하면서 인간면역결핍바이러스 연구를 하고 싶다고 말했다. 그 교수가 나를 남아프리카공화국과 연결해 주었다. 나는 바로 떠났다. 원래 12개월 동안 머물 생각이었지만 그곳에서 환상적인 11년을 보냈다.

**남아프리카공화국에서 큰 성공을 거두었다. 그러나 처음에는 어떤 장애물들을 극복해야 했나?**

사실 가장 큰 장애물은 자기의심과 후회에 대한 두려움이었다. 의학은 그렇게 보수적인 분야다. 의학 교육을 마치고 나면 이제 완전히 더 넓은 삶이 그려진다고 사람들은 말한다. 나는 그 길 중간쯤에서 뛰어내렸다. 그리고 끊임없이 이런 말을 들었다. "당신은 자신의 경력을 망치고 있어요. 당신이 받은 교육은 쓸모가 없어질 수도 있어요." 나는 모든 것이 잘 될 거라고 확신하지 못했다. 그리고 동료들에게 뒤처질까 봐 걱정했다. 나는 이런 기분을 가능한 한 무시하기로 결심했고, 역학 박사학위를 마무리 짓기 위해 남아프리카공화국에 머물렀다.

**유색인 여성으로 남아프리카공화국에서 일하는 건 어땠나? 이것이 또 다른 장애물은 아니었나?**

그것은 내가 해결해야 할 또 다른 문제였다. 그 문제는 대단히 복잡하고 역동적이었다. 나는 흑인 아프리카인들이 다수인 나이지리아에서 성장했다. 그곳에도 불평등은 존재했다. 그렇지만 인종적 불평등은 아니었다. 남아프리카공화국에도 흑인 아프리카인들이 다수다. 그러나 인종차별 정책의 결과로 이곳에서는 흑인에 대한 무시가 상당히 컸다.

**어떻게 당신은 이런 특별한 편견에 반응했는가?**

솔직히 말해 나는 어떤 준비도 안 되어 있었다. 나는 좋은 교육을 받은 특권적 배경이 있었다. 영국에서도 확실히 나는 소수자지만 그것은 전혀 문제가 되지 않았다. 나는 좋은 교육 시스템으로 들어갈 수 있는 길이 있었다. 케이프타운은 마음에 들었다. 그러나 이 도시는 여전히 흑인 동네와 백인 동네가 나누어져 있었다. 나는 다수가 흑인인 그 나라에서 분명히 소수자였다.

**그곳 사람들은 당신을 어떻게 생각했나?**

처음 몇 해 동안 나는 연구 자료를 쌓기 위해 병원에서 많은 일을 했다. 내가 그 지역 언어인 코사어를 조금 배웠을 때 환자들이 다음 사실을 확인하기까지 시간이 좀 걸렸다. "아, 당신은 전혀 남아공 사람이 아니군요." 나는 그들에게 이런 태도를 보였다. "그렇습니다. 나는 여기에서 내 일을 하고 있어요. 나는 똑똑하고 무언가를 할 수 있는 사람입니다." 그러나 나는 입을 열기 전에는 단지 외모 때문에 무의식적으로 내가 열등한 존재로 취급받는 것을 여전히 느꼈다. 그들의 기존 인식을 만드는 방식에 개입하게 되면, 그들은 혼란을 느낄 것이다. 기본적으로 그들은 나를 어떻게 생각해야 하는지를 몰랐다.

### 이런 편견 속에서 어떻게 성공적으로 생활했는가?

솔직히 말하면, 매일 이런 편견과 만나는 일은 매우 힘들었다. 이런 편견을 무시하고 생각에서 지워버리기 위해 내면의 힘을 이용했다. 나는 자신에게 말했다. "너는 그렇게 느낄 수 있어. 그러나 나는 그 편견을 받아들이지 않아. 그리고 당신이 틀렸다는 걸 납득시키려고 나의 힘을 낭비하지는 않을 거야. 이런 일상의 전투에는 참여하지 않겠어."

### 성차별은 어땠나? 당신의 직업적 자질과 관련해 성차별을 느낀 적은 없었나?

나의 구원은 케이프타운에서 알게 된 한 교수였다. 그는 과학자들의 1년 과정을 만드는 일에 관여했다. 그 과학자 대부분은 유색인 여성이었고, 앞으로 남아프리카공화국 보건 분야를 이끌어야 할 사람들이었다. 나는 즉시 연구직에 지원했고 자리를 얻었다. 나는 경험이 적었지만 결국 여러 지역에서 진행되었던 결핵 관련 연구를 이끌었다. 이 교수는 자신의 직감을 믿고 내게 말했다. "비록 경험은 부족하지만, 당신이 이 일을 할 수 있다는 걸 나는 그냥 알아요."

> "나는 입을 열기 전에는 단지 외모 때문에 무의식적으로 내가 열등한 존재로 취급받는 것을 여전히 느꼈다."

### 당신에게는 연구실이 있었다. 임상연구팀을 이끌어 가는 일은 즐거웠나?

연구의 큰 부분은 사람들과 관계를 맺는 일이다. 연구의 대상이 되는 사람들, 그리고 함께 연구를 하는 사람들과의 관계 모두 중요하다. 그래서 나는 경영학 교실에서는 배우지 못했던 경영 능력과 리더십을 속성으로 배워야 했다. 무엇보다도 문화적 차이가 관계를 어렵게 만들었다고 생각했다. 나는 비록 외향적인 사람이지만 직업생활과 사생활을 분리했다. 우리 팀에 동기를 부여하는 일은 어려웠다. 몇 달 후 한 남아프리카공화국 동료가 내게 설명해 주었다. "그건 사람과 관계된 문제예요. 사람들은 당신에 대해 아무것도 몰라요." 그들과 돈독한 관계를 만들기 위해서는 나를 좀 더 개방해야 한다는 것을 깨달았다. 이것은 아주 중요한 가르침이었다.

## 무엇 때문에 보건위생 분야에 관심을 갖게 되었나?

임상의학을 하는 의사는 개인에게 직접 영향을 미친다. 이 일 또한 풍성한 느낌을 주지만, 결국 그 의사는 한 사람에게만 도움을 줄 뿐이다. 보건 분야로 관심을 돌린 이유는 사회에 더 많은 기여를 하고, 더 많은 사람들을 질병으로부터 보호하고 싶었기 때문이다.

## 남아프리카공화국에 있는 동안 당신의 연구는 어떻게 발전했나?

원래 남아프리카공화국에 간 이유는 인간면역결핍바이러스와 결핵 발병 사이의 연관 관계와 두 병으로 고통받는 환자의 경과에 영향을 미치는 요인들을 이해하기 위해서였다. 연구를 진행하면서 많은 환자들이 고혈압, 당뇨, 비만도 함께 가지고 있음을 알게 되었다. 나는 전염성이 없는 이런 질병들이 어떻게 함께 일어나는지 밝혀내고자 했다. 이 규명 과정에서 이런 질병들은 건강한 식생활, 충분한 운동과 같은 외부 요인에 달려 있다는 것이 명백해졌다. 특히 도시 환경이 이런 요인과 관련된 문제로 등장하고 있다. 아프리카 도시 거주민 62%는 질병 발병률이 매우 높은 슬럼 환경에서 산다. 나도 한 도시 변두리의 슬럼에서 일했다. 그곳에서도 의사들은 환자들에게 건강하게 먹어야 한다고 말한다. 그러나 병원 밖으로 나와 현실을 보게 되면, 이 사람들에게 책임을 돌릴 수 없다는 것을 깨닫게 된다.

## 그래서 전체 그림을 파악해 보기로 결정했나?

나는 평생 전체를 보여 주는 그림을 찾아다녔다. 그렇다. 나는 인간을 아프게 만드는 생활환경 문제의 원천에 가까이 가기로 결정했다. 식품, 마을 환경, 주택 환경이 이런 원천에 포함된다. 순수한 건강 관리가 더는 주제가 아니었다. 나는 도시 건강과 평등을 위한 연구 계획RICHE, Research Initiative for Cities Health and Equity이라는 연구 집단을 만들었다. 실제로 이 모임을 여전히 이끌고 있다. 나는 질병을 치료할 뿐만 아니라 먼저 그 원인을 바꾸려고 노력한다. 우리는 보통 공중보건 문제에 책임감을 느끼지 않을 산업계와 동반자 관계를 형성하려고 한다. 우리는 사람들이 자신들의 행동에서 나오는 건강한 효과를 이해할 수 있기를 바란다.

## 아프리카는 인구가 가장 빠르게 늘어나는 대륙이다. 공중보건 체계의 개선을 위해 무엇이 진정 필요할까?

질병 예방과 건강 촉진을 위한 장기 전략이다. 우리는 질병이 필연적으로 생기는 게 아니라는 사실을 잊어서는 안 된다. 특히 젊은이들은 더욱 그렇다. 어떤 이들은 우리가 치료와 예방을 한꺼번에 제공할 능력이 안 된다고 말한다. 그럴 때마다 나는 다른 대안이 없다고 말한다. 치료 비용은 우리가 기대할 수 있는 경제성장률보다 훨씬 더 높다.

최근에 나는 젊은 사람들에게 더 집중하고 있다. 그들의 행동방식이 발병의 조건이 되기 때문이다. 특히 젊은이들이 독립을 시작하면서 나오는 행동방식이 중요하다.

### 아프리카를 돕기 위해 서양 세계는 구체적으로 무엇을 해야 할까?

서양이 질병 예방과 건강 관리를 진지하게 생각한다면, 책임감 있는 정치를 추구해야 하고 이중 플레이를 해서는 안 된다. 지금은 한쪽 손은 내밀면서 다른 쪽 손은 거두고 있다. 서양은 우월감 속에서 행동하기를 중단하고, 의미 있고 동등한 파트너 관계를 만들어야 한다. 그러나 '우리는 당신에게 가장 좋은 게 무엇인지 알고 있다'는 식의 후견인적 방식은 안 된다. 이런 방식은 장기적으로 제대로 작동하지 않는다. 우리는 모두 서로 연결되어 있다. 마침내 우리는 모두 같은 생태계의 일부인 것처럼 행동하기 시작해야 한다. 국가와 지역 사이에 존재하는 거대한 불평등을 제거해야 한다. 그것은 결국 우리 모두에게 좋은 일이 될 것이다.

### 당신은 건강을 어떻게 유지하는가?

건강은 장기적 목표다. 나는 매일 그 목표를 위해 싸운다. 한편으로 나는 내가 흥미를 느끼는 일을 포기하는 게 어렵다고 생각한다. 나는 원하는 모든 것을 하려는 경향이 있다. 케이크도 먹으면서 동시에 내 몸을 유지할 수 있다고 굳건히 믿는다. 나는 두 가지를 규칙적으로 시도하고 있다. 그 밖에 조깅을 많이 하고, 조깅을 통해 육체적 건강과 심리적 행복감을 유지하려고 노력한다. 그렇게 나만의 자유 공간을 만들고 맑은 정신을 얻는다.

### 당신 자신을 어떻게 묘사할 수 있을까?

에너지가 넘치고, 고집이 세며, 호기심이 많다. 달리는 사람이며, 낙관적이다.

### 당신의 모범을 따라 과학자가 되는 데 관심이 있는 사람들에게 어떤 조언을 하겠는가?

우리가 모르는 것이 너무 많다. 과학은 미지의 것을 탐구하는 일이다. 과학은 새로운 지식을 얻고 우리 세계를 이해하는 데 기여한다. 가끔씩 사람들은 과학에서 새로운 길을 개척할 용기를 잃어버린다. 나의 조언은 이렇다. 아직 가지 않은 길을 두려워하지 말고, 그 길을 자신의 것으로 만들어라. 바로 과학의 주제가 그것이기 때문이다. 올바른 성격과 사고방식에 대해서 조언하자면, 과학자는 특히 고집과 끈기가 있어야 한다. 그리고 늘 자신의 목표를 기억하고 이일을 왜 하는지, 무엇을 하려고 하는지를 마음에 새겨야 한다.

"당신은 대단히 중요한 질문을 던질 것인지, 아니면 덜 중요한 질문을 제기할 것인지를 스스로 결정할 수 있다."

로버트 랭어 | 화학공학
MIT 화학공학 교수
2014년 생명과학 분야 브레이크스루상 수상
미국

**랭어 교수, 당신은 명예 호칭만 33개 가지고 있다. 1,350개의 특허도 등록했다. 또한 가장 자주 인용된 공학자인데, H지수는 현재 260을 넘었다. 당신의 믿을 수 없는 에너지와 긍정적 자세는 어디에서 왔는가?**

첫째, 나는 과학과 기술이 매력적이라고 생각한다. 인간은 과학 기술을 이용해 거의 마법 같은 것을 만들 수 있다. 그러나 나에게 가장 중요한 것은 세계와 나의 관련성이다. 나를 추동하는 것은 세계를 더 좋게 만드는 일, 생명을 구하고, 인간을 더 건강하고 더 행복하게 만들어 주는 일이다.

**오늘날 당신은 대단히 성공했고 영향력도 크다. 그러나 대학을 졸업했을 때, 먼저 많은 장애물을 건너야 했다. 여러 대학교와 칼리지에서 임용을 거부당했고, 연구 프로젝트 지원금 신청에서 아홉 번이나 떨어졌다. 의대에 지원했지만 그것도 실패했다. 당시 상황에 대해 조금 설명해 줄 수 있겠는가?**

경력을 보면 알겠지만 나는 많은 거부를 경험했다. 대학을 졸업한 후 보스턴에 있는 한 아동병원의 박사후연구원이 되었다. 나는 그 병원에서 일하는 유일한 공학자였다. 고등학교, 칼리지, 대학교까지 오랫동안 모든 것이 체계적으로 잘 갖추어진 곳에 있다가 처음으로 완전히 혼자만 있는 상황은 큰 도전이었다. 또한 생물학을 배우고 생화학에 깊이 관여하는 일은 공학자인 나에게 힘들었다. 나는 10학년 이후로 생물 수업을 들은 적이 없었다. 어쨌든 병원에서 제대로 지내기 위해서 열심히 공부했다. 그래서 박사후연구원 처음 6년 동안은 매우 힘들었다. 나는 연구지원금을 받으려고 노력했고, 박사후 과정을 마친 다음에 일할 곳을 찾으려고 애쓰고 있었다. 나의 비전은 공학적 가치를 의학에 적용하는 것이었다. 화학공학과에서 과학 관련 자리를 얻는 일은 힘들었다. 박사후 과정이 끝난 후 일자리를 얻는 데 성공한 다음에도 일은 제대로 돌아가지 않았다. 연구지원금 문제가 있었기 때문이다. 그다음에 나를 채용했던 학과장이 떠났고, 몇몇 동료들은 내가 그곳에 머무는 것을 원하지 않았다. 그러나 연구자는 이 상황을 견뎌야 한다.

**스스로 완고할 정도로 고집이 세다고 생각하나?**

당시 내게 진정 다른 대안이 있었는지 확신할 수는 없다. 어쨌든 나는 내가 하는 일을 그냥 믿었을 뿐이다. 어떻게 보면 고집이 세다고 할 수도 있을 것 같다.

**MIT에서 화학공학을 전공한 후 연구직과 회사 취직 사이의 선택이 있었다. 무슨 동기로 석유회사에 취직해 많은 돈을 버는 대신 의학쪽으로 가게 되었나?**

석유회사들의 취업설명회에 참석한 후 석유회사의 일이 그리 중요하지 않다는 느낌을 받았다. 어쨌든 그 일은 취직하면 내가 해야만 하는 일이었다. 취직을 했다면 물론 최소한 처음에는 훨씬 더 많은 돈을 벌었을 것이다. 회사들이 나에게 원했던 것은, 예를 들면 어떤 화학물질의 수득률을 아주 조금 높이는 정도였다. 이런 작업으로 당연히 많은 돈을 만들 수 있지만, 특별한 의미는 없다고 생각했다.

**경력 초기에 중요하게 여긴 특별한 멘토가 있었나?**

있었다. 주다 포크먼Judah Folkman이라고 저명한 외
과 의사가 나의 특별한 멘토였다. 아동병원의 박
사후연구원으로 있을 때 지도교수였다. 포크먼은
거의 모든 것이 가능하다고 믿었고, 포기를 모르는
사람이었다. 그는 위대한 아이디어를 가지고 비전을 품고

있던, 꿈꾸는 사람이었다. 젊은 과학자였던 나에게 포크먼과의 만남은 환상적
인 경험이었다. 우리가 만약 포크먼의 아이디어를 현실화하는 데 성공한다면,
그 성공은 진정 중요한 진보일 것이라고 확신했다. 우리 몸 안의 혈관형성을
저해하는 물질 찾기도 그 아이디어 중 하나였다. 이 아이디어가 실현되면 다시
시각 상실과 암에 대응하는 새로운 치료법으로 이어질 수도 있었다.

**조직의 배양, 효능 물질을 투입하는 새로운 방법 연구도 당시에는 새로운 연구 분
야였나?**

그렇다. 처음 내가 연구했던 주제가 바로 혈관형성angiogenesis과 '약물 전달drug
delivery'이었다. 사실 조직 배양은 나중에 젊은 외과 의사 제이 비칸테Jay Vicante
를 알게 된 후에 추가된 연구 분야였다. 비칸테는 장기 이식이란 주제를 이야
기하기 시작했고, 그렇게 우리는 조직 배양을 위한 몇몇 아이디어를 발전시켰
다. 이처럼 외과적 특성이 두드러진 병원에서 일하면서 이런 대단한 사람들을
만났던 것이 나에게는 엄청난 도움이 되었다.

**포크먼 박사와의 작업은 나중에 당신이 학생들과 작업하는 방식에도 영향을 주
었나?**

어느 정도는 그랬다. 강의할 때 나는 학생들이 과학이 할 수 있는 엄청난 규모
의 선한 일을 볼 수 있기를 바란다. 과학과 기술에 헌신하면, 학생들은 믿을 수

573

없을 만큼 많은 걸 배울 수 있다. 그리고 나도 포크먼처럼 거의 모든 일이 가능하다고 믿는다.

**당신은 학생들이 가진 최고의 능력을 끌어내기 위해 많은 걸 요구한다고 말했다.**

그렇다. 살아오면서 발전시킨 철학 하나가 있다. 학생은 다니는 학교의 수준과 관계없이, 즉 초등학생도, 중고등학생도, 대학생도 다른 사람의 질문에 얼마나 잘 대답하느냐로 평가받는다. 그렇지 않은가? 시험에서 얼마나 좋은 성적을 내느냐에 따라 평가받을 것이다. 이와 반대로, 이후의 삶에서는 자신이 직접 던지는 질문에 따라 평가받는다. 당신은 대단히 중요한 질문을 던질 것인지, 아니면 덜 중요한 질문을 제기할 것인지를 스스로 결정할 수 있다. 나는 좋은 대답을 하는 사람에서 좋은 질문을 하는 사람으로 넘어가는 과정에서 학생들에게 도움을 준다.

**현재 당신은 당신 분야의 전문가다. 특히 뇌 안에 효능 물질을 투입하는 영역에서 더욱 그렇다. '약물 전달'이라는 주제를 비과학자들에게 쉽게 설명해 줄 수 있겠나?**

친구 헨리 브라운Henry Brown과 함께 폴리머 디스크를 개발했다. 이 폴리머 디스크는 사람 몸 안에 이식될 수 있는데, 몸 안에서 서서히 녹으면서 암 치료제를 전달한다. 만약 뇌종양 환자가 있다면, 외과 의사는 가능한 한 많은 종양조직을 잘라서 제거한 후, 두개골을 다시 닫기 전에 잘라낸 부위에 소위 웨이퍼라고 부르는 이 작은 디스크를 삽입한다. 이 디스크는 수술 이후 최소 한 달 동안 종양조직에 약물을 전달하고, 좀 더 바란다면 많은 종양세포도 죽일 수 있다. 이렇게 이 디스크는 계속해서 같은 부위를 공격한다. 이 방법은 치료법이 아니지만, 생명을 연장하고 고통을 완화해 준다.

**당신은 이 과정을 밖에서 조정할 수 있나?**

그렇다. 우리는 약물 전달의 원격 조정을 가능하게 해주는 작은 반도체 칩과 그 밖의 다른 기술도 개발했다.

**약물 전달에 대한 당신의 첫 번째 아이디어와 실제 약물 전달의 현실화 사이에는 오랜 시간이 놓여 있다.**

모든 의학 분야의 개발은, 즉 초기 발견에서 의사들의 정규적인 이용까지는 시간이 많이 걸린다. 이 두 과정 사이에는 동물실험, 임상연구, 그리고 FDA나 다른 감시기구의 허가가 있다. 이 과정은 또한 엄청나게 많은 돈이 필요하다. 연구뿐 아니라 현실화를 위해 열심히 일하는 회사를 위해서도 돈은 필요하다. 혈관형성 억제제의 경우를 보면, 우리는 첫 번째 논문을 1976년 〈사이언스〉에 발표했다. 28년이 지난 2004년에야 혈관형성 억제제는 FDA의 승인을 받았다. '약물 전달' 시스템의 경우에는 조금 빨랐다. 첫 번째 논문은 1976년 〈네이처〉에 실렸고, 허가는 13년 후인 1989년에 받았다.

**당신의 또 다른 분야인 조직 배양은 어느 정도 발전했나? 신체기관을 키워서 이식할 수 있는 수준에 이르렀나? 이미 인간에게도 사용되고 있는가?**

제이 비칸테와 나는 새로운 조직이나 기관을 배양하기 위해 인조 물질과 세포를 결합하는 방법에 관한 몇 가지 기본 아이디어를 가지고 있었다. 우리는 많은 기본 방법과 원리를 개발했다. 많은 회사들이 이 과제를 한 단계씩 진전시켰고, 우리는 몇몇 회사에 직접 참여했다. 그사이에 화상 환자를 위한 피부를 생산할 수 있게 되었다. 당뇨 관련 피부암 환자를 위한 인공 피부도 있다. 많은 다른 응용법도 임상시험 단계에 있는데, 예를 들면 새로운 연골조직이나 새로운 척수 같은 게 그 예다. 지금 우리는 청각 장애, 인공 췌장, 인공 장벽腸壁, intestinal wall을 연구하고 있다. 또한 우리를 포함한 여러 팀들이 심장이나 장과 같은 장기를 칩으로 만들 수 있는지를 연구하고 있다. 나의 몇몇 학생들은 고기나 가죽을 만들 수 있는지를 연구한다. 이처럼 연구 분야는 상당히 넓다.

## 당신은 자신을 성공한 사업가로 여기는가?

내가 사업가인지는 잘 모르겠다. 그러나 실험실에서 나온 것을 세상에 전달하는 일은 확실히 내게 중요하다. 이 전달을 돕기 위해 기업에 참여했다. 회사 일은 대단히 흥미로운 경험이었다. 과학 그 자체도 대단하지만, 나는 더 멀리 가고 싶다. 과학이 사람들의 삶에 영향을 미치기를 원한다. 기업들이 이런 바람을 실현해 주었다. 몇몇 제자는 열정적으로 스타트업을 창업했고, 실험실에서 나온 자신들의 연구가 세상에 나오도록 애쓰고 있다. 그것은 그들의 꿈이었다. 이는 환상적인 일이다. 나는 제자들이 꿈을 꾸며 살기를 바란다.

## 당신 분야에서 경쟁은 어떠한가?

> "또한 우리는 심장이나 장과 같은 장기를 칩으로 만들 수 있는지를 연구하고 있다."

어느 정도의 경쟁은 언제나 존재한다. 그러나 나는 경쟁 상황이 모두에게 이익이 된다고 생각한다. 한 예를 들어 보겠다. 나는 상당히 큰 제약회사인 제넨테크를 자문하고 있었다. 암젠은 어떤 면에서 제넨테크의 경쟁 회사였다. 한 번은 암젠이 〈네이처〉, 혹은 〈사이언스〉에 논문을 발표했을 때

주가가 12 또는 14포인트가 올랐다. 이 상황에 제넨테크 사람들은 상당히 흥분했다. 나는 그들에게 말했다. "보세요. 여러분의 주가도 그 덕분에 8포인트 올랐습니다. 여러분은 아무 일도 하지 않았는데 말이죠." 한 경쟁 회사가 잘나가면 자신도 실제 더 잘나가게 된다.

**당신은 정말 일에 온전히 헌신하는 것처럼 보인다.**

정말로 그렇다. 그 말은 맞다.

**삶과 부부 사이의 균형은 어떻게 조절했나? 아이가 셋이다. 어떻게 이 모든 일을 조화롭게 해나갔나?**

아내도 박사학위를 받은 학자다. 아내는 대단히 직설적인 사람이다. 아이들이 어릴 때 아내는 내게 말했다. "아이들과 함께 시간을 보낼 수 있게 매일 저녁 7시에는 집으로 와." 나는 이 제안을 압력으로 느끼지 않았다.

그 후 나는 저녁에 가끔 아이들과 함께 일했다. 18개월 된 큰아이가 내 위를 기어 다니면서 나의 화학책을 입에 물고 있는 사진도 있다. 나는 세 명의 아이들과 함께 놀았고 잠도 재웠다.

**당시에는 몇 시간씩 잤나?**

나는 잠이 필요하다. 여섯 시간에서 일곱 시간씩 충분히 잔다. 그러나 지금 이 나이에도, 밤에 화장실에 가야 할 때면, 아이패드를 들고 가서 다섯 개에서 열 개의 메일에 답장을 보낸다. 나는 끊임없이 일에 대해 숙고한다. 늘 일하고 있다. 한편으로는 내가 하는 일을 일로 보지 않는다. 지금 나는 일흔이고 조용히 쉴 수도 있다. 경제 상황도 아주 좋다. 돈은 필요 없지만, 일하는 게 좋다. 학생들과 대화하고 아이디어를 발전시키며, 무언가를 발명하고 그것이 성공하는지를 보는 것 이외의 일은 생각할 수 없다. 나는 전 세계를 여행하고, 여러 나라에 도움을 주면서 흥미로운 사람들을 만난다. 당신도 알다시피, 이런 활동은 일이 아니다. 거의 꿈과 같은 것이다.

## 당신은 신체적으로 대단히 건강하다. 30년째 매일 두 시간씩 운동한다고 들었다. 맞는 말인가?

집에 피트니스방이 따로 있다. 그곳에서 역기를 든다. 좌식 사이클을 타는 동안에는 일을 할 수 있고, 전화도 받으며 간단한 업무도 처리할 수 있다. 심지어 논문도 읽는다. 학생들이 내 필체가 그렇게 우아하지는 않다고 생각하는 게 그 때문이라고 생각한다. 이렇게 운동하는 이유는 아버지가 심장마비로 돌아가셨기 때문이다. 그때 나는 스물여덟 살이었고, 아버지는 예순한 살이었다. 아버지의 죽음은 큰 두려움으로 다가왔다. 지금 나는 일흔 살이며, 가능한 한 오랫동안 나의 아이들, 아내, 그리고 나와 함께 일하는 사람들과 함께 있고 싶다. 또한 나는 먹는 걸 좋아한다. 만약 운동을 하지 않았다면, 틀림없이 거구가 되었을 것이다.

## 어린 시절과 당시 받은 교육은 어땠나? 무엇이 오늘날의 당신과 같은 사람으로 만들었는가?

확실하게 무엇이 그랬다고 말하기는 힘들다. 아버지는 나와 산수 놀이를 많이 했다. 어머니는 사람들을 잘 돌보던 매력적인 분이었다. 부모님은 나에게 화학 상자와 A. C. 길버트의 현미경을 구해 주었다. 나는 화학물질을 혼합할 수 있었고, 이미 그 놀이는 마법 같은 것이었다. 색깔도 바꿀 수 있었고, 고무도 만들 수 있었다. 그러나 운동도 아주 많이 했다. 이웃에 있는 아이들과 축구, 야구, 농구를 즐겨 했다. 나는 뉴욕 올버니에서 상당히 평범한 중산층의 어린 시절을 보냈다. 학교에서는 어느 정도 똑똑한 아이였다. 최고는 아니었지만 상위 10%에 드는 학생이었다. 학교에서 잘했을 때는 칭찬을 받았다. 그러나 부모님은 나를 압박했다. 그냥 두 분은 내가 더 행복한 사람이 되기를 원하셨던 것 같다고 생각한다. 나도 우리 아이들이 행복하길 원한다.

### 왜 젊은 사람들이 과학계로 와야 할까? 그들에게 어떤 조언을 해주겠는가?

과학 분야를 공부해야 할 이유는 많다. 첫째, 희망하건대 과학을 좋아하기 때문이고, 호기심이 많기 때문이다. 둘째, 새로운 종류의 컴퓨터, 새로운 의약품과 같은 세계의 거의 모든 진보가 과학에 기초하기 때문이다. 과학자는 세계를 더 좋고 안전하게 만드는 데 기여할 수 있다. 젊은이들에게 전하는 나의 조언은 큰 꿈을 꾸라는 것이다. 세상을 바꾸고 개선하겠다는 꿈을 꾸어라. 동시에 많은 장애물이 기다린다는 것도 알아야 한다. 포기하지 마라. 고집스럽게 머물러라. 그 꿈을 좇으려고 노력하라.

### 과학자들이 말하길, 열 번 중 아홉 번은 실패한다고 한다.

완전히 맞는 말이다. 나 역시 성공보다 훨씬 더 많은 실패를 한 것 같다. 박사논문을 돌아보면, 나는 이 논문을 위해 3년을 보냈다. 확신하건대 그 이후에 얻은 지식이 있었다면 박사논문을 한두 달 만에 끝냈을 것이다.

### 지금도 어떤 꿈을 꾸고 있는가?

개인적인 꿈은 여전히 더 좋은 아이디어를 떠올리고, 이 아이디어를 세상에 유용하게 만드는 것이다. 또한 계속해서 생명공학과 의공학 분야에서 최고의 인재를 가르치고 싶다. MIT에서는 멋진 사람들이 함께 일한다. 이 모습이 MIT의 아름다움이다. 300명이 넘는 나의 제자가 전 세계에서 교수가 되었다. 수백 명의 제자가 회사를 만들고, 기업과 정부기관에서 일하며, 변호사가 되었고 벤처 캐피털 투자가가 되었다. 그 밖에도 많은 일을 하고 있다. 이것이 내게는 정말 큰 의미가 있다.

"젊은이들에게
전하는 나의 조언은 큰
꿈을 꾸라는 것이다. 세상을
바꾸고 개선하겠다는
꿈을 꾸어라."

## 당신은 어떻게 긍정적인 태도를 유지하는가?

내 생각에 그것은 유전적인 조건인 것 같다. 사물의 긍정적 측면을 보려고 하는 것이 그냥 내 본성에 있다. 내 본성이 내 안에서 그렇게 작동한다.

# "지금 당신에게
# 가장 유용한 것이 아니라
# 당신의 내면에 충실하라!"

**안톤 차일링거** | 양자물리학

빈 대학교 실험물리학 교수
오스트리아 과학원 원장
오스트리아


**차일링거 교수, 학교 다닐 때 선생님이 당신 어머니에게 당신은 희망이 없다는 말을 했다고 한다. 어떻게 이런 평가를 받게 되었나?**

나는 엄청나게 게을렀고, 낙제하지 않으려고 너무 많은 것을 배웠다. 선생님보다 내가 많이 알고 있을 때 가끔씩 학교에서도 말썽을 부렸다. 다른 한편으로 환상적인 선생님도 있었다. 그분은 물리와 수학을 가르쳤다. 그 선생님은 스스로 물리와 수학에 열광했는데, 그런 열광이 교사가 학생에게 가져다주어야 할 가장 중요한 것이다.


**당신은 의지가 굳고 완고했던 아버지가 당신의 모범이라고 말한 적이 있다.**

아버지는 내가 의지를 가지고 자신의 목표를 추구할 때 아주 많은 것을 얻을 수 있다는 걸 보여 주었다. 이런 사람을 완고하다고 말할 수도 있겠다. 비록 다른 사람들이 그 주제를 헛소리라고 그렇게 자주 말해도, 나는 과학의 내용적 목표를 스스로 단념할 수 없다. 나는 늘 내가 흥미롭다고 생각한 주제를 다루

> "아버지는 내가 의지를 가지고 자신의 목표를 추구할 때 아주 많은 것을 얻을 수 있다는 걸 보여 주었다. 이런 사람을 완고하다고 말할 수도 있겠다."

었고, 그 주제가 유행이 되면 거기에서 빠져나왔다. 그런 연구는 종종 아웃사이더 물리학이 되었다. 교수직을 지원할 때도 많은 대학들이 나를 거절했다. 그 학교들이 나를 받아 주었더라면, 지금 모두 대단히 만족했을 것이다.

### 확실히 늘 자신감이 넘쳤던 것 같다.

실제로 늘 자신감이 있었다. 그 덕분에 내가 받았던 많은 부정적 피드백들을 무시할 수 있었다. 과학에서 유일하게 중요한 것은 자신의 길을 가는 것이며, 스스로 포기하지 않는 것이다.

### 의도적으로 늘 경계를 넘어갔나?

나는 종종 경계를 전혀 감지하지 못한다. 늘 독립성이 중요했다. 사람들은 주어진 사회 환경에 종속되어서도 안 된다. 특히 열여섯, 열일곱일 때 더욱 그렇다. 다행히 나는 나처럼 근본적인 일에 관심이 많은 친구가 있었다. 다른 친구들이 파티를 하는 동안 우리는 빅뱅에 대해 토론했다. 이처럼 자신과 비슷한 다른 사람이 존재하는 건 중요하다.

### 서른두 살 때 미국 MIT로 갔다. 오스트리아에서 그곳으로 가는 것은 당신에게 어떤 의미였나?

MIT 유학은 결정적 경험이었다. 그곳에서 미국의 엘리트 대학 동료들도 나와 별다를 게 없다는 것을 직접 배웠기 때문이다. MIT는 이미 대단히 존경받는 학교였고, 실제 그곳에는 대단히 우수한 학생들이 한두 명이 아니라 정말 많이 있었다. 그러나 나는 내가 학문적으로 그들과 어깨를 나란히 할 수 있다는 걸 빨리 파악했다. 그 경험은 나머지 내 인생에서 대단히 큰 용기를 주었다.

## 당신은 양자물리학 연구에 몰두했다. 양자물리학을 연구하면서 유레카를 외쳤던 경험이 있었나?

그런 경우를 아주 많이 말할 수 있다. 학부생일 때는 양자물리학 수업을 한 시간도 들은 적이 없었다. 대학이 오늘날과 달리 중고등학교처럼 운영되지 않았기에 가능했던 일이다. 그런데 나는 마지막 졸업시험을 위해 이론물리학 시험 담당 교수를 찾아가 나에게 특별히 양자역학에 대해 질문해 달라고 부탁했다. 그다음에 나는 책으로 양자역학을 공부했고, 너무 아름다운 수학 이론이지만, 아무도 이 이론의 방향을 진정으로 알지는 못한다는 걸 곧바로 알아차렸다. 나는 양자역학에 곧바로 매료되었고, 이렇게 평생 그곳에 머물고 있다.

## 1997년에는 순간이동과 관련이 있는 특별한 실험을 했다. 혁신적인 무언가가 그 안에 있었나?

이 실험이 가장 중요한 실험은 아니었지만, 확실히 가장 유명한 실험이긴 하다. 이 연구는 두 광자 사이를 연결하지 않은 채 한 광자의 특성을 다른 광자에게 전달하는 것이었다. 1993년에 동료 여섯 명이 관련 이론을 만들었는데, 당시에 나는 멋진 생각이지만 실현은 불가능할 거라고 생각했다. 나의 실험실에서 우리 팀이 이미 그 실험을 위한 도구를 개발했다는 것도 모른 채 말이다. 아인슈타인도 이미 유령 같은 원거리 작용에 대해 이야기를 했었다. 두 개의 입자가 서로 얽혀 있으면, 한 입자의 측정만으로 다른 입자의 상태에 영향을 미칠 수 있다. 순간이동은 세 번째 입자의 특성을 다른 입자에 전달하면서 이 양자 얽힘을 이용한다. 이렇게 두 장소 사이에 연결 없이 정보가 전달된다. 이 실험은 미국의 동료들도 큰 흥미를 가지고 있던 주제였다. 당시에 나는 미국 동료와의 경주에서 이겼는데, 왜냐하면 우리에게 비축해 둔 재정이 있었기 때문이다. 돈을 미리 저축해 두는 것은 처음부터 내가 세운 전략이었다. 우리는 그 덕분에 연구지원금을 신청하느라 1년을 허비하지 않았고, 바로 순간이동 실험을 시작할 수 있었다.

**당신의 제자 판젠웨이는 그사이에 양자암호 분야를 이끌어 가는 인물이 되었다. 2016년에 판젠웨이는 양자위성 '묵자'를 발사했다. 제자가 이 분야를 이렇게 주도하는 것을 어떻게 생각하는가?**

청출어람은 모든 선생의 목표일 것이다. 양자위성의 경우 우리도 함께 일하고 있다. 위성이 출발했을 때 기뻤고, 양자위성의 큰 부분이 나의 연구에서 나왔다는 걸 알고 있었다. 처음에는 판젠웨이와 경쟁이 있었다. 그러나 그 경쟁은 나와의 경쟁이 아니라 내 연구원들과의 경쟁이었다. 나는 제자와 경쟁하지 않는다. 그렇지만 나와 함께 있는 젊은 친구들을 막지는 못할 것이다.

**이 양자위성은 대상의 물리적 성질뿐만 아니라 정보도 전달한다. 무슨 일이 일어나는지 설명해 줄 수 있을까?**

나는 온갖 원자로 구성되어 있다. 만약 내가 이 원자들을 다른 사람과 교환하더라도 나는 여전히 같은 사람일 것이다. 즉 중요한 건 물질이 아니라 물질의 정렬 방식이다.

이것이 바로 정보다. 우리의 실험을 통해 자연과학의 기본 개념이 실제로는 물질이 아니라 정보라는 게 더욱 분명해졌다.

"그러나 자원이 없는 유럽 같은 대륙은 연구를 통해서만 생존할 수 있다."

**덧붙여 이 전달은 도청으로부터 안전하다. 이 특성 때문에 안전한 정보 전달에 관심이 있는 모든 사람의 관심을 받았다.**

그러나 순간이동과 양자암호는 양자물리학 기본 개념에서 나온 서로 분리된 두 가지 응용 분야라는 걸 혼동해서는 안 된다. 보안 정보에 대해서는 많은 이들이 우선 군대를 생각한다. 그러나 상업적 목적이나 개인 용도가 이용의 큰 부분을 차지한다. 결국 온라인 뱅킹처럼 모든 이들의 안전이 중요하다. 나는 낙관적인 사람이고, 우리가 지금 직면한 문제들은 기술 적대적 태도가 아닌 더 많은 기술의 투입으로 해결될 것이라고 믿고 있다.

**과학 분야에서 중국이 점점 더 중요해지는 동안 유럽은 뒤로 처지는 변화를 어떻게 보고 있는가?**

유럽의 구조는 거대한 전략 목표를 세우고 이를 관철할 능력이 없다. 이 문제는 결정을 내리는 구조와 관련이 있다. 양자위성이 아주 좋은 예다. 2003년에 이미 나는 유럽에서 이 경쟁에 대한 소식을 알리기 시작했지만 아무 기회도 얻지 못했다. 유럽에서는 많은 나라가 함께해야 하고, 산업계의 이해도 만족시켜야 한다. 2008년에 공동 작업을 제안하는 판젠웨이의 전화가 왔을 때 모든 결과를 공개한다는 전제 아래 공동 작업에 동의했었다. 그렇게 유럽은 뒤처졌고, 오늘날까지도 그렇다.

이미 미국과 비교할 때 유럽은 많은 분야에서 뒤처진 듯하다. 그리고 중국은 그사이 많은 투자를 하면서 세계 과학계의 주요 플레이어가 되었다.

장기적으로 보면, 결국 평범하지 않은 아이디어에 최고의 기회를 제공하느냐에 달려 있다. 그래서 나는 젊은 과학자들이 독립적으로 일할 수 있는 기회를 더 많이 만들라고 중국 동료들에게 조언한다. 이것이 장기적 성공을 위한 전제 조건인데, 이 부분에서 미국은 상당히 강하고 유럽은 중간 정도에 머문다. 만약 오늘 한 프로젝트를 시작한다면 지금 세계 상황이 아닌 5, 6, 7년 또는 그 이후에 생길 일들을 예상하면서 시작해야 한다. 여기에서 유럽은 많이 뒤처져 있다. 그러나 자원이 없는 유럽 같은 대륙은 연구를 통해서만 생존할 수 있다. 유럽은 더 많은 도구가 필요하고 집중을 더 잘해야 한다. 유럽은 복잡한 상황을 과학적으로 굉장히 잘 분석한다. 우리는 이 장점을 이용할 수 있어야 한다.

**당신은 양자물리학을 이해하려면 평범하지 않은 사고를 해야 한다고 말한다. 무슨 뜻인가?**

나의 질문을 기존의 사고방식으로 해결하려고 해서는 안 된다. 기존의 사고방식이란 인과관계라는 근본 원칙, 혹은 자연은 우리의 관찰과 상관없이 독립적으로 존재한다는 생각 같은 걸 말한다. 한편 근본 원칙과 관련해서는 정보를 물리학의 기초로 다시 삼으려는 접근법도 있는데, 상당히 유망한 접근법이다.

**양자물리학이 우리의 세계관과 의식에서 갖는 의미가 무엇이라고 보는가?**

양자물리학은 우리의 세계관을 진정 근본적으로 바꾸는 기회를 제공한다. 양자역학의 주제는 정보, 지식, 세계에서 관찰자의 역할에 대한 문제이며, 이 주제들은 계속해서 열려 있다. 양자역학의 수학적 이해는 환상적이지만, 철학적으로는 아직 우리의 목표에 도달하지 못했다. 운이 좋다면 나는 젊은 누군가가 양자물리학의 진정한 이해에 성공하는 것을 경험할지도 모른다. 그러나 내가 그 일에 성공할 거라고는 믿지 않는다.

**이런 말을 한 적이 있다. 자연과학자로서 나는 불가지론자이지만, 인간으로서 나는 불가지론자도 무신론자도 아니다. 그럼 당신은 무엇을 신봉하는 사람인가?**

불가지론자도 무신론자도 아니므로 당연히 유신론자다. 나는 다행히 교회에 극단적으로 매달리는 가정에서 성장하지 않았다. 아버지는 가톨릭 신자였고, 어머니는 개신교 신자였다. 나는 가톨릭교회에서 세례를 받았는데, 우리 가족이 오스트리아에 살았기 때문이다. 일요일에 가끔씩 아버지와 함께 성당에 갔고, 이따금 어머니도 함께 갔다. 비록 부모님 누구도 매주 가지는 않았지만 이 '성당 가기'는 긍정적 의미가 있었다.

**부모님은 당신에게 어떤 가치를 전해 주었는가?**

가장 중요한 건 우리 가족에게 돈은 위대한 가치가 아니었다는 것이다. 또 부모님은 상대에게 진정한 신의를 보여 주는 게 얼마나 의미 있는지 알려 주었다. 어머니는 옛 오스트리아의 실레시아 공국에서 쫓겨났는데, 어머니의 '굴복하지 않기'는 무의식 속에 내게도 전달되었다.

**성공적인 삶을 위해 무엇이 중요한가?**

가장 중요한 것은 자신의 직관을 좇는 것이다. 만약 젊은 사람들이 아이디어가 있으면, 그들은 그 아이디어를 따라가야 한다. 가끔씩 친구들이 조언을 듣고 싶다면서 자녀를 데리고 나에게 온다. 나는 늘 그들에게 말한다. '만약에'와 '그렇지만'을 잊어라! 무언가에 열광한다면 당신은 다른 사람들을 압도하게 될 것이다.

**당신은 언제 자긍심을 느꼈나?**

인정받기는 중요한 동력이다. 처음에 나는 박사 과정 지도교수였던 헬무트 라우흐Helmut Rauch 교수의 인정만 받았다. 우리 두 사람은 끊임없이 양자물리학을 주제로 논쟁을 했다. 논쟁을 하면서 교수님이 나를 파트너로 진지하게 받아들인다는 것을 알게 되었다. 나중에 MIT에서 클리퍼드 슐Chlifford Shull이 같은 인정을 해주었다. 국제적 인정은 그 후 매우 서서히 받게 되었다. 유명한 과학 단체의 상을 받거나 주요 직위에 선출될 때 매우 기쁘다. 이런 명예는 나에게 이런 명예를 주기 위해 많은 노력을 기울인 동료들이 있어야 가능하기 때문이다.

## 많은 과학자들이 어떤 날 어떤 성공을 갑자기 경험한 후 그전에는 없었던 무언가를 창조했다고 말한다. 당신도 이런 느낌을 받은 적이 있었나?

순간이동 실험이 어느 정도 그런 느낌을 불러일으켰다. 이미 이전에 어떤 양자역학 형태는 가능하고 다른 것은 불가능하다는 증거가 나와 있었다. 그리고 열정적인 젊은이들과의 공동 작업은 무엇으로도 대체할 수 없다. 나에게 있어 가장 흥미로운 새로운 발견은 여러 입자들의 얽힘이라는 정신 나간 특성이었다. 나, 그린버거, 혼은 입자들의 운동이 완전히 미쳐 있다는 것을 계산했다. 그 후 이 운동을 실험실에서도 보여 줄 수 있었고, 이것이 내 평생 가장 위대한 과학적 성공이었다. 이 발견으로 우리는 새로운 기술로 가는 문을 하나 열었다. '그린버거-혼-차일링거 상태Greenberger-Horne-Zeilinger state'는 지금 양자 컴퓨터의 중심 개념이다.

## 과학자들은 자신이 하는 일에 어떤 책임을 가져야 하는가?

존 아치볼드 휠러John Archibald Wheeler는 양자역학의 기초 분야에서 많은 일을 했고, 그전에는 맨해튼 프로젝트에 참여했었다. 나는 휠러에게 원자폭탄에 대해 질문한 적이 있었다. 그는 나에게 두 가지 대답을 해주었다. 첫 번째 대답은, 인류 역사상 가장 큰 병원은 일본의 공격 때 부상당한 사람들을 치료하기 위해 미국이 태평양 어떤 섬에 만든 병원이라고 했다. 두 번째 대답은, 자신은 감사를 표하는 미국인들의 편지와 엽서를 엄청나게 받았고, 원자폭탄이 자신과 아들들의 생명을 구했다고 했다. 이 대답을 듣고 반박할 말이 별로 없었다. 나는 또 달라이 라마에게 기초과학 연구와 그 위험성을 어떻게 평가하는지 물었다. 달라이 라마는 무지는 고통의 원천이므로 기초 연구에 경계가 있어서는 안 된다고 말했다. 이 말에 전적으로 동의한다.

> "운이 좋다면 나는 젊은 누군가가 양자물리학의 진정한 이해에 성공하는 것을 경험할지도 모른다. 그러나 내가 그 일에 성공할 거라고는 믿지 않는다."

### 세상에 던지는 당신의 메시지는 무엇인가?

당신 자신에게 충실하라. 지금 당신에게 가장 유용한 것이 아니라 당신의 내면에 충실하라! 예를 들어 내가 다른 사람들에게 무언가 나쁜 일을 하는 순간에 자신에게 충실하다고 주장할 수는 없다.

### 인문학 교육이 왜 오늘날에도 여전히 본질적인 것이어야 한다고 생각하는가?

인문학은 깊이 있는 질문에 개방성을 가지도록 도와준다. 고대 그리스어 문헌들을 읽으면서 3,000년 전에 제기된 중요 질문들이 오늘날과 완전히 같다는 것을 알게 되었을 때 나는 약간의 모욕감을 느꼈다. 그러므로 라틴어와 그리스어를 필수로 가르치면서 인문학 교육을 하는 김나지움이 최소한 몇 개는 있어야 한다.

# "나는 그 일을 가장 먼저,
# 가장 잘하는 데 성공했다."

아리에 와르셸 | 화학

로스앤젤레스 서든 캘리포니아 대학교 화학 및 생화학 교수
2013년 노벨 화학상 수상
미국

**와르셸 박사, 당신은 싸움을 좋아하는 사람인가?**

사람들은 내게 싸움을 좋아하냐고 자주 묻는다. 아니다. 그렇지 않다. 여행에서 돌아왔을 때 거절 편지가 우편함에 있으면, 그 트라우마를 극복하는 데 사흘이 걸린다. 나는 그런 사람이다. 예전에는 과학계 안에서 공격을 받아도 전혀 반응하지 않았다. 그러나 그 후에 무대응이 더 큰 문제를 낳는다는 걸 확실히 알게 되었다. 사람들이 나를 공격한 이들의 주장을 믿기 시작하는 것이다.

**말하자면, 늘 정당방위로 행동했다는 말인가?**

내가 먼저 싸움을 시작한 적은 없다고 생각한다. 나는 이스라엘과 같다. 공격받으면 반응할 뿐, 먼저 공격하는 일은 드물다.

**오랫동안 미국에 살았다. 당신은 스스로 미국인이라고 느끼는가? 아니면, 여전히 이스라엘인이라는 느낌이 강한가?**

무조건 이스라엘인이라는 느낌이 강하다. 나는 이스라엘 사람처럼 느끼고, 이스라엘 사람처럼 행동한다.

**영국의 관리 아래 있던 이스라엘의 한 키부츠 탁아소에서 성장했다. 이런 공동 육아가 어떤 영향을 미쳤나?**

최근에 탁아소 경험이 끔찍했다는 사람들의 이야기를 듣기도 했지만 나의 탁아소 기억은 대단히 아름답다. 탁아소 생활을 하면서도 부모님과의 관계가 돈독했다. 내가 있던 곳은 규모가 작았고, 저녁이면 각자 부모님이 와서 우리를 재워 주었다. 나에게 그곳 생활은 온전히 자연스러운 생활방식이었다.

**부모님은 키부츠 운동 초기에 이스라엘로 왔다.**

그렇다. 두 분은 폴란드에서 이스라엘로 왔는데, 아버지는 오늘날 벨라루스라고 부르는 지역 출신이다. 부모님은 1930년대 초에 이스라엘로 왔고, 두 사람이 속한 키부츠는 1937년에 만들어졌다. 키부츠는 사회주의와 공산주의적 이상을 지향했다. 여성들은 일을 해야 하고 집에서 아이와 머물면 안 되었다. 모든 엄마들이 자기 아이만 돌보는 것보다 한 여성이 스무 명의 아이를 돌보는 게 더 효과적이라고 생각했기 때문이다.

**아이였을 때 당신은 실험하기를 좋아했다. 심지어 권총도 만들었다.**

우리는 시간이 많았고, 나는 내가 할 수 있는 모든 일을 열심히 했다. 불을 뿜는 풍선을 만들었고, 고양이에 낙하산을 달아 건물에서 던지기도 했다. 나는 모든 물건의 설명서가 들어 있는 책을 읽었고, 총 만드는 법도 그 책에 실려 있었다. 친구들과 함께 시장에서 부품을 구입한 다음 원시적인 권총을 만들려고 했다.

### 무엇이 당신을 추동했나? 과학과 발견을 향한 뿌리 깊은 사랑인가?

흥미로운 일에 대한 많은 호기심이었다. 청소년 시절에 했던 일들 중 특별히 깊이가 있는 것은 없었다. 아, 땅굴은 깊이가 있었다. 나는 가끔 금과 보물을 찾으려고 땅에 구멍을 팠다.

### 당신은 학생 때 공부를 많이 했다.

입학시험을 위한 책들을 늘 가지고 다녔다. 군대에 있을 때조차도 그랬다. 탱크에 앉아 있을 때도 책을 가지고 있었다.

### 분명히 그 일이 당신에게 가치가 있었다.

그렇다. 덕분에 나는 성공했다. 대학교 1학년 때 좋은 점수를 받았고, 3학년 때 당시 총리였던 레비 에슈콜Levi Eshkol로부터 최고 학생상을 받았다. 대단히 만족스러운 경험이었다.

### 2013년에 복잡한 화학 시스템을 위한 다중 스케일 모델링 개발로 노벨 화학상을 받았다.

맞다. 우리는 컴퓨터에서 단백질 구조를 관찰하고 이해하며, 특히 단백질이 하는 일을 파악할 수 있는 방법을 찾았다.

### 연구 활동 경력을 쌓으면서 어떤 장애물들을 극복해야 했나?

내 앞에는 특히 늘 거대한 반대와 많은 경쟁이 있었다. 오랫동안 사람들은 내 연구 결과가 전혀 맞지 않고, 내가 거짓말을 하는 게 틀림없다고 주장했다. 많은 연구자가 나의 전체 작업 대부분을 수용한 후 수용한 내용을 인정받기 위해 노력한다는 것을 사람들이 이해하기까지 시간이 걸렸다. 내 작업을 방어하는 일은 쉽지 않았다. 그러나 나는 그 일을 가장 먼저, 가장 잘하는 데 성공했다.

결국 나는 당연히 받아야 할 인정을 받았다.

## 든든한 멘토가 있었나?

든든한 멘토? 그런 것은 없었다. 나의 박사 지도교수는 멋진 분이었다. 그 교수님은 바이츠만 연구소에서 과학 분야 책임자로 일했다. 대단히 교양 있고, 지적이며, 양심적인 사람이었다. 그러나 그분은 전사가 아니었다. 나를 보호해 주는 사람은 한 명도 없었다. 또 잘 알고 있듯이, 든든한 멘토가 있다고 해서 그 사람과 늘 잘 지내는 것도 아니다. 예를 들어 나의 박사후 과정 멘토는 언젠가부터 나의 적이 되었다.

## 이스라엘 군대 소속으로 전쟁에 참가했었다. '6일 전쟁' 참전 경험은 어땠나?

6일 전쟁은 짧은 전쟁이었다. 우리는 단숨에 승리했고, 모든 걸 극복하는 데 많은 시간이 걸리지 않았다. 그러나 욤 키푸르 전쟁은 완전히 달랐다. 우리 연대는 시리아 병력을 몰아내기 위해 중요한 돌파구를 만들었다. 많은 사람이 죽었다. 우리 탱크는 지뢰 위를 지나갔고, 몇몇 대원들이 부상당했다. 6일 전쟁과는 완전히 다른 전쟁이었다. 나는 우리가 이겼다고 확신하지 못했다.

## 전쟁에서 회복 불가능한 상처를 입었나?

그 후 1년 동안 외상 후 스트레스 장애에 시달렸다.

## 전쟁 후에 케임브리지 의료연구위원회(MRC)로 갔나?

욤 키푸르 전쟁 후에 생물학에 집중하기로 마음먹었다. 나는 마이클 레빗Michael Levitt과 함께 바이츠만 연구소에서 단백질 접힘을 연구했었다. 케임브리지 의료연구위원회에 갔을 때 거기서는 분자생물학만이 주요 주제였고, 나는 대단히 저명한 사람들과 함께 일했다. 각 층마다 노벨상 수상자가 앉아 있었다. 대단히 생산적인 시기였다. 그곳에서 우리는 중요한 논문을 여러 편 발표했다. 나중에 노벨상을 안겨 준 효소에 대한 논문도 거기서 나왔다.

**당시에 컴퓨터가 당신의 연구 방식을 근본적으로 바꾸었다. 이에 대해 설명해 줄 수 있을까?**

컴퓨터는 나의 연구에서 언제나 중요했다. 복잡한 분자에는 사용하지도 못하는 복잡한 분석 공식 대신 컴퓨터로 원자 세계를 연구할 수 있다고 점점 더 확신했다. 더욱이 내가 프로그램으로 만든 공식을 이용하는 작업과 수기 계산법을 비교했을 때, 나의 작업이 속도도 훨씬 빠르고 오류도 적었다. 동일한 결과가 나왔을 때, 프로그램화한 공식이 맞는다는 것을 알았다. 나는 그것을 표준으로 사용했었다.

**그리고 지금은 서든 캘리포니아 대학교에 있다. 여기에서 강의뿐 아니라 연구도 계속하고 있다.**

미국에서는 대학에서 일하는 누구나 언젠가는 강의도 해야 한다. 나는 내 연구도 계속하고 있다. 예를 들어 생물 분자의 물리적 모델링을 위한 새로운 방법을 개발했다. 그러나 늘 인정받는 것은 아니다. 어떤 이들은 나의 방법을 그냥 다른 것이라고 평가한다. 늘 이런 경험을 했다. 내가 이론을 개발하면, 즉시 공격을 받는다. 그러나 결국 많은 사람이 그 이론을 받아들인다.

**연구 결과를 발표하는 데도 어려움이 있었나?**

정말 어려웠다. 공식으로 표현하기보다는 직관적으로 다가가는 나의 접근법이 늘 좋은 결과를 낳는 건 아니었다. 직관을 통해 즉시 정답에 도달하게 되면, 사람들은 이 결과를 종종 단호하게 거부한다. 그사이에 나는 여기에 익숙해졌다. 나의 방법으로 다른 사람들이 실패했던 많은 문제를 해결할 수 있었다. 그리고 논쟁이 있었던 사례 가운데 98%는 내가 옳았다.

## 이런 거부는 과학자들이 피어 리뷰를 하면서 확산되고 있지 않나?

사람과 관련된 일에서 자아가 판단에 영향을 미치는 것을 완전히 막을 수는 없다. 피어 리뷰를 위해 자신의 연구 결과를 담은 논문을 경쟁자에게 보내 보았던 사람은 그 경쟁자가 이 논문을 거부하려고 온갖 노력을 다할 거라는 걸 안다.

## 아내는 당신의 삶과 경력에서 얼마나 중요한가?

정말 대단히 중요했다고 생각한다. 아내는 늘 안정된 상수였다. 만약 아내가 내가 하는 일을 허락하지 않거나 나와 함께 미국으로 올 생각이 없었다면, 모든 것이 훨씬 더 어려웠을 것이다.

## 무엇이 오늘날 당신을 만들었는가?

나는 호기심이 매우 강하고, 고집도 무척 세다. 약간의 재능도 있었을 것이다.

## 삶에서 끊임없이 동기를 부여하는 게 있었나?

늘 최고가 되고 싶은 마음이 나의 동기다.

## 왜 젊은 사람들이 과학을 해야 할까?

과학은 우주, 뇌, 신체가 어떻게 작동하는지 이해하는 일이다. 과학자에게는 지금껏 누구도 이해하지 못했던 일을 이해할 기회가 생긴다. 엄청나게 매력적인 일이다.

**젊은 사람들에게 해주고 싶은 조언이 있는가?**

무엇보다도 먼저 당신의 도구부터 익혀라. 이 말은 숙제를 진짜 제대로 하고, 배움을 진지하게 받아들이라는 뜻이다. 비록 그 일이 시간 낭비처럼 느껴질지라도 부지런히 배우는 것이 중요하다. 마치 즐거운 일인 양 그냥 하라.

**세상에 전하는 당신의 메시지는 무엇인가?**

평화롭게 살기 위해 노력하라. 그 일은 어려울 수도 있지만 좋은 메시지인 것만은 분명하다. 과학을 위해 돈을 써라. 돌이켜 보면 분명히 알 수 있듯이 우리의 모든 진보는, 예를 들어 의학·기계제작·항공우주 같은 분야의 발전은 모두 과학적 발견과 함께 시작되었다. 우리의 미래는 온전히, 그리고 전적으로 과학에 달려 있다.

"한 가지 조언을 한다면,
조언받은 내용의 반대를 진지하게
고려해 보라고 제안하고 싶다."

에드워드 보이든 | 신경과학
MIT 신경공학 교수
2016년 생명과학 분야 브레이크스루상 수상
미국

### 보이든 교수, 구체적으로 어떤 연구를 하고 있나?

뇌가 생각과 감정을 만들어 내는 방법을 찾으려고 노력한다. 뇌의 활동을 관찰하고 저장하기 위해 20년 전부터 발명된 뇌 지도화mapping 도구가 내 연구의 중심을 차지한다. 이 방법은 고전 신경과학의 접근 방식과는 완전히 다르다.

### 청소년 시절 이후 과학에 관심을 가졌다. 어디에서 이런 관심이 생겨났는가?

여덟 살 때 철학적 주제에 대단히 깊이 빠져 있었다. 삶의 의미를 진정 이해하고 싶었다. 나는 내 인생을 인간 실존의 과학적 탐구에 써야만 한다는 결론에 도달했다. 칼리지에서는 생명 창조와 관련된 프로젝트 작업을 했다. 그 후 MIT로 가서 양자 컴퓨터 연구를 했다. 두 개 모두 철학과 자연과학이 서로 충돌하는 주제다. 결국 20년 전 신경과학으로 관심을 돌렸고, 지금까지 이 분야에서 일하고 있다.

**부모님은 당신을 특별한 방법으로 지지해 주었나?**

어머니는 생물학을 공부했고, 아버지는 경영 컨설턴트였다. 두 사람의 사고방식은 나의 직업생활에 큰 도움을 주었다. 과학과 경영은 청소년 시절 나의 일부였다. 당신도 알다시피, 생물학은 팀으로 일한다.

**보통 아이들은 노는 걸 좋아하고 운동을 즐겨 한다. 당신은 어린 시절에 무엇을 하며 시간을 보냈나?**

수학 퀴즈 푸는 걸 좋아했고 우주, 로켓, 화학, 기계 같은 과학 주제를 다룬 책을 즐겨 읽었다. 많은 시간을 공공 도서관에서 보냈고, 그곳에서 백과사전을 한 권씩 읽었다.

**정말인가?**

진짜 그랬다. '세계 백과사전'을 한 권씩 읽었다. 그 책들을 생생하게 기억한다.

**매우 조숙했던 것 같다.**

대단히 사색적이었다. 깊이 생각하는 걸 아주 좋아한다. 나는 책을 읽었고, 레고, 큐팁스 면봉, 두루마리 화장지로 나만의 세계를 만들었다. 환상으로 가득 찬 어린 시절을 보냈다. 나는 또 몇 학년을 월반했고, 그래서 아주 일찍, 열네 살에 칼리지에 입학했다.

**학생 시절에 특별히 각인된 기억이 있나?**

칼리지 2학년 때 나를 포함한 학생 다섯 명을 따로 뽑았던 기억이 난다. 우리는 매우 어려운 과제를 받았다. 예를 들면 빈곤의 해결 방법이나 약물 남용 같은 문제였다. 우리 다섯 명은 일종의 전략을 세워야 했다. 그 작업은 대단히 즐거웠다.

**과거에 수중 연구를 한 적도 한 번 있다. 무엇에 대한 연구였나?**

아, 그 잠수함말인가! 1998년 학사학위를 위해 MIT에 입학한 후, 우리 가운데 몇 명이 자율 주행 잠수차를 위한 국제 경연대회에 참가하기로 결정했다. 우리는 플라스틱 관으로 잠수함을 만들었고, 보트 장비를 파는 가게에서 모터와 컴퓨터를 구해 그 안에 장착했다. 우리가 사용했던 수중 음파탐지기는 어선에서 쓰던 어군탐지기에 달려 있던 것이다. 단순한 디자인 덕분에 잠수함은 잘 작동했고, 8주 후에 우리는 경연대회에서 우승했다.

> "나는 내 인생을 인간 실존의 과학적 탐구에 써야만 한다는 결론에 도달했다."

**늘 위험을 감수할 준비가 되어 있었나?**

내가 관리할 수 있는 위험을 좋아한다. 즉 그 위험을 줄일 수 있어야 한다. 실제 과학에서는 다음에 무슨 일이 생길지 아무것도 보장할 수 없다. 나는 수업 때 위험을 줄이기 위한 전략을 알려 준다. 예를 들면 여러 아이디어를 동시에 병행해 진행하기, 혹은 문제를 거꾸로 거슬러 올라가면서 생각하기 등과 같은 방법들이다. 이런 방법으로 자신의 프로젝트가 올바른 과정을 거치고 있는지 파악하게 된다.

**이런 방법들이 오늘날 당신의 작업에서는 어떻게 드러나는가?**

외부인들이 보기에 우리 작업의 대부분은 대단히 위험해 보인다. 그러나 우리에게는 문제를 거꾸로 생각하고, 해법으로 가는 모든 길을 살펴보는 방법이 있다. 그렇게 우리는 내가 건설적 실패라고 부르는 것을 이용한다. 여기에서 중요한 것은 더 나은 해법을 보여 주는 오류다. 충분히 이 오류들을 병행해서 철저하게 돌아보면, 성공으로 가는 길을 찾을 수 있다.

## 당신의 일이 불확실해 보였던 순간이 있었나?

당연히 있었다! 처음 MIT에서 한 과의 교수로 지원했을 때 거절당했다. 그래서 나의 과학적 고향이 MIT 미디어랩이 되었다. 그러나 지금은 생명공학과 뇌연구 및 인지과학 분야에서 일한다. 미디어랩은 어디에도 어울리지 않는 아웃사이더를 채용한다. 그렇게 나는 순전히 운이 좋아서 자리를 얻었다. 미디어랩에는 자리가 있었고, 미디어랩은 자신이 채울 수 없던 구멍을 메우기 위해 나를 채용했다. 이미 알려져 있듯이, 미디어랩 우리 팀이 개발하던 기술은 빠르게 발전했고, 그 결과 나는 추가로 MIT 학과 두 곳에서 자리를 얻었다. 대단히 운이 좋았던 것이다.

## 그 경험을 통해 무엇을 배웠는가?

다시 한 번 말한다. 만약 당신이 실수와 오류들을 동시에 병행적으로 철저히 조사하면, 결국 성공할 것이다. 나는 이 방법을 믿는다. 또한 전략적으로 행동하고 다른 사람이 하는 것과 정확히 반대되는 일을 하는 사람은 행운을 조작할 수 있다.

## 행운을 조작하는 일, 이것을 당신이 다른 사람들에게 줄 수 있는 핵심 조언이라고 봐도 될까?

글쎄다. 한 가지 조언을 한다면, 조언받은 내용의 반대를 진지하게 고려해 보라고 제안하고 싶다. 당연히 이 조언은 농담에 가까운데, 그 자체가 이미 모순이기 때문이다. 내 성공의 큰 부분은 이런 조언들에 빚지고 있다. "도구만 만들고 있지 마라. 당신은 특별한 과학적 질문을 연구해야 한다." 그래서 나는 뇌의 지도화, 관찰, 조정만 다루는 첫 번째 팀을 만들려고 했다.

## '도구'는 무엇을 의미하는가? 예를 하나 들어 줄 수 있을까?

뇌라는 수수께끼를 '풀려면', 연구자는 뇌의 활동을 관찰하고, 방해하고, 분자 단위에서 지도화할 수 있어야 한다. 우리 팀원 중 절반은 우선 확장현미경이라고 부르는 기술로 일한다. 우리는 뇌 조직에서 조각을 떼어 낸다. 그리고 이 조각에 아기 기저귀에도 있는 화학물질을 투입한다. 여기에 물을 추가하면, 이 기저귀 물질은 부풀어 오르고 뇌 조직도 함께 커진다. 연구원들은 이렇게 커진 뇌 조직을 통해 나노 단위의 신경 연결망 같은 작은 물체를 일반 현미경으로도 볼수 있다. 우리가 개발한 또 다른 기술은 광유전학이다. 우리는 빛을 이용해 뇌세포를 제어한다. 빛을 전기로 변환하는 미생물 단백질을 가져와 뇌세포 안에집어넣는다. 그다음에 그 뇌세포를 활성화하기 위해 뇌 안에 빛을 보낸다. 이빛이 중요한 이유는 뇌세포는 전기 신호를 '계산'하기 때문이다. 그렇게 뇌세포들은 활성화될 수 있고, 연구자는 그 뇌세포가 특정 행동, 혹은 질병을 유발하는지 찾을 수 있다. 또는 그 뇌세포가 무슨 일을 하는지 이해하기 위해 뇌세포를 끌 수도 있다.

## 이 모든 작업은 어떤 성과를 낳을 수 있을까?

수천 개의 연구팀이 이 도구를 사용하고 있다. 예를 들면 어떤 활성 패턴이 알츠하이머 증상을 완화하는지 찾기 위해 뇌세포를 활성화한다. 한 팀은 알츠하이머에 걸린 쥐들을 치료하는 뇌 활성 패턴을 찾았고, 눈과 귀에 특정 자극을 주면 정확히 이 활성 패턴이 생기는 것을 발견했다. 나는 차이 리-후에이Tsai Li-Huei

> **"내가 관리할 수 있는 위험을 좋아한다. 즉 그 위험을 줄일 수 있어야 한다."**

교수와 함께 이 연구를 이끌었고, 회사를 하나 설립했다. 우리는 지금 임상시험 하나를 하고 있다. 과장해서 말하면, 영화로 알츠하이머를 완화하는 치료법이다. 우리는 이미 피험자 대상의 임상시험을 시작했다.

### 이 '영화 치료'법은 대규모로 사용할 수 있을 것 같다.

영화 치료법의 멋진 점은 싸고 쉽게 사용할 수 있다는 것이다. 나는 알츠하이머 치료법이 종종 지나치게 비싸고 접근이 어렵다는 걸 목격했다.

### 당신의 이런 기대를 어떻게 관리해 나가는가?

신경과학은 마라톤처럼 오랜 시간이 걸리는 고투라고 생각한다. 나는 나의 직업생활이 50년이 넘게 걸릴 긴 여행일 거라고 예상한다.

### 그 50년이 지난 후에 당신은 어떻게 될까?

만약 그 끝에 도달하면, 나는 기꺼이 철학으로 갈 것이다. 그다음에는 우리 신체의 확장이라는 주제로 갈 것이다. 종으로서 우리는 어디로 가고 싶은가? 우리의 생각과 뇌로 무엇을 하고 싶은가? 깨달음을 추구하고 싶은가? 아니면 공감을 원하는가? 더 똑똑해지기를 원하나? 대략 이런 질문들을 다루고 싶다.

### 당신은 많은 연구 결과물을 다른 사람들과 공유한다. 왜 그러는가?

우리의 기술을 대학과 공공 단체에 무료로 제공한다. 무엇보다도 나 자신의 이해 때문에 그렇게 공유한다. 아무도 기술을 이용하지 않는다면, 도대체 왜 그 기술을 개발하나?

## 말하자면, 정보는 사유재산이 아니라는 뜻인가?

우리는 새로운 연구 분야인 신경공학에 종사한다. 이 분야를 연구하는 팀은 그렇게 많지 않다. 그러므로 경쟁 상대가 그렇게 많지 않다. 또 다른 이유는 자기 선택 때문이기도 하다. 만약 도구를 만들어 선물하면, 이 도구는 확고하게 자리를 잡을 것이다. 만약 새로운 도구를 숨긴다면, 누구도 이 도구를 알지 못하고 이 도구는 결국 사라질 것이다.

## 당신의 워라밸은 어떤가?

아침에 아주 일찍 일어난다. 또한 일찍 잠자리에 든다. 나는 아이가 둘이고, 가족 모두 9시쯤 잠자리에 든다. 아내도 신경과학자다. 우리는 오후와 저녁을 함께 보낸다. 주말에도 가족과 함께 있고 즐거운 시간을 보낸다.

## 아빠가 될 때 기분은 어땠나?

흥분되었다. 아기가 생겼을 때 신경과학적으로 특별한 점은 감정적·지적 매혹에 빠진 상태가 지속된다는 점이다. 사람들은 살아 있고, 숨을 쉬는 자신과 같은 인간인 아이들을 본다. 그리고 아이의 내면에서 무슨 일이 생기는지 묻게 된다. 왜 아이들은 갑자기 어렵지 않게 언어를 배울까? 어떻게 아이들은 하루 전에는 풀지 못했던 문제를 갑자기 풀게 될까?

## 당신 스승 중 한 명이 언급하기를, 당신은 학생 때 어디에 있든 상관없이 모든 것을 메모했다고 한다. 여전히 메모를 하고 있나?

그렇다. 메모를 자주 한다. 종이에 무언가를 적고 그것을 휴대전화로 사진을 찍는다. 과거에는 진짜 카메라를 사용했다. 그다음에는 컴퓨터에 저장해 사진에 키워드를 붙이면서 메모를 분류한다. 나에게 컴퓨터는 기억을 위한 인공 장기와 같다. 10년 전 혹은 15년 전, 심지어 더 오래된 특정 대화를 다시 찾을 수 있고 기억으로 소환할 수 있다. "그러니까 우리는 그날 11시에 이런 대화를 했죠."

### 그렇게 철저히 정리한 메모는 어디에 도움이 되는가?

신경과학에서는 다양한 분야에서 나온 아이디어들을 서로 연결하려고 한다. 모든 것을 머릿속에 저장하기는 어렵다. 그러나 만약 당신의 생각과 기억을 저장하고 심지어 바깥에서 관찰할 수 있다면 아이디어들을 창조적으로 결합하는 데 도움을 준다.

### 다른 과학 분야도 그렇게 복잡하지 않나?

과학사를 살펴보자. 화학은 주기율표라는 원자 목록을 완성한 다음에 제대로 발전하기 시작했다. 마찬가지로 물리학은 소립자와 이들의 상호작용 목록을 정리했고, 힘들도 정리했다. 이와 반대로 생물학에는 신체를 위한 기본 입자 목록이 아직 없다. 신체에는 얼마나 많은 조직 종류가 있을까? 우리는 모른다. 한 세포 안에 얼마나 많은 종류의 생물 분자가 있을까? 이것도 우리는 아직 모른다.

### 과학 공부를 고민하는 젊은이들에게 어떤 조언을 해주겠는가?

기본 과학 과목을 가능한 한 제대로 공부하라고 조언하고 싶다. 화학과 물리, 두 과목이 기초다. 뇌는 화학 회로이자 전기 회로다.

### 과학 공부에서 느끼는 매력은 무엇인가?

사람들은 모험담을 좋아하고, 특히 비밀이 담긴 모험담을 좋아한다. 나에게 과학은 궁극의 모험이자 비밀이다. 우리가 폭로하려고 노력하는 비밀은 우주 그 자체다. 나는 몇몇 프로젝트에서 내가 아는 한 인류 역사에서 아직 아무도 보지 못했던 다양한 것을 처음 보는 행운을 누렸다.

## 어떤 유산을 남기고 싶은가?

뇌가 생각을 만드는 방법을 이해하게 된다면, 나는 이 발견이 우리를 좀 더 계몽된 인간으로 만들어 주기를 희망한다. 아마도 우리는 더 많은 결정을 올바른 이유에 기초해 내릴 것이고, 고통을 유발하는 일도 더 적게 할 것이다.

## 그러나 여전히 자유의지는 존재하지 않을까?

뇌 안에서는 많은 과정들이 진행된다. 당신은 무엇이, 무엇으로부터 자유롭다는 것인지 어떻게 알까? 뇌 안의 모든 정보 흐름을 완벽하게 묘사하게 된다면, 우리는 아마도 결정을 하기 1초 전, 5초 전, 혹은 한 시간 전에 나타난 신경 신호를 조사할 수 있을 것이다. 그러면 자유의지가 진정 무엇을 의미하는지 보여 줄 수 있을 것이다.

## 아인슈타인의 뇌를 사후에 연구했을 때 연구자들은 아인슈타인의 뇌가 평균보다 크다는 것을 발견했다. 당신의 뇌도 대부분의 사람들보다 클 거라고 생각하나?

평균 크기일 거라고 생각한다. 뇌의 크기와 기능은 완전히 다른 문제다. 크기는 전혀 중요하지 않을 가능성이 높고, 다만 뇌 안에 있는 연결망은 중요하다.

## 당신은 지능이 높다고 생각하나?

몇 가지 일은 잘한다고 생각한다. 나는 다양한 분야의 점들을 잘 연결할 수 있다. 거기서 새로운 생각이 생겨난다.

## 당신은 대단히 합리적이고 사려 깊다는 느낌을 준다. 스스로도 그렇다고 생각하는가?

대단히 감정적이라고 생각한다. 그러나 나는 이 감정들을 행동을 통해 표현한다. 나는 무슨 일이 생기기를 원한다. 추측해 보면, 나의 감정에는 전략과 숙고로 나가는 배수로가 있는 것 같다.

> **"우리가 폭로하려고 노력하는 비밀은 우주 그 자체다."**

2016년에 저명한 브레이크스루상을 받았다. 그 상은 상금이 많기로도 유명한데, 그 돈으로 무엇을 했나?

일부는 아이들의 교육 후원금으로 비축해 두었다. 집도 샀다. 보스턴에서 생활하는 데는 돈이 많이 들기 때문이다. 일부는 과학 프로젝트와 젊은 과학자들을 후원하는 재단을 위해 사용했다. 나는 과학에 무언가를 돌려주는 게 중요하다고 생각한다. 과학이 과거처럼 사회의 필수 요소가 더는 아니기 때문이다.

**무슨 뜻인가?**

과학은 한때 쿨했었다. 그렇지 않은가? 달 착륙, 레이저, 컴퓨터 칩을 생각해 보라. 그러나 여러 가지 이유로 과학은 오늘날 더는 대중의 의식 속에 없다. 과학이 어려워졌고 시간이 더 걸리게 된 것도 부분적인 이유다. 달 착륙과 컴퓨터 칩은 볼 수 있고, 시각화할 수 있다. 그러나 세포 안에 있는 나노 입자는? 거대한 의미가 있을 수 있지만, 사람들이 실체를 파악하기가 쉽지 않다.

# "과학의 핵심은
# 정신적 자유다."

**상기타 바티아** | 생명공학

MIT 의공학 및 전기공학 교수
2014년 레멜존 MIT 상 수상
미국

### 바티아 교수, 언제 MIT에서 생명공학을 처음 경험했는가?

10학년 때 아버지가 MIT에 데려갔다. 아버지는 내가 성공적인 공학자가 될 수 있을 거라고 생각했는데, 수학과 자연과학 성적이 좋았기 때문이다. 나는 생물학을 좋아했고, 생물학과 과학 기술을 융합하는 분야가 있다는 이야기를 들었다. 그래서 아버지는 초음파로 암을 치료하는 친구에게 나를 소개해 주었다. 그 만남은 나를 매료시켰고, 나는 완전히 빠져버렸다.

### 부모님은 인도에서 왔다. 미국으로 건너올 때 두 사람은 몇 살이었나?

두 사람은 1960년대에 왔고 당시 30대 초반이었다. 부모님에게 미국으로의 이민은 두 번째 큰 이주였다. 1947년에 파키스탄과 인도가 분리될 때 두 사람은 난민이었다. 부모님은 봄베이(뭄바이) 대학교에서 만났다. 아버지는 공학자이자 사업가였고, 어머니는 경영학을 공부했다. 실제로 어머니는 인도에서 MBA를 졸업한 첫 번째 여성이다. 두 사람은 주머니에 8달러를 가지고 뉴욕에 도착했다. 그 후 보스턴으로 이사했고, 거기서 일하기 시작했으며, 내가 세상에 태어났다.

## 부모님은 인도로 돌아갈 계획이었나?

그렇다. 두 사람은 늘 귀향을 생각했다. 그러나 나와 여동생이 태어나면서 계획을 수정했다. 두 사람은 우리가 좋은 교육을 받기를 원했다. 그래서 보스턴 근처에 있는 렉싱턴으로 이사했는데, 그곳에는 좋은 공립학교들이 있기 때문이다. 나는 아직도 렉싱턴에서 열세 살, 열여섯 살 된 두 딸과 함께 살고 있다.

## 이민자들은 보통 성공하기 위해 매우 열심히 일한다. 당신의 부모님도 마찬가지였나?

두 사람은 대단히 일을 많이 했고, 우리 자매를 강하게 독려했다. 부모님은 교육의 힘을 믿었고, 우리에게 늘 최고의 성적을 기대했다. 수학 시험에서 96점을 받고 집으로 가면, 아버지는 말했다. "뭘 몰랐던 거니?"

## 아버지는 사업가가 아니었나?

내가 아직 어렸을 때, 아버지는 원래 직업이었던 경영 컨설턴트를 그만두고 우리 집 차고에 회사를 만들었다. 아버지는 인도에서 상품을 수입했다. 나중에는 브라질과 벨기에에서도 물건을 수입했다. 어머니가 회계를 담당했고, 동생과 나는 몇몇 물건의 품질을 테스트했다. 나중에 아버지는 다른 회사도 설립했다. 내가 교수가 되었을 때, 아버지가 물었다. "좋아, 그런데 너는 언제 자기 사업을 시작할거야?" 지금 아버지는 나를 대단히 자랑스러워하실 것이다.

## 그러나 아버지는 당신에게 끊임없이 도전을 주지 않았나?

그렇다. 아버지는 나를 끊임없이 안전한 지역 바깥으로 밀어냈다. 나중에 나의 남성 멘토들도 같은 일을 했다. 그들은 내 안에서 나보다 더 많은 것을 본 것이다.

## 당신은 석사 이상의 학위가 두 개다. 의공학 박사학위와 의학 석사학위를 받았다. 부담이 크지는 않았나?

부담이 상당했다. 그러나 그 부담은 우선 스스로 만든 것이다. 부모님은 내가 최고가 되지 못할 이유가 없다고 늘 말했다. 시간이 지나면서 나는 이 말을 내면화했다.

## 여동생도 당신과 비슷한가?

동생도 성공했다. 그러나 동생은 경제 분야로 갔다. 우리 둘 다 성취감이 있는 삶을 살고, 아이가 있으며, 가족끼리 매우 가깝게 지낸다. 우리는 양육을 통해 빛을 얻었다. 우리 아이들에게도 그렇게 해주려고 노력한다.

## 당신도 아이들에게 부담을 주나?

부담을 크게 주지 않으려고 노력한다. 그럼에도 아이들은 우리가 성취한 것을 보고, 우리가 중요하게 여기는 가치를 안다. 그런 인식이 나중에 내면화될 것이다.

## 당신이 중요하게 여기는 가치는 무엇인가?

이 세계를 좀 더 나은 곳으로 만들기 위해 있는 힘껏 최선을 다하는 것을 중요하게 생각한다. 나는 다른 여성 과학자들에게 문을 열어 주고 싶다. 과학이 여성에게 대단히 멋진 직업 분야라는 걸 우리가 스스로 드러내고 크게 외치는 것이 중요하다. 여성들은 과학계에서 환영받아야 하는데, 여성들도 이 분야에서 많은 것을 성취할 수 있기 때문이다. 나는 또한 가족의 가치를 믿는다. 네 명이 함께 사는 우리 집과 부모님이 사는 집은 직선으로 2마일 떨어져 있다. 우리는 친척이 아주 많다. 추수감사절 같은 날은 집 안이 가득 찬다.

**MIT에서 자신의 연구실을 이끌고 회사도 하나 운영한다. 그렇게 성공했음에도 불구하고 왜 여전히 가면증후군으로 고통받고 있는가?**

MIT에서 학업을 시작했을 때, 나는 스스로 충분히 좋은 학생이 아니라고 생각했었다. 그러나 열심히 공부했고, 좋은 성적을 받으면서 서서히 내가 여기에 속한다는 느낌을 받았다. 그럼에도 내가 같은 자격을 갖춘 다른 사람들보다 떨어진다는 느낌을 받는 순간들이 끊임없이 있다. 사람들은 나를 경시한다. 내가 여성이고 젊어 보이기 때문이다.

**당신은 또 대단히 매력적이다.**

고맙다. 종종 아름다움과 지성은 분리된다. 지금보다 훨씬 더 젊었을 때 나는 나의 여성성을 감추었다. 요즘 나는 하이힐을 신고 미용실에서 머리를 다듬으면서 나 자신인 것을 행복하게 느낀다.

**유색인 여성으로서 당시에 편견과 대면해야 하지 않았나?**

나의 정체성에서 성별을 피부색이나 출신보다 훨씬 중요하게 여긴다. 사실 인도 이민자들은 실리콘 밸리와 MIT에서 혁신가로 명성이 높다.

나는 미국에서 태어났고 스스로를 미국인이라고 생각한다.

## 여성으로서는 어떤가?

여전히 체계적인 불평등이 존재한다는 건 분명하다. 직업생활을 하면서 선을 넘어 불편하게 행동했던 남성들을 만난 적은 있지만, 나는 운이 좋았다. 많은 남성 멘토와 상사들의 도움을 받았다. 석사학위 지도교수는 "당신은 할 수 있어요"라는 말로 나에게 교수가 되라고 격려해 주었다. 여성으로서의 장점은 주변에 여성이 많이 없었다는 점이다. 그곳에 있었던 소수의 여성들은 나를 위해 길을 닦았다. 그러나 가끔 스스로 증명해야 한다는 느낌이 든다. 모르는 사람들이 많이 있는 공간에서 나는 처음에 의도적으로 질문을 하거나 의견을 말한다. 내가 아는 것을 분명하게 보여 주고, 내가 누구이며, 왜 여기 있는지를 알려 주기 위해서다. 이런 과정은 나에게 끝없는 전투이며 나의 성격과도 맞지 않다. 그러나 이것은 사람들이 더 빨리 나를 존중하게 만들기 위한 필수적인 전략으로 보인다.

## 당신 연구실에 있는 여성들을 많이 도와주는가?

연구실 스물세 명의 연구원 가운데 열세 명이 여성이다. 여성 연구원들에게 어떤 조언을 하는 게 더 좋을지는 잘 모르겠다. 나는 꿈을 이루며 살아야 한다는 믿음으로 커 왔으므로 그들에게도 꿈을 이루라고 격려하는 게 좋을지, 아니면 차별을 경험하게 될 거라고 경고하면서 그럼에도 모든 것을 이룰 수 있다고 말해 주는 게 좋을지 판단이 서지 않는다. 나의 메시지는 이렇다. 과학은 늘 대단한 직업이고, 특히 미래 세대를 위해 세계를 개선하면서 많은 것을 제공할 수 있다.

### 당신의 여성 연구원들도 당신처럼 교수가 되고 싶어 하는가?

대부분은 다른 길을 선택했다. 왜 그런 선택을 하는지 잘 모르겠다. 나는 좋은 모범을 보여 준 것 같고, 교수가 매력적인 직업이라는 것도 보여 준 것 같은데 말이다. 그리고 직업과 가족을 서로 잘 조화시킬 수 있다는 것도 보여 주었다. 그러나 대부분의 석사과정생들은 다른 길을 선택했다. 한 학생은 나더러 '특별하다'고 말하며, 자신은 나처럼 특별하지 않다는 말도 했다.

### 교수가 되는 길이 당신에게는 쉬웠다는 말인가?

아니다. 절대 그렇지 않다. 그리고 늘 쉽지 않다. 나는 늘 엄청나게 많은 일을 한다. 무언가 진정 영향력을 미치고 싶은 사람은 그렇게 일을 해야 한다. 다만 균형을 잡으려고 노력한다. 대학에 다니던 어느 토요일 저녁에 친구들과 밖에 나갔다가 일요일 새벽 3시에 연구실에 갔었다. 연구실은 사람들로 가득 차 있었다! 만약 이런 모습이 첨단 연구를 위해 치러야 할 대가라면, 이건 나의 일이 아니라는 걸 그때 분명히 깨달았다.

### 어떻게 당신은 일, 부부, 아이 사이의 조화를 만들었는가?

시간이 지나면서 남편과 나는 같은 도시에서 일하기 위해 많은 직업적 결정을 해야 했다. 매주 금요일 오후 6시에 우리는 집으로 돌아가기 전에 미니 데이트를 한다. 아이가 태어난 후 나는 수요일은 늘 비워 두고 집에서 아이들과 함께 있기로 결정했다. 그 밖에 출장도 제한한다. 우리 가족 규칙에서는 한 달에 한 번 출장을 갈 수 있다. 나는 우선순위를 끊임없이 새로 정한다. 나는 내 주변 사람들에게 기쁨을 주고 싶다. 그래서 일이 이렇게 힘들다. 다른 한편으로 완전히 망가진 상태에서는 다른 사람을 도울 수 없다. 나는 평생을 과학에 헌신해야 한다고 교육받았다. 그러나 나는 과학 이외에도 가족을 꾸리고, 다른 생활도 해야겠다는 결정을 내렸다. 그래서 거의 교수가 되지 못할 뻔했지만, 결국 교수

임용에 성공했다. 이 과정에서 나는 진정 자신의 규칙에 따라 살아야 한다는 걸 깨달았다. 과학의 핵심은 정신적 자유다. 만약 미래를 향한 기대 때문에 함정에 빠진다면 전체 목표도 무너질 것이다. 그렇지 않은가?

> "이 직업은 믿을 수 없는 선물이다."

### 당신이 보기에 남성 과학자들은 다르게 생각하는가?

많은 남성 동료들은 살아가는 방식이 나와 다르다. 대부분의 남성 동료는 배우자가 있다. 그 배우자가 가사노동을 하고, 아이들을 돌보면서 다른 모든 일을 처리해 준다. 나도 믿을 수 없을 만큼 지원해 주는 남편이 있지만 여전히 아이들의 학교 서류를 작성하고, 병원에 데려가는 등의 일은 나의 몫이다. 이 말은 새로운 연구 지식을 익히는 시간이 한정되어 있다는 뜻이다.

### 생활 관리를 대단히 체계적으로 해야겠다.

나는 엄청나게 체계적으로 시간을 관리하는 사람이다. 사람들이 나를 이야기할 때 가장 먼저 언급하는 게 바로 이 시간 관리다. 틀림없이 나의 묘비에도 새겨질 것이다! 그렇지만 나는 또 많은 도움을 받고 있다. 우리 단과대학의 학장도 대단한 여성이다. 나의 지적 가치와 취향을 공유하는 분이다.

### 당신에게 돈은 중요한가?

어릴 때부터 자신이 원하는 삶의 양식이 가능하기 위해서 충분한 돈이 있어야 한다는 가르침을 받았다. 내가 세운 회사를 통해 돈을 벌고 싶은 마음도 있지만, 그보다는 세상을 바꾸고 싶다.

### 당신의 연구 작업을 설명해 줄 수 있을까?

나는 나노센서라고 부르는 작은 도구를 발명했다. 이 나노센서는 사람 머리카

락보다 1,000배 작다. 나노센서는 백신처럼 우리 몸에 주입되어 몸 안을 돌아다닌다. 병든 세포를 만나면 나노센서가 활성화되어 신호를 보내며, 이 신호는 콩팥을 거쳐 소변으로 나온다. 이 아이디어의 배경에는 종양 검사가 있다. 환자가 주사를 맞고 한 시간쯤 기다린 후, 시험지에 소변 검사를 하면 몸 안에 종양이 있는지 확인할 수 있다. 이미 실험용 쥐에서 이 방법은 제대로 작동하며, 우리는 임상 안전성 시험을 막 시작했다. 다음 시험 단계에서는 이 방법으로 질병들을 조사할 수 있는지 보여 줘야 한다. 그 시험은 내년에 시작할 것이다. 과학은 각자 필요한 시간이 있다. 우리는 이 방법을 2013년에 발명했지만, 이런 유용한 발견이 환자에게 투입되기까지 10년이 걸릴 수도 있다.

### 어떻게 이런 발견에 성공했나?

사실 우연히 발견했다! 우리는 MRI 스캔을 위한 '더 지능적인' 나노 입자 개발에 참여하고 있었다. 자성이 있는 나노 입자가 종양세포로 활성화되는 게 기본 아이디어였다. 실험용 동물에 이 방법을 사용해 종양을 확인할 때마다 우리는 동물의 소변에서 다른 것도 보게 되었다.

### 간과 관련된 연구 작업은 어떤 상황인가?

이 작업도 마이크로 생산이라는 같은 아이디어에 기초한다. 작은 특징이 있는 실리콘 칩을 만들어 배양접시에 놓는다. 세포들을 패턴에 따라 배열하기 위해 내가 이용할 수 있는 라인에 칩들을 놓는다. 특정 세포 패턴에서 간세포가 자라기 시작하고, 우리는 이 간세포를 정확하게 자극해 성장을 촉진하려고 한다.

### 어떤 분야에서 이용할 수 있을까?

말라리아에서 먼저 시험하고 있다. 흥미롭게도 말라리아는 혈액병이 되기 전에 간에 먼저 영향을 주기 때문이다. 우리는 또 지금껏 실험실에서 배양된 적이 없었던 말라리아 종들을 배양하고 있다. 나의 학생이 태국으로 간을 가져가서 그곳에 있는 말라리아 환자를 통해 그 간을 감염시킨다. 그다음 이 간을 연구실에서 배양하고, 우리가 이 말라리아 기생충을 죽일 수 있는지 연구하고, 그 방법을 찾고 있다. 우리는 또 몸 안에 있는 간을 재생하려고 한다. 3D 프린터를 이용해 간세포에서 인공 간 임플란트를 만든다. 여기에 피가 흘러가는 관도 만들고, 이 관들을 간세포들로 채운다. 인공 간 임플란트가 병든 간에 충분히 가까이 있으면, 간 재생을 하게 된다. 지금까지 우리는 몸 안에서 이 인공 간 임플란트를 50배 성장시킬 수 있었다. 하지만 치료를 위해서는 1,000배 더 커져야 한다.

## 당신의 작업은 기대수명을 연장하는 데 기여할 수 있을까?

기대수명의 연장보다는 독립성과 삶의 질 개선이 내 연구의 더 중요한 주제다. 나는 힌두교 신자로 자랐다. 그래서 영혼이 이 세상에 왔다 다시 돌아가는 환생을 믿는다. 나는 지금 생에서 독립적이고 움직임을 유지할 수 있을 때까지 오래 살고 싶다. 그다음엔 자면서 죽음을 맞고 싶다. 아주 어렸을 때 나는 60대에 비행기 추락사고로 죽을 것이라고 말하곤 했다. 쉰이 된 지금은 이런 이야기를 더 이상하지 않는다.

## 당신은 평범함이라는 영역을 바꾸고 있는가?

당신의 질문은 내가 간을 생산하게 되면, 그다음에 엄청나게 큰 슈퍼 간도 생산할 거라는 뜻인가? 인간 신체의 이런 종류의 확대는 최근 심도 있게 논의되었다. 우리가 개입하는 데 성공한다면, 아마 또한 무언가를 개선할 수도 있지 않을까?

**그러나 만약 당신이 그 기술로 판도라의 상자를 열게 된다면 어떻게 될까?**

모든 새로운 과학 지식은 선을 위해, 그리고 악을 위해 이용될 수 있다. 전체 역사가 이를 증명한다. 과학자들은 새로운 가능성이 열릴 때 공동 규정을 개발해 스스로 통제할 수 있다. 나쁜 행동을 멈추게 하는 한 가지 방법은 집단적인 사회적 압력을 가능하게 하는 지침을 만들어 연구 활동의 경계를 정하는 것이다.

**사회에 대한 자신의 책임은 어떻게 보는가?**

내가 마음에 두고 있는 일들에 초점을 맞추고 싶다. 의공학, 나노 기술, 학제 간 연구, 그리고 다음 세대의 교육이 그것이다. 또한 과학과 기술에서 여성의 역할에 대해 많은 것을 배웠고, 그것을 지원하는 일도 내게 주어진 역할이다.

**당신 연구 분야의 미래를 어떻게 상상하는가?**

나는 공학자와 의사의 더 긴밀한 협력을 바란다. 여기 MIT에 있는 500명의 공학자 모두 의학에 기여할 수 있는 사람이다. 또한 더 많은 여성이 이 과정에 참여하는 걸 보았으면 좋겠다. MIT 과학자의 불과 19%만이 여성이며, 그들 중 극소수만이 회사 창립자와 CEO가 된다. 유감스럽게도 우리는 많은 재능 있는 인재를 낭비하고 있다. 여성 과학자와 공학자는 훨씬 더 많은 기여를 할 수 있을 것이다.

**왜 젊은이들이 과학을 공부해야 할까? 그들에게 무슨 조언을 해주겠는가?**

나에게 과학은 예술 같은 것이다. 과학은 지금껏 없었던 것을 창조하고 사람들을 도울 수 있다. 이 일은 믿을 수 없을 만큼 만족스럽다. 짧게 말하면, 이 직업은 믿을 수 없는 선물이다. 이 여정의 모든 단계에서 당신은 빛을 내야 한다. 이 여정은 힘든 노동을 동반한다. 희망의 저 끝에 있는 길을 찾기 위해 이 길에서 약간의 정신적 자유를 허락하라. 그리고 당신의 꿈을 좇아라.

### 당신은 당신의 꿈을 좇아 왔나?

처음에는 산업 분야로 가고 싶었고 그곳에서 중역으로 일하고 싶었다. 서른이 될 때까지 나는 교수가 나에게 잘 어울리는 일이라는 걸 몰랐다.

### 개인생활과 관련된 비전은 무엇인가?

계속 발전하고 싶고 배우고 싶다. 우리 딸들이 어떻게 자라고 자신의 열정을 어떻게 찾게 되는지를 보고 싶다. 남편이 계속해서 직업적으로 성공하기를 바라고, 우리 부부가 계속 돈독하고, 우정이 넘치며, 함께 여행할 수 있기를 바란다. 세상을 위해 의미 있는 일을 하면서 개인적 성취가 계속되기를 바란다.

# "인생에는 하나의 길만 있는 게 아니다."

**에마뉘엘 샤르팡티에 | 미생물학**

베를린 병균학 막스 플랑크 연구소 소장, 미생물학 교수
2016년 고트프리트 빌헬름 라이프니츠상 수상
독일

**샤르팡티에 교수, 당신은 프랑스에서 태어났다. 성장하던 시절에 대해 설명해 달라.**

파리 주변에 있는 도시에서 성장했고 그곳에서 학교에 다녔다. 매우 조용한 동네였다. 우리는 시내에 정원이 딸린 집이 있었고, 그 도시는 오랫동안 공산당 출신 시장이 통치하던 곳이었다. 부모님은 농촌 출신이었지만, 두 분 모두 예술·문화·정치에 관심이 많았다. 두 분은 노동조합 및 가톨릭 단체에서 활발히 활동했고 사회주의 정당에도 참여했다. 부모님의 엄청난 에너지와 호기심은 나에게도 분명히 영향을 주었다. 내가 늘 이렇게 몰두하는 데는 확실히 부모님의 영향이 있다.

**두 명의 언니와는 어떤 사이였나?**

부모님에게는 매우 좋은 일이었다. 나를 돌볼 필요가 없었기 때문이다. 나는 늘 언니들만 쫓아다녔다. 큰 언니는 나보다 열두 살이 많다. 그래서 그 관계가 늘 나를 이끌었다고 생각한다. 초등학교에 다닐 때, 언니는 이미 대학생이었다. 그

렇게 나도 칼리지 진학을 목표로 정했다. 나는 교수나 연구원이 되면 지식을 얻고 지식을 전달하며, 또한 자신의 생각을 확장하면서 평생 학교에 머물 수 있다는 걸 알게 되었다.

**당신은 늘 호기심이 많은 사람이다. 어린 시절은 어땠는가?**

가끔 너무 착했다고 생각한다. 당연히 당시에는 그걸 알지 못했다. 그러나 나만의 울타리 안에 살면서, 누군가 나를 이용할 때 그걸 눈치채지 못하곤 했었다. 나는 사람들은 선하다고 믿으면서 나를 보호했다.

**몇몇 여성 과학자들이 나에게 설명하기를, 남성 과학자들은 종종 여성들의 연구를 의심했다고 한다. 당신도 이런 경험을 한 적이 있었나?**

내 생각에 그것이 보통 여성들에게 기대하는 일이다. 전체적으로 완벽하기. 과학에서만 그런 게 아니다. 만약 한 여성이 실수를 하나 하면, 즉시 지적을 받을 것이다. 나 스스로는 젠더와 관련된 몇몇 측면을 무시하려고 노력한다. 예를 들어 여성은 대부분 남성들에게 둘러싸여 있다는 사실 같은 것 말이다. 그보다 나는 구체적인 과제에 집중한다. 그리고 그사이에 나는 자주 무시당하거나 내가 말을 할 때 방해받는 상황을 그냥 받아들이게 되었다.

**여성들이 자신들의 이해를 관철하기 위해 더 많은 일을 해야 한다고 생각하는가?**

그렇다고 생각한다. 여성들은 더 많이 싸워야 한다. 나는 젊은 여성 세대가 최근의 거대한 진보를 제대로 평가할 줄 모르는 모습에 약간 실망한다. 젊은 여성 세대는 자신들의 길을 스스로 결정할 수 있게 된 점에서 그 진보에 빚을 지고 있다. 사회나 사람들의 정신을 바꾸는 일은 쉽지 않다. 이런 호사스러움이 자아도취로 귀결되는 모습이 유감스럽다. 우리는 아직 가야 할 길이 멀다. 아이를 가지고 동시에 일을 하고 싶은 여성들은 유연성이 크게 제공되지 않는 시스템에서 이 두 가지 일을 동시에 하는 게 쉽지 않다는 것을 자연스럽게 알게 된다.

### 당신의 경우는 어떤가? 여전히 언젠가는 가정을 꾸릴 거라고 생각하고 있나?

아니다. 가족을 꾸릴 계획이 없다. 예전에는 있었지만, 지금은 더 이상 아니다. 가족을 만들기에는 너무 늦었다고 생각한다. 이 말이 과거에 내가 아이를 갖기 위해 적극적인 시도를 했다는 뜻은 아니다. 그러나 돌이켜 보면 나는 늘 언젠가는 가족이 생기지 않을까라고 생각했었다. 그렇지만 나의 유전자를 다음 세대에 전달하는 일에는 전혀 관심이 없다. 내가 하는 일을 생각하면 조금 특이하게 들릴 수도 있겠다. 나는 내 삶을 충족할 무언가를 개발할 거라고 평생 확신했다. 그게 무엇인지 말하지는 못했지만, 그냥 그럴 거라고 알고 있었다. 사춘기 때 나는 스스로 자유로운 여성, 일종의 자유로운 영혼이라고 생각했다. 원한다면 이 지구 위에 있는 자유로운 전자라고 말할 수도 있겠다. 삶에는 그렇게 많은 흥미로운 것들이 있다. 그걸 찾는 일이 조금 힘들다고도 생각한다. 그러나 그렇게 연구에서든 일상에서든 많은 일을 하고 싶다. 하루가 24시간이라는 게 실망스럽다.

### 당신은 25년 전부터 노마드처럼 살고 있다. 박사학위를 받은 후 미국, 오스트리아, 스웨덴, 독일 하노버에서 시간을 보냈다. 지금은 베를린에 산다. 몇 년에 한 번씩 계속해서 짐을 싸고 푸는 이 상황을 어떻게 생각하는가?

이 생활을 대단히 즐긴다. 나는 어릴 때 추리소설을 즐겨 읽었고 스스로를 영웅으로 생각했었다. 열 살 때 고모 한 분이 선교사로 아프리카에서 일하고 있었다. 그 고모가 내게 했던 말이 기억난다. 고모는 대단히 단호하게 말했다. "에마뉘엘, 모험이 너를 유혹할 거야." 나는 고모가 옳았다고 증명하고 있다. 나는 한 시스템에 자리가 고정되는 것을 어려워한다. 이사는 나의 정신을 새롭게 하고 자유를 느끼게 한다. 한 책장에 박혀 있다는 느낌은 약간 섬뜩하다. 그리고 연구는 일종의 탐정 활동이라고 말하고 싶다.

**탐정 과학자로서 영웅적인 추적 활동을 펼쳐 당신은 DNA 변환의 기술적 전환점이라 할 수 있는 크리스퍼/카스9을 발견했다. 크리스퍼/카스9이 무슨 일을 할 수 있는지 비과학자들에게 설명해 줄 수 있을까?**

크리스퍼/카스9 기술은 실제 유전자를 조작할 수 있는 기술이다. 유전자 조작 자체는 새로운 게 아니다. 과학자들은 40~50년 전에 이미 유전자 조작에 성공했다. 그러나 크리스퍼/카스9은 기존 방법을 더 단순하고 유연하게 만들어 준다. 뿐만 아니라 이 기술은 가격도 싸고, 과거에는 불가능했던 정확한 변환을

가능하게 해준다. 과학자들에게 이 기술은 대단히 흥미진진한데, 이 기술 덕분에 완전히 새로운 생물학적 질문을 제기할 수 있기 때문이다. DNA는 생명의 언어다. 이 언어를 이해하고 번역하기 위해서 우리는 유전자를 변환할 줄 알아야 하고, 무슨 일이 일어나는지 볼 수 있어야 한다.

**이 기술을 어디에 이용할 수 있는지 예를 들어 줄 수 있을까?**

이 기술은 농업과 생의학 분야에 근본적인 영향을 미칠 것이다. 이

기술의 도움으로 새로운 유용 식물을 창조할 수 있고 새로운 치료법의 가능성을 찾을 수 있다. 또 질병 모델을 만들 수도 있을 것이다. 이 질병 모델은 개발 중인 약품의 유효성 실험에서 중요한 역할을 하게 될 것이다. 이 기술은 특정 질병의 치료에도 투입될 수 있을 것이다. 농업에서 크리스퍼/카스9은 이전보다 훨씬 정교한 식물 재배를 할 수 있게 해준다. 그 결과 식물의 다양성이 훨씬 커질 것이다.

### 대단히 흥미롭고, 정말 낙관적으로 들린다. 이 기술이 낳을 수 있는 위험에는 무엇이 있을까?

이 기술은 두 가지 방식으로 이용될 수 있다. 긍정적 방식은 방금 말했던 방식이다. 부정적 방식은, 새로운 인간을 창조하기 위해 이 기술을 이용해 DNA를 조작할 수 있다는 것이다. 기술은 생기자마자 여러 방식으로 이용된다는 것을 역사가 우리에게 보여 준다. 맞춤형 아기를 강하게 요구하는 부모들이 있을 것이고, 개인병원들이 이런 고객 집단을 찾아낼 거라고 확신한다. 이 상황을 통제하는 일은 대단히 어려울 것이다. 이런 상황이 대단히 우려스럽다. 나의 가장 큰 걱정거리 중 하나다.

### 이런 위험이 확산될 수 있다고 생각하나?

그렇다. 인간 유전자에 크리스퍼/카스9 기술을 이용하는 일을 엄격하게 규제해야 한다. 이 규제에는 가능한 한 많은 나라들이 참여해야 하고, 이 나라들은 인간 유전자 조작을 목적으로 하는 연구에 공적 지원금이 제공되지 않도록 주의해야 한다. 인간 유전자 편집에 이 기술을 사용하는 건 아무런 근거가 없고, 치료 목적으로도 정당화할 수 없음을 우리는 분명히 해야 한다. 그러나 크리스퍼/카스9은 연구 목적과 유용 식물의 생산에는 축복이다.

**이런 혁명적 기술을 어떻게 발견하게 되었나? 이 아이디어는 어디에서 왔나?**

이메일과 인터넷에 연결되지 않아서 여행을 엄청나게 생산적이라고 생각하는 과학자가 물론 나만 있는 것은 아니다. 또한 여행 때는 문을 두드리는 동료의 방해도 없다. 여행은 유용하다. 생각도 함께 여행할 수 있기 때문이다. 내가 빈에서 스웨덴 우메오로 가고 있을 때, 두 개의 생물학적 시스템을 결합해 보자는 아이디어가 떠올랐고, 이 아이디어가 결국 크리스퍼/카스9을 낳았다. 나는 2008년 초 우메오 대학교의 자리를 받아들였다. 친구들과 동료들은 나의 결정을 쉽게 이해하기 힘들었다. 그들은 이렇게 생각했다. '어떻게 뉴욕을 사랑했던 사람이 이런 식으로 스스로를 유폐해 스웨덴 북부의 춥고 어두운 작은 도시로 옮겨 갈 수 있단 말인가?' 이 시기에 나는 나의 실험실을 만들기 위해 자주 우메오로 여행을 갔다. 그리고 이 여행 중에 기본 원칙을 개발했다. 이 작업은 단계별로 진행되던 과정이었는데, 빈에서 우메오로 가는 비행기에서 유레카 순간을 경험했다. 우메오에서 나는 이 개념을 계속 다듬어 나갔다. 우메오에서 연구에 더 잘 집중할 수 있었기 때문이다. 그곳에는 방해되는 게 없었다.

**그 특허는 오직 당신 이름으로만 등록되었다. 어떻게 그럴 수 있었나?**

그 원칙을 발견할 때 내가 스웨덴에서 일했기 때문이다. 스웨덴은 정신적 창작물의 소유권을 100% 과학자에게 주는 몇 안 되는 나라 중 하나다.

**유전자 편집을 위한 크리스퍼/카스9 기술 이용에 관한 당신의 발견을 2010년 처음으로 한 학술행사장에서 발표했다. 그러나 이 기술이 구조적 차원에서 어떻게 작동할 수 있는지를 이해하기 위해 도움이 필요했다. 이 도움을 받기 위해 당신이 먼저 제니퍼 다우드나에게 연락했나, 아니면 제니퍼가 당신을 찾아왔나?**

제니퍼는 푸에르토리코에서 열린 학술대회에서 알게 되었는데, 내가 크리스퍼/카스9 이야기의 1부를 〈네이처〉에 발표한 직후였다. 내가 제니퍼에게 갔다.

바이러스에 대항하는 박테리아 면역계의 구조적 측면에 관심이 있었기 때문이다. 비록 내가 이미 당시에 3년째 그 프로젝트를 수행하고 있었지만 말이다. 제니퍼는 구조생물학 및 RNA와 상호작용하는 단백질에 대해 아주 잘 알고 있었다. 크리스퍼 단백질이 바로 여기에 포함된다. 나는 제니퍼에게 혹시 공동 작업에 관심이 있는지 물었다. 나는 이미 빈에 있는 한 구조생물학자와 크리스퍼/카스9 구조 연구를 했었다. 그러나 재정 및 물류 문제 때문에 빈의 구조생물학자는 이 연구를 계속 진행할 수 없었다. 나는 원래 이 시스템의 생화학 작업이나 여기에서 나오는 기술을 개발하기 위한 협력자를 구하지 않았다. 공동 작업은 솔직히 나의 연구실 연구원들을 위한 제안이었다. 그러나 그 후 제니퍼의 팀은 우리와 함께 일했고, 마침내 우리는 두 번째 논문을 〈사이언스〉에 발표했다. 이 논문에서 이 시스템의 가능성을 유전공학적으로 묘사했다. 이 논문은 몇몇 과학자들이 세포와 유기체의 게놈과 게놈의 표현을 수정하는 데 필요한 기술의 기초가 되었다. 이 논문에서 나중에 유전자 편집 도구의 다양한 버전들이 생겨났다.

### 제니퍼와는 얼마나 오랫동안 함께 일했나? 그 과정은 어땠나?

1년 동안 프로젝트 작업을 함께했다. 나는 스웨덴에 살았고, 시차는 아홉 시간이었다. 나는 제니퍼의 팀과 평범하지 않은 시간에 연락을 주고받았다. 가끔씩 자전거를 타고 집이나 연구실로 갔고 몇 시인지도 몰랐다. 스웨덴 사람들은 겨울과 여름에 정신 나간 일상의 리듬을 발전시켰는데, 왜냐하면 너무 밝거나 너무 어둡기 때문이다.

### 당신과 제니퍼는 그렇게 가장 중요한 발견을 했다. 그러나 몇몇 특허들은 다른 과학자들이 받았다. 특히 브로드 연구소의 장펑이 생각난다.

특허 상황은 그사이에 조금 달라졌다. 몇몇 청구가 기각되었기 때문이다. 그러나 이 기술은 대단히 빠르게 일련의 연구자들에 의해 이용되었다. 문헌들을 살펴보면 이 기술이 인간 세포, 식물, 효모에서 잘 작동한다는 사실을 보여 주는 다양한 논문들이 2013년 초에 쏟아져 나온다. 이 논문들은 모두 제니퍼와 나의 논문에 기초하고 있다. 특허 문제는 내가 설명할 수 없다. 그런 일은 늘 일어난다. 그러나 물론 조금 놀라기는 했다.

## 크리스퍼/카스9 기술에 이런 거대한 가능성이 들어 있다는 것을 줄곧 알고 있었나?

이 기술이 유전적 결함 치료에 사용될 가능성이 있다는 걸 예전부터 알았다. 내가 했던 연구 작업과 주제를 배경으로 보면 나의 예측이 당시에는 터무니없어 보일 수도 있었다. 그러나 나는 나의 추측이 대단히 현실적이라고 믿었다.

## 과거에 스스로 이렇게 성공할 거라고 생각했었나?

이상하게 들리겠지만, 종종 짧게 반짝이는 그림들이 내 안에서 떠오르곤 했다. 그 그림에서 나는 크게 인정받지는 못하지만 많이 알려져 있었다. 나는 그 이유를 늘 자문했다. 나는 숙고했고, 갑자기 번쩍하는 빛 속에 있는 나를 보았다. 아마도 무슨 일이 생길 거라는 느낌이 있었던 것 같다.

## 이 발견 덕분에 노벨상을 받을 것이라고 생각하나?

100% 확신한다. 크리스퍼/카스9 연구는 언젠가 노벨상 하나는 받을 것이다. (실제로 2020년 에마뉘엘 샤르팡티에와 제니퍼 다우드나는 노벨 화학상을 공동 수상했다—옮긴이)

## 이 모든 인정은 축복일까, 아니면 저주일까?

이런 인정을 받으려고 과학계로 온 것이 아니라는 걸 강조하고 싶다. 이런 인정이 대단히 부자연스럽다. 나는 이런 인정이 필요 없다. 이게 나의 목표는 아니다. 나는 대단히 수줍음이 많은 사람이다. 그러나 이런 인정이 나에게 나 자신일 수 있는 약간의 자유를 가져다주었다. 이런 인정이 자신감을 주었다는 말이 아니다. 그러나 사람들이 있는 그대로의 나를 예전보다 더 잘 받아들여 준다는 느낌은 든다.

### 그사이에 당신은 자신의 연구소를 이끌고 있다. 이 연구소는 어떤가?

나의 연구소는 아주 작다. 사실 좀 커야 했지만 몇 가지 장애물이 있었다. 이 연구소는 하나의 연구를 수행하기에 적합한 크기다. 유일한 차이는 완전히 독립적으로 일할 수 있다는 점이다. 이런 연구소를 꾸리려면 대단히 조직적인 사람이어야 한다. 그게 바로 나다. 나는 관리를 좋아한다. 그것은 마치 다양한 조각을 맞추어야 하는 퍼즐과 같다. 단지 이 조각들이 다양한 성격의 사람들일 뿐이다.

### 과학에서 무엇이 그렇게 매혹적이라고 생각하는가?

많은 질문을 던질 수 있는 가능성이다. 생명과학을 예로 들면, 우리는 생명 관련 메커니즘의 대부분을 아직 모른다. 바로 이 세계의 복잡성이라는 매력이 우리 인간 자신의 복잡성과 결합한다.

### 과학자는 어떤 사고방식을 가져야 할까?

과학자는 호기심이 있어야 하고, 저항력이 있어야 하며, 고집이 있어야 한다. 그리고 무언가에 미쳐 있어야 한다. 그리고 긍정적으로 생각할 줄 알아야 한다. 많은 장애물이 있기 때문이다. 약간의 순진함도 나쁘지 않을 수 있다. 순수한 순진함이 아니라 어린아이 같은 느낌 말이다. 이런 순진함은 끈기를 준다. 가끔은 조급해하고 무언가 갈망해야 하지만, 정말로 끈기 있게 참을 수 있어야 한다.

## 과학자의 덕목에 수면 부족 감수도 포함되나?

확실히 수면 부족은 무언가에 완전히 몰두하는 데 약간 도움을 준다. 나는 가끔씩 한밤중에 일어나 무언가를 먹고 일을 하기도 한다. 이제는 푹 잘 수 있다는 게 좋다. 재충전을 위해 충분한 수면이 필요하다.

## 과학자 경력을 고민하는 젊은 사람들에게 조언을 해준다면?

삶에서 가장 중요한 것은 자신을 아는 것이다. 자신의 한계를 인식하고 열린 자세를 유지하라. 자신이 가장 흥미를 느끼고 재미있는 일이 무엇인지 진정으로 느끼고 이 일을 하기로 결정하는 일이 늘 쉬운 것은 아니다. 그러나 그만한 가치가 있다. 아울러 젊은 세대에게 어떤 일 때문에 끝도 없이 골머리를 앓지는 말라고 조언해 주고 싶다. 삶에는 한 가지 길만 있는 게 아니다. 그냥 열려 있고 호기심을 가져라. 그리고 삶을 마음껏 즐겨라.

## 이것이 또한 세상에 전하는 당신의 메시지인가?

나의 메시지는 이것이다. 그냥 당신 자신이 되어라. 자신을 위해 당신이 왜 이 행성에 있는지 하나의 이유를 찾아라. 그리고 그 이유를 위해 일하라. 한계에 도달해 왜 당신이 여기에 있는지 그 한계에서 의미를 찾기 위해 자신에게 도전하라. 당신이 세상에 얼마나 많은 기여를 하는지 아마 놀라게 될 것이다.

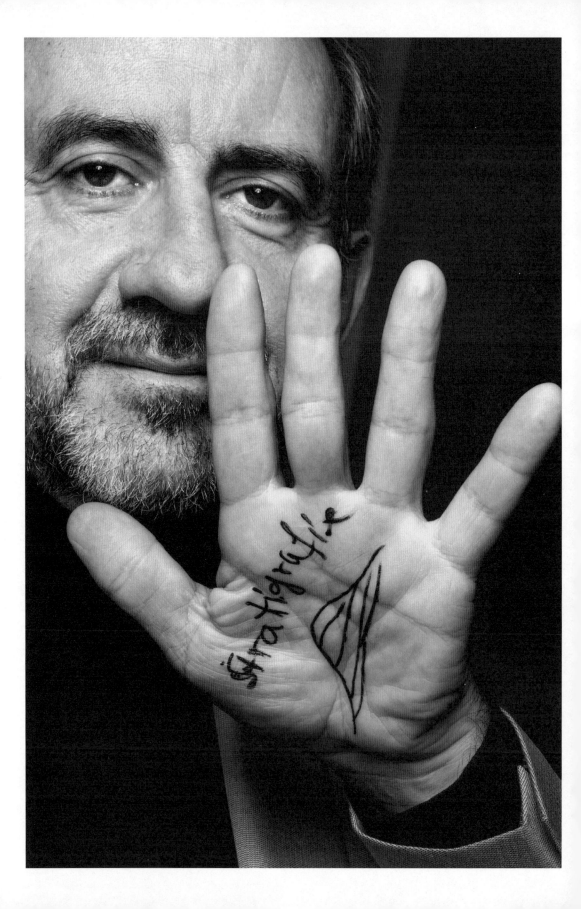

# "과거 없이는 미래도 없다."

**헤르만 파르칭거** | 선사고고학

베를린 프로이센 문화유산재단 이사장
베를린 자유대학교 선사고고학 연구소 역사학 교수
독일

**파르칭거 교수, 자연과학자들은 자신들의 연구로 미래에 영향을 미치려고 노력한다. 선사학자인 당신은 인류의 역사를 연구했다. 인류의 역사는 생각하는 인간의 등장과 함께 시작되는가?**

그렇다. 생각하는 인간은 270만 년 전에 처음 등장했다. 동아프리카에서 소위 자갈 도구를 만들었던 호모 하빌리스가 그들이다. 호모 하빌리스의 등장은 초식동물에서 사람과Hominidae로의 전환과 함께 일어났다. 사람과는 이미 고기를 먹고 있었는데, 자연에 존재하던 썩은 짐승의 시체를 먹었을 것이다. 그러나 호모 하빌리스는 다른 육식동물과 달리 턱으로 고기를 뜯을 수 없었으므로, 도움이 되는 수단이 필요했다. 여기에서 첫 번째 도구가 나왔다. 호모 하빌리스는 자연에 존재하는 물건 그대로 사용한 게 아니라 자르기에 충분한 날카로움을 얻기 위해 돌을 다듬었다. 바로 이것이 새로운 점이었다. 이것이 문제를 해결하는 사고의 첫 번째 증거이며, 삶을 더 효과적이고 쉽게 만들려는 인류의 열망이 여기에서 시작되었다.

## 무언가를 바꿀 수 있는 인지 능력은 어디에서 왔을까?

선사 시대 인류는 대단히 정확한 관찰자였다. 200만~150만 년 전에 있었던 불의 정복은 발전의 또 다른 중요한 단계였다. 불을 이용해 고기를 가공하고 보존할 수 있게 되었다. 이미 아주 일찍부터 모든 부족들은 몰이사냥을 했다. 몰이사냥은 지식과 계획 능력을 전제한다. 또한 몰이사냥에는 풍부한 지식과 카리스마가 있는 인물이 필요했고, 이 사람이 지휘권을 넘겨받았으며, 동시에 무리 안에서 의사소통, 즉 언어도 필요하게 되었다. 의사소통 능력은 지식의 전달에서, 예를 들면 특정한 돌 종류로 사냥 무기를 만드는 일 등에서 중심 역할을 했다. 또한 뼈로 만든 바늘처럼 작은 도구도 획기적 효과를 냈다. 인류는 바늘을 이용해 몸에 더 잘 맞는 두꺼운 털가죽을 만들었고, 추위로부터 몸을 더 잘 보호할 수 있었다. 덕분에 빙하기와 같은 추운 시기에도 인류가 생존할 확률이 엄청나게 높아졌다. 또한 인간은 꾸준히 자신의 환경, 특히 동물과 식물을 관찰했고, 이 동식물로 다양한 실험을 감행했다. 어떤 동물을 길들일 수 있는지 알아냈고, 먹을 수 있는 식물과 먹을 수 없는 식물을 구별하기 시작했다. 이런 발전들이 인류 역사에서 일어난 결정적 변환, 즉 채집경제에서 생산경제로 전환하는 전제 조건이 되었다. 인류는 사냥꾼, 채집가, 어부에서 식물과 동물을 길러 수확을 계산할 수 있게 되었다. 이 전환이 또한 정주생활로 귀결되었다.

## 바퀴의 발명과 정주생활 사이에는 어떤 관계가 있는가?

바퀴와 수레는 이미 정주생활을 하고 있던 인류가 이룬 중요한 혁신이다. 기원전 4000년 후반에 이미 중동과 중유럽 및 동유럽 일부 지역에 물건을 나르는 데 이용한 네 바퀴 수레가 있었다. 이 수레들은 아마도 소나 황소가 끌었을 것이다. 기마용 말의 경우 기원전 3000년부터 첫 번째 증거가 나온다. 이 시기부터 엄청나게 먼 거리를 그때까지 알려지지 않았던 속도로 달려갈 수 있게 되었다. 이렇게 인류는 인간 삶의 조건을 개선하는 다양한 가축종의 장점을 대단히 빠르게 파악했다.

## 문자는 인류의 발전에 어떤 변화를 가져왔는가?

문자는 세계 곳곳에서 다양한 시대에 등장했지만, 문자가 생겨나는 과정은 언제나 매우 비슷했다. 중동, 중국, 중앙아메리카의 아즈텍 할 것 없이 도시와 복잡한 사회가 생겨나고 거대한 인구를 관리해야 할 때 늘 문자가 발명되었다. 구두 전승은 오랫동안 표준적인 방식이었고, 역사 기록은 매우 늦게 나타났다. 최초의 문자 문서는 물품 목록이었다. 이 문서에는 사유재산임을 표시하는 인장이 찍혀 있는데, 사유재산권은 인류 초기부터 매우 중요했기 때문이다. 물건을 자기 소유로 표시할 줄 알았다면, 틀림없이 법적 개념 또한 분명하게 가지고 있었을 것이다. 더불어 금속 같은 물질의 소유나 자원의 통제가 번영을 가져온다는 것이 이미 일찍부터 증명되었다.

## 엘리트와 권력의 생성은 사고방식에 어떤 영향을 주었나?

마을이 점점 커지면서 분업이 생겨났다. 수백 명이 함께 살면서 모두가 도자기를 생산하고 베틀을 돌릴 필요는 없기 때문이다. 야금술은 폭넓은 지식과 이에 맞는 장비를 요구했기 때문에 어쩔 수 없이 특화된 기술이 되었다. 이후 금속의 통제와 분배는 대체로 사회 계급화로 이어졌다. 엘리트가 생겼다는 증거는 정주지에서 발굴되는 빼어난 집들과 특히 풍부한 무덤 장식물들이다. 한편 문자가 주도하는 문명에서는 정치적 통치권이 종종 개별 가족의 손에 들어갔고, 그렇게 왕조가 생겨날 수 있었다.

## 사회적 풍요와 함께 동굴 벽화나 음악으로 표현되는 추상적 사고도 시작되었나?

조각 및 회화 예술, 음악은 초창기 호모 사피엔스와 함께 유럽에서 생겨났다. 경이로운 동굴 벽화들은 이미 약 3만 년 전에 있었고, 첫 번째 상아 조각품은 약 2만 년 전으로 거슬러 올라간다. 동물 뼈로 만든 피리도 이때 나왔다. 그리고 이 시대 인류는 동물 조각 및 유명한 비너스상뿐만 아니라 동물과 인간이 혼합된 조각도 만들었다. 독일 슈바벤 알브 지방에서 발견된 사자인간상이 대표적이다. 이런 조각상은 이미 이들에게 엄청난 추상 능력이 있었다는 걸 보여 준다.

### 인간을 기본적으로 추동하는 무언가가 있나?

인간은 자신의 성취에 절대 만족하지 않았다. 대신 삶의 최적화를 위한 욕구가 계속 동기를 부여했다. 그렇게 석기는 언젠가부터 더는 충분하지 않게 되었고, 야금술이 새로운 가능성을 열어 주었다. 가장 오래된 금속인 구리가 더는 충분히 단단하지 않게 되고, 사람들은 구리에 주석이나 비소를 합금하는 법을 익혀서 더 단단한 금속인 청동을 발명했다. 그 후에 인간은 철에 도달했다. 이런 최적화 욕구는 기술뿐만 아니라 삶의 모든 영역, 그리고 사회제도를 필요로 한다. 다른 한편으로, 인류의 심오한 근본적 발전이 기후변화와 같은 급진적 단절과 재해 때문에 생기기도 한다. 생존하고 싶다면 반드시 극복해야만 하는 도전들 앞에 인류는 그냥 던져졌다.

### 자연환경의 변화가 인류의 발전에 얼마나 큰 영향을 미쳤나?

예를 들면 유라시아 스텝 지역 일부는 기원전 2000년대에 거의 사람이 살지 않았다. 이 지역은 거의 사막 같은 곳이어서 생존에 적합하지 않은 환경이었기 때문이다. 그러나 기원전 1900년대에 기후가 더 춥고 습해졌고, 목축을 하기에 이상적인 풍성한 초원이 생겨났다. 이 시기 이후에 바로 새로운 경제양식과 생활양식을 가진 기마 유목민이 발전했고, 이들은 예술, 종교, 무기 기술, 장례의식 등에서 다양한 변화를 가져왔다. 기마 유목민은 시베리아 남부에서 헝가리 대평원까지 널리 퍼졌다.

## 과거에 꾸준한 진보가 있었다고 한다면, 이 진보를 어떻게 정의하겠는가?

석기 시대부터 철기 시대까지의 인류 발전은 어떤 면에서 진보의 역사였다. 자연이 정한 한계를 극복하고 삶을 스스로 정해 나갔다는 점에서 그렇다. 이 발전을 위해서는 끊임없는 관찰, 실험, 시도가 필요했다. 이 과정에서 분명히 많은 실수와 퇴보도 있었고, 통제할 수 없었던 부수적 피해도 많이 일어났다. 이때의 사고방식이 삶의 최적화를 향한 압박의 영향을 받은 것도 사실이다. 그러나 오늘날의 방법론에 따른 삶의 최적화 방식과 비교할 수는 없다. 오히려 많은 일들은 우연히 일어났고, 그 원인을 제대로 설명하지도 못했다. 원시 인류의 문제 해결적 사고와 근대의 연구 사이에는 이런 차이가 있다. 비록 상응점은 있지만 말이다.

## 초기 인류의 혁명적 발전과 근대의 혁명적 발전 사이에 상응점이 있다고?

당연히 있다. 사물을 표현하려면 문자의 발명이 결정적이었다. 그리고 인쇄술은 문서를 자유롭게 여러 부로 만들어 배포할 수 있게 했다. 전기의 발명은 불의 정복과 비슷한 영향을 미쳤다. 둘 다 빛과 열을 생산하기 때문이다. 근대의 자동차가 그랬듯이 기마용 말은 인간의 이동성에 혁명을 가져왔다. 첫 번째 수공업 분야들이 생겨났던 원시 시대의 분업이 없었다면 산업혁명은 생각할 수 없었을 것이다.

## 인류 스스로 멸망할 수도 있는 핵 에너지 같은 것은 원시 시대에 없지 않았나?

그런 발명품은 없었지만, 이미 대단히 일찍부터 광범위한 환경 파괴는 있었다. 정주생활이 시작된 직후인 신석기 시대에 이미 첫 번째 온실효과가 있었고, 금속 가공을 하는 지역 주변은 건강을 위협하는 중금속 오염이 심했다. 단지 이 모든 피해가 오늘날과 같은 수준에 도달하지 않았을 뿐이다.

**세상에 전하는 당신의 메시지는 무엇인가?**

우리는 우리 존재와 행동의 시간적 깊이를 알아야 하고 겸허함을 가져야 한다. 마치 거인의 어깨 위에 올라 있는 난쟁이 비유처럼 진보와 지식은 수천 년 동안 서로서로 발전해 왔다. 과거 없이는 미래도 없다.

**마리아 슐트** | 양자정보과학

더반 콰줄루나탈 대학교 빅데이터 분석 컴퓨터공학자

남아프리카

**슐트 박사, 당신은 양자 기술과 인공지능을 연구한다. 당신의 연구 분야는 어떤 점에서 새로운 분야인가?**

그 이면에 놓인 아이디어는 새로운 종류의 컴퓨터 기술이다. 이 새로운 컴퓨터 기술이 다가올 미래에 많은 것을 바꿀 것이다. 그래서 지금 산업계의 많은 돈이 이 연구 분야로 흘러 들어가고 있다. 양자 컴퓨팅에서 특히 나는 다음 질문들을 고민하고 있다. 양자 기술로 학습할 수 있는 것은 무엇일까? 양자 기술은 데이터를 어떻게 다룰까? 컴퓨터를 지성이 있는 존재로 만들 수 있을까? 예를 들면 우리는 양자 컴퓨터를 인간의 신경망처럼 훈련시킬 때 무슨 일이 일어나는지, 이 양자 컴퓨터가 다른 패턴도 학습 가능한지를 알아내고자 한다.

**지금 양자 컴퓨터는 작은 시제품으로만 존재한다. 아직 당신의 아이디어를 전혀 시험하지 못하는 상황에서 어떻게 연구를 진행하는가?**

처음에는 알고리즘을 이론으로만 검토했었다. 그러나 이 알고리즘이 내가 다루고 있던 기계학습에서 제대로 작동하지 않았다. 우리의 이론이 너무 제한적이었기 때문이다. 그래서 우리는 실험을 아주 많이 진행하면서 경험적으로 일하기 시작했다. 그냥 한 알고리즘을 컴퓨터에서 돌아가게 놔둔 채 무슨 일이 일어나는지 관찰했다. 그렇지만 결과는 제한적이었다. 그 알고리즘이 돌아가는 컴퓨터가 미래에 우리가 사용하길 원하는 컴퓨터, 즉 양자 컴퓨터가 아니었기 때문이다. 결국 양자 컴퓨터를 위한 새로운 이론을 개발해야 한다는 것을 깨달았다. 이 이론화의 핵심 질문은 양자 컴퓨터가 아직 본 적이 없는 것을 일반화하도록 어떻게 가르칠 수 있을까였다. 초기에는 모두가 대단히 들떠 있었고, 완전히 새로운 무언가를 만들고 있다고 확신했다. 그사이에 우리는 좀 더 신중해졌다. 대단히 특수한 일부 기계학습 분야에서만 양자 컴퓨터가 고전 컴퓨터보다 뛰어날 수 있다는 생각을 하게 되었다. 양자 컴퓨터는 전체적으로 고전 컴퓨터보다 빠르지 않을 것이며, 단지 특정 문제에서만 놀라운 속도를 보여 줄 것이다.

**인간에게 영향을 미치게 되는 알고리즘을 연구하는 기분은 어떤가?**

내 연구의 사회적 유용성을 분명히 알지 못한다는 게 내 삶에서 큰 긴장을 만든다. 나는 기술이 모든 것을 더 좋게 만들어 준다는 생각에 대단히 회의적이다. 남아프리카공화국에서 일하면서 기계학습의 사회적 측면을 대단히 중요하게 여기게 되었다. 나는 내가 가르치는 학생들이 권력을 갖게 된다는 것을 깨달았다. 이 학생들이 프로그램을 만들고 데이터를 분석할 수 있기 때문이다.

**당신의 경력은 평범하지 않다. 독일 라인란트 주에 있는 한 소도시에서 태어났고, 베를린에서 공부했으며, 당신보다 나이가 많은 학자들 대부분이 추천하지 않았던 학과를 선택했다.**

그분들은 특히 정치학과 물리학을 동시에 공부하지 말라고 충고했었다. 그 충고에도 불구하고 두 과목을 동시에 공부했다. 나는 어마어마한 지식욕이 있었고 모든 문을 열어 두고 싶었다. 특이했던 건, 나는 과학에 매혹되었지만 나의 전공이 젊은이들을 교육하고 보살피는 일 이외에 사회에 어떤 기여를 하는지 잘 깨닫지 못했다는 것이다.

**자신만의 길을 가는 에너지와 용기를 어디에서 얻었나?**

그 에너지와 용기는 부모님에게 받은 자존감, 분명한 윤리관과 관련이 깊다. 어머니는 에너지가 폭발하는 분이고 아버지는 대단히 조용하고 소통을 중시하는 분이다. 이 두 가지가 내 안에서도 중요하게 연결되어 있다.

**왜 돈을 많이 벌 수 있었던 미국이 아닌 남아프리카공화국을 선택했나?**

많은 젊은 과학자들이 부유해지지만, 그들은 자신들이 권력의 역할을 넘겨받았다는 걸 알지 못한다. 나에게는 사회에 미치는 영향이 돈보다 중요했다. 나는 실습을 위해 남아프리카공화국으로 갔는데, 한두 시간 그곳에 있으면서 편안함을 느꼈다. 여기에서는 삶의 목표가 독일처럼 추상적이지 않았고, 그것이 나의 거대한 내면적 갈등을 극복하는 데 도움을 주었다. 몇 년 후에 캐나다 스타트업 기업 제너두Xanadu가 내가 연구하는 분야의 전문가를 찾았다. 내가 아는 한, 이 분야에서 내가 세계에서 처음으로 박사학위를 받았다. 이런 점에서 나는 이미 시장 가치가 있었다. 아직 젊다는 게, 그리고 이미 한 분야에 정통한 사람으로 보이고 있다는 게 좋았다. 다행히 제너두는 내가 남아프리카공화국에서 일하면서 몇 달에 한 번씩 캐나다로 오는 것을 허락했다.

## 무엇이 당신과 나이 많은 학자들 사이의 생각을 구별 짓는가?

모든 과학 공동체에는 오랫동안 지켜왔고 논박의 여지가 없어 보이는 것이 있다. 내가 몸담고 있는 분야에서 그 거룩한 성배는 새 알고리즘 문제다. 새 알고리즘은 고전 알고리즘보다 훨씬 빠르다는 게 증명될 때만 흥미로운 알고리즘이라는 것이다. 나는 나만의 작업 방식을 통해 이런 태도에서 벗어났다. 그 밖에도 많은 젊은 동료들처럼 학술 활동을 좀 더 유연하게 대한다. 우리는 대학에 머물기를 원하고 논문 출판 형식에 복종하려고도 하지만, 동시에 가끔은 산업계로 가거나 새 회사를 만들려고도 한다.

> "내가 아는 한, 이 분야에서 내가 세계에서 처음으로 박사학위를 받았다."

## 자신의 특성을 다섯 가지 개념으로 표현한다면?

참여적, 넘치는 에너지, 비판적, 숙고하는, 강한 자의식.

## 5년 혹은 10년 뒤에 당신은 어떻게 되어 있을까?

어찌 되었든 남아프리카공화국에 있을 것이다. 그리고 새로운 기술, 데이터, 더 빠른 학습, 양자 컴퓨팅과 관련이 있는 다양한 국내 조직 및 세계 조직과 관련을 맺고 있을 것이다. 그리고 삼각 데이터 분석, 도시, 사람과 관련이 있는 프로젝트를 계속 진행할 것이다. 사회 참여는 여전히 나의 목표일 것이다.

**캐서린 부만** | 컴퓨터공학

캘리포니아 공과대학교 수학 및 컴퓨터공학 조교수
미국

**세계 최초의 블랙홀 사진을 보면서 환하게 웃고 있는 당신의 사진은 정말 들불처럼 전 세계로 퍼졌다. 이때 느낌이 어땠나?**

그건 정말 미친 상황이었다. 우리는 블랙홀 사진 작업에 대해 철저하게 보안을 유지했다. 나는 가족에게도 무언가를 이야기한 적이 없다. 그러다 보니 마침내 전 세계에 우리의 일을 설명하고 블랙홀의 첫 번째 사진을 발표한다고 했을 때 우리는 그냥 엄청나게 흥분했다. 대중의 반향은 생각했던 것보다 훨씬 컸다.

**당신은 젊은 여성의 모범이 되었지만, 동시에 공격도 받았다. 사람들이 당신을 이 프로젝트의 얼굴로 선택했기 때문이다. 상처를 받지는 않았나?**

사람들은 한 프로젝트를 한 인물과 연결하는 걸 좋아한다. 그러나 블랙홀 최초 촬영은 과학자 200명이 참여한 거대한 국제 협력의 결과였다. 이걸 먼저 이해 했으면 좋겠다. 미디어가 나를 과장되게 미화했다고 생각한다. 단지 내가 젊고 환호하는 모습을 보였기 때문이다. 그러나 나는 이 작업에서 인정을 받아야 하 는 다른 많은 사람을 밀치고 관심을 받을 마음이 결코 없었다. 동시에 내가 연 구하는 분야에 여성은 그렇게 많지 않다. 그래서 과학과 기술 분야에서 성공한 여성의 모습을 보여 주는 것은 젊은 여학생들에게 중요했다. 그렇지만 궁극적 으로 내가 여성이라는 이유가 아닌 나의 일을 통해 평가받기를 원한다.

**'이벤트 호라이즌 망원경(EHT)' 협력 사업에서 당신의 역할은 정확히 무엇이었나?**

이 프로젝트의 기본 아이디어는 여러 곳에 있는 여덟 개의 망원경을 하나의 가 상 망원경으로 결합하는 것이었다. 이 아이디어가 새로운 건 아니지만 우리는 그 규모를 최대한 확장했다. 나는 망원경에서 얻은 천체 데이터를 모아 블랙홀 의 첫 번째 사진을 조립하는 알고리즘 개발에 참여했다. 그리고 조립된 결과물 의 검증 작업에서 주도적 역할을 했다. 나는 천체물리학이 아닌 컴퓨터공학과 전기공학을 공부했고, 그래서 이 주제에 다르게 접근했다. 이 데이터를 분석하 고 사진을 만들기 위한 새로운 접근법을 어떻게 만들 수 있을까? 이것이 나의 질문이었다.

**이 작업에서 수학과 환상 가운데 무엇이 더 중요했는가?**

둘 다 중요했다! 우리는 무언가를 수학적으로 증명하기 위해 창조적 아이디어 가 담긴 우리의 환상을 이용했다.

"과학에서 학제 간
연구는 점점 늘어날
것이다."

## 지금은 어떤 일을 하고 있는가?

여전히 EHT 프로젝트에서 할 일이 많다. 우리는 지금껏 모은 데이터로 우선 사진 한 장을 발표했을 뿐이다. 예를 들면 우리 은하의 중심에 또 다른 블랙홀이 있다. 우리는 이 블랙홀 사진도 찍고 싶다. 그러나 그 작업은 상당히 어려운데, 이 블랙홀은 더 작고 가스가 훨씬 빠르게 블랙홀 주위를 돌 수 있기 때문이다. 밤마다 우리는 시간의 흐름과 함께 발달하는 블랙홀을 찍은 다양한 스냅숏에서 희소 데이터들을 모은다. 그래서 나는 빠르게 발달하는 블랙홀 데이터 수집 도구를 작업하고 있다. 희망하건대, 언젠가는 사진이 아니라 블랙홀의 사건의 지평선을 향해 몰려가는 가스를 촬영한 동영상을 보여 줄 수 있을 것이다. 그다음에는 EHT 다음 세대가 나올 것이다. 이제 블랙홀 근처를 볼 수 있다는 것을 증명했으므로, 새로운 과학 지식을 더 많이 가져오기 위해 데이터를 개선하려고 한다. 데이터 개선 작업을 위해 지구 위에 새로운 망원경을 건설할 계획이 있고, 가능하면 우주에도 망원경을 설치하려고 한다. 우리 팀은 다음 EHT 세대의 발전에 도움을 주기 위해 기계학습 알고리즘을 개발 중이다.

## 당신 방법론의 다른 점은 무엇인가?

나는 컴퓨터를 이용하는 새로운 도구인 인공지능과 기계학습을 물리학적 이해와 잘 결합하는 방법을 고민한다. 물리적 데이터에 숨어 있는 정보를 뽑아내기 위해서다. 이 방법으로 완전히 성격이 다른 여러 문제에 접근하고 있다. 예를 들면 블랙홀 사진 촬영뿐만 아니라 토목공학, 의학, 최근에는 지진학 분야의 문제도 다루고 있다. 과학에서 학제 간 연구는 점점 늘어날 것이다. 변화무쌍한 새로운 결과로 이어지는 창조적 해답을 찾기 위해서는 다양한 학과 사람들이 모여야 한다.

## 당신을 지금 여기까지 데려온 가장 중요한 요소는 무엇인가?

이전에 많은 사람이 나는 충분히 훌륭하지 않다고 내게 알려 주고 싶어 했다. 이런 목소리를 무시하는 일이 가끔 어렵기는 했지만, 내가 고집스럽게 남아 그들에게 그 반대를 증명했다는 게 기쁘다.

## 앞으로 5년에서 10년을 위한 개인적 목표는 무엇인가?

컴퓨터 도구를 개발해 미지를 향한 과학자들의 발견 여행을 돕고 싶다. 그렇게 과학의 변화에 기여하고 싶다. 컴퓨터 도구는 덜 직관적인 새로운 실험법을 이용할 때 도움을 줄 수 있다. 이 실험법이 인간의 독창성을 통해 만들어진 방법보다 더 잘 기능하는 경우가 있다. 나는 학생들을 가르치고 지도하는 일을 좋아한다. 나는 그들이 독립된 창조적 연구자로 성장하는 것을 보게 될 것이다. 또한 과학자들이 올바른 질문을 제기하고 답할 수 있도록 계속해서 인공지능 기술을 개발하고 싶다. 계속해서 기계학습, 컴퓨터에 기초한 시각화, 의학 영상에서 나온 개념들을 다양한 분야에 전하고 싶다.

## 부모님은 당신에게 어떤 영향을 미쳤는가?

학자 가정 출신이었던 것은 어쨌든 도움이 되었다. 나는 운이 좋게도 고등학교 때 우리 도시에 있던 한 연구실에서 일할 수 있었다. 그곳에서 과학이 얼마나 흥미진진한지를 경험했다. 공학자였던 아버지는 나와 우리 형제, 자매들에게 늘 말했다. "영리한 것만으로는 충분하지 않아. 영리한 사람은 매우 많거든. 열심히 일도 해야 해."

## 당신의 성격을 다섯 가지 개념으로 묘사해 달라.

나는 고집이 세고, 친절하고, 호기심이 많고, 부지런하고, 창조적이다.

**모이제 엑스포시토-알론소** | 진화유전학
스탠퍼드 대학교 카네기 연구소 식물학과 조교수
미국

## 엑스포시토-알론소 교수, 당신의 연구를 설명해 달라. 다른 연구와 차이점은 무엇인가?

나는 생태학자이고, 생의학과 진화유전학에서 나온 방법을 환경 보호를 고취하는 자극으로 활용한다. 우리 연구실에서 다루는 주제의 범위는 엄청나게 넓다. 이런 광범위한 테두리가 우리의 성공에 어느 정도 기여했다. 주제의 방대함은 진화 및 유전 법칙의 기초 연구와 자연 보호라는 나의 두 가지 열정의 결합에서 나왔다.

## 연구는 지금 어느 단계에 와 있는가?

우리는 통계학과 복잡한 계산 과정을 이용해 자연 개체군에 존재하는 식물종의 유전자 변이 수백만 개를 조사하고 있다. 유전자 변이들은 기후변화 상황에서 이 식물종을 조금 취약하게 만들 수 있다. 이 작업을 통해 우리는 모델 식물종인 애기장대의 2050년 위험평가 지도를 완성했다. 우리는 미국에 있는 중요 나무종들의 지도도 만들 수 있기를 희망한다. 심지어 언젠가는 크리스퍼/카스9 기술을 이용한 유전자 치료법을 통해 위험한 종들을 새롭게 적응시킬 수도 있을 것이다.

## 언제쯤이면 종의 멸종을 막을 수 있을 거라고 기대하는가?

자연공원과 같은 예방 조치는 종의 보호에 대단히 큰 효과를 낼 수 있고, 이미 그 효과를 보고 있다. 내가 가장 걱정하는 것은 기후변화 때문에 일어날 미래의 멸종이다. 기술만 놓고 보면, 이미 우리는 야생종의 유전자를 개선해 특정 기후대에서의 저항력을 키울 수 있다. 대부분의 유용 식물이 이렇게 재배된다. 그러나 긍정적 효과를 낳는다고 여기는 특정 유전자 변환이 실제 기대하지 않은 부정적 결과를 낳지는 않을지 더 많은 연구를 통해 확실하게 검토해야 한다. 그 밖에도 자연에 대한 모든 개입은 사회 차원에서 논의해야 할 윤리 문제도 분명히 제기한다.

## 당신은 주로 애기장대 연구에 집중하고 있다. 왜 그런가?

애기장대는 아주 작은 식물이라서 실험실에서 잘 키울 수 있다. 그 밖에도 게놈이 가장 작은 식물에 속하므로 염기서열 해독이 쉽다. 그래서 유전학자들은 애기장대를 사랑한다! 자연 보호 연구에서 애기장대를 이용하는 건 특이한 일이지만, 우리는 이 종을 선택했다. 애기장대를 이용해 새 유전 기술을 개발할 수 있기 때문이다. 이 새 기술은 미래에 다른 식물의 게놈을 더 많이 알게 될 때 유용하게 쓸 수 있을 것이다.

### 당신의 연구는 사회에 중요한 것인가?

그러기를 희망한다! 나는 내가 자랐던 스페인 남부 지역 자연 생태 환경의 재조림 작업을 돕고 싶어서 생물학과에 왔다. 건강한 자연 없이 건강한 사회는 존재하지 못한다.

### 올바른 길을 가고 있는지 스스로 의심한 적은 없었나?

과학의 아름다움은 내가 '올바른 길'에 있는지, 아닌지가 중요하지 않다는 데 있다. 늘 수정 가능성이 있기 때문이다. 우리의 접근법은 최신 과학 지식에 기초하지만, 종들이 어떻게 기후에 적응하는지 더 많이 경험할수록 우리는 우리의 전략을 더 잘 수정할 수 있다.

### 매우 겸손해 보인다.

겸손하려고 노력한다. 과학은 팀 스포츠다. 그리고 우리는 지적 거인들의 어깨 위에 서 있다. 협력적이고 친절하며 다른 사람을 잘 도와주는 사람은 일에서 언젠가 그 친절함을 보상받게 된다. 생명 다양성 위기를 다루기 위해서는 다양한 학제적 사고 모형이 필요하다. 그래서 나는 분자생물학자와 야생생태학자 이외에도 컴퓨터공학자들을 우리 팀에 합류시켰다.

### 어떻게 노장 학자들이 젊은 과학자들을 지원할 수 있을까?

충분한 재정 후원을 받지 못해 자기 연구 분야를 일찍 떠나는 젊은 연구자는 과학계의 큰 손실이다. 경험 많은 과학자와 젊은 과학자의 동반 관계를 형성하면, 젊고 새로운 연구실을 지원하고 정착시키는 데 도움을 주고, 젊은 연구자들이 떠나는 문제도 분명 크게 개선될 것이다.

**그런데 당신은 지금까지 재정 부분에서 운이 좋지 않았나?**

그렇다. 나는 스페인에서 공부했다. 스페인 교육 시스템은 상당히 사회주의적이고, 대다수 국민은 공립대학교에 입학할 수 있다. 사립대학교들과 비교할 때 오히려 공립대학교들이 더 낫다. 나중에 나는 연구장학금과 펠로십 덕분에 외국에서 공부할 수 있었다. 지금 나의 연구실은 카네기 과학재단의 돈을 받고 있다. 비록 여기까지 오기 위해 많은 노력과 인내가 필요했지만, 대단히 운이 좋았다고 생각한다.

> "과학은 팀 스포츠다."

**당신이 보기에 어떤 나라가 젊은 과학자들에게 가장 좋은 직업 전망을 제공하는 것 같은가?**

나는 4개국에서 연구했었다. 스페인, 영국, 독일, 그리고 미국. 각 나라마다 장단점이 있다. 지금은 미국에 있는데, 미국은 교수와 학생 사이의 위계질서가 좀 더 평등하다. 내가 생각하기에 이런 다소 평등한 관계가 창조적이고 편안한 환경을 만드는 것 같다.

**개인적 목표는 무엇인가?**

자연과 생태계 보존에 도움을 주는 본질적인 과학적 발견을 하는 것이다. 그래서 매일 열두 시간씩 일하고 있다.

**당신의 성격을 묘사해 달라.**

나는 외향적 내향성자이며, 유쾌하고, 호기심 많고, 집중력이 강하며, 열정적이다!

**부모님은 당신에게 어떤 영향을 미쳤는가?**

부모님은 어렸을 때 나와 많은 시간을 함께 보냈다. 아버지는 내가 아는 사람

중에 가장 의지가 강한 사람이다. 그리고 내가 나의 일에만 집중할 수 있도록 도움을 주었다. 아이였을 때는 바이올린 수업을 아주 열심히 받았다. 그러나 결국 과학자의 길을 가겠다고 결심했다. 이 모든 것이 나를 온전한 인격체로 만들어 주었고, 내 꿈을 펼치고 있는 스탠퍼드와 카네기로 이끌었다고 믿는다.

**일레인 샤오** | 미생물학
캘리포니아 대학교 생물학 및 생리학 조교수
미국

**인간 몸 안에 있는 미생물 군집인 인간 마이크로바이옴(microbiome)이 뇌와 행동, 그리고 신경계 질환에 미치는 영향을 연구하는 것은 새로운 과학 분야다. 왜 이 분야를 선택했는가?**

신경생물학 박사학위를 마치던 시기에 부모님으로부터 자폐 아동들의 이야기를 들었다. 식단을 바꾸니 자폐 아동들의 행동이 개선되었다는 이야기에 나는 크게 매혹되었다. 또한 인간 마이크로바이옴의 염기서열이 그 직전에 해독되었다. 그래서 장에 있는 마이크로바이옴이 행동과 신경계 질환에 주는 영향에 대해 호기심이 생겼다. 당시에 이 아이디어는 급진적 생각이었고, 현실성에 대해 회의적 시각이 많았다. 나의 호기심을 탐구할 수 있는 연구실을 찾는 것도 어려웠다. 이런 상황이 나 자신의 길을 가도록 부추겼다. 그래서 나는 흔히 선택하는 박사후연구원 과정을 건너뛰고 연구실을 만들었다. 나의 연구실에서 마이크로바이옴이 신경계에 어떻게 통합되어 있는지 연구했다.

**마이크로바이옴이 뇌나 신경계에 어떻게 연결되어 있는지 설명해 줄 수 있나?**

마이크로바이옴은 신경전달물질이나 뉴로펩티드 같은 신경활성 분자를 변환한다. 신경활성 분자는 면역계와 건강한 신진대사에도 중요하다. 이 분자들은 많은 복잡한 행동양식을 조절하는 뉴런에도 영향을 준다. 장에서 뇌로 가는 신호의 통로는 미주신경이다. 미주신경은 자신의 긴 섬유로 장과 뇌를 직접 연결한다. 또한 마이크로바이옴은 많은 면역세포와도 통합할 수 있는데, 이때의 반응도 뇌에 영향을 준다.

**연구실에서 당신이 하는 흥미로운 작업을 설명해 달라.**

우리는 질문으로 시작하고 그 질문들에 이끌려 간다. 지금 우리는 엄마의 마이크로바이옴이 임신 기간 동안 태아의 발달에 주는 영향에 큰 흥미를 가지고 있다. 또한 지금껏 인간 게놈에서 대답을 찾으려 했던 분야에서도 마이크로바이옴의 역할이 있을지 궁금해 하고 있다. 예를 들어 알츠하이머병이나 파킨슨병처럼 노화에 따른 질환에도 마이크로바이옴이 영향을 주는지 알고 싶다. 우리는 간질과 우울증 같은 질병에도 마이크로바이옴을 사용해 치료 가능성을 높일 수 있는지 연구한다.

**마이크로바이옴이 좋은지 나쁜지를 무엇이 결정하나?**

마이크로바이옴은 대체로 기회주의적이다. 상황에 따라 좋기도, 나쁘기도 하다. 흥미로운 연구에 따르면, 우리 몸 안의 마이크로바이옴은 늘 우리의 일부다. 마이크로바이옴은 우리와 함께 발달하고 심지어 협력하기도 한다. 예를 들어 인간의 세포는 복잡한 섬유질을 소화하지 못한다. 그래서 섬유질을 분해해 줄 미생물이 필요하다. 마이크로바이옴의 다양성은 매우 중요하다. 다양하고 건강한 음식이 미생물의 다양성을 도와준다고 우리는 확신한다.

### 당신의 발견은 지금 어떤 발전 단계에 있나?

우리는 모든 발전 단계에서 실험하고 있다. 많은 실험이 아직 시작 단계지만, 어떤 실험은 이미 상당히 진전되었다. 우리는 몇몇 앞선 발견들이 언젠가는 사회의 행복을 위해 신경 질환 치료법으로 실험되고, 계속 발전하기를 희망한다.

### 이 새로운 길을 꿋꿋이 혼자 닦고 있는 걸 보면 대범하고 용감한 것 같다. 그래도 가끔씩 두려움을 느끼는가?

새로운 것을 시도하고 새로운 방법을 추구하면서, 그리고 다른 사람에게는 너무 불편할 것 같은 일을 하면서 나는 큰 즐거움을 얻는다. 가끔씩 내가 제대로 된 길로 가고 있는가라는 의심 때문에 괴로울 때도 있지만, 지금까지 새로운 것을 시도하는 나를 아무것도 막지 못했다!

### 부모님은 이런 자세에 어떤 영향을 미쳤는가?

부모님은 예술에 관심이 많았다. 창조성과 자유를 사랑하고 새로운 개념을 추구하는 나의 기초가 거기서 나왔다. 대학생 때 나는 박테리아 연구실에서 유리 장치들을 세척하고 도구를 만들었다. 이것이 연구 생활과의 첫 번째 접촉이었다. 나중에 나는 연구 작업을 하면서 과학도 창조적이라는 걸 알게 되었다. 그리고 그 과학의 창조성에 정말 매혹되었다! 아버지는 어렸을 때 돌아가셨다. 그리고 어머니는 나와 여동생을 키우기 위해 일을 많이 하셨다. 그렇게 나는 힘든 노동의 가치를 배웠다. 아버지의 이른 죽음은 나에게 삶은 짧지만 지식은 영원할 수 있다는 걸 분명히 알려 주었다. 나는 나의 발견들이 나보다 오래 살

> **"새로운 것을 시도하고 새로운 방법을 추구하는 일에서 큰 즐거움을 얻는다."**

기를 희망한다!

**초기에 받았던 의심 이후 지금은 당신 연구가 인정도 받고 연구지원금도 받고 있는가?**

우리는 여전히 초기 단계에 머물러 있다. 그러나 그 사이에 과학 공동체는 우리 연구 분야의 의미를 인정해 주는 것 같다. 나는 우리가 이 새로운 과학 분야의 기초와 원리를 잘 깔아 주어 새로운 세대의 과학자들에게 영감을 줄 수 있기를 희망한다.

### 개인적 목표는 무엇인가?

지금은 아직 이상해 보이는 일이지만, 언젠가는 교과서에 실릴 수 있고, 젊은 과학자들에게 영감을 줄 수 있는 자연의 새로운 점을 발견하고 싶다. 나는 학제 간 연구를 요구하는 문제에도 열광한다. 나의 연구실에는 다양한 노하우와 관점을 가진 많은 연구원들이 있다. 협력 연구는 큰 즐거움을 준다. 그리고 풍부한 경험이 있는 과학자와 젊은 과학자 사이의 더 많은 공동 작업이 진행된다면, 그것도 멋진 일일 것이다.

### 5년 혹은 10년 뒤에 어디에 있기를 희망하는가?

지금 나는 조교수이고, 다음에 밟아야 할 단계는 정교수다. 그러나 이런 직업적 지위와 상관없이 그냥 최선의 연구 활동에 집중할 것이다. 나는 우리가 이미 얼마나 멀리까지 왔는지를 보면서 끊임없이 놀란다!

### 당신의 성격을 다섯 가지로 묘사해 달라.

고집스럽고, 신경증 경향이 있고, 배려심이 많으며, 겁이 없고, 좋은 멘토다(그러길 희망한다)!

**칼 다이서로스**는

레이저 빛을 이용해 포유동물의 신경 기능과 행동 변화를 연구하는 광유전학이라는 새로운 분야의 개척자 중 한 명이다.
https://web.stanford.edu/group/dlab/about_pi.html

**토마스 쥐트호프**는

신경세포의 시냅스가 어떻게 만들어지고 세포들이 신호를 어떻게 교환하는지 밝히는 데 기여했다. 이 공로로 2013년 노벨 생리·의학상을 받았다.
https://med.stanford.edu/sudhoflab/about-thomas-sudhof.html

**페터 제베르거**는

의학적 효능 물질을 만들기 위해 당 분자 같은 생체 고분자를 연구한다. 그리고 2012년에 처음으로 말라리아 치료 성분인 아르테미시닌을 화학적 합성으로 생산하는 데 성공했다.
https://www.mpikg.mpg.de/biomolecular-systems/director/peter-seeberger

**다비드 아브니르**는

세라믹과 유리 물질을 상온에서 생산하는 법을 발견했고, 생물 분자를 금속에 넣어 빛을 낼 수 있게 했다.
http://chem.ch.huji.ac.il/avnir/

**슈테판 헬**은

형광현미경을 계속 발전시켜 빛의 파장 이하의 해상도를 가능하게 했다. 이 발견으로 2014년 노벨 화학상을 받았다.
https://www.mpg.de/323847/biophysikalische_chemie_wissM11

**알레시오 피갈리**는

'최적 운송' 분야의 수학적 증명에 성공했다. 그 업적으로 수학의 노벨상으로 불리는 필즈상을 받았다.
https://people.math.ethz.ch/~afigalli/

**안체 뵈티우스**는

해양생물학자이며, 심해 박테리아 및 심해 생태학을 연구하고, 공적 공간에서 기후변화 논쟁에 적극 참여한다.
www.mpi-bremen.de/en/deep-sea-staff/Antje-Boetius.html

**제니퍼 다우드나**는

세포 내 RNA의 구성을 연구하고 에마뉘엘 샤르팡티에와 함께 2012년에 유전자를 변형하는 획기적인 크리스퍼/카스 기술을 개발했다.
https://vcresearch.berkeley.edu/faculty/jennifer-doudna

**톰 라포포르트**는

세포의 구성 요소들, 특히 단백질이 어떻게 분화되고, 이 과정을 위해 세포는 어떻게 정보를 전달하는지 연구한다.
https://cellbio.med.harvard.edu/people/faculty/rapoport

**파스칼 코사트**는

리스테리아 모노사이토제네스 병원균의 권위자이며, 이 병원균을 분자 차원에서 철저하게 규명했다.
https://research.pasteur.fr/en/member/pascale-cossart/

**탄동야오**는

빙핵 연구를 통해 지난 100년이 2,000년 사이에 가장 더웠던 시기임을 증명했다. 티베트 고원 빙하 보존을 위해 노력하고 있다.
http://ic-en.ucas.ac.cn/k-Teacher/yao-tandong/

**브라이언 슈밋**은

1990년대 점점 멀어지는 초신성 빛을 찾아 우주의 가속 팽창을 증명했다. 그 공로로 2011년 노벨 물리학상을 받았다.
https://www.mso.anu.edu.au/~brian/

**로버트 러플린**은

분수 양자 홀 효과 이론을 발견했고, 1998년 노벨 물리학상을 받았다. 양자유체 한 종류를 발견했다.
https://profiles.stanford.edu/robert-laughlin

**아비 로엡**은

빅뱅 이후 최초의 별에 대해 연구하고, 외계 행성의 대기 등에서 외계 문명 존재의 흔적을 찾기 위해 노력하고 있다.
https://www.cfa.harvard.edu/~loeb/

**브루스 알버츠**는

세포분열 시 염색체 배가화를 해명하는 데 기여했고, 학교에서 자연과학 교육을 강화하기 위해 노력하고 있다.
https://brucealberts.ucsf.edu

**볼프강 케텔리**는

보스-아인슈타인 응축을 생성하는 데 성공한 최초의 인물 중 한 명이다. 2001년 노벨 물리학상을 받았고, 이 발견에서 '원자 레이저'를 구축했다.
https://web.mit.edu/physics/people/faculty/ketterle_wolfgang.html

**비올라 포겔**은

환경을 파악하는 세포와 박테리아의 나노 도구를 연구한다. 기계생물학의 창설자 중 한 명이다.
https://appliedmechanobio.ethz.ch/the-laboratory/people/group-head.html

**론 나만**은

피부처럼 얇은 유기 분자층이 반도체 위에서 새로운 전기 특성을 만드는 법을 연구했고, 이 연구를 통해 새로운 센서를 개발했다.
https://www.weizmann.ac.il/chemphys/naaman/node/3

## 페이스 오지어는

'말라리아 역사 만들기' 사명에 헌신했고,
특정한 사람들이 가지고 있는 말라리아
저항력에서 백신 개발을 시도하고 있다.
https://www.faithosier.net

## 칼라 샤츠는

아동기에서 성인기로 넘어갈 때 뇌의 변화를
연구하며, 이 연구를 통해 자폐와 조현병에
대한 새로운 지식을 얻을 수 있기를 희망한다.
https://profiles.stanford.edu/carla-shatz

## 헬무트 슈바르츠는

화학과 포렌식에서 폭넓게 사용하는
질량분석법을 크게 개선했다. 특이한 탄소
분자군인 플러렌을 이해하는 데
큰 공헌을 했다.
https://www.chem.tu-berlin.de/
helmut.schwarz/

## 패트릭 크래머는

'RNA 중합효소 II'의 3차원 구조를 처음
해명했다. 게놈 기능에 대한 연구를 수행하고
있으며, 유럽 자연과학의 지속적 발전을
위해 노력하고 있다.
https://www.mpg.de/7894444/
biophysikalische_chemie_cramer

## 베른하르트 슐코프는

기계학습 분야를 이끌어 가는
독일 연구자이고, 외계 행성과 중력장에
대한 연구도 하고 있다.
https://www.is.mpg.de/~bs

## 단 셰흐트만은

1980년대에 지금껏 알려지지 않았던
준주기적 결정을 발견해
2011년 노벨 화학상을 받았다.
https://materials.technion.ac.il/
members/dan-shechtman/

## 마틴 리스는

우주 배경 복사를 연구했고, 오늘날에는
기후변화나 핵무기처럼 인류를 멸종시킬 수
있는 위협에 대해 경고하고 있다.
https://royalsociety.org/people/
martin-rees-12156/

## 아론 치에하노베르는

세포가 남아도는 단백질을 분해·처리하는
메커니즘을 규명했다. 2004년 노벨 화학상을
받았고, 기업과 비영리단체에 과학 자문을
해주고 있다.
http://taubcenter.org.il/aaron-ciechanover/

## 팀 헌트는

폴 너스와 함께 세포분열의 분자적
기초를 발견했다. 그 공로로 2001년
노벨 생리·의학상을 받았다.
https://www.crick.ac.uk/about-us/
who-we-are/how-we-got-here/
notable-alumni/tim-hunt

## 판젠웨이는

새롭고 더 안전한 커뮤니케이션 채널을
만들기 위해 양자 얽힘 현상을 연구한다.
'양자의 아버지'라고 불린다.
http://quantum.ustc.edu.cn/web/en/
node/32

## 데트레프 귄터는

에어로졸과 나노 입자 레이저 양적 분석 방법을 연구해 모바일 기기를 개발했고, 고고학 현장에서도 이 기기에 관심이 많다.
https://guenther.ethz.ch/people/
prof-detlef-guenther.html

## 피터 도허티는

현대 면역학의 개척자이며, 면역계의 T세포가 바이러스와 싸우는 구조를 해명했다.
그 공로로 1996년 노벨 생리·의학상을 받았다.
https://www.doherty.edu.au/people/
laureate-professor-peter-doherty

## 조지 맥도널드 처치는

게놈 해독을 위한 저비용 기술을 개발했고 2010년대부터 합성생물학 분야를 선도하고 있다.
https://wyss.harvard.edu/team/
core-faculty/george-church/

## 프랑수아 바레-시누시는

1982년에 인간면역결핍바이러스가 당시에는 신종 전염병이었던 에이즈의 병원균임을 최초로 밝혔고, 그 공로로 2008년 노벨 생리·의학상을 받았다. 개발도상국들의 더 나은 보건 정책을 위해 적극적인 활동을 펼친다.
https://www.pasteur.fr/en/institut-
pasteur/history/francoise-barre-
sinoussi-born-1947

## 프랜시스 아널드는

돌연변이의 가속화를 일으키는 '유도 진화' 분야의 개척자다. 2018년 노벨 화학상을 받았고, 그 밖에 생태연료 스타트업 게보의 공동 창업자다.
https://cce.caltech.edu/people/
frances-h-arnold

## 클라우스 폰 클리칭은

양자 홀 효과를 발견했고, 자연 상수를 함께 발견해 자신의 이름을 붙였다.
이 공로로 1985년 노벨 물리학상을 받았다.
자신의 연구 분야 이외에도 기초 연구의 중요성을 끊임없이 강조한다.
https://www.fkf.mpg.de/342979/
Prof_Klaus_von_Klitzing

## 로버트 와인버그는

수십 년째 유전 차원에서 암을 연구하고, 2000년에 획기적인 논문에서 세포가 암세포로 바뀌게 되는 여섯 가지 요소를 정의했다.
https://biology.mit.edu/profile/
robert-a-weinberg/

## 모리 시게후미는

3차원 대수다양체를 연구하고, 1978년 하츠혼의 추측을 증명했다. 1990년에 필즈상을 받았고, 몇 년 동안 국제수학연맹을 이끌었다. 자신의 이름을 딴 소행성이 있다.
https://kuias.kyoto-u.ac.jp/e/profile/mori/

**세드릭 빌라니**는

미분 방정식 분야, 특히 볼츠만 방정식에서 혁신적인 접근법을 개발했고, 2010년 필즈상을 받았다. 몇 년 전부터 프랑스 정치가로 활동 중이다.
https://cedricvillani.org/

**폴 너스**는

세포분열을 결정하는 유전자 cdc2를 발견해 팀 헌트와 함께 2001년 노벨 생리·의학상을 받았다. 현재 프랜시스 크릭 연구소에서 세포 연구를 하고 있다.
https://www.crick.ac.uk/research/
find-a-researcher/paul-nurse

**크리스티아네 뉘슬라인-폴하르트**는

인간 및 동물의 배아 발달을 조절하는 유전자를 발견했다. 1995년 노벨 생리·의학상을 받았고, 연방정부 윤리위원회에서 연구 관련 문제에 대해 자문하고 있다.
https://www.mpg.de/459856/
entwicklungsbiologie_wissM2

**루스 아논**은

독감과 암에 대한 합성 백신 작업을 하고 있고, 1995년부터 다발성 경화증 치료제로 사용되는 코팍소네를 개발했다.
https://www.weizmann.ac.il/immunology/
sci/ArnonPage.html

**마르셀 소아레스-산토스**는

우주의 가속 팽창을 연구하고, 중력파의 광학적 증거를 찾고 있으며, 암흑 에너지 해명을 위한 프로젝트에도 참가하고 있다.
https://mcommunity.umich.edu/
#profile:mssantos

**비토리오 갈레세**는

활동, 공감, 미적 감각, 언어, 사고의 기원을 해명하기 위해 영장류와 인간의 인지와 운동 기관의 협력을 연구한다.
http://unipr.academia.edu/
VittorioGallese/CurriculumVitae

**장타오**는

나노 구조 물질의 도움을 받아 물질의 새로운 촉매 과정을 연구하고, 바이오매스에서 새로운 화학적 촉매 작용을 얻고자 한다.
http://english.cas.cn/about_us/
administration/administrators/201612/
t20161226_172885.shtml

**오누르 귄튀르퀸**은

행동을 계획하고 감정을 통제하는 전두엽의 활동을 연구한다. 그 밖에도 독일 터키 연구 협력 활동에 관여하고 있다.
http://www.rd.ruhr-uni-bochum.de/
neuro/wiss/sprecher/
guentuerkuen.html.en

**캐롤린 베르토치**는

세포 표면 위에서 진행되는 과정을 연구했고, 세포 내부 구조를 안전하게 만들어 주는 새로운 보호 과정을 개발했다. 서른셋에 당시 최연소 맥아더 펠로십에 선정되었다.
https://chemistry.stanford.edu/people/carolyn-bertozzi

**브루노 라이하르트**는

1981년에 심장 이식, 1983년에 심장-폐 이식 수술을 독일에서 처음 성공했다. 돼지 심장의 인간 이식과 같은 이종 이식의 가능성을 연구한다.
http://www.klinikum.uni-muenchen.de/SFB-TRR-127/de/members-neu/PI/C8/ReichartBruno/index.html

**울리아나 시마노비치**는

단백질 같은 세포 분자의 화학적 자기 조직화를 연구하며, 이 자기 조직화에서 알츠하이머 같은 질병을 낳을 수 있는 오류가 나는 이유를 찾고자 한다.
http://www.weizmann.ac.il/materials/shimanovich/home

**나카무라 슈지**는

청색 발광 다이오드를 처음 개발했고, 이 공로로 2014년 노벨 물리학상을 받았다. 특허 분쟁 이후 일본을 떠나 캘리포니아 샌타바버라에서 연구하고 있다.
https://ssleec.ucsb.edu/nakamura

**리처드 자레**는

레이저를 이용해 화학 작용을 실시간으로 탐구할 수 있는 획기적인 방법을 개발했다. NASA와 함께 우주 생물에 대한 질문을 다루었다.
https://chemistry.stanford.edu/people/richard-zare

**에릭 캔들**은

일찍부터 정신의학에서 뇌 연구로 분야를 바꾸어 기억의 단백질 구조와 같은 학습과 기억의 신경적 기초를 연구했다. 그 공로로 2000년 노벨 생리·의학상을 받았다.
https://neuroscience.columbia.edu/profile/erickandel

**오트마르 에덴호퍼**는

자신의 팀과 함께 대서양 횡단 탄소 시장이라는 개념을 고안했고, 기후변화의 경제적 측면을 연구하고, 연방정부의 에너지 정책 및 기후 정책을 자문한다.
https://www.pik-potsdam.de/members/edenh

**샐리 치솜**은

해양 미생물 생태계를 규명하기 위해 세계에서 가장 많이 존재하는 바다 식물성 플랑크톤 종의 생물학, 생태학, 진화를 연구한다.
https://biology.mit.edu/profile/sallie-penny-w-chisholm/

## 툴룰라 오니는

의학 공부 후 급속하게 성장하는 도시의 공중보건 체계 개선에 관심을 돌렸고, 도시 거주민의 건강에 영향을 미치는 다양한 외부 요소들을 연구한다.
http://www.mrc-epid.cam.ac.uk/people/tolullah-oni/

## 에드워드 보이든은

광유전학을 연구한다. 자신의 연구팀과 함께 분자 단위에서 뇌 구조를 장기간 매핑하는 방법을 개발한다. 연구 결과 공유의 옹호자다.
http://syntheticneurobiology.org/people/display/71/11

## 로버트 랭어는

많은 기술을 개발했는데, 특히 고분자 물질의 도움으로 특정 약물을 신체에 투입하는 '약물 전달' 기술을 개발했다. 전 세계에서 1,000개 이상의 특허를 가지고 있다.
https://be.mit.edu/directory/robert-langer

## 상기타 바티아는

신진대사를 더 잘 이해하기 위해 마이크로 간과 같은 작은 모델 신체기관을 만든다. 그 밖에 나노 물질을 이용해 신체 내 질병을 진단하는 법을 개발했다.
https://ki.mit.edu/people/faculty/bhatia

## 안톤 차일링거는

1990년대에 양자 얽힘을 이용해 광자의 순간 이동에 성공했다. 이 덕분에 미스터 빔이라는 별명을 얻었다. 현재 양자정보학 및 양자 암호 연구를 하고 있다.
https://www.oeaw.ac.at/en/esq/home/research-groups/anton-zeilinger/

## 에마뉘엘 샤르팡티에는

감염의 분자적 기초를 연구하고 제니퍼 다우드나와 함께 2012년에 유전자 변형을 위한 혁신적인 크리스퍼/카스 기술을 개발했다.
https://www.emmanuelle-charpentier-lab.org/our-team/emmanuelle-charpentier/

## 아리에 와르셸은

단백질과 효소의 작동 방식을 시뮬레이션하기 위한 컴퓨터 모델을 개발했고, 이 개발로 2013년 노벨 화학상을 받았다. 이 분야의 선구자 중 한 명이다.
http://chem.usc.edu/faculty/Warshel.html

## 헤르만 파르칭거는

유럽과 중앙아시아 여러 곳의 발굴을 주도했고, 2001년 스키타이 족장 고분을 발견해 세계적으로 유명해졌다. 오랫동안 독일 고고학 연구소를 이끌었다.
http://www.preussischer-kulturbesitz.de/ueber-uns/praesident-und-vizepraesident/prof-dr-hermann-parzinger.html

## |감사의 글|

우선 '과학의 매혹' 프로젝트는 베를린 과학 진흥기금의 아낌없는 지원과 프리데 스프링거 재단의 재정 후원으로 가능했다. 그 지원 덕분에 나는 흥미롭고 다채로운 과학의 세계를 탐사할 수 있었고, 풍성한 대화를 이끌 수 있었다. 두 재단에 특별한 감사를 보낸다.

나를 위해 열린 마음으로 조언해 준 에른스트-루트비히 비나커 교수의 개인적 헌신에 감사드린다. 마찬가지로 헬무트 슈바르츠 교수, 위르겐 쵤너Jürgen Zöllner 박사, 데트레프 귄터 교수에게도 감사드린다. 이분들의 지원은 큰 도움이 되었다. 마리온 뮐러Marion Müller도 추진력과 안목으로 이 프로젝트에 동행해 주었다. 진심으로 감사드린다.

제바스티안 터너Sebastian Turner가 책임지는 폴링 월 콘퍼런스 연례행사 초대가 이 프로젝트를 현실화한 중요한 동기였다.

이 책이 나올 수 있게 도와주고 BBAWBerlin-Brandenburgische Akademie der Wissenschaften에 책을 전시할 수 있게 도와준 지멘스 예술 프로그램의 스테판 프루흐트Stephan Frucht에게도 감사를 전한다.

대화, 조언, 제안, 중재를 해준 다음 모든 분께 감사드린다. 브루스 알버츠,

안드레 알트André Alt, 클라우디아 안칭거Claudia Anzinger, 카린 아르놀드Karin Arnold, 이브삼 아츠가드Yivsam Azgad, 엘케 베닝 론케Elke Benning Rohnke, 안체 뵈티우스, 크리스티나 브라켄Christina Bracken, 스테피 체르니Steffi Czerny, 마티아스 드리스Matthias Drieß, 마르쿠스 에데러Markus Ederer, 소냐 그리고셰브스키Sonja Grigoschewski, 요한 그롤Johann Grolle, 마르틴 그뢰첼Martin Grötschel, 에노 아우프 데어 하이데Enno auf der Heide, 잉골프 케른Ingolf Kern, 마티아스 클라이너Matthias Kleiner, 주자네 쾰블Susanne Koelbl, 안드레 로트만André Lottmann, 크리스티안 마틴Christian Martin, 슈테펜 메흘리히Steffen Mehlich, 아킴 론케Achim Rohnke, 아네트 쉴리퍼Anett Schlieper, 하랄트 징어Harald Singer, 크리스틴 탈만Christine Thalmann, 프란츠 슈미트Franz Schmitt, 베른하르트 슐코프, 우테 슈바이처Ute Schweitzer, 비아테 베버Beate Weber, 데트레프 바이겔Detlef Weigel, 아네 췰너Anne Zöllner, 에밀리오 갈리-주가로Emilio Galli-Zugaro. 외르크 하커Jörg Hacker와 루트 나르만Ruth Narmann에게도 감사를 전한다. 두 사람 덕분에 중국과 연락할 수 있었다.

이스라엘에서 큰 도움을 준 유디트 킴체Judith Kimche와 할 바이너Hal Wyner에게도 감사드린다.

훌륭한 편집과 교정 작업을 해준 제임스 코플란트James Copland, 크리스 코트렐Chris Cottrell, 루이스 호얄Lois Hoyal, 마리우스 노바크Marius Nobach에게 감사드린다.

우정 어린 동행을 해주고 프로젝트 기간 동안 영감 넘치는 대화를 나눈 마르고트 클링스폰Margot Klingsporn에게도 감사 인사를 전한다.

나의 멋진 직원 코르넬리아 알버트Cornelia Albert와 미카엘라 플뢰츠Michaela Plötz에게도 감사드린다.

이 책의 출판을 위해 적극적으로 함께해 준 크네세벡 출판사의 토마스 하겐Thomas Hagen과 파비안 아르넷Fabian Arnet에게 감사드린다.

대화에서 깊은 신뢰와 열린 마음을 보여 주고, 손바닥 예술 그림에 적극 참여해 따뜻한 의지를 보여 준 모든 과학자에게 감사드린다.

마지막으로 몇 년 동안 참을성 있게 나의 이야기를 들어 주고 지지해 주었던 나의 모든 친구에게 감사 인사를 전한다.

**헤를린데 쾰블**

아웃사이더에서 노벨상까지

## 과학자들의 자화상

초판 인쇄 | 2022년 11월 10일
초판 발행 | 2022년 11월 15일

지은이 | 헤를린데 쾰블
옮긴이 | 이승희
펴낸이 | 조승식
펴낸곳 | 도서출판 북스힐
등록 | 1998년 7월 28일 제22-457호
주소 | 서울시 강북구 한천로 153길 17
전화 | 02-994-0071
팩스 | 02-994-0073
홈페이지 | www.bookshill.com
이메일 | bookshill@bookshill.com

ISBN 979-11-5971-452-8
값 22,000원